水资源利用与保护

孙秀玲　王立萍　娄山崇　王艳玲　等编著

中国建材工业出版社

图书在版编目（CIP）数据

水资源利用与保护/孙秀玲等编著．-- 北京：中国建材工业出版社，2020.1（2023.7 重印）

ISBN 978-7-5160-2771-4

Ⅰ.①水… Ⅱ.①孙… Ⅲ.①水资源利用②水资源保护 Ⅳ.①TV213.9②TV213.4

中国版本图书馆 CIP 数据核字（2019）第 282189 号

水资源利用与保护

Shuiziyuan Liyong yu Baohu

孙秀玲　王立萍　娄山崇　王艳玲　等编著

出版发行：中国建材工业出版社

地　　址：北京市海淀区三里河路 11 号

邮　　编：100831

经　　销：全国各地新华书店

印　　刷：北京雁林吉兆印刷有限公司

开　　本：787mm×1092mm　1/16

印　　张：24

字　　数：560 千字

版　　次：2020 年 1 月第 1 版

印　　次：2023 年 7 月第 2 次

定　　价：88.00 元

本社网址：www.jccbs.com，微信公众号：zgjcgycbs

编著人员名单

孙秀玲　王立萍　娄山崇　王艳玲
苗兴皓　矫桂丽　王月敏　刘钊胜
丁江朋　李鹏程　李　贺　石　晓
张云鹏　李振佳

前　言

水是人类赖以生存的基本物质，水资源是人类繁衍生息所不可替代和不可缺少的自然资源。我国是一个干旱缺水严重的国家，随着社会经济的快速发展，水资源短缺、水灾害威胁、水生态问题日益突出，已成为制约我国经济社会发展的“瓶颈”。我国将水资源列为国家发展的三大战略资源之一，把水资源的可持续利用提升为我国经济社会发展的战略问题，提出要强化水资源的规划、统一管理、合理开发、科学配置、全面节约、高效利用、有效保护、综合治理。

有效解决水资源问题的重要途径是全面贯彻落实科学发展观，落实资源节约与环境保护的基本国策，在进行科学研究水资源形成、循环、分布及其变化规律的基础上，对水资源进行科学的调查、评价、开发、利用、优化配置、管理及保护。水资源评价是对水资源数量、质量及其开发利用程度的综合评价，是水资源科学规划、合理开发利用与保护的基础；水资源开发利用是在新时期明确水资源开发利用红线，严格实行用水总量控制的基础上，利用科学可行的技术开发利用地表水、地下水及非常规水；水资源保护是利用现代技术及管理理念养蓄、保护水资源，维持水资源的永续利用，促进经济社会的可持续发展。

本书共分12章，主要内容包括绪论；水资源的形成与特点；水信息采集；水文数据处理；水资源量计算；水资源可利用量及水质评价；水资源供需平衡分析；节约用水措施、水资源开发利用分析与水资源开发规划；地表水资源开发利用；地下水资源开发利用；非常规水利用；水资源配置工程及净水工艺；水资源保护等。

在编写本书过程中，除了主要编著者孙秀玲、王立萍、娄山崇、王艳玲外，苗兴皓、矫桂丽、王月敏、刘钊胜、丁江朋、李鹏程、李贺、石晓、张云鹏、李振佳也进行了大量的科学研究与编写工作。

在编写本书过程中，得到了山东省住房和城乡建设厅、山东省水利厅、山东省建设执业资格注册中心、山东省建设文化传媒有限公司等单位的大力支持和帮助，在此一并表示感谢。

因编者水平有限，不足之处在所难免，恳请读者批评指正。

作者

2019年11月

前言

目　　录

第 1 章　绪论 …… 1

1.1　地球上水的存在形式与分布 …… 1

1.2　水资源的概念 …… 1

第 2 章　水资源的形成与特点 …… 4

2.1　水循环 …… 4

2.1.1　大循环与小循环 …… 4

2.1.2　影响水文循环的因素 …… 5

2.1.3　我国水文循环的途径及主要循环系统 …… 5

2.2　我国水资源的形成 …… 6

2.3　水量平衡 …… 7

2.4　水资源概况及特点 …… 7

2.4.1　地球水资源概况 …… 7

2.4.2　水资源的作用及特点 …… 8

2.5　地表水与地下水 …… 10

2.6　中国水资源量概况 …… 11

2.7　山东水资源概况 …… 12

2.7.1　降水量 …… 12

2.7.2　蒸发能力 …… 13

2.7.3　地表水资源量 …… 13

2.7.4　地下水资源量 …… 16

2.7.5　水资源总量 …… 17

第 3 章　水信息采集 …… 18

3.1　水位观测 …… 19

3.1.1　水位观测的作用 …… 19

3.1.2　水位观测的常用设备 …… 19

3.1.3　水位观测数据整理 …… 19

3.2　流量测验 …… 20

3.2.1　流速仪法测流 …… 21

3.2.2　浮标法测流 …… 24

3.2.3 H-ADCP 测流 …… 25
3.3 水质信息采集 …… 26
3.4 水文数据处理 …… 27
3.4.1 水位流量关系曲线的确定 …… 27
3.4.2 水位流量关系曲线的移用 …… 28
3.4.3 日平均流量计算及合理性检查 …… 28
3.4.4 水文数据处理成果的刊布 …… 28
3.5 搜集水文信息的途径 …… 29
3.5.1 水文站观测资料 …… 29
3.5.2 水文调查与文献考证资料 …… 29
3.5.3 水文遥感 …… 30
3.5.4 其他途径 …… 31

第4章 水资源量计算 …… 32

4.1 降水量与蒸发量计算 …… 32
4.1.1 降水量计算 …… 32
4.1.2 蒸发量计算 …… 40
4.2 地表水资源量计算 …… 43
4.2.1 地表水资源计算中资料的搜集与处理 …… 44
4.2.2 河川径流量计算 …… 44
4.2.3 河川径流量的时空分布 …… 46
4.2.4 分区地表水资源分析计算 …… 49
4.2.5 出境、入境、入海地表水量计算 …… 52
4.3 地下水资源量计算 …… 53
4.3.1 相关概念 …… 53
4.3.2 资料搜集 …… 54
4.3.3 地下水类型区的划分 …… 54
4.3.4 水文地质参数的确定方法 …… 55
4.3.5 浅层地下水矿化度分区的确定方法 …… 60
4.3.6 平原区各项补给量、排泄量、地下水总补给量、地下水资源量、地下水蓄变量的计算方法和水均衡分析 …… 61
4.3.7 山丘区排泄量、入渗量和地下水资源量的计算方法 …… 66
4.3.8 山丘、平原混合区多年平均地下水资源量的计算 …… 69
4.3.9 南方地区地下水资源量的简化计算法 …… 69
4.3.10 南方总水资源量计算中地表水与地下水重复计算量的计算 …… 71
4.3.11 地下水资源时空分布 …… 71
4.4 水资源总量计算 …… 72
4.4.1 水资源总量概述 …… 72
4.4.2 多年平均水资源总量的计算 …… 72

4.4.3 不同频率水资源总量的计算 …… 73
4.4.4 水资源总量的年际变化 …… 74

第5章 水资源可利用量及水质评价 …… 75

5.1 水资源可利用量 …… 75
5.1.1 水资源可利用量的概念与分析原则 …… 75
5.1.2 地表水资源可利用量计算 …… 76
5.1.3 地表水资源可利用量计算实例 …… 86
5.1.4 地下水资源可利用量 …… 92
5.1.5 水资源可利用总量 …… 94
5.2 水资源质量评价 …… 94
5.2.1 水的特性 …… 95
5.2.2 水质评价指标 …… 99
5.2.3 水质评价标准 …… 100
5.2.4 地表水水质评价 …… 112
5.2.5 地下水水质评价 …… 122
5.2.6 河流泥沙水质评价 …… 123

第6章 水资源供需平衡分析 …… 132

6.1 需水预测 …… 132
6.1.1 需水预测分类 …… 132
6.1.2 需水预测方法 …… 134
6.2 供水预测 …… 138
6.2.1 基本要求 …… 138
6.2.2 可供水量计算 …… 138
6.2.3 供水预测与供水方案 …… 142
6.3 水资源供需平衡分析 …… 143
6.3.1 基本原则与要求 …… 143
6.3.2 分析计算途径与方法 …… 144
6.4 水资源供需平衡分析案例 …… 147
6.4.1 现状年供需平衡分析 …… 147
6.4.2 规划水平年水资源供需平衡分析 …… 151
6.4.3 解决缺水途径 …… 159
6.4.4 二次供需平衡计算 …… 164

第7章 节约用水措施、水资源开发利用分析与水资源开发规划 …… 165

7.1 节水措施 …… 165
7.1.1 生活节水 …… 165
7.1.2 工业节水 …… 166

7.1.3 农业节水 …… 167
7.2 水资源开发利用分析 …… 168
7.2.1 水资源开发利用调查 …… 168
7.2.2 水资源开发利用分析 …… 170
7.3 水资源开发利用规划 …… 172
7.3.1 水资源开发利用规划概述 …… 172
7.3.2 水资源开发利用规划的原则和指导思想 …… 175
7.3.3 水资源开发规划的类型 …… 180
第8章 地表水资源开发利用 …… 184
8.1 地表水取水工程形式 …… 184
8.1.1 地表水取水构筑物的分类 …… 184
8.1.2 取水构筑物形式的选择 …… 184
8.2 取水构筑物设计原则 …… 185
8.3 地表水取水位置选择 …… 187
8.4 地表水取水工程建筑物 …… 191
8.4.1 固定式取水构筑物 …… 191
8.4.2 活动式取水构筑物 …… 200
8.4.3 山区浅水河流取水构筑物 …… 205
8.4.4 库湖取水构筑物 …… 211
8.4.5 海水取水构筑物 …… 214
第9章 地下水资源开发利用 …… 218
9.1 地下水资源的开发利用及工程形式 …… 218
9.1.1 地下水资源开发利用途径 …… 218
9.1.2 地下水开发利用的优点 …… 218
9.1.3 地下水资源的合理开发模式 …… 219
9.1.4 地下水取水工程形式及取水构筑物种类 …… 220
9.2 地下水供水水源地的选择 …… 225
9.2.1 集中式供水水源地的选择 …… 225
9.2.2 小型分散式水源地的选择 …… 226
9.3 地下水主要取水构筑物的构造 …… 226
9.3.1 管井 …… 226
9.3.2 渗渠 …… 243
9.3.3 大口井 …… 248
9.3.4 辐射井 …… 254
9.3.5 坎儿井 …… 259
9.3.6 复合井 …… 261
9.3.7 渗流井 …… 264

9.3.8 泉室 …… 265
9.4 地下水取水构筑物的选择及布局 …… 268
9.4.1 地下水取水构筑物的选择 …… 268
9.4.2 地下水取水构筑物的合理布局 …… 269

第10章 非常规水利用 …… 273

10.1 雨洪资源化利用 …… 273
10.1.1 雨洪资源利用概念 …… 273
10.1.2 雨洪资源利用条件及方式 …… 274
10.1.3 雨洪资源化利用应用与实践 …… 274
10.1.4 雨洪资源利用案例 …… 275
10.2 再生水利用 …… 294
10.2.1 再生水利用类型 …… 295
10.2.2 再生水利用案例 …… 296
10.3 矿井水利用 …… 297
10.3.1 矿井水的分类及水质特征 …… 297
10.3.2 矿井水利用技术 …… 298
10.4 海水利用 …… 299
10.5 空中水利用 …… 299
10.5.1 空中水资源总量及特性 …… 299
10.5.2 空中水资源开发利用的主要途径 …… 300

第11章 水资源配置工程及净水工艺 …… 301

11.1 水资源配置工程案例 …… 301
11.1.1 南水北调工程 …… 301
11.1.2 “红旗河”西部调水工程设想 …… 308
11.1.3 珠江三角洲水资源配置工程 …… 309
11.1.4 山东省胶东地区引黄调水工程 …… 309
11.1.5 济南市五库连通工程 …… 311
11.2 净水工艺 …… 312
11.2.1 水厂工程 …… 312
11.2.2 净水工艺 …… 317

第12章 水资源保护 …… 324

12.1 水污染概念及特征 …… 324
12.1.1 水污染概念 …… 324
12.1.2 水体污染物来源及水污染分类 …… 324
12.2 水功能区划 …… 330
12.2.1 水功能区划的目的和意义 …… 330

12.2.2 水功能区划指导思想及原则 …… 330
12.2.3 水功能区划方法及目标 …… 331
12.2.4 水功能区分级分类系统 …… 332
12.2.5 水功能区水质目标拟订 …… 335
12.3 地表水资源保护 …… 335
12.3.1 水质标准及水质监测 …… 335
12.3.2 地表水资源保护途径 …… 337
12.3.3 地下水资源保护 …… 338
12.3.4 国家水污染治理成果显著 …… 340
12.4 水环境保护与水源地评估案例 …… 341
12.4.1 专题1——济南市水环境质量控制研究 …… 341
12.4.2 专题2——水源地评估 …… 355
参考文献 …… 367

第1章　绪　　论

1.1　地球上水的存在形式与分布

自然界的水有气态、液态和固态三种形态。一是在大气圈中以水汽的形态存在；二是在地球表面的海洋、湖泊、沼泽、河流中以液态水的形态存在，其中，海洋储存的水量最多，在地球表面以下的地壳中也存在着液态的水，即地下水；三是以固态的形态存在的冰川水（包括永久冻土的底冰）。

地球上的水，正是指地球表面、岩石圈、大气圈和生物体内各种形态的水。地球上各种水的储量见表1-1。

表1-1　地球水储量

水的类型	储水总量		咸水		淡水	
	水量/km^3	所占比例/(%)	水量/km^3	所占比例/(%)	水量/km^3	所占比例/(%)
海洋水	1338000000	96.54	1338000000	99.54	0	0
地表水	24254100	1.75	85400	0.006	24168700	69.0
冰川与冰盖	24044100	1.736	0	0	24064100	68.7
湖泊水	176400	0.013	85400	0.006	91000	0.26
沼泽水	11470	0.0008	0	0	11470	0.033
河流水	2120	0.0002	0	0	2120	0.006
地下水	23700000	1.71	12870000	0.953	10830000	30.92
重力水	23400000	1.688	12870000	0.953	10530000	30.06
地下冰	300000	0.022	0	0	300000	0.86
土壤水	16500	0.001	0	0	16500	0.05
大气水	12900	0.0009	0	0	12900	0.04
生物水	1120	0.0001	0	0	1120	0.003
全球总储量	1385984600	100	1350955400	100	35029200	100

1.2　水资源的概念

何谓资源?《辞海》对“资源”的解释是：“资财的来源，一般指天然的财源。”联合国环境规划署对“资源”的定义是：“所谓资源，特别是自然资源，是指在一定时期、地点条件下能够产生经济价值，以提高人类当前和将来福利的自然因素和条件。”

《大英百科全书》对“资源”的定义是：“人类可以利用的、天然形成的物质及其形成的环境。”《中国资源科学百科全书》对“资源”的定义是：“人类可以利用的天然形成的物质与能量。”《资源科学》对“资源”的定义是：“各种有用的自然物。”广义上，人类在生产、生活和精神上所需求的物质、能量、信息、劳力、资金和技术等“初始投入”均可称为“资源”；狭义上，一定时间条件下，能够产生经济价值以提高人类当前和未来福利的自然因素的总称称为“资源”。

资源的内涵和外延在不断地扩展、深化，不仅包括可用于人类生产和生活的自然资源部分，还包括能给予人类精神享受的自然环境部分；资源是一切可被人类开发和利用的客观存在。实际上，资源的本质特性就是其“可利用性”。毫无疑问，不能被人类利用的不能称为资源。

水是一种重要的资源。水是人类及一切生物赖以生存所不可缺少的重要物质，也是工农业生产、经济发展和环境改善不可替代的极为宝贵的自然资源，同土地、能源等构成人类经济与社会发展的基本条件。

随着时代的进步，水资源（water resources）概念的内涵也在不断地丰富和发展。较早采用这一概念的是美国地质调查局（USGS）。1894 年，该局设立了水资源处，其主要业务范围是对地表河川径流和地下水进行观测。此后，随着水资源研究范畴的不断拓展，要求对“水资源”的基本内涵给予具体的定义与界定。《大不列颠大百科全书》将水资源解释为“全部自然界任何形态的水，包括气态水、液态水和固态水的总量”。这一解释为“水资源”赋予了十分广泛的含义。1963 年，英国的《水资源法》把水资源定义为：“（地球上）具有足够数量的可用水。”在水环境污染并不突出的特定条件下，这一概念比《大不列颠大百科全书》的定义赋予水资源更为明确的含义，强调了其在量上的可利用性。联合国教科文组织（UNESCO）和世界气象组织（WMO）共同制定的《水资源评价活动》中，定义水资源为：“可以利用或有可能被利用的水源，具有足够数量和可用的质量，并能在某一地点为满足某种用途而可被利用。”这一定义的核心主要包括两个方面，一是应有足够的数量，二是强调了水资源的质量。有“量”无“质”，或有“质”无“量”均不能称之为水资源。这一定义比英国《水资源法》中水资源的定义具有更为明确的含义，不仅考虑水的数量，同时其必须具备质量的可利用性。1988 年 8 月 1 日颁布实施的《中华人民共和国水法》将水资源认定为“地表水和地下水”。《环境科学词典》（1994）定义水资源为“特定时空下可利用的水，是可再利用资源，不论其质与量，水的可利用性是有限制条件的”。《中国大百科全书》在不同的卷册中对水资源也给予了不同的解释，如在大气科学、海洋科学、水文科学卷中，水资源被定义为“地球表层可供人类利用的水，包括水量（水质）、水域和水能资源，一般指每年可更新的水量资源”；在水利卷中，水资源被定义为“自然界各种形态（气态、固态或液态）的天然水，并将可供人类利用的水资源作为供评价的水资源”。

对水资源的概念及其内涵具有不尽一致的认识与理解的主要原因在于：水资源是一个既简单又非常复杂的概念。它的复杂内涵表现在：水的类型繁多，具有运动性，各种类型的水体具有相互转化的特性。水的用途广泛，不同的用途对水量和水质具有不同的要求；水资源所包含的“量”和“质”在一定条件下是可以改变的；更为重要的是，水资源的开发利用还受到经济技术条件、社会条件和环境条件的制约。

综上所述，水资源可以理解为人类长期生存、生活和生产活动中所需要的各种水，既包括数量和质量含义，又包括其使用价值和经济价值。一般认为，水资源概念具有广义和狭义之分。

狭义上的水资源是指一种可以再生的（逐年可得到恢复和更新），参与自然界水文循环的，在一定的经济技术条件下能够提供人类连续使用（不断更新、又不断供给使用），总是变化着的淡水资源。

广义上的水资源是指在一定的经济技术条件下能够直接或间接使用的各种水和水中物质，在社会生活和生产中具有使用价值和经济价值的水都可称为水资源。广义上的水资源强调了水资源的经济、社会和技术属性，突出了社会、经济、技术发展水平对于水资源开发利用的制约与促进。在当今的经济技术发展水平下，进一步扩大了水资源的范畴，原本造成环境污染的量大面广的工业和生活污水构成水资源的重要组成部分，弥补水资源的短缺，从根本上解决长期困扰国民经济发展的水资源短缺问题；在突出水资源实用价值的同时，强调水资源的经济价值，利用市场理论与经济杠杆调配水资源的开发与利用，实现经济、社会与环境效益的统一。

鉴于水资源的固有属性，本书所论述的“水资源”主要限于狭义水资源的范畴，即与人类生活和生产活动、社会进步息息相关的淡水资源。

第2章　水资源的形成与特点

2.1　水循环

在自然因素与人类活动影响下，自然界各种形态的水处在不断运动与相互转换之中，形成了水文循环。形成水文循环的内因是固态、液态、气态水随着温度的不同而转移变换，外因主要是太阳辐射和地心引力。太阳辐射促使水分蒸发、空气流动、冰雪融化等，它是水文循环的能源；地心引力则是水分下渗和径流回归海洋的动力。人类活动也是外因，特别是大规模人类活动对水文循环的影响，既可以促使各种形态的水相互转换和运动，加速水文循环，又可能抑制各种形态水之间的相互转化和运动，减缓水文循环的进程。但水文循环并不是单一的和固定不变的，而是由多种循环途径交织在一起，不断变化、不断调整的复杂过程。水循环是地球上最重要、最活跃的物质循环之一。

2.1.1　大循环与小循环

自然界水循环按其涉及的地域和规模可分为大循环和小循环。从海洋面上蒸发的水汽被气流带到大陆上空，遇冷凝结，形成降水，到达地面后，其中一部分直接蒸发返回空中，另一部分形成径流（即陆地上按一定路径运动的水流），从地面及地下汇入河流，最后注入海洋，这种海陆间的水分交换过程称为大循环。在大循环过程中，陆地上空也有水汽向海洋输送，但与海洋向陆地输送的水汽相比，数量甚微，因此总的来说，水汽是由海洋向陆地输送的，上述大循环中海洋向陆地输送的水汽是指净输送量。

海洋上蒸发的水汽中有一部分在空中凝结成水又降落海洋，或从陆地蒸发的水在空中凝结后又降回陆地，这种海洋系统或陆地系统的局部水循环称为小循环。前者称海洋小循环，后者称内陆小循环。

内陆小循环对内陆地区的降水有重要作用，因内陆远离海洋，直接受海洋输送的水汽不多，需通过内陆局部地区的水循环使水汽随气流不断向内陆输送。水汽在内陆上空冷凝降水后，一部分形成径流，一部分再蒸发为水汽向更远的内陆输送，依此循环。但愈向内陆，水汽愈少，这就是沿海湿润、内陆干旱的原因。

水循环使水处于不停地运动状态之中，但其循环并非是以恒定的通量稳定地运转的，有时剧烈，以致大雨倾盆、江河横溢；有时相对平静，几乎停止，以致久旱不雨、河流干涸。这种不稳定性不仅表现在年内各季，也表现在年际间。

水循环中，水的存在、运动和变化，统称为水文现象，各种现象在时间或空间上的变化称为水文过程。水循环是一切水文现象的变化根源。水循环中的主要水文要素有降水、蒸发、径流及下渗等，其中河川径流与人类关系密切。

2.1.2　影响水文循环的因素

影响水文循环的因素很多，但都是通过对影响降水、蒸发、径流和水汽输送而起作用的。

归纳起来有三类：

(1) 气象因素：如风向、风速、温度、湿度等；

(2) 下垫面因素：即自然地理条件，如地形、地质、地貌、土壤、植被等；

(3) 人类改造自然的活动：包括水利措施、农林水保措施和环境工程措施等。

在这三类因素中，气象因素是主要的，因为蒸发、水汽输送和降水这三个环节，基本上决定了地球表面上辐射平衡和大气环流状况。而径流的具体情势虽与下垫面条件有关，但其基本规律还是取决于气象因素。

下垫面因素主要是通过蒸发和径流来影响水循环。有利于蒸发的地区，往往水循环很活跃；而有利于径流的地区，则恰好相反，对水循环是不利的。

人类改造自然的活动，改变了下垫面的情况，通过对蒸发、径流的影响而间接影响水循环。水利措施可分为两类：一是调节径流的水利工程如水库、渠道、河网等；另一个是坡面治理措施如水平沟、鱼鳞坑、土地平整等。农林措施如坡地改梯田、旱地改水田、深耕、密植、封山育林等。修水库以拦蓄洪水，使水面面积增加，水库淹没区原来的陆面蒸发变为水面蒸发，同时又将地下水位抬高，在其影响范围内的陆面蒸发也随之增加。此外，坡面治理措施和农林措施，也有利于下渗，不利于径流。在径流减小、蒸发加快后，降水在一定程度上也有所增加，从而促使内陆水循环加强。

2.1.3　我国水文循环的途径及主要循环系统

1. 我国水文循环的途径

我国地处西伯利亚干冷气团和太平洋暖湿气团进退交锋地区，一年内水汽输送和降水量的变化，主要取决于太平洋暖湿气团进退的早晚和西伯利亚冷气团的强弱变化，以及七、八月间太平洋西部的台风情况。

我国的水汽主要来自东南海洋，并向西北方向移动，首先在东南沿海地区形成较多的降水，越向西北，水汽量越少。来自西南方向的水汽输入也是我国水汽的重要来源，主要是由于印度洋的大量水汽随着西南季风进入我国西南而引起降水，但由于崇山峻岭的阻隔，水汽不能深入内陆腹地。西北边疆地区，水汽来源于西风环流带来的大西洋水汽。此外，北冰洋的水汽，借强盛的北风，经西伯利亚、蒙古进入我国西北，因风力较大而稳定，有时甚至可直接通过两湖盆地而达珠江三角洲，但所含水汽量少，引起的降水量并不多。我国东北方的鄂霍次克海的水汽随东北风来到东北地区，对该地区降水起着相当大的作用。

综上所述，我国水汽主要从东南和西南方向输入，水汽输出口主要是东部沿海。输入的水汽，在一定条件下凝结、降水成为径流。其中大部分经东北的黑龙江、图们江、绥芬河、鸭绿江、辽河，华北的深河、海河、黄河，中部的长江、淮河，东南沿海的钱塘江、闽江，华南的珠江，西南的元江、澜沧江，以及中国台湾各河注入太平洋；少部分经怒江、雅鲁藏布江等流入印度洋；还有很少一部分经额尔齐斯河注入北冰洋。

一个地区的河流，其径流量的大小及其变化取决于其所在的地理位置，及在水文循环路线中外来水汽输送量的大小及季节变化，也受当地蒸发水汽所形成的“内部降水”的多少控制。因此，要认识一条河流的径流情势，不仅要研究本地区的气候及自然地理条件，也要研究它在大区域内水文循环途径中所处的地位。

2. 中国主要水文循环系统

根据水汽来源不同，我国主要有五个水文循环系统。

(1) 太平洋水文循环系统

我国的水汽主要来源于太平洋。海洋上空潮湿的大气在东南季风与台风的影响下，大量的水汽由东南向西北方向移动，在东南沿海地区形成较多的降雨，越向西北降水量越少。我国大多数河流自西向东注入太平洋，形成太平洋水文循环系统。

(2) 印度洋水文循环系统

来自西南方向的水汽也是我国水资源的重要来源之一。夏季主要是由于印度洋的大量水汽随着西南季风进入我国西南，也可进入中南、华东以至河套以北地区。但是由于高山的阻挡，水汽很难进入内陆腹地。另外，来自印度洋的是一股深厚、潮湿的气流，它是我国夏季降水的主要来源。印度洋输入的水汽形成的降水，一部分通过我国西南地区的一些河流，如雅鲁藏布江、怒江等汇入印度洋，另一部分则参与了太平洋的水文循环。

(3) 北冰洋水文循环系统

除前述北冰洋水汽经西伯利亚、蒙古进入我国西北外，有时可通过两湖盆地直到珠江三角洲，只是含水汽量少，引起的降水量不大。

(4) 鄂霍次克海水文循环系统

在春季到夏季之间，东北气流把鄂霍次克和日本海的湿冷空气带入我国东北北部，对该区降水影响很大，降水后由黑龙江汇入鄂霍次克海。

(5) 内陆水文循环系统

我国新疆地区，主要是内陆水文循环系统。大西洋少量的水汽随西风环流东移，也能参与内陆水文循环。

此外，我国华南地区除受东南季风和西南季风影响外，还受热带辐合带的影响，把南海的水汽带到华南地区形成降水，并由珠江汇入南海。

2.2 我国水资源的形成

水循环是支撑水资源可再生的基础。降水、蒸发、下渗、径流是水文循环的重要环节。我国降水的时空分布主要受上述五个主要的水文循环系统及其变化的控制，加之诸多小循环的参与。降至地面的水，一部分产生地表径流汇入河川、湖泊或水库形成了地表水，一部分渗入到地下贮存并运动于岩石的孔隙、裂隙或岩溶孔洞中，形成了地下水，还有一部分靠地球表面的蒸发（陆面蒸发）返回到大气中，以汽态形态参与向大陆的输送。人们看到的滔滔不息的江河，潺潺不断的涌泉，前者是地表水汇流的结果，后者是地下水的天然露头，它们都是水循环过程中必然产生的自然现象。

在我国，降水是形成地表水和地下水的主要来源。因此，水资源的时空分布与降水的时空分布关系极为密切。降水多的地区水资源丰富，降水少的地区水资源缺乏，显示出水资源自东向西、自南向北由多变少的趋势。

河流是水循环的途径之一。降水落到地表后，除了满足下渗、蒸发、截蓄等损失外，多余的水量即以地面径流（又称漫流）的形式汇集成小的溪涧，再由许多溪涧汇集成江河。暴雨常常引发山洪、泥石流，给人民生命财产造成很大危害。渗入土壤和岩土中的水分（其中一小部分水被蒸发到大气中）成了地下水，储存于地下岩石的孔隙、裂隙和岩溶之中，并以地下径流的形式，非常缓慢地流向低处或直接进入河谷，或溢出成泉，逐渐汇入江河湖泊，参与了自然界的水分循环。

2.3　水量平衡

根据物质不灭定律，对任一区域，在给定的时段内，收入的水量和支出的水量之差额必定等于该区域内的蓄水变量，这就是水量平衡原理，依此原理可列出地球的水量平衡方程式。

水量平衡方程式是水文科学中广泛应用的极其重要的基本方程之一，它可以用来定量描述水循环要素间的相互关系和作用，由某些已知要素推断未知要素，或用来校核水文计算成果，对计算成果进行合理性分析等。

就多年平均情况而言，地球上海洋系统和陆地系统的蓄水变化都可看作为零，因此海洋系统的多年平均水量平衡方程式为

$$\bar{E}_s=\bar{P}_s+\bar{R} \tag{2-1}$$

陆地系统的多年平均水量平衡方程式为

$$\bar{E}_l=\bar{P}_l-\bar{R} \tag{2-2}$$

式中　$\bar{E}_s$、$\bar{E}_l$——分别为海洋和陆地的多年平均年蒸发量，mm；

$\bar{P}_s$、$\bar{P}_l$——分别为海洋和陆地的多年平均年降水量，mm；

$\bar{R}$——从陆地注入海洋的多年平均年径流量，mm。

将以上两式相加，得到全球的多年平均水量平衡方程为

$$\bar{E}_s+\bar{E}_l=\bar{P}_s+\bar{P}_l \tag{2-3}$$

式（2-3）表明全球的多年平均年蒸发量等于全球的多年平均年降水量。

2.4　水资源概况及特点

2.4.1　地球水资源概况

水是地球上最丰富的一种化合物。全球约有四分之三的面积覆盖着水，地球上的水总体积约有 13 亿 8600 万立方千米，其中 96.5%分布在海洋，淡水只有 3500 万立方

千米左右。若扣除无法取用的冰川和高山顶上的冰冠，以及分布在盐碱湖和内海的水量，陆地上淡水湖和河流的水量不到地球总水量的1%。

降落到地上的雨、雪水，2/3左右为植物蒸腾和地面蒸发所消耗，可供人们用于生活、生产的淡水资源每人每年约一万立方米。地球虽然有70.8%的面积为水所覆盖，但淡水资源却极其有限。在全部水资源中，97.5%是咸水，无法饮用。在余下的2.5%的淡水中，有87%是人类难以利用的两极冰盖、高山冰川和永冻地带的冰雪。人类真正能够利用的是江河湖泊以及地下水中的一部分，仅占地球总水量的0.25%左右，而且分布不均。约65%的水资源集中在不到10个国家，而约占世界人口总数40%的80个国家和地区却严重缺水。世界各国和地区由于地理环境不同，拥有水资源的数量差别很大。按水资源总量排名，前几名依次是：巴西、俄罗斯、加拿大、美国、印度尼西亚、中国、印度。若按人均水资源量排名，就是另一种结果了。世界各大洲水资源分布状况见表2-1。

随着经济的不断发展，人们对淡水的需求不断增加，预测“2025年，淡水资源紧缺将成为世界各国普遍面临的严峻问题”。

表2-1 世界各大洲水资源分布状况

地区	面积	年降水量		年径流量		径流系数	径流模数
	/10^4 km^2	/mm	/km^3	/mm	/km^3		/(L·s^{-1}·km^{-2})
欧洲	1050	789	8290	306	3210	0.39	9.7
亚洲	4347.5	742	32240	332	14410	0.45	10.5
非洲	3012	742	22350	151	4750	0.20	4.8
北美洲	2420	756	18300	339	8200	0.45	10.7
南美洲	1780	1600	28400	660	11760	0.41	21.0
大洋洲①	133.5	2700	3610	1560	2090	0.58	51.0
澳大利亚	761.5	456	3470	40	300	0.09	1.3
南极洲	1398	165	2310	165	2310	1.0	5.2
全部陆地	14900	800	119000	315	46800	0.39	10.0

注：①不包括澳大利亚，但包括塔斯马尼岛、新西兰岛和伊里安岛等岛屿。

2.4.2 水资源的作用及特点

1. 水资源的作用与属性

水资源有许多自然特性和独特功能，如水能溶解多种物质，它能溶解植物所需的各种营养物质、盐类，并通过土壤的毛细管作用，被植物的根系吸收，供植物生长，水是植物生长的必要因素。植物又提供了人类和许多动物生长的必要条件，组成了地球上庞大的生物链。有了水，地球上万物生长，沙漠变良田，大自然郁郁葱葱。从这个意义上讲，水是其他资源无法替代的。概括起来，水有三种重要作用，即维持人类生命的作用，维持工农业生产的作用和维持良好环境的作用。也就是说，水是生命的源泉、农业的命脉、工业的血液，是构成优美环境的基本要素。

水资源具有自然属性及社会属性。水资源的自然属性是指本身所具有的、没施加人类活动痕迹的特征，主要表现为时空分布的不均匀性、随机性和流动性、系统性等；水资源的社会属性主要是指地表水资源和地下水资源在开发利用过程中表现出的商品性、社会福利性、资源的不可替代性以及对人类环境影响的特性。

2. 水资源的主要特点

水资源同其他矿产资源（如有色金属、非金属、天然气、石油、地热等）相比较，从它是动态资源和人类永续使用的特殊性两个方面，体现了水资源自身独具的特点。水资源包括地表水资源和地下水资源，它们既有共性又有异性，下面讲的是它们的共同特点。

（1）可恢复性

自然条件下，水资源在水文循环及其他因素的综合影响下，处于不断地运动和变化之中，其补给和消耗形成了某种天然平衡状态。在人类开发利用条件下，水资源不断地被开采与消耗，破坏了天然平衡状态。从年内看，雨季水资源得到补充，以满足年内对水资源的需要；年际间有丰水年和干旱年，干旱年的用水大于补给，而丰水年则相反，多余的水可以填补干旱年的缺水。水资源获得周期性的补给与恢复其原有水量的特征，称为可恢复性。因此，只要开发利用得当，被消耗的水资源可以得到补充，形成开发利用条件下的新的平衡状态。

（2）时空变化性

水资源主要受大气降水的补给，由于年际和年内变化较大，水资源量随时间的变化比较突出，并且地表水最明显，而地下水次之；另外，由于降水地区分布不均匀，造成了水资源地区分布的不均匀，导致了水、土资源组合的不合理，水资源丰、欠地区差异很大。上述水资源在时间和空间上的变化，给人类利用水资源带来了一系列问题，进而使人们认识了水资源时空变化的特点，设法通过对各类水资源量、水质的监测系统和多年监测的定量观察记载等信息，掌握其变化规律，指导人们对水资源进行合理开发利用。

（3）有限性

一个地区的降水量是有限的，比如我国多年平均降水量是 648mm，海南省多年平均降水量 1800mm，北京多年平均降水量是 625mm。由于降至地面的水还要蒸发消耗和被植物吸收，不可能全部截留，因此，降水量多是一个地区水资源的极限数量，而事实是水资源量远远达不到这个数字，这就说明，它不是取之不尽用之不竭的。既然极限量（降水）本身是有限的，那么，水资源的有限性是不言而喻的。我们千万不能只看到地表水、地下水参与了自然界的水循环，因为水循环是无限的，就错误地认为水资源是无限的。确切的表达应该是，水循环是无限的，但水资源却是有限的，只有水资源在一定数量限度内取用才可以连续取用，否则就有枯竭的危险。

（4）“利”“害”两重性

人类开发利用水资源的主要目的是满足人们的某种或多种需要，即所谓“兴利”；但是，开发利用不当地会造成许多危害，如沿海地区大量开发地下水造成海水倒灌，在湖沼相地层大量开采地下水导致严重地面沉降，大城市过量开发地下水导致水质恶化、污染加剧等水质公害，甚至有因超量开采，降落漏斗扩大，地面发生沉降不均而造成建筑物的破坏等人为灾害。事实上，灌溉得当，农业可以增产；筑坝建库可用于防洪、发电、养殖、航运，减少灾害、振兴经济；水可以使生态环境向有利于人类的方向发展，形成良性循环。水是人类赖以生存的宝贵资源，有利面是主要的，但客观上也存在着有害的一面，如水过多可能造成洪涝之灾，地下水位过高，可能使农业减产，厂房、地下工程建筑被水浸没等。因此，我们要认识水资源具有“利”与“害”的两重性，尽力做好化害为利的工作。

（5）相互转换性

地表水资源与地下水资源的相互转换是一种客观存在。水在重力和毛细力作用下，总是“无孔不入”，这样，在天然状态下，河道常常是地下水的排泄出路，即地下水可以变成地表水。实际资料表明，如河道受潜水补给，则枯水流量变化较大；如果受承压水补给，则枯水流量比较稳定。地表水在某些时期、某些河段也会补给地下水，例如汛期中河流的中下游就是如此，而在其他时段这种补给关系有可能相反。只有在那些所谓“地上河”的河段，地表水才常年补给地下水。应当说明，在人类活动影响下，这种转换关系往往发生较大的变化。现有的研究成果表明，这种转换关系常常不是一对一的。

（6）利用的多样性

水资源是人类在生产和生活中广泛利用的资源，不仅广泛应用于农业、工业和生活，还用于发电、水运、水产、旅游和环境改造等。在各种不同的用途中，消费性用水与非常消耗性或消耗很小的用水并存。用水目的不同对水质的要求各不相同，使得水资源表现出一水多用的特征。

（7）不可取代性

没有水就没有生命，人类的生息繁衍及工农业建设，没有一处能离开水。成人体内含水量占体重的66％，哺乳动物含水量占体重的60％～68％，植物含水量为75％～90％。水在维持人类和生态环境方面是任何其他资源替代不了的。水资源对人类社会的不可取代性说明了水资源是比能源和其他任何一种矿产资源、生物资源等更为重要的资源。

2.5 地表水与地下水

地表水和地下水，虽然都来自大气降水的补给，相互联系又相互转化，有许多相似之处，但它们仍然有许多不同，我们认识了这些才便于因地制宜合理开发水资源。

地表水和地下水赋存在两个显著不同的环境。地表水存在于地表以上的江河、湖泊里，水资源量的大小主要受流域降水补给的控制；而地下水是存在于地下岩层里，地下水资源除受降水补给外，还受地质构造、岩性、补给排泄等水文地质条件的制约，况且它又是隐伏地面下的水资源，两者在动态变化上和外部表现上也必然有显著不同。

地表水汇集快，常常量大，变化大，洪水爆发来势猛；地下水渗流比较缓慢，流量稳定，即使天然流出的“泉”，流量也比较小，流速低且稳定，水质好，多宜饮用。存在于地下岩层的水常常成为一个地区优质的地下蓄水体，为不少缺水地区带来了希望和生机。

正是由于地表水与地下水赋存在两个显著的环境，探明和认识它们的时空分布规律的方法也根本不同。由于人们直接接触地表水，看得见，摸得着，所以即使非专业人员也会注意到河、湖水的水质、水量是随时间、空间的变化而变化的，同时，也直观地了解到这种变化是由降水多寡造成的。同样原因，人们一般对开发、保护、管理等一系列问题能够有一定的理解，何况在治水、地表水的监测、调蓄、引水灌溉等方面，祖先已给我们遗留下许多宝贵经验。与此相反，对赋存于地下岩层里的水，除水文地质专业人员外，一般人对其了解较少。因为要了解是否有地下水存在，常需经过勘察、评价和监测去探明，这还需要技术和投入，所以，常常有许多地区地下蓄水构造蕴藏着丰富的地下水，而那里地表上生息的人们却不知道，甚至他们连吃水都成为问题。这就是说，开发利用地下水，首先要探查，然后才能开发，建立供水水源地的一整套设施，以实现向工矿企业或居民供水。由于人们对地下水的开发利用、保护、管理等方面的了解较少，在开采地下水方面产生的问题不仅多，而且难以解决。

另外，地表水与地下水还有一点不同，就是在许多地区人们愿意饮用甘甜清凉的地下水，这是因为地下水埋藏在地下，雨水下渗过程中地层本身对杂质有自然净化作用，水质好，受人类活动影响小，所以不易污染。而地表水直接由地面汇流于江河，携带许多杂质，又易直接受人类活动影响，最易污染。需特别指出的是，地下水与地表水相比虽不易污染，但地下水一旦被污染，却很难治理。

2.6　中国水资源量概况

据统计，我国多年平均降水量约6190km^3，折合降水深度为648mm，与全球陆地降水深度800mm相比低20%。我国水资源总量为2788km^3，水资源可利用量8140亿m^3，仅占水资源总量的29%，仅次于巴西、俄罗斯、加拿大、美国、印度尼西亚；人均占有水资源量仅为2173m^3，不足世界人均占有量的1/4，约是美国的1/6，俄罗斯和巴西的1/12，加拿大的1/50，排在世界第121位。从表面看，我国淡水资源相对比较丰富，属于丰水国家。但我国人口基数和耕地面积基数大，人均和亩均量相对较小，已经被联合国列为13个贫水国家之一。联合国规定人均1700m^{3}为严重缺水线，人均1000m^{3}为生存起码标准。

我国水资源地区分布不匀，主要是水资源的分布与人口、耕地的分布不相适应。从全国来讲，多半地区降水量低于全国年平均降水量，仅为世界年平均降水量的4/5，其中有40%的国土降水量在400mm以下。客观上，降水量又存在南、北方的差异，南方水多（水资源量占全国54.7%）地少（耕地占35.9%），北方则人多地多，水资源量却不到全国的1/5。这种地理分布上的特点，为从南方调水到北方的跨流域调水工程提供了资源条件，即可用调水的办法解决水资源在地区上的重新分配问题。另外，我国水资源在时间上具有鲜明的年际变化和年内变化，历史上连丰年与连枯年的出现，以及全国夏季降水多集中在6至9月，降水量占全年60%～80%之多，一年内水资源主要补给期当然也是这个时期，这种特点要求人类兴建水利工程，去拦蓄和调节水资源，如兴建地面或地下水库，实行水资源地上与地下联合调蓄，解决水资源在时间上的重新分配问题。由此可见，研究水资源的时空分布规律及其特点，对人类改造自然、除弊兴利、改造水资源条件等具有重要的现实意义。

我国水资源天然水质相当好，但人为污染发展很快，水质下降，水源保护问题十分紧迫。我国河流的天然水质是相当好的，矿化度大于 1g/L 的河水分布面积仅占全国河水面积的 13.4%，而且主要分布在我国西北人烟稀少的地区。但由于人口不断增长和工业迅速发展，废污水的排放量增量很快，水体污染日趋严重。人口密集、工业发达的城市附近，河流污染比较严重。一些城市的地下水也遭到了污染，北方城市较为严重。因此，治理污染源，保护重点供水系统的水源，提高水质监测水平，已成为当前迫切的任务。我国涵养水源的森林覆盖率低，水土流失严重，河流水库的泥沙问题比较突出。

2.7 山东水资源概况

山东省位于北纬 34°20′～38°30′和东经 114°45′～122°45′之间，总面积 15.67 万 km^2。大气降水是山东地区地表水、地下水资源的补给来源。全省多年平均年当地水资源总量 303.07 亿 m^3。人均、地均水资源占有量均仅为全国平均数的 1/6，是缺水省份。由于山东的降水量时空变化较大，因此，水资源量在时间和空间上分布很不均匀，这一特点造成了山东水旱自然灾害频繁发生，同时也给水资源的开发利用带来很大困难。根据《山东省水资源综合规划》，山东省降水量、蒸发量、径流量、地表水资源量如下：

2.7.1 降水量

大气降水是地表水、土壤水和地下水的主要补给来源。一个区域降水量大小及其时空变化特点对该区域水资源量大小及其时空变化特征有着极大的影响。

全省 1956—2000 年平均年降水总量为 1060 亿 m^3，相当于面平均年降水量 679.5mm。

由于受地理位置、地形等因素的影响，山东省年降水量在地区分布上很不均匀。1956—2000 年平均年降水量从鲁东南的 850mm 向鲁西北的 550mm 递减，等值线多呈西南—东北走向。600mm 等值线自鲁西南菏泽市的鄄城，经济宁市的梁山、德州市的齐河、滨州市的邹平、淄博市的临淄、潍坊市的昌邑、烟台市的莱州、龙口至蓬莱县的东部。该等值线西北部大部分是平原地区，多年平均年降水量均小于 600mm；该等值线的东南部，均大于 600mm，其中崂山、泰山和昆嵛山由于受地形等因素影响，其年降水量达 1000mm 以上。

根据山东省各地年降水量的分布，按照全国年降水量五大类型地带划分标准，山东省除日照市绝大部分地区、临沂市中南部、枣庄市东南部、青岛市崂山水库上游及泰山、昆嵛山附近的局部地区多年平均年降水量在 800mm 以上为湿润带外，其他地区均为过渡带。

降水量的年际变化可从变化幅度和变化过程两个方面来分析。从多年平均年降水量的变差系数来看，全省各地降水量的年际变化较大，C_v 值一般为 0.20～0.35。全省 C_v 值总的变化趋势为由南往北递增、山区小于平原。鲁北平原区和胶莱河谷平原区的 C_v 值一般都大于 0.30；沂蒙山、五莲山区及其南部地区 C_v 值一般都小于 0.25。

山东省年降水量的多年变化过程具有明显的丰、枯水交替出现的特点，连续丰水年和连续枯水年的出现十分明显。

2.7.2　蒸发能力

山东省 1980—2000 年平均年蒸发量在 900～1200mm 之间，总体变化趋势是由鲁西北向鲁东南递减。鲁北平原区的武城、临清和庆云、无棣，以及泰沂山北的济南、章丘、淄博一带是全省的高值区，年蒸发量在 1200mm 以上。泰沂山南的徂徕山、莲花山一带是低值区，年蒸发量低于 1100mm。鲁东南的青岛、日照、郯城一带是全省年蒸发量最小地区，在 900mm 左右。

2.7.3　地表水资源量

山东省 1956—2000 年水资源分区天然径流量计算成果见表 2-2。就多年平均年径流深而言，全省各水资源三级区中沂沭河区年径流深最大，为 262.8mm；徒骇马颊河区最小，仅为 43.7mm。年径流深大于 200mm 的分区有沂沭河区、中运河区、日赣区和胶东半岛区；年径流深小于 100mm 的分区有徒骇马颊河区、黄河干流区、湖西区和小清河区。就多年平均年径流量而言，沂沭河区年径流量最大为 451647 万 m^3；黄河干流区最小为 11807 万 m^3。

山东省 1956—2000 年各地级行政区天然径流量计算成果见表 2-3。

由表 2-3 可知，1956—2000 年，就多年平均年径流深而言，全省各地级行政区中临沂年径流深最大，为 267.0mm；聊城年径流深最小，为 31.9mm。年径流深大于 200mm 的地级行政区有临沂、威海、日照、枣庄；年径流深小于 100mm 的地级行政区有聊城、德州、东营、滨州、菏泽、济宁和潍坊。就多年平均年径流量而言，临沂年径流量最大，为 458904 万 m^3；聊城年径流量最小，仅为 27394 万 m^3。

表 2-2　山东省 1956—2000 年水资源分区天然年径流量成果表

水资源区名称				统计参数				不同频率天然年径流量/万 m^3			
				年均值/万 m^3	年均值/mm	C_v	C_s/C_v	20%	50%	75%	95%
淮河流域及山东半岛	沂沭泗河区		湖东区	134594	116.2	0.60	2.0	193789	118847	75238	34214
			湖西区	87583	56.5	0.55	2.0	123471	78913	52226	25925
			中运河区	106667	257.7	0.55	2.0	150374	96107	63606	31573
			沂沭区	451647	262.8	0.54	2.0	634028	408528	272730	137615
			日赣区	66928	252.9	0.60	2.0	96363	59097	37413	17013
			小计	847420	166.0	0.58	2.0	1210051	754722	486165	229010
	山东半岛沿海诸河		小清河区	114627	75.8	0.75	2.0	174033	93994	51611	17395
		山东半岛沿海诸河	潍弥白浪区	151191	118.2	0.74	2.0	228815	124653	69137	23803
			胶莱大沽区	104245	101.8	1.18	2.0	171235	61561	20033	1975
			胶东半岛区	404942	201.4	0.69	2.0	602708	342857	199576	76468
			独流入海区	46295	165.8	0.85	2.0	72267	35749	17687	4741
			小计	821300	134.5	0.82	2.0	1271580	646469	330074	94900
	合计			1668720	148.9	0.60	2.0	2402623	1473480	932815	424189

续表

水资源区名称			统计参数				不同频率天然年径流量/万 m^3			
			年均值/万 m^3	年均值/mm	C_v	C_s/C_v	20%	50%	75%	95%
黄河流域	花园口以下	大汶河区	166841	146.1	0.74	2.0	252499	137556	76294	26267
		黄河干流	11807	53.4	1.04	2.0	19118	7919	3123	488
		小计	178648	131.0	0.88	2.0	280866	135227	64734	16030
海河流域	徒骇马颊河区	徒骇马颊河区	135222	43.7	1.16	2.0	221839	81420	27273	2866
全省合计			1982591	126.5	0.60	2.0	2854534	1750628	1108268	503975

表 2-3　山东省 1956—2000 年各地市天然年径流量成果表

地级行政区	统计参数				不同频率天然年径流量/万 m^3			
	年均值/万 m^3	年均值/mm	C_v	C_s/C_v	20%	50%	75%	95%
济南市	81953	100.5	0.80	2.0	126174	65340	34084	10333
青岛市	139101	130.5	0.99	2.0	223461	97154	40886	7478
淄博市	76140	128.2	0.71	2.0	114100	63803	36428	13388
枣庄市	101948	224.1	0.58	2.0	145574	90796	58488	27551
东营市	42736	53.9	0.88	2.0	67160	32391	15542	3869
烟台市	249314	181.4	0.69	2.0	371074	211090	122874	47079
潍坊市	154360	97.3	0.86	2.0	241550	118412	57957	15132
济宁市	90664	80.3	0.59	2.0	129948	80439	51414	23840
泰安市	97604	125.7	0.82	2.0	151116	76827	39226	11278
威海市	134846	248.1	0.69	2.0	200703	114172	66459	25464
日照市	128607	242.2	0.65	2.0	188504	111203	67448	28078
莱芜市	37996	169.3	0.69	2.0	56592	32139	18671	7126
临沂市	458904	267.0	0.53	2.0	640080	417465	282306	145943
德州市	42941	41.5	1.28	2.0	70786	22857	6390	442
聊城市	27394	31.9	1.26	2.0	45141	14938	4325	324
滨州市	55978	59.2	1.01	2.0	90218	38485	15791	2708
菏泽市	62103	50.8	0.56	2.0	87854	55788	36656	17946
全省	1982591	126.5	0.60	2.0	2854534	1750628	1108268	503975

主要河流天然径流量：全省选定了大汶河、小清河、潍河、弥河、沂河、沭河、大沽河、五龙河、大沽夹河共九条主要河流进行天然年径流量的计算。山东省 1956—2000 年各主要河流地表水资源量成果见表 2-4。

表 2-4　山东省 1956—2000 年各主要河流地表水资源量成果表

河名	年径流量统计参数				不同保证率天然年径流量/万 m^3			
	均值/万 m^3	均值/mm	$C_{v适}$	C_s/C_v	20%	50%	75%	95%
大沽河	55818	120.5	1.07	2.00	90756	36472	13813	1947
大沽夹河	40914	178.2	0.72	2.00	61516	34097	19286	6931
大汶河	139097	162.9	0.71	2.00	208656	116370	66254	24188
弥河	39794	176.1	0.88	2.00	62563	30122	14419	3571
沭河	152121	264.7	0.54	2.00	213549	137597	91859	46351
潍河	93374	146.7	0.74	2.00	141314	76984	42699	14700
五龙河	54270	193.4	0.75	2.00	82395	44501	24435	8235
小清河	90020	83.6	0.75	2.00	136500	73978	40785	13864
沂河	281790	266.5	0.60	2.00	405721	248820	157521	71631

山东省九条主要河流的年径流深和年径流量的差别都比较大。沂河多年平均年径流深最大，为 266.5mm；沭河次之，为 264.7mm；小清河最小，为 83.6mm。年径流量以沂河最大，达 28.2 亿 m^3；其次为沭河，为 15.2 亿 m^3。年径流量超过 10.0 亿 m^3 的河流还有大汶河，为 13.9 亿 m^3。

山东省 1956—2000 年平均年径流深 126.5mm（年径流量为 198.3 亿 m^3）。年径流深的分布很不均匀，总的分布趋势是从东南沿海向西北内陆递减，等值线走向多呈西南—东北走向。多年平均年径流深多在 25～300mm 之间。鲁北地区、湖西平原区、泰沂山以北及胶莱河谷地区，多年平均年径流深都小于 100mm。其中鲁西北地区的武城、临清、冠县一带是全省的低值区，多年平均年径流深尚不足 25mm。鲁中南及胶东半岛山丘地区，年径流深都大于 100mm，其中蒙山、五莲山、崂山及枣庄东北部地区，年径流深达 300mm 以上，是山东省径流的高值区。高值区与低值区的年径流深相差 10 倍以上。

根据全国划分的五大类型地带，山东省大部分地区属于过渡带，少部分地区属于多水带和少水带。

全国按年径流深多寡划分的五大地带是：

（1）丰水带：年径流深在 1000mm 以上，相当于降水的十分湿润带；

（2）多水带：年径流深在 300～1000mm 之间，相当于降水的湿润带；

（3）过渡带：年径流深在 50～300mm 之间，相当于降水的过渡带；

（4）少水带：年径流深在 10～50mm 之间，相当于降水的干旱带；

（5）干涸带：年径流深在 10mm 以下。

山东省年径流深 50mm 等值线自鲁西南的定陶向东北，经茌平、禹城、商河、博兴、广饶，从寿光北部入海。此等值线的西北部年径流深小于 50mm，属于少水带；蒙山、五莲山、枣庄东北部及崂山地区年径流深在 300mm 以上，属于多水带。山东省的其他地区年径流深在 50～300mm 之间，属于过渡带。

2.7.4 地下水资源量

1. 平原区地下水资源量

平原区地下水资源量是指与当地降水和地表水体有直接补排关系的动态水量。重点是矿化度 $M \leqslant 2g/L$ 的浅层淡水，以 1980—2000 年多年平均地下水资源量作为近期条件下的多年平均地下水资源量。平原区采用补给量法计算地下水资源量。平原区地下水各项补给量包括降水入渗补给量、河道渗漏补给量、灌溉入渗补给量（引黄、引河、引湖、引库）、山前侧渗补给量、平原水库渗漏补给量、人工回灌补给量、井灌回归补给量。

全省平原淡水区（$M \leqslant 2g/L$）多年平均降水入渗补给量为 645643 万 m^3/a；多年平均降水入渗补给模数为 11.6 万 $m^3/(km^2 \cdot a)$。

全省平原淡水区（$M \leqslant 2g/L$）多年平均河道渗漏补给量为 21356 万 m^3/a。

全省多年平均黄河侧渗补给总量为 25483 万 m^3/a，平均单宽侧渗补给量为 29.9 万 m^3/km，其中淡水区（$M \leqslant 2g/L$）多年平均黄河侧渗补给量为 21314 万 m^3/a。

全省平原淡水区（$M \leqslant 2g/L$）多年平均引黄灌溉入渗补给量为 116537 万 m^3/a。

全省平原淡水区（$M \leqslant 2g/L$）引黄平原水库多年平均渗漏补给量为 1682 万 m^3/a。

黄河侧渗补给量、引黄灌溉入渗补给量、引黄平原水库渗漏补给量均属跨水资源一级区调水形成的补给量，全省平原淡水区（$M \leqslant 2g/L$）跨水资源一级区调水形成的多年平均补给量为 139533 万 m^3/a。

全省平原淡水区（$M \leqslant 2g/L$）引河、库、湖多年平均灌溉入渗补给量为 40297 万 m^3/a。

全省平原淡水区（$M \leqslant 2g/L$）多年平均人工回灌补给量为 25546 万 m^3/a。

省内河道渗漏补给量，引河、库、湖灌溉入渗补给量，人工回灌补给量均为本水资源一级区内引水形成的补给量。全省平原淡水区（$M \leqslant 2g/L$）本水资源一级区内引水形成的多年平均补给量为 87199 万 m^3/a。

跨水资源一级区调水形成的补给量、本水资源一级区内引水形成的补给量两者之和为平原区地表水体补给量。全省平原淡水区（$M \leqslant 2g/L$）多年平均地表水体补给量为 226732 万 m^3/a。

全省平原淡水区（$M \leqslant 2g/L$）多年平均山前侧向补给量为 33208 万 m^3/a。

全省平原淡水区（$M \leqslant 2g/L$）多年平均井灌回归补给量为 54360 万 m^3/a。

均衡计算区内近期条件下（1980—2000 年）多年平均各项补给量之和为多年平均地下水总补给量，多年平均总补给量扣除井灌回归补给量为近期条件下多年平均地下水资源量。

全省平原淡水区（$M \leqslant 2g/L$）多年平均地下水总补给量为 959942 万 m^3/a，多年平均总补给模数为 17.3 万 $m^3/(km^2 \cdot a)$；扣除井灌回归补给量 54360 万 m^3/a，多年平均地下水资源量为 905582 万 m^3/a，多年平均地下水资源模数为 16.3 万 $m^3/(km^2 \cdot a)$。其中，降水入渗补给量占多年平均地下水总补给量的 67.3%，占多年平均地下水资源量的 71.3%；山前侧渗补给量、地表水体补给量、井灌回归补给量分别占多年平均地下水总补给量的 3.4%、23.6%、5.7%。按水资源分区，胶东半岛区多年平均总补给模数最大为 24.2 万 $m^3/(km^2 \cdot a)$，多年平均资源模数为 21.5 万 $m^3/(km^2 \cdot a)$；胶莱大沽区多年平均总补给模数最小为 13.1 万 $m^3/(km^2 \cdot a)$，多年平均资源模数为 12.0 万 $m^3/(km^2 \cdot a)$。按行政分区，淄博市多年平均总补给模数最大为 25.3 万 $m^3/(km^2 \cdot a)$，多年平均资源模数为 22.5 万 $m^3/(km^2 \cdot a)$；青岛市多年平均总补给模数最小为 14.9 万 $m^3/(km^2 \cdot a)$，多年平均资源模数为 13.5 万 $m^3/(km^2 \cdot a)$。

2. 山丘区地下水资源量

山东省山丘区地形、地貌、地质构造、地层岩性比较复杂，水文地质条件差异较大，根据地下水的类型划分为一般山丘区和岩溶山丘区。一般山丘区指由太古界变质岩、各地质年代形成的岩浆岩和非可溶性的沉积岩构成的山地或丘陵，地下水类型以基岩裂隙水为主，缺少具备集中开采条件的大规模富水区；岩溶山丘区指以奥陶系、寒武系可溶性石灰岩为主构成的山地、丘陵，地下水类型以岩溶水为主，在地下水排泄区往往形成可供集中开采的大规模富水区。

1980—2000 年全省山丘区多年平均地下水资源量，经计算为 809030 万 m^3/a，地下水资源模数为 10.2 万 $m^3/(km^2 \cdot a)$。其中，一般山丘区多年平均地下水资源量为 698857 万 m^3/a，地下水资源模数为 9.4 万 $m^3/(km^2 \cdot a)$；岩溶山丘区多年平均地下水资源量为 110173 万 m^3/a，地下水资源模数为 20.3 万 $m^3/(km^2 \cdot a)$。

3. 全省地下水资源量

全省多年平均地下水资源量为 1654550 万 m^3/a，其中山丘区为 809030 万 m^3/a，平原区为 905582 万 m^3/a，重复计算量为 60062 万 m^3/a，多年平均地下水资源模数为 12.2 万 $m^3/(km^2 \cdot a)$。按水资源分区，小清河区多年平均地下水资源模数最大为 16.3 万 $m^3/(km^2 \cdot a)$，胶莱大沽区最小为 8.4 万 $m^3/(km^2 \cdot a)$；按行政分区，济南市多年平均地下水资源模数最大为 16.9 万 $m^3/(km^2 \cdot a)$，青岛市多年平均地下水资源模数最小为 8.6 万 $m^3/(km^2 \cdot a)$。

2.7.5　水资源总量

山东省 1956—2000 年系列多年平均水资源总量为 3030695 万 m^3。各水资源分区中以沂沭区最大，为 519318 万 m^3，黄河干流区最小，为 11807 万 m^3；各行政分区中，以临沂市最大，为 539225 万 m^3，莱芜最小，为 47553 万 m^3。

第 3 章　水信息采集

河流水情的变化可由河流水文要素的观测资料来反映，对各项水文要素的观测，称为水文测验。水文站是进行水文测验的观测站，在固定的测流断面上，按国家水文测验规范的要求，定时进行水位、流速、流向、流量、比降、降雨、蒸发、泥沙、地下水位等各项水文要素的观测和资料整编工作。

为了能正确地应用水文站的观测资料，了解一般的水文观测工作，现简要介绍水位、流速观测和流量计算的基本知识。

水文站一般应布设基线、水准点和各种断面，即基本水尺断面、流速仪测流断面、浮标测流断面及比降断面。基本水尺断面上设立基本水尺，用来进行经常的水位观测。测流断面应与基本水尺断面重合，且与断面平均流向垂直。若不能重合时，亦不能相距过远。浮标测流断面有上、中、下三个断面，一般中断面应与流速仪测流断面重合。上、下断面之间的间距不宜太短，其距离应为断面最大流速的 50～80 倍。比降断面设立比降水尺，用来观测河流的水面比降和分析河床的糙率。上、下比降断面间的河底和水面比降，不应有明显的转折，其间距应使得所测比降的误差能在±15%以内。水准点分为基本水准点和校核水准点，均应设在基岩或稳定的永久性建筑物上，也可埋设于土中的石柱或混凝土桩上。前者是测定测站上各种高程的基本依据，后者是经常用来校核水尺零点的高程。基线通常与测流断面垂直，起点在测流断面线上。其用途是用经纬仪或六分仪测角交会法推求垂线在断面上的位置。基线的长度视河宽 B 而定，一般应为 $0.6B$。当受地形限制的情况下，基线长度最短也应为 $0.3B$。基线长度的丈量误差不得大于 1/1000，见图 3-1。

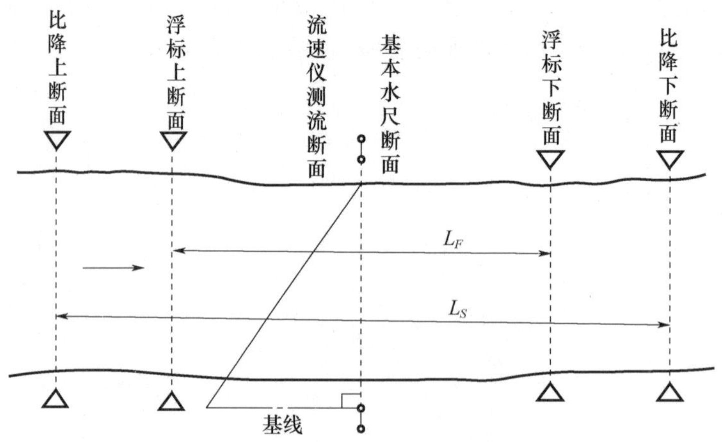

图 3-1　水文站基线与断面布设示意图

3.1　水位观测

水位是指河流、湖泊、水库及海洋等水体的自由水面离开固定基面的高程，以 m 计。水位与高程数值一样，要指明其所用基面才有意义。目前全国统一采用黄海基面，但各流域由于历史的原因，多沿用以往使用的大沽基面、吴淞基面、珠江基面，也有使用假定基面、测站基面或冻结基面的。使用水位资料时一定要查清其基面。

3.1.1　水位观测的作用

水位观测的作用一是直接为水利、交通、防洪、防涝提供具有单独使用价值的资料，如堤防、坝高、桥梁及涵洞、公路路面标高的确定，二是为推求其他水文数据提供间接运用资料，如 $Q=f(z)$，$i=(Z_2-Z_1)/L$，水资源计算，水文预报中的上、下游水位相关法等。其中 Q 为流量；i 为比降，以小数或千分数表示；Z_2、Z_1 分别为上、下比降断面的水位；L 为上、下比降断面的间距。

3.1.2　水位观测的常用设备

水位观测的常用设备有水尺、自记水位计两类。

1. 水尺

水尺按其构造形式不同，可分为直立式、倾斜式、矮桩式与悬锤式等。观测时，水面在水尺上的读数加上水尺零点的高程即为当时的水位值。可见水尺零点高程是一个重要的数据，要定期根据测站的校核水准点对各水尺的零点高程进行校核。

2. 自记水位计

自记水位计能将水位变化的连续过程自动记录下来，能将所观测的数据以数字或图像的形式远传室内，使水位观测工作趋于自动化和远传化，几乎都是无人驻守测站。水位观测系统基于移动 GPRS 及 PSTN 双通道，主要由水文信息采集仪、中心路由器、中心服务器、现场传感器（水位计等）、数据采集、传输、控制于一体的水情监测管理软件组成。系统工作原理及流程：水文信息采集仪采集到数据可以通过 GPRS 信道以 UDP 或 TCP 数据包形式送到中心站。前置机取得数据后，处理数据并将数据添加到本地数据库中。

水位的观测包括基本水尺和比降水尺的水位观测。基本水尺的观测，当水位变化缓慢时（日变幅在 0.12m 以内）；每日 8 时和 20 时各观测一次（称 2 段制观测，8 时是基本时）；枯水期日变幅在 0.06m 以内，用 1 段制观测；日变幅在 0.12～0.24m 时，用 4 段制观测；依次 8 段、12 段制等。有峰谷出现时，还要加测。比降水尺观测的目的是计算水面比降，分析河床糙率等。其观测次数，视需要而定。

3.1.3　水位观测数据整理

水位观测数据整理工作的内容包括日平均水位、月平均水位、年平均水位的计算。日平均水位的计算方法有二：若一日内水位变化缓慢，或水位变化较大，但系等时距人工观测或从自记水位计上摘录，采用算术平均法计算；若一日内水位变化较大、且系不等时距观测或摘录，则采用面积包围法，即将当日 0～24 小时内水位过程线所包围的面积，除以一日时间求得，见图 3-2，其计算公式为：

$$\overline{Z}=\frac{1}{48}[Z_0\Delta t_1+Z_1(\Delta t_1+\Delta t_2)+Z_2(\Delta t_2+\Delta t_3)+\cdots+ Z_{n-1}(\Delta t_{n-1}+\Delta t_n)+Z_n\Delta t_n] \tag{3-1}$$

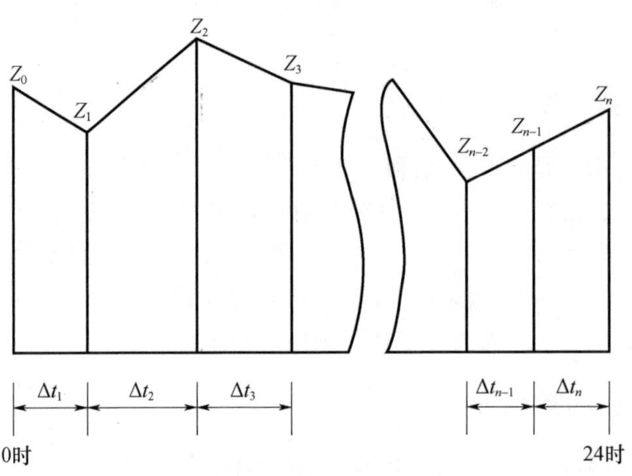

图 3-2 面积包围法示意图

如 0 时或 24 时无实测数据，则根据前后相邻水位直线内插求得。

根据逐日平均水位可算出月平均水位和年平均水位及保证率水位。这些经过整理分析处理后的水位资料即可提供各生产单位应用。如水文年鉴中，均载有各站的日平均水位表，表中附有月、年平均水位，年及各月的最高、最低水位。汛期内水位详细变化过程则载于水文年鉴中的汛期水文要素摘录表内。

3.2 流量测验

测验流量的方法很多，下面主要介绍流速仪法、浮标法和 H-ADCP 测流等多种方法。

为了比较精确地测得河流在不同水位时的流量，需进行流速测量。在河流断面上各点的流速并不一致，岸边的流速较之河道中间的流速小，河流表面的流速较之河底的流速大。水流断面的最大流速一般是在最大水深处的水面附近，图 3-3（a）为通畅河流的等流速线断面分布图。图 3-3（b）为垂线流速分布图，靠近河底处因摩擦力的影响，流速最小，向上逐渐增加，但水面因受空气的阻力，流速并非最大。根据实验证明：最大流速是在水面下 0.2h 处（h 为水深）；0.6h 处的流速约等于该垂线上的平均流速。

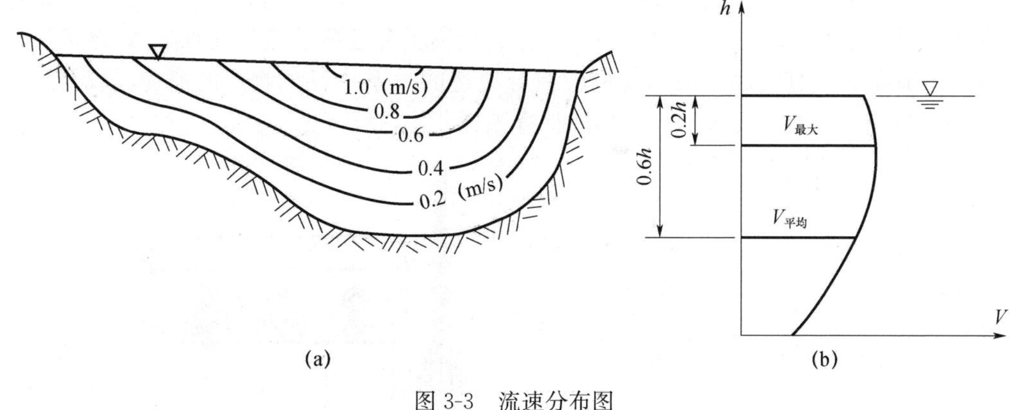

图 3-3　流速分布图

3.2.1　流速仪法测流

流速仪法测流工作一般分为横断面测量及流速测验两部分。

1. 断面量测

河道水道断面的测量，是在断面上布设一定数量的测深垂线，施测各条测深垂线的起点距和水深并观测水位，用施测时的水位减去水深，即得各测深垂线处的河底高程。

测深垂线的位置，应根据断面情况布设于河床变化的转折处，并且主槽较密，滩地较稀。测深垂线的起点距是指该测深垂线至基线上的起点桩之间的水平距离。测定起点距的方法有多种。中小河流可在断面上架设过河索道，并直接读出起点距，称此法为断面索法；大河上常用仪器测角交会法。常用仪器为经纬仪、平板仪、六分仪等。如用经纬仪测量，在基线的另一端（起点距是一端）架设经纬仪，观测测深垂线与基线之间的夹角。因基线长度已知，即可算出起点距；目前最先进的是用全球定位系统（GPS）定位的方法，它是利用全球定位仪接收天空中的三颗人造定点卫星的特定信号来确定其在地球上所处位置的坐标，优点是不受任何天气气候的干扰，24 小时均可连续施测，且快速、方便、准确。水深一般用测深杆、测深锤或测深铅鱼等直接测量。超声波回声测深仪也可施测水深，它是利用超声波具有定向反射的特性，根据声波在水中的传播速度和超声波从发射到回收往返所经过的时间计算出水深，具有精度好、工效高、适应性强、劳动强度小，且不易受天气、潮汐和流速大小限制等优点。

河道水道断面扩展至历年最高洪水位以上 0.5～1.0m 的断面称为大断面。它是用于研究测站断面变化的情况以及在测流时不施测断面可供借用的断面。大断面的面积分为水上、水下两部分。水上部分面积采用水准仪测量的方法进行；水下部分面积测量称水道断面测量。由于测水深工作困难，水上地形测量较易，所以大断面测量多在枯水季节施测，汛前或汛后复测一次。但对断面变化显著的测站，大断面测量一般每年除汛前或汛后施测一次外，在每次大洪水之后应及时施测过水断面的面积。

2. 流速测量

天然河道中一般采用流速仪法测定水流的流速。它是国内外广泛使用的测流速方法，是评定各种测流新方法精度的衡量标准。

流速仪一般分为旋杯式和旋桨式两种，图 3-4 所示为旋杯式流速仪。流速仪只能测得断面中某一点的流速，测流时可将流速仪放到需要测速的位置（测点处），水流冲击旋杯（或旋桨）使其转动，根据每秒转数与流速的关系推算该测点的流速。仪器出厂时均通过检定，附有检定公式，可用以计算流速。

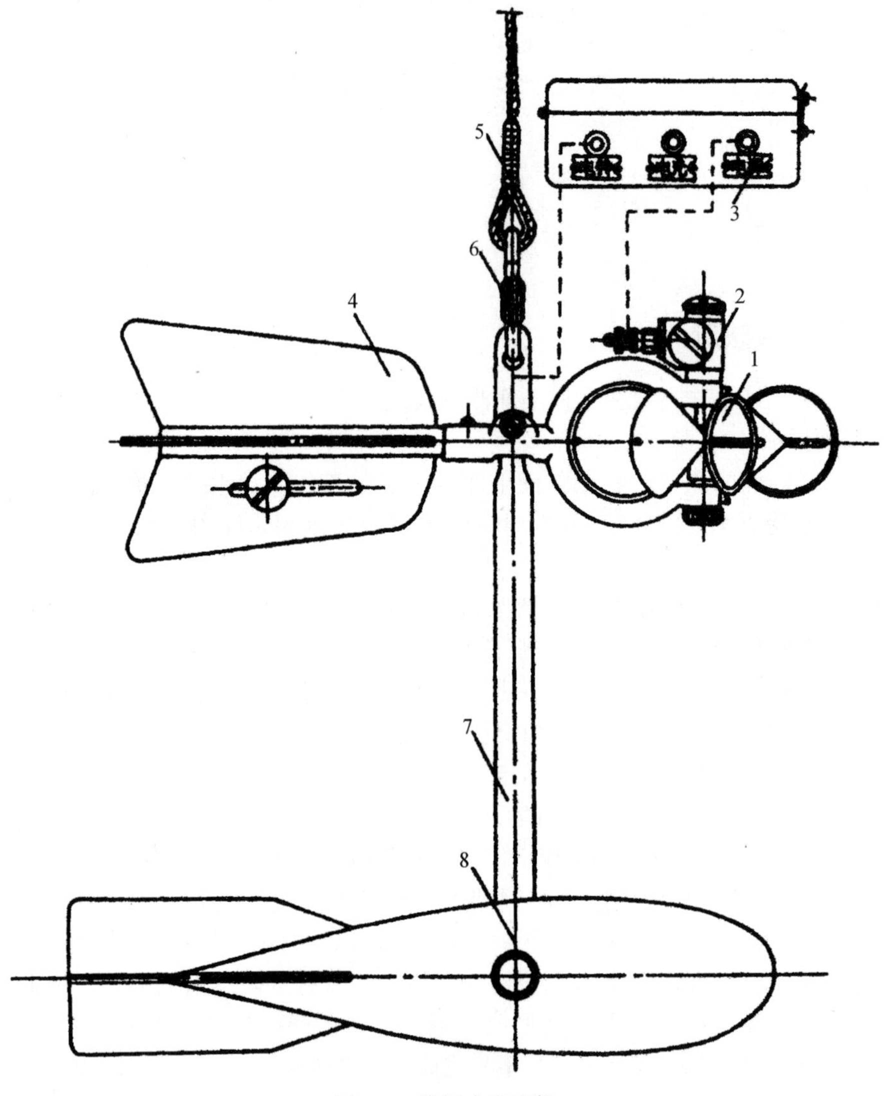

图 3-4　旋杯式流速仪

1—旋杯；2—传讯盒；3—电铃计数器；4—尾翼；
5—钢丝绳；6—绳钩；7—悬杆；8—铅鱼

进行流速测验，首先要在测流段面上布设适当数量的垂线，测出各条垂线的水深和起点距（各垂线到测流断面起点桩的水平距离），以便绘制测流断面图，这些垂线称为测深垂线。用流速仪测流时，需要在测流断面上选择若干有代表性的垂线施测流速，称为测速垂线。多数测深垂线与测速垂线相重合，但测深垂线一般较测速垂线多。对于每一条测速垂线，也要测出水深和起点距，并按不同水深在垂线上布置若干个测点，用流速仪逐点测出流速。但是，测速垂线的水深测量，应与流速测量同时进行，水位变化较大时，还应该同时观测水位。流速仪测流开始和结束时，均应观测水位和比降，必要时还应增加观测次数。测深垂线、测速垂线、测点的布设原则和数量，均应根据测流断面的实际情况，按有关规范确定。

3. 流量计算

流量的计算方法有图解法、流速等值线法和分析法。前两种方法在理论上比较严格，但比较烦琐，这里主要介绍常用的分析法，具体步骤及内容如下。

（1）垂线平均流速的计算

视垂线上布置的测点情况，分别按下列公式进行计算：

一点法 $$V_m=V_{0.6}$$

两点法 $$V_m=\frac{1}{2}(V_{0.2}+V_{0.8})$$

三点法 $$V_m=\frac{1}{3}(V_{0.2}+V_{0.6}+V_{0.8})$$

五点法 $$V_m=\frac{1}{10}(V_{0.0}+3V_{0.2}+3V_{0.6}+2V_{0.8}+V_{1.0}) \tag{3-2}$$

式中　V_m——垂线平均流速；

$V_{0.0}$、$V_{0.2}$、$V_{0.6}$、$V_{0.8}$、$V_{1.0}$——与脚标数值相应的相对水深处的测点流速。

（2）部分平均流速的计算

岸边部分（图 3-5）：由距岸第一条测速垂线所构成的岸边部分（两个，左岸和右岸，多为三角形），按下列公式计算：

$$V_1=\alpha V_{m1} \tag{3-3}$$

$$V_{n+1}=\alpha V_{mn} \tag{3-4}$$

式中　α——岸边流速系数，其值视岸边情况而定。斜坡岸边 $\alpha=0.67\sim0.75$，一般取 0.70；陡岸 $\alpha=0.80\sim0.90$；死水边 $\alpha=0.60$。

中间部分：由相邻两条测速垂线与河底及水面所组成的部分，部分平均流速为相邻两垂线平均流速的平均值，按下式计算：

$$V_i=\frac{1}{2}(V_{mi-1}+V_{mi}) \tag{3-5}$$

（3）部分面积的计算

因为断面上布设的测深垂线数目比测速垂线的数目多，故首先计算测深垂线间的断面面积。计算方法是距岸边第一条测深垂线与岸边构成三角形，按三角形面积公式计算（左、右岸各一个）；其余相邻两条测深垂线间的断面面积按梯形面积公式计算。其次以测速垂线划分部分，将各个部分内的测深垂线间的断面积相加得出各个部分的部分面积。若两条测速垂线（同时也是测深垂线）间无另外的测深垂线，则该部分面积就是这两条测深垂线（同时也是测速垂线）间的面积。

（4）部分流量的计算

由各部分的平均流速与部分面积之积得到部分流量，即

$$q_i=V_iA_i \tag{3-6}$$

式中　q_i——第 i 个部分的流量；

V_i——第 i 个部分的平均流速；

A_i——第 i 个部分的断面积。

（5）断面流量及其他水力要素的计算

断面流量 $$Q=\sum_{i=1}^{n} q_i \tag{3-7}$$

断面平均流速 $$V=Q/A \tag{3-8}$$

断面平均水深 $$\overline{h}=A/B \tag{3-9}$$

在一次测流过程中，与该次实测流量值相等的、某一瞬时流量所对应的水位称为相应水位。根据测流时水位涨落不同情况可分别采用平均或加权平均计算。

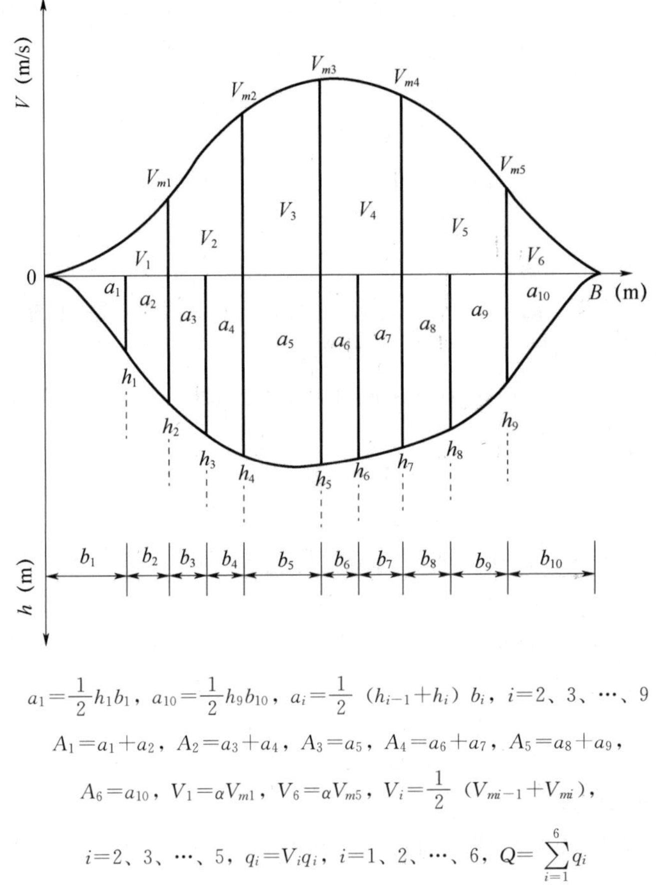

$$a_1=\frac{1}{2}h_1b_1，a_{10}=\frac{1}{2}h_9b_{10}，a_i=\frac{1}{2}(h_{i-1}+h_i)b_i，i=2、3、\cdots、9$$

$$A_1=a_1+a_2，A_2=a_3+a_4，A_3=a_5，A_4=a_6+a_7，A_5=a_8+a_9，$$

$$A_6=a_{10}，V_1=\alpha V_{m1}，V_6=\alpha V_{m5}，V_i=\frac{1}{2}(V_{mi-1}+V_{mi})，$$

$$i=2、3、\cdots、5，q_i=V_iq_i，i=1、2、\cdots、6，Q=\sum_{i=1}^{6}q_i$$

图 3-5 部分面积 A_i、部分流速 V_i 及部分流量 q_i 计算示意图

3.2.2 浮标法测流

当使用流速仪测流有困难时，使用浮标测流是切实可行的办法。浮标随水流漂移，其速度与水流速度之间有较密切的关系，故可利用浮标漂移速度（称浮标虚流速）与水道断面积来推算断面流量。用水面浮标法测流时，应先测绘出测流断面上水面浮标速度分布图。将其与水道断面相配合，便可计算出断面虚流量。断面虚流量乘以浮标

系数，即得断面流量。

水面浮标常用木板、稻草等材料做成十字形、井字形，下坠石块，上插小旗以便观测。在夜间或雾天测流时，可用油浸棉花团点火代替小旗以便识别。为减少受风面积，保证精度，在满足观测的条件下浮标尺寸应尽可能做得小些。在上游浮标投放断面沿断面均匀投放浮标，投放的浮标数目大致与流速仪测流时的测速垂线数目相当。如遇特大洪水，可只在深泓投放浮标或直接选用天然漂浮物作浮标。用秒表观测各浮标流径浮标上、下断面间的运行历时 T_i，用经纬仪测定各浮标流径浮标中断面（测流断面）的位置（定起点距），上、下浮标断面的距离 L 除以 T_i 即得水面浮标流速沿河宽的分布图。从水面虚流速分布图上内插出相应各测深垂线处的水面虚流速；再按式（3-3）至式（3-7），求得断面虚流量 Q_f 乘以浮标系数 K_f，即得断面流量 Q。

K_f 值的确定有实验比测法、经验公式法和水位流量关系曲线法。在未取得浮标系数试验数据之前，可根据下列范围选用浮标系数：一般湿润地区可取 0.85～0.90；小河取 0.75～0.85；干旱地区大、中河流可取 0.80～0.85，小河取 0.70～0.80。

3.2.3　H-ADCP 测流

H-ADCP（Horizontal Acoustic Doppler Current Profilers）是美国 RDI 公司最新推出的用于河流和明渠流速、流量实时监测的水平式声学多普勒剖面仪，属 ADCP 的第四代产品。该仪器沿波束可以扫描多达 128 个流速、流向测量单元，从而测出水流在水平方向的流速分布。

1. 主要技术指标

H-ADCP 采用声学多普勒原理测量水平层面多单元流速，最多可达 128 个单元，水平测量范围最宽可达 200m。内置温度传感器，纵、横摇角度倾斜计，超声波水位计，ADCP 换能器等多种传感器，可同时自动监测流速、流量、水位、水温等水文要素。

2. H-ADCP 测流原理

H-ADCP 测流原理是基于所测指标流速与断面平均流速建立相关关系，通过实测指标流速来推求断面流量，这种方法称为指标流速法，也称为相关分析法或回归法。基本原理 $Q=A\cdot v$；而断面面积通常可表示为水位的函数，即 $A=f(Z)$；断面平均流速可表示为某一指标流速的函数，即：

$$v=f(V_u) \tag{3-10}$$

式中　Q——断面流量，m^3/s；

A——断面面积，m^2；

v——断面平均流速，m/s；

Z——水位或水深，m；

V_u——为指标流速，m/s。

指标流速是河流断面上某处的局部流速；断面平均流速可以认为是河流断面上的总体流速。因此，指标流速法的本质是由局部流速推算总体流速，最终推求断面流量的方法。

在实际应用中，有三种局部流速可以用作指标流速：

（1）某一点处的流速（点流速），可以采用单点流速仪测验得到。

（2）某一垂线处的深度平均流速（垂线平均流速），可采用坐底式 ADCP 测验得到。

（3）某一水层处某一水平线段内的水平平均流速（水平平均流速），可采用 H-ADCP 或时差式超声波流速仪测验得到。

指标流速法是在特定地点，配合特定安装方式建立的关系，只适合某一特定位置，不具有普遍性。换了地点和安装方式后，需重新率定关系。

指标流速法关系建立后，从 H-ADCP 在线监测数据中取出指标流速，即可直接根据相关关系推求断面平均流速、断面流量，从而实现流量在线监测。

H-ADCP 除可实现流量自动在线监测外，同时还可实现水位、水温的自动监测，具有较好推广应用价值。H-ADCP 自动流量监测系统已在长江及其他河流上得到应用，如图 3-6、图 3-7 所示。

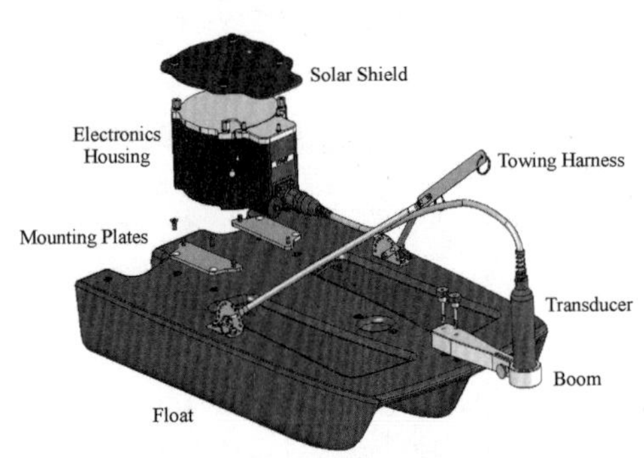

图 3-6 H-ADCP 自动流量监测系统结构示意图

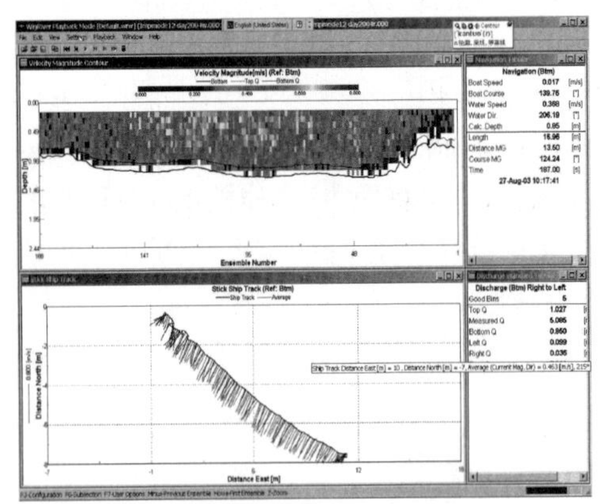

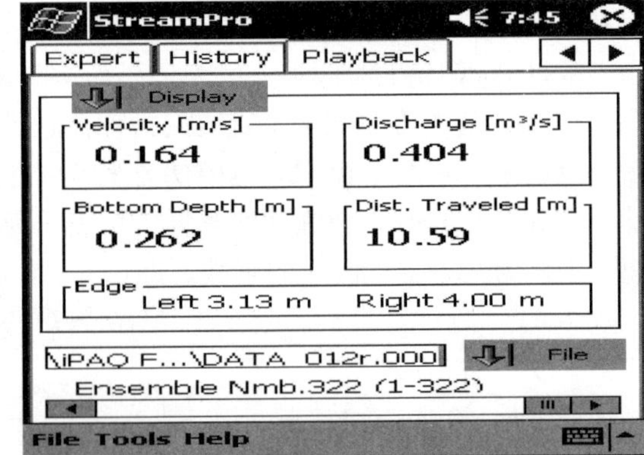

图 3-7 H-ADCP 自动流量监测系统结果图

3.3 水质信息采集

水质信息采集一般通过水质检测进行。水质检测就是对水的色度、浑浊度、臭和味、化学需氧量、生化需氧量、氨氮、细菌总数、总大肠菌群等物理性质指标、化学性指标、生物性指标等一系列指标进行测量。

水质检测一般需要取样进行实验室的化验与分析。现代水质检测仪器以传统检测方法为基础，融合多种检测手段不断技术革新，设计操作更简单、结果更精确的水质检测仪器，对环境监测和水处理提供强有力保证，常用的有常规室内水质检测仪器、多功能在线水质检测仪、便携快速水质检测仪等。

3.4　水文数据处理

各种水文测站测得的原始数据，都要按科学的方法和统一的格式整理、分析、统计、提炼成为系统、完整、有一定精度的水文资料，供水文分析计算、科学和有关国民经济部门应用。这个水文数据的加工、处理过程，称为水文数据处理。

水文数据处理的工作内容包括：收集校核原始数据；编制实测成果表；确定关系曲线；推求逐时、逐日值；编制逐日表及洪水水文要素摘录表；合理性检查；编制处理说明书等。

水位数据处理较简单，在前面已述，这里简要介绍流量资料整编中的关系曲线的确定及逐日值的推求。

3.4.1　水位流量关系曲线的确定

水位流量关系分稳定的水位流量关系和不稳定的水位流量关系，这儿仅介绍稳定的水位流量关系。稳定的水位流量关系，是指在一定条件下水位和流量之间呈单值函数关系，简称为单一关系。在普通方格纸上，纵坐标是水位，横坐标是流量，点绘的水位流量关系点据密集，分布成一带状，75%以上的中高水测流点据与平均关系线的偏离不超过±5%，75%的低水点或浮标测流点据偏离不超过±8%（流量很小时可适当放宽），且关系点没有明显的系统偏离，这时即可通过点群中心定一条单一线（供推流）。点图时在同一张图纸上依次点绘水位流量、水位面积、水位流速关系曲线，并用同一水位下的面积与流速的乘积，校核水位流量关系曲线中的流量，使误差控制在±2%～±3%。以上三条曲线比例尺的选择，应使它们与横轴的夹角分别近似为40°、60°、60°，且互不相交（图 3-8）。

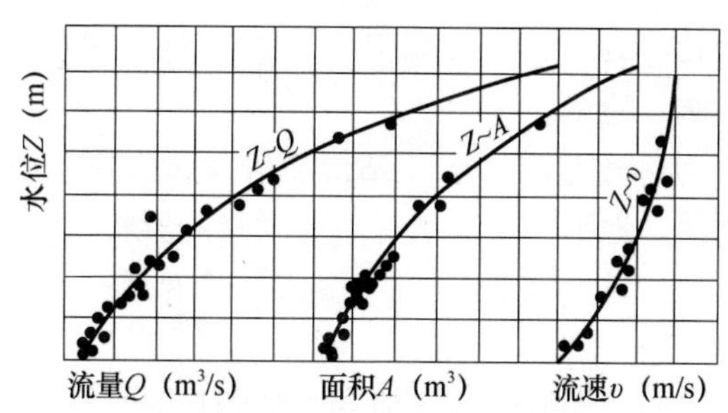

图 3-8　某站某年水位-流量、水位-面积、水位-流速关系

3.4.2 水位流量关系曲线的移用

道路规划设计工作中，常常遇到桥位设计断面处缺乏实测数据。这时就需要将邻近水文站的水位流量关系移用到设计断面上。

当设计断面与水文站相距不远且两断面间的区间流域面积不大，河段内无明显的出流与入流的情况下，在设计断面设立临时水尺，与水文站同步观测水位。因两断面中、低水时同一时刻的流量大致相等，所以可用设计断面的水位与水文站断面同时刻水位所得的流量点绘关系曲线，再将高水部分进行延长，即得设计断面的水位流量关系曲线。

当设计断面距水文站较远，且区间入流、出流近乎为零，则必须采用水位变化中位相相同的水位来移用。

若设计断面的水位观测数据不足，或甚至等不及设立临时水尺进行观测后再推求其水位流量关系，则用计算水面曲线的方法来移用。方法是在设计断面和水文站之间选择若干个计算断面，假定若干个流量，分别从水文站基本水尺断面起计算水面曲线，从而求出各个计算流量相对应的设计断面水位。

而当设计断面与水文站的河道有出流或入流时，则主要依靠水力学的办法来推算设计断面的水位流量关系。

3.4.3 日平均流量计算及合理性检查

（1）逐日平均流量的计算：当流量变化平稳时，可用日平均水位在水位流量关系线上推求日平均流量；当一日内流量变化较大时则用逐时水位推求得逐时流量，再按算术平均法或面积包围法求得日平均流量。据此计算逐月平均流量和年平均流量。

（2）合理性检查：单站检查可用历年水位流量关系对照检查；综合性检查以水量平衡为基础，对上、下游或干、支流上的测站与本站流量数据处理成果进行对照分析，以提高流量数据处理成果的可靠性。本站成果经检查确认无误后，才能作为正式资料使用。

3.4.4 水文数据处理成果的刊布

水文资料的来源，主要是由国家水文站网按全国统一规定对观测的数据进行处理后的资料，即由主管单位分流域、干支流及上下游，每年刊布一次的水文年鉴。1986年起陆续实行计算机存储、检索。

水文年鉴中载有：测站分布图，水文站说明表及位置图，各站的水位、流量、泥沙、水温、冰凌、水化学、地下水、降水量、蒸发量等资料。

水文年鉴中不刊布专用站和实验站的观测数据及处理、分析成果，需要时可向有关部门收集。

此外，各地区水文部门还编制水文手册和水文图集等资料。

3.5　搜集水文信息的途径

水文信息是对水利及桥涵等工程进行水文分析计算的基础。水文信息的来源有水文站定位观测资料、水文调查与文献考证资料、水文遥感资料及其他等。

水文站定位观测资料是在一定时期内连续实测的资料，能较为真实地反映客观实际，是水文分析计算的主要依据。但是，由于水文站定位观测受到时间、空间的限制，收集的资料往往不能满足生产需要，因此还要通过水文调查与文献考证、水文遥感等来补充水文站定位观测资料。

3.5.1　水文站观测资料

桥涵水文计算所需的水文站观测资料，可查阅《水文年鉴》、水文手册、水文图集、水文信息数据库等。一般应搜集历年最大洪峰流量（同一洪水成因）及其相应的洪峰水位、洪水比降、粗糙系数、流速等实测资料，并应了解水文站的设站历史、测流方法和设备、测流断面和河段的情况以及水文站所掌握的水文调查资料等。

水文站观测资料，由于天然或人为的原因，往往会存在一些差错，整编时也可能未加改正，在使用水文站的整编资料时，应进行复核，一般可重点复核水位和流量资料。

3.5.2　水文调查与文献考证资料

水文调查与考证是获取水文资料的一种有效方法，不论有无水文站，观测资料都是非常重要的。水文调查与考证的内容有许多，这里主要介绍洪水调查、暴雨调查、文献考证。

1. 洪水调查

通过洪水调查，能够获得近几十年或几百年的历史洪水资料，能补充水文站观测资料，提高水文分析和计算的精度。

洪水调查主要是调查历史上桥位上下游各次较大洪水的水位，确定洪水比降，推算相应的历史洪水流量，作为水文分析和计算的依据；同时，调查桥位附近河道的冲淤变形及河床演变，作为确定历史洪水计算断面和桥梁墩台天然冲刷深度的依据。

洪水调查应深入群众，细心访问沿岸居民，查明历史洪水的淹没位置（或历史洪水痕迹）、发生的年月和大小顺序。洪水痕迹是历史洪水位的标记，洪水发生年份，在一定程度上反映其重现期，必须保证一定的可靠性。洪水痕迹应由目睹者亲临现场指示，并应注意波浪及壅水的影响，适当修正。每次洪水的水位都应在两岸上下游调查几个地点，最好能由不同的人在不同的地点指出，以便相互核对，并可作为确定洪水比降的依据。洪水时有无河堤决口或分洪现象，洪水涨落及泛滥情况，河床及流域自然条件的历年变化，风浪大小，以及漂浮物的情况等，也应同时进行详细调查。

历史洪水位相应的洪水流量，可按水力学中明渠均匀流复式断面的方法或水面曲线法进行计算。

2. 暴雨调查

以降雨为洪水成因的地区，洪水的大小与暴雨大小密切相关，暴雨调查资料对洪水调查成果起旁证作用。

暴雨调查的主要内容有：暴雨成因、暴雨量、暴雨起迄时间、暴雨变化过程及前期雨量情况、暴雨走向及当时主要风向风力变化等。

对历史暴雨的调查，一般通过群众对当时雨势的回忆或与近期发生的某次大暴雨对比，得出定性概念；也可通过群众对当时地面坑塘积水、露天水缸或其他器皿承接雨量作定量估计，并对一些雨量记录进行复核，对降雨的时、空分布作出估计。

3. 文献考证

我国很多历史文献，如地方志（省志、府志、县志）、河志及其他历史档案等，都有洪水和干旱的灾情记载。通过对历史文献的考证，一般可查明近百年或更长时期内，洪水发生的年代、次数和灾害情况，为洪水调查提供线索；还可以获知丰水年和枯水年的分布概况，了解历年来河流和村镇的变迁。但这些历史文献都不是专门记载洪水资料的，又由于历史条件和人为的影响，可能有夸大、缩小和漏记的现象。所以，必须结合洪水调查，从多方面对照比较，认真分析，提高资料的可靠性。

历史文献记载多为灾情的一般描述，缺少洪水流量方面的资料。但是，可以利用文献记载的灾情严重程度、灾区范围和洪水深度等，与调查或实测的洪水泛滥情况对比分析，估计历史洪水流量的数值范围或大小顺序，为水文分析和计算提供一定的依据。

3.5.3 水文遥感

遥感（RS）技术，特别是航天遥感技术的发展，使人们能从宇宙空间的高度上，大范围、快速、周期性地探测地球上各种现象及其变化。遥感技术在水文科学领域的应用称为水文遥感。水文遥感具有以下特点：如动态遥感，从定性描述发展到定量分析，遥感遥测遥控综合应用，遥感（RS）与全球定位系统（GPS）及地理信息系统（GIS）相结合。

近20多年来，遥感技术在水文水资源领域得到广泛应用并已成为收集水文信息的一种重要手段，尤其在水文水资源调查的应用方面，更为显著。概括起来，列举如下几方面：

（1）流域调查：根据卫星影像可以准确查清流域范围、流域面积、流域覆盖类型、河长、河网密度、河流弯曲度等。

（2）水资源调查：使用不同波段、不同类型的遥感资料，容易判读各类地表水，如河流、湖泊、水库、沼泽、冰川、冻土和积雪的分布；还可分析饱和土壤面积、含水层分布以估算地下水储量。

（3）洪涝灾害的监测：包括洪水淹没范围的确定，决口、滞洪、积涝的情况，泥石流及滑波的情况。

（4）河口、湖泊、水库的泥沙淤积及河床演变，古河道的变迁等。

（5）降水量的测定及水情预报：通过气象卫星传播器获取的高温和湿度间接推求降水量或根据卫片的灰度定量估算降水量；根据卫星云图与天气图配合预报洪水及旱

情监测。

此外，还可利用遥感资料分析处理测定某些水文要素如水深、悬移质含沙量等。利用卫星传输地面自动遥测水文站资料，具有投资低、维护量少、使用方便的优点，且在恶劣天气下安全可靠、不易中断。对大面积人烟稀少地区更加适合。

3.5.4　其他途径

水文年鉴中不刊布专用水文站和实验站的观测数据及处理、分析成果，需要时可向有关部门收集。还可向其他单位收集。例如，有关水质方面更详细的资料，可向环境监测部门收集，有关水文气象方面的资料，可向气象台站收集。

第4章 水资源量计算

4.1 降水量与蒸发量计算

降水和蒸发都是水循环的重要因素。降水是陆地上水资源的唯一来源，蒸发是陆地上水量支出的主要项目之一，在水资源计算评价中必须计算降水量和蒸发量。

4.1.1 降水量计算

降水是指液态或固态的水汽凝结物从空中降落到地面的现象，如雨、雪、雹等。在我国大部分地区，一年中降水以雨为主，雪仅占少部分。大气降水是水资源的补给源。在水资源量计算中还必须计算降水总资源量。一方面因为它是一个流域或自然封闭地区水资源最大可能的极限值，另一方面它是水资源计算中不可缺少的基础资料。降水量主要依靠雨量站、气象站、水文站逐日、逐月、逐年实测降水量进行统计计算。

1. 降水量资料搜集与处理

1）资料搜集

在分析计算降水量之前，应尽可能多地搜集资料，这样才能得到比较可靠的分析成果。因此，除了在研究区域（流域或地区）内收集雨量站、水文站及气象台（站）资料，还要收集区域外围的降水资料，这样做的目的，一是可以充分利用信息，弥补区域内资料不足；二是借此分析区域内资料的可靠性和合理性；更重要的是，在绘制统计参数等值线图时不致被局部的现象所迷惑，使所绘出的统计参数等值线与相邻地区在拼图时避免出现大的矛盾。

当区域内雨量站密度较大，各站的观测年份、精度等都存在较大差异时，可以选择资料质量好、系列较长的雨量站作为分析的主要依据站。选择时，要考虑到它们在地区上的分布，其原则是尽可能控制降水在面上的分布。一般说来，要求这些站在面上的分布比较均匀，同时又能反映地形变化对降水量的影响。这就需要对雨量站的代表性进行分析。

选站时，可参考以往分析的成果，对照地形图上的地形变化根据降水量的地区分布规律和要求的计算精度确定。一般在多雨地区和降水量变化梯度大的地区，应尽可能多选一些站；山丘区地形对降水量的影响很明显而且复杂，要多选一些站；平原地区降水量变化梯度一般较小，选站时应着重考虑分布均匀。

2）年降水量资料的插补延长

在雨量站资料短缺时，或计算区域上各站年降水量系列不同步长时，要先插补延长其降水量资料系列，其降水资料的插补延长主要有相关分析法和内插法等。

（1）相关分析法。当研究区域内、外雨量站的雨量之间相关关系比较密切时，可以直接建立长系列、资料完整的站与短系列、有缺资料站间雨量的相关关系，这样可以用已建的相关关系将短缺资料插补上，同时也可延长至长系列同步长。

（2）内插法。内插法的精度常取决于雨量站之间的距离，因此内插法也被称为地理插值法，即与站和站之间相处的地理位置有关，可分为算术平均法，按站间距离比例插补法和等雨量线法。

当区域降雨的成雨条件相一致时，降雨量在区内的分布比较均匀，而各相邻站的降雨量数值也比较接近，则可用各相邻站的平均降雨量直接作为缺测雨量站的插补值。

3）资料的审查

降水量分析计算成果的精度与合理性取决于原始资料的可靠性、一致性及代表性。原始资料的可靠性不好，计算成果就不可能具有较高精度。同样，资料的一致性与代表性不好，即使成果的精度较高，也不能正确反映降水特征，造成成果精度高而不合理的现象。因此，对降水资料的审查，应主要从可靠性、一致性及代表性三个方面入手。

（1）可靠性审查。可靠性审查是指对原始资料的可靠程度进行审查。例如，审查观测方法和成果是否可靠，了解整编方法与成果的质量。一般来说，经过整编的资料已对原始成果做了可靠性及合理性检查，通常不会有大的错误。但也不能否认可能有一些错误未检查出来，甚至在刊印过程中会有新的错误带进。

为了减少工作量，可着重对特大值、特小值以及中华人民共和国成立前及“文革”期间的资料进行审查。因为特大值、特小值对频率曲线的影响较大，中华人民共和国成立前的资料质量往往不高，故作为审查重点。

对降水资料的可靠性审查，一般可从以下几个方面进行：

① 与邻近站资料比较：本站的年降水量与同一年的其他站年降水量资料对照比较，看它是否符合一般规律。

② 与其他水文气象要素比较：一般来说，降水与河川径流有较稳定的相关关系，降水量多，径流量就大，反之亦然。

对采用以往所编的水文图集、水文手册、水文特征值统计等资料中的数据，也要进行必要的审核。如果过去已做过可靠性、合理性检查，注明某年资料仅供参考者，虽然对参加长系列统计分析不会有很大的影响，但在选极值（极大值、极小值）时，不能选用，更不能选为典型年。

除了在工作开始阶段进行资料审查，在以后分析计算的各个阶段，都随时可能因发现问题而对某些资料的可靠性产生怀疑，故资料审查自始至终贯穿整个工作，随时发现问题，应随时分析研究，并合理解决。

（2）一致性审查。资料一致性是指一个系列不同时期的资料成因是否相同。对于降水资料，其一致性主要表现在测站的气候条件及周围环境的稳定性上。一般来说，大范围的气候条件变化，在短短的几十年内，可认为是相对稳定的，但是由于人类活动往往导致测站周围环境变化，如森林采伐、农田灌溉、城市化等都会引起局部地区小气候的变化，从而导致降水量的变化，使资料一致性遭到破坏，此时就要对变化后的资料进行合理的修正，使其与原系列一致。另外，当观测方法改变或测站迁移后往往造成资料的不一致，特别是测站迁移可能使环境影响发生改变，对于这种现象，要对资料进行必要的修正。

对于因测站位置及测量方法等的改变而发生的变化，可用逆时序修正的方法，将变化前的资料修正到变化后的状态。对于因人类活动等引起的变化，可用顺时序修正的方法，将变化后的资料修正到变化前的“天然”状态。若受人类活动影响前的资料系列很短，而变化后的资料系列较长，将其修正到变化前的状态可能造成较大误差，也可逆时序将变化前的资料修正到变化后的状态，将变化后的状态视为“天然”状态。

常用的降水资料的一致性分析方法有单累积曲线法和双累积曲线法。单累积曲线法为：绘制累积降水过程线，若降水资料一致性很好，过程线的总趋势呈单一直线关系，若降水资料一致性遭受破坏，则会形成多条斜率不同的直线。双累积曲线法：当分析站周围有较多雨量站，且认为这些雨量站降水资料一致性较好时，可通过绘制单站（分析站）累积降水量与多站平均累积降水量关系曲线，对分析站降水资料的一致性进行审查，这种方法称为双累计曲线法。具体做法是分别计算分析期逐年的单站累积降水量和多站平均降水量累积值，然后以分析站累计降水量为纵坐标，以多站平均累计降水量为横坐标绘制双累计曲线，观察双累计曲线的趋势是否有变化。

2. 流域平均降雨量计算

由雨量站观测到的降雨量，只代表该雨量站所在处或较小范围的降雨情况，而实际工作中往往需要推求全流域或某一区域的面平均降雨量，常用的计算方法有以下几种：

1）算术平均法

当流域内地形起伏变化不大、雨量站分布比较均匀时，可根据各站同一时段内的降雨量用算术平均法推求。其计算式为：

$$\bar{P}=\frac{P_1+P_2+\cdots+P_n}{n}=\frac{1}{n}\sum_{i=1}^{n}P_i \tag{4-1}$$

式中 $\bar{P}$——流域或区域平均降雨量，mm；

P_i——各雨量站同时段（相同起迄时间）内的降雨量，mm。

n——雨量站数。

2）泰森多边形法

首先在流域地形图上将各雨量站（可包括流域外的邻近站）用直线连接成若干个三角形，且尽可能连成锐角三角形，然后作三角形各条边的垂直平分线，如图 4-1 所示，这些垂直平分线组成若干个不规则的多边形，如图 4-1 中实线所示。每个多边形内必然会有一个雨量站，它们的降雨量以 P_i 表示，如量得流域范围内各多边形的面积为 f_i，则流域平均降雨量可按下式计算：

$$\bar{P}=\frac{f_1P_1+f_2P_2+\cdots+f_nP_n}{f_1+f_2+\cdots+f_n}=\frac{1}{F}\sum_{i=1}^{n}f_iP_i=\sum_{i=1}^{n}A_iP_i \tag{4-2}$$

式中 F——所有多边形面积之和，即全流域面积，km^2；

A_i——各雨量站面积权重，即 $A_i=f_i/F$，以小数或百分率计。

此法能考虑雨量站或降雨量分布不均匀的情况，工作量也不大，故在生产实践中应用比较广泛。

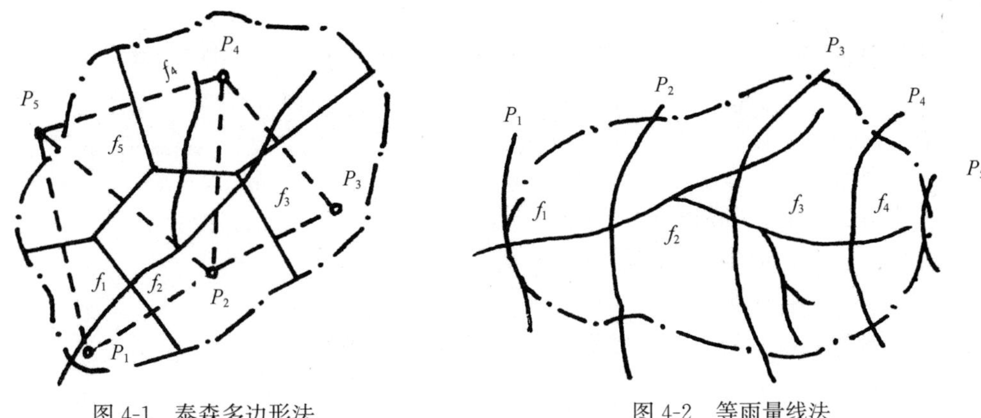

图 4-1　泰森多边形法　　　　图 4-2　等雨量线法

3）等雨量线法

在较大流域或区域内，如地形起伏较大，对降水影响显著，且有足够的雨量站，则宜用等雨量线法推求流域平均雨量。如图 4-2 所示，先量算相邻两雨量线间的面积 f_i，再根据各雨量线的数值 P_i，就可以按下式计算：

$$\bar{P}=\frac{1}{F}\sum_{i=1}^{n}\left(\frac{P_i+P_{i+1}}{2}\right)f_i \tag{4-3}$$

此法比较精确，但对资料条件要求较高，且工作量大，因此应用上受到一定的限制，主要用于典型大暴雨的分析。

式（4-2）同式（4-3）形式相同，内在涵义都是以面积为权重，因此等雨量线法实际上也是一种面积加权法。

综上所述，推求面平均降雨量三种方法各自的适用条件不同，其中等雨量线法不仅考虑了各站控制面积，而且考虑了各站控制面积随降雨量的变化，因此精度最高；其次是泰森多边形法，此法虽考虑了各站控制面积，但认为控制面积固定不变，这与实际不符，因此精度较前低；算术平均法只能用于雨量站分布均匀、面上降雨量变化不大的情况，否则精度更低。在实际工作中，方便且常用的是泰森多边形法。

3. 年降水量频率计算与分析

1）研究区平均年降雨量经验频率计算

根据不同的情况采用相应的面平均降雨量计算方法求得研究区的平均年降水量系列，进而求出其研究区平均降水量经验频率。

面平均降水量经验频率计算方法如下：根据计算好的面平均年降水量系列，把年降雨量按由大到小的顺序排列，用下式计算经验频率：

$$p=\frac{m}{n+1}\times 100\% \tag{4-4}$$

式中　p——经验频率，%；

n——样本容量；

m——年降雨量由大到小的排列序数。

2）年降水量资料系列的特征值统计

（1）均值：它反映年降水量资料系列分布中心的特征值。均值是系列中随机变量的平均数。

某一年降水系列随机变量 P_1，P_2，…，P_n，共有 n 项，均值计算公式为：

$$\bar{P}=\frac{P_1+P_2+\cdots+P_n}{n}=\frac{1}{n}\sum_{i=1}^{n}P_i \tag{4-5}$$

式中 $\bar{P}$——多年平均降水量，mm；

P_i——第 i 年的年降水量，mm；

n——样本容量。

（2）离散程度：均方差、变差系数（又称离散系数）。

均方差：
$$\sigma_P=\sqrt{\frac{\sum_{i=1}^{n}(P_i-\bar{P})^2}{n-1}} \tag{4-6}$$

式中 σ_P——年降水量资料系列的均方差，mm；

其他符号意义同前。

变差参数：
$$C_V=\frac{\sigma_P}{\bar{P}}=\frac{1}{\bar{P}}\sqrt{\frac{\sum_{i=1}^{n}(P_i-\bar{P})^2}{n-1}} \tag{4-7}$$

（3）偏态系数 C_S：采用适线法求算。

（4）反映降水量年际变化的常用特征值：除均值 $\bar{P}$、变差系数 C_V 外，还有最大（P_{max}）与最小（P_{min}）、最大和最小之比率 $\left(\frac{P_{max}}{P_{min}}\right)$、年变率的多年变化等，这些都可从多年降水量资料系列中统计出来。年降水量的变差系数 C_V 值表示年降水量相对变化情况，一般说来，C_V 大，年降水量变化亦大；最大最小反映了丰、枯年降水的情况，$\frac{P_{max}}{P_{min}}$ 值越大，年降水量变化越大，丰枯水差距也越大。

3）年降水量系列频率计算

为说明年降水量系列频率计算方法，举实例列于表 4-1，绘出该实例的年降水量系列的频率适线曲线，见图 4-3，并求 $p=1\%$、0.1%的设计值 P_p。

表 4-1 某区面平均年降雨量系列及经验频率计算表

年份	降雨量/mm	按从大到小排序序号	降雨量/mm	经验频率/%
1983	804.7	1	1235.4	2.778
1984	749.7	2	1002.2	5.556
1985	682.0	3	853.6	8.333
1986	644.0	4	838	11.111
1987	737.1	5	804.7	13.889
1988	1002.2	6	800.1	16.667

续表

年份	降雨量 /mm	按从大到小排序 序号	降雨量 /mm	经验频率/%
1989	594.3	7	772.3	19.444
1990	615.2	8	763	22.222
1991	772.3	9	751.6	25.000
1992	637.0	10	749.7	27.778
1993	621.0	11	737.1	30.556
1994	424.4	12	702.9	33.333
1995	763.0	13	682	36.111
1996	504.8	14	681.7	38.889
1997	702.9	15	661.6	41.667
1998	653.5	16	658.3	44.444
1999	507.4	17	657.1	47.222
2000	559.0	18	653.5	50.000
2001	405.5	19	644	52.778
2002	333.6	20	637	55.556
2003	1235.4	21	635.8	58.333
2004	588.5	22	621	61.111
2005	657.1	23	615.2	63.889
2006	800.1	24	594.3	66.667
2007	838.0	25	588.5	69.444
2008	661.6	26	577	72.222
2009	853.6	27	575.7	75.000
2010	577.0	28	559	77.778
2011	751.6	29	544.6	80.556
2012	544.6	30	518.8	83.333
2013	681.7	31	507.4	86.111
2014	518.8	32	504.8	88.889
2015	575.7	33	424.4	91.667
2016	658.3	34	405.5	94.444
2017	635.8	35	333.6	97.222

经频率适线计算得多年平均降雨量为 665.47mm，系列的变差系数 $C_V=0.26$，偏态系数 $C_S=0.71$，适线图见图 4-3。根据皮尔逊Ⅲ型曲线的离均系数 Φ_P 值表查 $\Phi_{1\%}=2.827$，$\Phi_{0.1\%}=4.114$，各频率对应的降雨量为：

$p_{1\%}=(\Phi_P C_V+1)\overline{p}=1154.604$

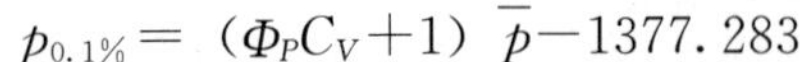

$p_{0.1\%}=(\Phi_P C_V+1)\ \bar{p}-1377.283$

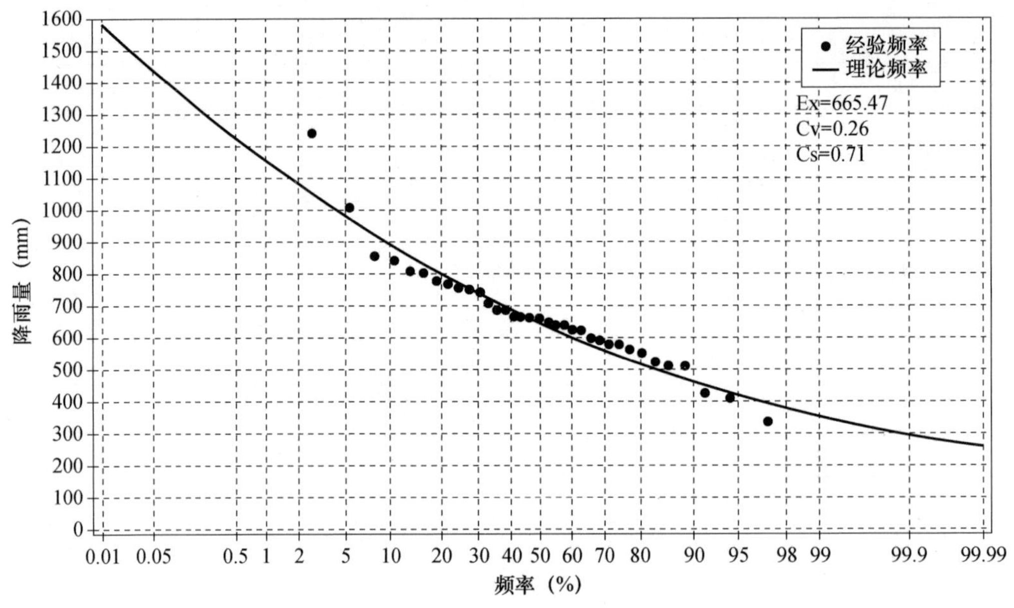

图 4-3　某区年降水量频率曲线图

4. 降水资源量计算

对一个流域或一个封闭地区，该区某年降水资源量计算公式为：

$$W_{P_i}=F\cdot P_i \tag{4-8}$$

式中　W_{P_i}——计算区年降水资源量，m^3；

F——计算区面积，m^2；

P_i——计算区某年降水量，mm。

该区多年平均年降水资源量计算公式为：

$$\bar{W}_P=F\cdot \bar{P} \tag{4-9}$$

式中　$\bar{W}_P$——计算区多年平均年降水资源量，m^3；

$\bar{P}$——计算区多年平均年降水量，mm；

F——计算区面积，m^2。

5. 降水量的时空分布

1）降水量的时程分布

降水量的时程分布是指降水量在时间上的分配，一般包括年内分配和年际变化。

（1）多年平均连续最大四个月占全年降水量百分率及相应的月份。选择资料质量较好、实测系列长且分布比较均匀的代表站，分析其多年平均连续最大四个月降水量占多年平均年降水量的百分率及其出现时间，粗略地反映年内降雨量分布的集中程度和发生月份。

（2）代表站不同频率年降水量月分配过程。对不同降水类型的区域，分区选择代表站，采用水文统计法计算各代表站不同频率（如偏丰水年频率 $p=20\%$，平水年频率

$p=50\%$，偏枯水年频率 $p=75\%$，枯水年频率 $p=95\%$等）年降水量，在此基础上采用水文分析计算中的长系列法或代表年法求出各频率的年降水量月分配。

（3）降水量的年际变化。

① 统计各代表站年降水量变差系数 C_V 值或绘制 C_V 等值线图。年降水量变差系数 C_V 值反映年降水量的年际变化。C_V 值大，说明年降水量系列比较离散，即年降水量的相对变化幅度大。

② 极值比。在水资源评价中，除了用变差系数 C_V 反映年降水量的年际变化幅度，通常还用极值比法。即

$$K_m=\frac{P_{\max}}{P_{\min}} \tag{4-10}$$

式中　K_m——极值比；

$P_{\max}$——年降水量系列中的最大值，mm；

$P_{\min}$——年降水量系列中的最小值，mm。

K_m 值受分析系列的长短影响很大，在进行地区比较时，应注意比较系列的同步性。

③ 年降水量丰枯分级统计。选择一定数量具有长系列降水资料的代表站，分析旱涝周期变化、连涝连旱和大范围的旱涝出现年份及其变化规律。结合频率分析计算，可将年降水量划分为 5 级：丰水年（$p<12.5\%$），偏丰年（$p=12.5\%\sim37.5\%$），平水年（$p=37.5\%\sim62.5\%$），偏枯水年（$p=62.5\%\sim87.5\%$），枯水年（$p>87.5\%$），以此分析多年丰、枯变化规律。

2）降水量的空间分布

降水量的空间分布是指降水量在空间上的分配。降水量的空间分布可用降水量等值线图来反映，包括多年平均降水量等值线图及多年连续最大四个月平均降水量等值线图等，并用简洁的语言概述评价区域降水量的量级、高值区、低值区等分布情况，然后进一步分小区域描述各区特点。

例如，对中国的降水量空间分布规律描述为：中国年降水量地区分布极不平衡。从东南沿海向西北内陆递减。各地区差别很大，大致是沿海多于内陆，南方多于北方，山区多于平原，山地中暖湿空气的迎风坡多于背风坡。我国降水量空间分布的基本趋势，是从东南沿海向西北内陆递减，而且愈向内陆，减少愈为迅速。若以400mm 等雨量线为界，把我国分为两大部分，以东为东亚季风所控制的湿润部分，以西大都属中亚干旱部分，这与我国内流区与外流区的分界线很近似，而且这条界线在我国自然现象及农林牧业生产发展上也有重要意义。在湿润部分，等雨量线呈东北—西南走向，降水量随纬度高而递减。以大致与秦岭—淮河线相符的 800mm 等雨量线界，南部是我国水文循环最活跃的区域，长江两岸降水量在 1000～1200mm 之间，江南丘陵和南岭山地大多超过 1400mm，广东沿海丘陵及台湾、海南岛大部分可达 2000mm 以上，是我国最多雨地区。北部湾深受台风影响，年降水亦特别多，超过 2000mm。云南西部和西藏东角察隅、波密一带主要受西南季风影响，形成一个范围较小的多雨区，年降水量达到 1400mm 以上。在上述多雨区之间，昆明、贵阳以北以及四川盆地，则形成相对少雨区，年降水量一般在 800～1000mm 之间。秦

岭—淮河线以北，大部分地区水分循环不够活跃，气候也不够湿润，淮河流域及秦岭山地大部在800～1000mm间，黄河下游、华北平原为500～750mm，东北平原已减少到400～600mm，但长白山地超过800mm，鸭绿江流域可达1200mm以上，成为我国北方降水最多的地区。

《山东省水资源综合规划》（2007年）中对山东省降水量的空间分布描述为：由于受地理位置、地形等因素的影响，山东省年降水量在地区分布上很不均匀，年降水量总的分布趋势是自鲁东南沿海向鲁西北内陆递减。1956—2000年平均年降水量从鲁东南的850mm向鲁西北的550mm递减，等值线多呈西南—东北走向。600mm等值线自鲁西南菏泽市的鄄城，经济宁市的梁山、德州市的齐河、滨州市的邹平、淄博市的临淄、潍坊市的昌邑、烟台市的莱州、龙口至蓬莱县的东部。该等值线西北部大部分是平原地区，多年平均年降水量均小于600mm；该等值线的东南部，均大于600mm，其中崂山、泰山和昆嵛山由于地形等因素影响，其年降水量达1000mm以上。根据山东省各地年降水量的分布，按照全国年降水量五大类型地带划分标准，山东省除日照市绝大部分地区、临沂市中南部、枣庄市东南部、青岛市崂山水库上游及泰山、昆嵛山附近的局部地区多年平均年降水量在800mm以上为湿润带外，其他地区均为过渡带。

4.1.2 蒸发量计算

蒸发是影响水资源数量的重要水文要素，评价计算内容应包括水面蒸发、陆面蒸发和干旱指数。

1. 蒸发概述

蒸发是自然界水循环的基本环节之一，它是地面或地下的水由液态或固态化为水汽，并返回大气的物理过程，也是重要的水量平衡要素，对径流有直接影响。据估计，我国南方地区年降水量的30％～50％，北方地区年降水量的80％～95％都消耗于蒸发，余下的部分才形成径流。

蒸发的大小可用蒸发量或蒸发率表示，蒸发量是指某一时段如日、月、年内总蒸发的水层深度，以mm计。蒸发率是指单位时间的蒸发量，也称蒸发速度，以mm/min或mm/h计。

流域或区域上的蒸发，包括水面蒸发、土壤蒸发和植物散发。

1）水面蒸发

水面蒸发是指江、河、水库、湖泊和沼泽等地表水体水面上的蒸发现象。水面蒸发是最简单的蒸发方式，属饱和蒸发。影响水面蒸发的主要因素是温度、湿度、风速和气压等气象条件。一般由器测法和间接计算法确定水面蒸发。

2）土壤蒸发

土壤蒸发是指水分从土壤中以水汽形式逸出地面的现象。它比水面蒸发要复杂得多，除了受上述气象条件的影响外，还与土壤结构、土壤含水量、地下水位的高低、地势和植被等因素密切相关。

蒸发面在一定气象条件下充分供水时的最大蒸发量或蒸发率称为蒸发能力。水面蒸发自始至终在充分供水条件下进行，所以它一直按蒸发能力蒸发。而土壤含水量可能是饱和的，也可能是非饱和的，情况复杂。

3）植物散发

土壤中的水分经植物根系吸收，输送到叶面，散发到大气中去，称为植物散发。植物散发过程是一种生物物理过程，它比水面蒸发和土壤蒸发更为复杂。

由于植物生长在土壤中，植物散发与植物覆盖下的土壤蒸发实际上是并存的，因此研究植物散发往往和土壤蒸发合并进行，两者总称为陆面蒸发。

流域（或区域）范围内的综合蒸发量，即流域总蒸发量，常称为流域蒸发。一般情况下流域内的水面占总面积的比重很小，故总蒸发量主要取决于陆面蒸发，但直接测定陆面蒸发很困难。

2. 蒸发量计算方法

1）水面蒸发量计算

水面蒸发一般用蒸发能力表示。蒸发量常用蒸发水层的深度（mm）表示。水面蒸发量常用蒸发器进行观测。常用的蒸发器有 20cm 直径蒸发皿，口径为 80cm 的带套盆的蒸发器，口径为 60cm 的埋在地表下的带套盆的 E-601 蒸发器。后者观测条件比较接近天然水体，代表性和稳定性都较好。但这三者都属于小型蒸发皿，观测到的蒸发量与天然水体水面上的蒸发量仍有显著的差别。观测资料表明，当蒸发器的直径超过 3.5m 时，蒸发器观测的蒸发量与天然水体的蒸发量才基本相同。因此，用上述蒸发器观测的蒸发量数据，都得乘以折算系数，才能作为天然水体蒸发量的估算值，见式（4-11）。折算系数一般通过与大型（如面积为 100m^2）蒸发池的对比观测资料确定。折算系数随蒸发皿（器）的直径而异，且与月份及所在地区有关，应用时应根据具体情况取其相应的值。

在水资源评价中，水面蒸发量计算应选取资料质量较好、面上分布均匀且观测年数较长的蒸发站作为统计分析的依据，选取的测站应尽量与降水选用站相同，不同型号蒸发器观测的水面蒸发量，应统一换算为 E601 型蒸发器的蒸发量。

$$E_{水}=\alpha E_{器} \tag{4-11}$$

式中　$E_{水}$——天然水体蒸发量，mm；

$E_{器}$——某种蒸发器测得的水面蒸发量，mm；

α——蒸发器的折算系数。

2）流域蒸发量计算

在实际工作中，往往需要知道一个流域的总蒸发量。一个流域的下垫面极其复杂，其中包括河流、湖泊、土壤、岩石和不同的植被等，因此流域总蒸发应包括流域内各类蒸发的总和。从现有技术条件看，要精确求出各项蒸发量是有困难的。现行估算流域蒸发量的方法有以下两大类：

（1）在闭合流域内，通过全流域水量平衡分析来求出，即

$$\bar{E}=\bar{P}-\bar{R} \tag{4-12}$$

式中　$\bar{E}$——流域多年平均年蒸发量，mm；

$\bar{P}$——流域多年平均年降水量，mm；

$\bar{R}$——流域多年平均年径流量，mm。

（2）根据水热平衡或热量平衡原理，通过对气象要素的分析，建立地区经验公式进行计算。

3. 蒸发量时空分布分析

在水资源评价中，一般要对蒸发做时空分布分析，主要包括绘制蒸发量等值线图，并分析年内分配、年际变化及地区分布特征。

1）蒸发量的时间分布

同降水和径流一样，蒸发在时间上的变化也是水资源评价的重要内容，蒸发量的时间分布包括年内和年际变化分析。

在一年内，不同的月份由于蒸发条件不同，蒸发量也不同。蒸发量大，表明气候干燥、炎热，植（作）物生长需水量较多。对蒸发量年内分布的分析应包括了解不同月份及不同季节蒸发量所占总蒸发量的百分比。

蒸发量的年际变化分析可参考降水的年际变化分析方法进行相应分析。

以上蒸发量的时间分布分析应对水面蒸发和流域蒸发分别进行。

2）蒸发量的空间分布

一个地区蒸发量在面上的分布特点可用蒸发量等值线表示，并用简洁的语言概述评价区域蒸发量的空间分布。在《山东省水资源综合规划》（2007）中对蒸发量的空间分布描述为：山东省 1980—2000 年平均年蒸发量在 900～1200mm 之间，总体变化趋势是由鲁西北向鲁东南递减；鲁北平原区的武城、临清和庆云、无棣两地，以及泰沂山北的济南、章丘、淄博一带是全省的高值区，年蒸发量在 1200mm 以上；泰沂山南的徂徕山、莲花山一带是低值区，年蒸发量低于 1100mm；鲁东南的青岛、日照、郯城一带是全省年蒸发量最小地区，在 900mm 左右。

4. 干旱指数

干旱指数宜采用年水面蒸发量与年降水量的比值表示，是反映气候干湿程度的指标。干旱指数小于 1，表明该地区蒸发能力小于降水量，气候湿润；干旱指数大于 1，表明该地区蒸发能力大于降水量，气候偏于干旱。干旱指数越大，干旱程度就越严重。我国气候干湿分带与干旱指数的关系见表 4-2。

表 4-2　我国气候干湿分带与干旱指数的关系

气候分带	干旱指数
十分湿润	<0.5
湿润	0.5～1.0
半湿润	1～3
半干旱	3～7
干旱	>7

根据《山东省水资源综合规划》（2007 年）知山东省代表站水面蒸发量及干旱指数见表 4-3。

表 4-3　山东省代表站水面蒸发量及干旱指数表

地市名	站名	蒸发/mm	干旱指数	地市名	站名	蒸发/mm	干旱指数
济南	章丘	1299.8	2.0	潍坊	诸城	1015.3	1.5
济南	长清	1207.1	2.1	青岛	平度	1096.2	2.0
淄博	淄博	1249.0	2.0	临沂	临沂	1076.3	1.3
淄博	沂源	1111.3	1.6	临沂	临沭	923.0	1.2
枣庄	枣庄	1157.2	1.4	临沂	费县	1094.0	1.4
东营	垦利	1155.0	2.4	烟台	莱阳	1052.0	1.7
东营	广饶	1097.0	2.1	烟台	海阳	972.4	1.6
济宁	汶上	1053.0	1.8	日照	日照	905.1	1.1
济宁	嘉祥	1148.0	1.7	临沂	蒙阴	1128.0	1.5
济宁	微山	1012.4	1.5	临沂	沂南	1123.0	1.4
泰安	肥城	1054.0	1.7	临沂	郯城	889.2	1.1
德州	武城	1272.1	2.5	泰安	宁阳	905.2	1.7
德州	临邑	1151.0	2.1	莱芜	莱芜	1067.3	1.6
德州	庆云	1205.0	2.4	潍坊	昌邑	1133.0	2.1
聊城	临清	1307.0	2.5	潍坊	昌乐	1205.0	2.1
聊城	茌平	1201.2	2.2	潍坊	临朐	1119.2	2.0
聊城	莘县	1148.0	2.1	潍坊	安丘	1111.0	1.9
滨州	邹平	1108.3	2.0	青岛	即墨	1086.0	1.5
滨州	阳信	1186.0	2.4	青岛	胶南	975.6	1.4
滨州	滨州	1164.8	2.2	烟台	栖霞	1151.0	1.8
菏泽	鄄城	1027.9	1.8	烟台	龙口	1109.5	2.1
菏泽	东明	1031.0	1.8	威海	威海	1127.0	1.8
菏泽	单县	982.7	1.5	威海	文登	941.0	1.5

4.2　地表水资源量计算

地表水资源量是河流、湖泊、水库等地表水体中由当地降水形成的可以逐年更新的动态水量，用天然河川径流量表示。人们通常把河流“动态”资源——河川径流即水文站测量的控制断面流量，近似地作为地表水资源，它包括了上游径流流入量和当地地表产水量。因此，可通过对河川径流的分析计算地表水资源量。它要求计算各典型年及多年平均的径流量，同时研究河川径流的时空变化规律，用以评价地表水，为直接利用或调节控制地表水资源提供依据。

4.2.1 地表水资源计算中资料的搜集与处理

1. 资料的搜集

收集径流资料的要求与收集降水资料的要求基本相同，主要内容有：

（1）选取研究区及相关的水文站（或其他类型的站点）径流资料；

（2）收集研究区自然地理方面的资料，如地质、土壤、植被和气象资料等；

（3）收集研究区水利工程及其它相关资料。

2. 资料的审查

径流资料的审查原则和方法与前面介绍的降水资料的审查原则和方法相同。

3. 径流资料的处理

径流资料的处理包括资料的插补延长和资料的还原。资料的插补延长方法与前面介绍的降水资料的插补延长方法相同。资料的还原计算包括水量平衡法、降雨径流相关法、模型计算法等。

4.2.2 河川径流量计算

根据研究区的气象及下垫面条件，综合考虑气象、水文站点的分布情况，河川径流量的计算可采用代表站法、等值线法、其他方法。

1. 代表站法

代表站法是指在研究区内选择有代表性的测站（包括流域产、汇流条件、资料条件等均有代表性），计算其多年平均径流量与不同频率的径流量，然后采用面积加权法或综合分析法把代表站的计算成果推广到整个研究区的方法。因此该法的关键是求得代表站的径流成果后，如何处理好与面积有关的各类问题。当研究区与代表站所控制面积的各种条件基本相似时，代表站法依据所选代表站个数和区域下垫面条件的不同而采取不同的计算形式。

（1）单一代表站。

① 当区域内可选择一个代表站并基本能够控制全区，且上下游产水条件差别不大时，可用式（4-13）、式（4-14）计算研究区的逐年径流量及多年平均径流量。

$$W_d=\frac{F_d}{F_r}\cdot W_r \tag{4-13}$$

$$\bar{W}_d=\frac{F_d}{F_r}\cdot \bar{W}_r \tag{4-14}$$

式中 W_d、W_r——研究区、代表站年径流量，亿 m^3；

F_d、F_r——分别表示研究区和代表站的控制面积，km^2；

$\bar{W}_d$、$\bar{W}_r$——研究区、代表站多年平均径流量，亿 m^3。

② 若代表站不能控制全区大部分面积，或上下游产水条件又有较大的差别时，则应采用与研究区产水条件相近的部分代表流域的径流量及面积（如区间径流量与相应的集水面积），代入式（4-13）推求全区逐年径流量或相应的多年平均径流量。

（2）多个代表站。

当区域内可选择两个（或两个以上）代表站时，若研究区域内气候及下垫面条件差别较大，则可按气候、地形、地貌等条件，将全区划分为两个（或两个以上）研究区域，每个研究区均按式（4-13）计算分区逐年径流量，相加后得全区相应的年径流量。计算公式为

$$W_d=\frac{F_{d1}}{F_{r1}}\cdot W_{r1}+\frac{F_{d2}}{F_{r2}}\cdot W_{r2}+\cdots+\frac{F_{dn}}{F_{rn}}\cdot W_{rn} \tag{4-15}$$

式中　W_{r1}、W_{r2}、…、W_{rn}——各代表站年径流量，亿 m^3；

F_{r1}、F_{r2}、…、F_{rn}——各代表站控制流域面积，km^2；

W_d——研究区年径流量，亿 m^3。

若研究区内气候及下垫面条件差别不大，且汇流条件相似，式（4-15）可改写为如下形式，即

$$W_d=\frac{F_d}{F_{r1}+F_{r2}+\cdots+F_{m}}(W_{r1}+W_{r2}+\cdots+W_{m}) \tag{4-16}$$

同理，可采用上述方法计算多年平均径流量。

（3）当研究区与代表站的流域自然地理条件差别过大时。

当代表站的代表性不很好时，例如自然条件相差较大，此时不能简单地仅用面积为权重计算年与多年平均径流量，而应当选择其他一些对产水量有影响的指标，以对研究区的年与多年平均径流量进行修正。这种修正主要有以下几个方面。

① 引用多年平均降水量进行修正：在面积为权重的计算基础上，再考虑代表站和研究区降水条件的差异，可进行如下修正：

$$W_d=\frac{F_d\cdot \overline{P}_d}{F_r\cdot \overline{P}_r}W_r \tag{4-17}$$

式中　$\overline{P}_d$、$\overline{P}_r$——分别为研究区和代表站的多年平均降雨量，mm；

其他符号意义同前。

② 引用多年平均年径流深进行修正：

$$W_d=\frac{F_d\cdot \overline{R}_d}{F_r\cdot \overline{R}_r}W_r \tag{4-18}$$

式中　$\overline{R}_d$、$\overline{R}_r$——分别为研究区和代表站的多年平均径流深，mm；

其他符号意义同前。

③ 引用多年平均降雨量和多年平均径流系数进行修正：该法不仅考虑了多年平均降雨量的影响，而且考虑了下垫面对产水量的综合影响，引用多年平均径流系数（$\overline{\alpha}$）可进行修正。

$$W_d=\frac{F_d\cdot \overline{P}_d\cdot \overline{\alpha}_d}{F_r\cdot \overline{P}_r\cdot \overline{\alpha}_r}W_r \tag{4-19}$$

式中　$\overline{\alpha}_d$、$\overline{\alpha}_r$——分别表示研究区与代表站的多年平均径流系数，无因次；

$\overline{P}_d$、$\overline{P}_r$——分别表示研究区与代表站的多年平均降水量，mm。

其他符号意义同前。

④ 引用年降水量或年径流深修正：当研究区和代表站有足够的实测降雨和径流资

料时，可以用该法修正。即在以面积为权重的基础上，用式（4-17）或式（4-18）进行逐年计算，进一步可求得多年平均径流量。

2. 等值线法

用年或多年平均的径流深等值线法，推求研究区的年或多年平均的径流，是一种常用的方法。通常在研究区缺乏实测资料而大区域（包括研究区）有足够资料时，用这种方法推求年或多年平均径流深是可行的。

3. 其他方法

研究区年与多年平均径流量还可以用降雨径流相关法、水文比拟法、水文模型法等进行求算。

用代表站法求得研究区逐年径流量，在此基础上采用水文统计法进行频率分析计算，即可推求研究区不同频率的年径流量及多年平均径流量。

4.2.3 河川径流量的时空分布

1. 时间分布

受多种因素综合影响的河川径流年内及年际分配有很大差别，在开发利用水资源时，研究它具有现实意义。

1）多年平均径流的年内分配

常用多年平均的月径流过程、多年平均的连续最大四个月径流百分率和枯水期径流百分率表示年内分配。

（1）多年平均的月径流过程线常用直方图或列表法的形式，一目了然地描述出径流的年内分配，既直观又清楚。

（2）最大四个月的径流总量占多年径流总量的百分数，选取连续最大四个月的径流量并推求其占多年平均年径流量的百分率。

（3）枯水期径流百分率是指枯水期径流量与年径流量比值的百分数。根据灌溉、养鱼、发电、航运等用水部门的不同要求，枯水期可分别选 5—6 月，1—5 月或 11 月至翌年 4 月等。

以下是用不同的形式描述了径流的年内分配。例如，山东省多年平均 6—9 月天然径流量占全年的 75%左右，其中 7、8 两月天然径流量约占全年的 57%，而枯水期 8 个月的天然径流量仅占全年径流量的 25%左右。河川径流年内分配高度集中的特点，给水资源的开发利用带来了困难，严重制约了山东省经济社会的快速健康发展。表 4-4 及图 4-4 表明了沭河水文站控制断面多年平均径流量年内分配的情况。

2）不同频率年径流年内分配

（1）典型年法。以典型年的年内分配作为相应频率设计年内分配过程，这种方法叫典型年法。选择典型年时，应当使典型年径流量接近某一频率的径流量，并要其月分配过程不利于用水部门的要求和径流调节。在实际工作中可根据某一频率的年径流量，挑选年径流量接近的实测年份若干个，然后分析比较其分配过程，从中挑选资料质量较好、月分配不利的年份为典型年，再用同倍比或同频率法求出相应频率的径流年内分配过程。例如某区域河流控制断面的不同频率年径流的典型年年内分配见表 4-5。

表 4-4　沭河水文站多年平均径流量年内分配表

月份	1	2	3	4	5	6	7	8	9	10	11	12	全年	连续最大四个月		枯水期	
														径流量	起止月份	径流量	选择月份
径流量/万 m^3	1623.21	1589.07	1544.42	1568.06	2245.71	4964.20	21414.34	23594.39	13894.50	5841.47	3375.13	2161.66	83816.16	64744.7	7—10	6324.76	1—4
百分比(%)	1.94	1.90	1.84	1.87	2.68	5.92	25.55	28.15	16.58	6.97	4.03	2.58	100	77.25		7.55	

表 4-5　某区域河流控制断面的不同频率年径流的典型年年内分配

频率	典型年份	各月分配(%)											
		1	2	3	4	5	6	7	8	9	10	11	12
$p=25\%$	1965	1.8	1.4	1.1	1.1	0.8	1.0	25.5	38.8	24.8	1.3	1.4	1.0
$p=50\%$	1962	0.4	0.8	0.7	0.6	0.5	3.0	38.8	17.2	7.7	8.9	11.2	10.2
$p=75\%$	1967	0.6	1.3	1.1	6.7	0.5	9.3	34.6	24.1	10.0	5.2	3.3	3.3

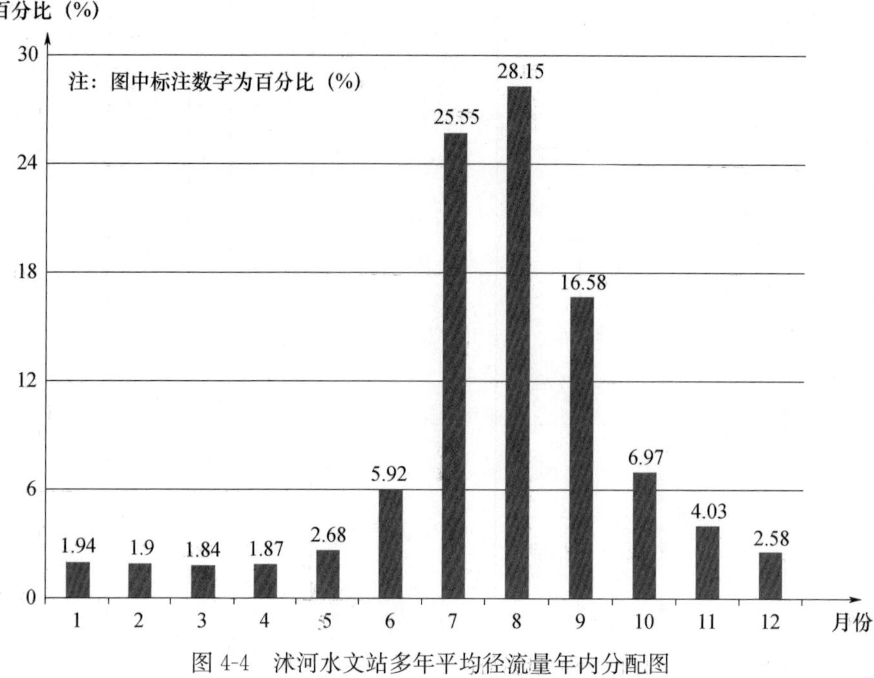

图 4-4　沭河水文站多年平均径流量年内分配图

（2）随机分析法。采用典型年法计算径流年内分配过程时，相同频率的不同年份的年径流量的年内分配形式往往有很大差别。用指定频率的年径流量控制选择典型年，由此确定不同需水期供水量的水量分配，容易产生较大的误差。若根据需水期或供水期（季节或某一时段）逐年系列进行频率计算，求得不同频率的相应时段的水量，以此为控制选择典型年，将其径流分配过程作为该频率的径流年内分配过程，这种方法称为随机分析法。

（3）对于省内河流，可以直接查用各省、市、自治区编制的水文手册或水文图集中的不同频率年径流年内分配过程。

3）径流的年际变化

径流的年际变化，可用年径流变差系数 C_V 值反映。一般情况下，年径流变差系数愈大，径流年际间变化愈大；反之亦然。

在水资源评价中，除了用变差系数 C_V 反映径流量的年际变化幅度，通常还用极值比法，即径流最大值与最小值的比值。

年径流的周期变化规律可通过差积分析、方差分析、累计平均过程线及滑动平均过程线等方法分析得到，这些方法的结果都能反映年径流变化的周期。

年径流连续丰水和连续枯水变化规律的分析十分重要。此外，选择资料质量好、实际系列较长的代表站，通过丰、平、枯水年的周期分析及连丰、连枯变化规律分析研究河川径流量的多年变化。目前采用实测系列长的代表站，通过对年径流系列的频率计算，可将径流量划分为 5 级：丰水年（$p<12.5\%$），偏丰年（$p=12.5\%\sim37.5\%$），平水年（$p=37.5\%\sim62.5\%$），偏枯水年（$p=62.5\%\sim87.5\%$），枯水年（$p>87.5\%$），统计分析连丰、连枯年出现的规律，提出研究区中连丰、连枯的年数及其频率，为水资源开发利用提供依据。

例如，《山东省水资源综合规划》（2007）中对山东省径流量的年内分配和年际变化分析结果如下：

从年径流量的变差系数 C_V 来看，天然径流量的年际变化幅度比降水量的变化幅度要大得多。对 1956—2000 年系列而言，全省平均年径流量的变差系数 C_V 为 0.60，各水文控制站年径流量变差系数 C_V 一般在 0.54～1.34 之间。

从年径流量极值比来看，全省最大年径流量 6684228 万 m^3，发生在 1964 年；最小年径流量 450136 万 m^3，发生在 1989 年，极值比为 14.8。全省各水文站历年最大年径流量与最小年径流量的比值在 7.8—5056 之间。其中，胶东半岛区和胶莱大沽区各水文站极值比较大，大部分站点的极值比都大于 70。全省年径流量极值比最大的水文站是福山站，极值比为 5056，最大年径流量出现在 1964 年，是 70780 万 m^3，最小年径流量出现在 1989 年，仅 14 万 m^3；全省极值比最小的站是官庄站，比值为 7.8。

山东省天然径流量不仅年际变化幅度大，而且有连续丰水年和连续枯水年现象。三年（包括三年）以上的连续枯水年有四个：1966—1969 年、1977—1979 年、1981—1984 年及 1986—1989 年，最小年径流量出现在 1986—1989 年；三年（包括三年）以上的连续丰水年仅有 1960—1965 年，最大年径流量出现在该时段。长时间连丰、连枯给水资源开发利用带来很大的困难，特别是 1981—1984 年和 1986—1989 年两个连续枯水期的出现，严重影响了工农业生产和城乡人民的生活。

2. 空间分布

年径流的空间分布主要取决于降水的空间分布，同时也受下垫面的影响。描述年径流空间变化的方法是用年径流深或多年平均年径流深等值线图。

例如，山东省平均年径流深等值线总的分布趋势是从东南沿海向西北内陆递减，等值线走向多呈西南—东北走向。多年平均年径流深多在 25～300mm 之间。鲁北地区、湖西平原区、泰沂山以北及胶莱河谷地区，多年平均年径流深都小于 100mm。其中鲁西北地区的武城、临清、冠县一带是全省的低值区，多年平均年径流深尚不足 25mm。鲁中南及胶东半岛山丘地区，年径流深都大于 100mm，其中蒙山、五莲山、崂山及枣庄东北部地区，年径流深达 300mm 以上，是山东省径流的高值区。高值区与低值区的年径流深相差 10 倍以上。根据全国划分的五大类型地带，山东省大部分地区属于过渡带，少部分地区属于多水带和少水带。

4.2.4　分区地表水资源分析计算

分区地表水资源量，即现状条件下的区域天然径流量。根据河流径流情势，水资源分布特点及自然地理条件，按其相似性进行分区。水资源分区除考虑水资源分布特征及自然条件的相似性或一致性外，还需兼顾水系和行政区划的完整性，满足农业规划、流域规划、水资源估算和供需平衡分析等要求。我国水资源分区为一级、二级、三级分区，行政分区为省级、地级、县级。

根据区域的气候及下垫面条件，综合考虑气象、水文站点的分布，实测资料年限与质量等情况，可采用代表站法、等值线法、年降水径流相关法、水文比拟法等来计算分区地表水资源量及其时空分布。

例如金栋梁等在《长江流域分区地表水资源量评价》一文中得到的长江二级分区地表水资源及不同频率的水资料量见表4-6和表4-7。

表4-6 长江二级区地表水资源组成

二级区	地表水资源量/亿 m^3	百分比/%	地表水资源深/mm
金沙江	1535	16.14	325.9
岷沱江	1032.9	10.86	626.9
嘉陵江	704.1	7.40	443.5
乌江	538.7	5.66	619.4
上干区间	656.5	6.90	546.3
洞庭湖	2011.4	21.15	766.7
汉江	560.1	5.89	360.3
鄱阳湖	1384.4	14.55	853.1
中干区间	534.3	5.62	552.4
太湖	136.5	1.43	364.3
下干区间	418.7	4.40	452.8
长江上游	4467.2	46.96	446.0
长江中游	4490.2	47.21	663.4
长江下游	555.2	5.83	427.3
全流域	9512.6	100	526.0

表4-7 长江流域各二级区不同频率地表水资源量

二级区	均值/亿 m^3	变差系数/偏差数		不同频率地表水资源量值/亿 m^3			
金沙江	1535	C_V	C_S	$W_{20\%}$	$W_{50\%}$	$W_{75\%}$	$W_{95\%}$
岷沱江	1032.9	0.14	0.28	1719	1520	1382	1197
嘉陵江	704.1	0.10	0.20	1116	1032	961	868
乌江	538.7	0.22	0.44	831	690	591	472
上干区间	656.5	0.18	0.36	672	533	474	388
洞庭湖	2011.4	0.19	0.38	2333	1001	1750	1428
汉江	560.1	0.35	0.70	717	538	420	286
鄱阳湖	1384.4	0.30	0.60	1717	1343	1080	775
中干区间	534.3	0.29	0.58	657	518	422	310
太湖	136.5	0.48	0.96	186	126	89	49
下干区间	418.7	0.34	0.68	532	402	318	218
长江上游	4467.2	0.10	0.20	4825	4467	4154	3752
长江中游	4490.2	0.20	0.40	5209	4445	3862	3143
长江下游	555.2	0.34	0.68	705	533	422	289
全流域	9512.6	0.13	0.26	10559	9417	8656	7610

根据《山东省水资源综合规划》(2007)，山东省分区地表水资源量见表4-8和表4-9。

表 4-8　山东省 1956—2000 年水资源分区天然年径流量

<table>
<tr><th colspan="4" rowspan="2">水资源区名称</th><th colspan="4">统计参数</th><th colspan="4">不同频率天然年径流量/万 m³</th></tr>
<tr><th>年均值/万 m³</th><th>年均值/mm</th><th>C_V</th><th>C_S/C_V</th><th>20%</th><th>50%</th><th>75%</th><th>95%</th></tr>
<tr><td rowspan="13">淮河流域及山东半岛</td><td rowspan="6">沂沭泗河区</td><td colspan="2">湖东区</td><td>134594</td><td>116.2</td><td>0.60</td><td>2.0</td><td>193789</td><td>118847</td><td>75238</td><td>34214</td></tr>
<tr><td colspan="2">湖西区</td><td>87583</td><td>56.5</td><td>0.55</td><td>2.0</td><td>123471</td><td>78913</td><td>52226</td><td>25925</td></tr>
<tr><td colspan="2">中运河区</td><td>106667</td><td>257.7</td><td>0.55</td><td>2.0</td><td>150374</td><td>96107</td><td>63606</td><td>31573</td></tr>
<tr><td colspan="2">沂沭区</td><td>451647</td><td>262.8</td><td>0.54</td><td>2.0</td><td>634028</td><td>408528</td><td>272730</td><td>137615</td></tr>
<tr><td colspan="2">日赣区</td><td>66928</td><td>252.9</td><td>0.60</td><td>2.0</td><td>96363</td><td>59097</td><td>37413</td><td>17013</td></tr>
<tr><td colspan="2">小计</td><td>847420</td><td>166.0</td><td>0.58</td><td>2.0</td><td>1210051</td><td>754722</td><td>486165</td><td>229010</td></tr>
<tr><td rowspan="6">山东半岛沿海诸河</td><td colspan="2">小清河区</td><td>114627</td><td>75.8</td><td>0.75</td><td>2.0</td><td>174033</td><td>93994</td><td>51611</td><td>17395</td></tr>
<tr><td rowspan="4">山东半岛沿海诸河</td><td>潍弥白浪区</td><td>151191</td><td>118.2</td><td>0.74</td><td>2.0</td><td>228815</td><td>124653</td><td>69137</td><td>23803</td></tr>
<tr><td>胶莱大沽区</td><td>104245</td><td>101.8</td><td>1.18</td><td>2.0</td><td>171235</td><td>61561</td><td>20033</td><td>1975</td></tr>
<tr><td>胶东半岛区</td><td>404942</td><td>201.4</td><td>0.69</td><td>2.0</td><td>602708</td><td>342857</td><td>199576</td><td>76468</td></tr>
<tr><td>独流入海区</td><td>46295</td><td>165.8</td><td>0.85</td><td>2.0</td><td>72267</td><td>35749</td><td>17687</td><td>4741</td></tr>
<tr><td colspan="2">小计</td><td>821300</td><td>134.5</td><td>0.82</td><td>2.0</td><td>1271580</td><td>646469</td><td>330074</td><td>94900</td></tr>
<tr><td colspan="3">合计</td><td>1668720</td><td>148.9</td><td>0.60</td><td>2.0</td><td>2402623</td><td>1473480</td><td>932815</td><td>424189</td></tr>
<tr><td rowspan="3">黄河流域</td><td rowspan="3">花园口以下</td><td colspan="2">大汶河区</td><td>166841</td><td>146.1</td><td>0.74</td><td>2.0</td><td>252499</td><td>137556</td><td>76294</td><td>26267</td></tr>
<tr><td colspan="2">黄河干流</td><td>11807</td><td>53.4</td><td>1.04</td><td>2.0</td><td>19118</td><td>7919</td><td>3123</td><td>488</td></tr>
<tr><td colspan="2">小计</td><td>178648</td><td>131.0</td><td>0.88</td><td>2.0</td><td>280866</td><td>135227</td><td>64734</td><td>16030</td></tr>
<tr><td>海河流域</td><td>徒骇马颊河区</td><td colspan="2">徒骇马颊河区</td><td>135222</td><td>43.7</td><td>1.16</td><td>2.0</td><td>221839</td><td>81420</td><td>27273</td><td>2866</td></tr>
<tr><td colspan="4">全省合计</td><td>1982591</td><td>126.5</td><td>0.60</td><td>2.0</td><td>2854534</td><td>1750628</td><td>1108268</td><td>503975</td></tr>
</table>

表 4-9　山东省 1956—2000 年各地市天然年径流量

地级行政区	统计参数				不同频率天然年径流量/万 m³			
	年均值/万 m³	年均值/mm	C_V	C_S/C_V	20%	50%	75%	95%
济南市	81953	100.5	0.80	2.0	126174	65340	34084	10333
青岛市	139101	130.5	0.99	2.0	223461	97154	40886	7478
淄博市	76140	128.2	0.71	2.0	114100	63803	36428	13388
枣庄市	101948	224.1	0.58	2.0	145574	90796	58488	27551
东营市	42736	53.9	0.88	2.0	67160	32391	15542	3869
烟台市	249314	181.4	0.69	2.0	371074	211090	122874	47079
潍坊市	154360	97.3	0.86	2.0	241550	118412	57957	15132
济宁市	90664	80.3	0.59	2.0	129948	80439	51414	23840
泰安市	97604	125.7	0.82	2.0	151116	76827	39226	11278
威海市	134846	248.1	0.69	2.0	200703	114172	66459	25464
日照市	128607	242.2	0.65	2.0	188504	111203	67448	28078

续表

地级行政区	统计参数				不同频率天然年径流量/万 m^3			
	年均值/万 m^3	年均值/mm	C_V	C_S/C_V	20%	50%	75%	95%
莱芜市	37996	169.3	0.69	2.0	56592	32139	18671	7126
临沂市	458904	267.0	0.53	2.0	640080	417465	282306	145943
德州市	42941	41.5	1.28	2.0	70786	22857	6390	442
聊城市	27394	31.9	1.26	2.0	45141	14938	4325	324
滨州市	55978	59.2	1.01	2.0	90218	38485	15791	2708
菏泽市	62103	50.8	0.56	2.0	87854	55788	36656	17946
全省	1982591	126.5	0.60	2.0	2854534	1750628	1108268	503975

4.2.5 出境、入境、入海地表水量计算

入境水量是天然河流经区域边界流入区内的河川径流量，出境水量是天然河流经区域边界流出区域的河川径流量，入海水量是天然河流从区域边界流入海洋的水量。在水资源分析评价计算中，一般应当分别计算多年平均及不同频率年（或其他时段）出境、入境、入海水量，同时要研究出境、入境、入海水量的时空分布规律，以满足水资源供需分析的需要。

1. 多年平均及不同频率年出境、入境、入海水量计算

出境、入境、入海水量计算应选取评价区边界附近的或河流入海口水文站，根据实测径流资料采用不同方法换算为出、入境断面的或入海断面的逐年水量，并分析其年际变化趋势。应该注意的是出境、入境、入海水量的计算，必须在实测径流资料已经还原的基础上进行。

（1）代表站法

当区域内只有一条河流过境时，若其入境（或出境）、入海处恰有径流资料年限较长且具有足够精度的代表站，该站多年平均及不同频率的年径流量，即为计算区域相应的入境（或出境）、入海水量。

在大多数情况下，代表站并不恰好处于区域边界上。例如，某区域入境代表站位于区内，其集水面积与本区面积有一部分重复，这时需首先计算重复面积上的逐年产水量，然后从代表站对应年份的水量中予以扣除，从而组成入境逐年水量系列，经频率计算后得多年平均及不同频率年入境水量。若入境代表站位于区域的上游，则需在代表站逐年水量系列的基础上，加上代表站以下至区域入境边界部分面积的逐年产水量，按同样方法推求多年平均及不同频率年入境水量。多年平均及不同频率年出境、入海水量，按以上同样方法进行计算。

（2）水量平衡法

河流上、下断面的年水量平衡方程式可以写成：

$$W_{下}=W_{上}+W_{支}-W_{蒸发}-W_{渗漏}+W_{地下}-W_{引、提}+W_{回归}\pm\Delta W_{槽蓄} \tag{4-20}$$

式中　$W_{上}$、$W_{下}$——上、下断面的年径流量；

$W_{支}$——年区间加入水量；

$W_{蒸发}$——河道水面蒸发量；

$W_{渗漏}$——河道渗漏量；

$W_{地下}$——地下水补给量；

$W_{引、提}$——河道上、下游断面之间的引水和提水量；

$W_{回归}$——回归水量；

$\Delta W_{槽蓄}$——河槽蓄水变化量。

式（4-20）中各变量的单位均为亿 m^3 或万 m^3。当过境河流的上、下断面恰与区域上、下游边界重合时，公式（4-20）便可改写为：

$$W_{出}=W_{入}+W_{支}-W_{蒸发}-W_{渗漏}+W_{地下}-W_{引、提}+W_{回归}\pm\Delta W_{槽蓄} \tag{4-21}$$

式中　$W_{出}$、$W_{入}$——区域年出境、入境水量，亿 m^3 或万 m^3。

其他符号意义同前。

当已知 $W_{入}$（或 $W_{出}$）和公式（4-21）右端其他各分量时，由公式（4-21）便可求得 $W_{出}$（或 $W_{入}$）。

当区域内有几条河流过境或入海时，需逐年将各河流的年入（出）境、入海水量相加，组成区域逐年总入（出）境、入海水量系列，经频率计算后得多年平均及不同频率的入（出）境、入海水量。根据各用水部门的不同要求，有时需要推求多年平均及不同频率的季（月）入（出）境、入海水量，其计算方法与其类同。

2. 时空分布

入（出）境、入海水量的时间分布主要用年内分配、年际变化来反映，可参照前面介绍的有关方法分析。在一般情况下，入（出）境、入海水量的年内分配可用正常年水量的月分配过程或连续最大四个月、枯水期水量占年水量的百分率等来反映，也可分析指定频率年入（出）境、入海水量的年内分配形式。入（出）境、入海水量的年际变化，可用代表站年入（出）境、入海水量的变差系数表示，也可通过入（出）境、入海水量的周期变化规律和连丰、连枯变化规律来反映。

4.3　地下水资源量计算

地下水资源是水资源的重要组成部分，对其计算是水资源评价的一项重要内容。本章的主要内容是根据《地下水资源量及可开采量补充细则（试行）》（水利部水利水电规划设计总院，2002 年 10 月，以下简称《补充细则》）的内容确定。

4.3.1　相关概念

地下水是指赋存于地表面以下岩土空隙中的饱和重力水。

地下水在垂向上分层发育。赋存在地表面以下第一含水层组内、直接受当地降水和地表水体补给、具有自由水位的地下水，称为潜水；赋存在潜水以下、与当地降水和地表水体没有直接补排关系的各含水层组的地下水，称为承压水。

浅层地下水——埋藏相对较浅、由潜水及与当地潜水具有较密切水力联系的弱承压水组成的地下水称为浅层地下水。

深层承压水——埋藏相对较深、与当地浅层地下水没有直接水力联系的地下水，称为深层承压水。深层承压水分层发育，潜水以下各含水层组的深层承压水依次称为第 2、3、4、…、Ω 含水层组深层承压水，其中，第 2 含水层组深层承压水不包括弱承压水。

地下水资源量——指地下水中参与水循环且可以更新的动态水量（不含井灌回归补给量）。

地下水可开采量——指在可预见的时期内，通过经济合理、技术可行的措施，在不引起生态环境恶化条件下允许从含水层中获取的最大水量。

4.3.2 资料搜集

需要详细调查统计的基础资料主要有：

（1）地形、地貌及水文地质资料；

（2）水文气象资料；

（3）地下水水位动态监测资料；

（4）地下水实际开采量资料；

（5）因开发利用地下水引发的生态环境恶化状况；

（6）引灌资料；

（7）水均衡试验场、抽水试验等成果，前人有关研究、工作成果；

（8）其他有关资料。

4.3.3 地下水类型区的划分

地下水类型区（以下简称“类型区”）按 3 级划分，同一类型区的水文及水文地质条件比较相近，不同类型区之间的水文及水文地质条件差异明显。各级类型区名称及划分依据见表 4-10。

表 4-10 地下水资源计算类型区名称及划分依据

<table>
<tr><th colspan="2">Ⅰ级类型区</th><th colspan="2">Ⅱ级类型区</th><th colspan="2">Ⅲ级类型区</th></tr>
<tr><th>划分依据</th><th>名称</th><th>划分依据</th><th>名称</th><th>划分依据</th><th>名称</th></tr>
<tr><td rowspan="8">区域地形地貌特征</td><td rowspan="8">平原区</td><td rowspan="8">次级地形地貌特征、含水层岩性及地下水类型</td><td rowspan="2">一般平原区</td><td rowspan="8">水文地质条件、地下水埋深、包气带岩性及厚度</td><td>均衡计算区</td></tr>
<tr><td>⋮</td></tr>
<tr><td rowspan="2">内陆盆地平原区</td><td>均衡计算区</td></tr>
<tr><td>⋮</td></tr>
<tr><td rowspan="2">山间平原区（包括山间盆地平原区、山间河谷平原区和黄土高原台塬区）</td><td>均衡计算区</td></tr>
<tr><td>⋮</td></tr>
<tr><td rowspan="2">沙漠区</td><td>均衡计算区</td></tr>
<tr><td>⋮</td></tr>
</table>

续表

Ⅰ级类型区		Ⅱ级类型区		Ⅲ级类型区	
划分依据	名称	划分依据	名称	划分依据	名称
区域地形地貌特征	山丘区	次级地形地貌特征、含水层岩性及地下水类型	一般山丘区	水文地质条件、地下水埋深、包气带岩性及厚度	均衡计算区
					⋮
			岩溶山区		均衡计算区
					⋮

Ⅰ级类型区划分 2 类：平原区和山丘区。平原区系指海拔高程相对较低、地面起伏不大、第四系松散沉积物较厚的宽广平地，地下水类型以第四系孔隙水为主（被平原区围裹、面积不大于 1000km^{2}的山丘，可划归平原区）；山丘区系指海拔高程相对较高、地面绵延起伏、第四系覆盖物较薄的高地，地下水类型包括基岩裂隙水、岩溶水和零散的第四系孔隙水。山丘区与平原区的交界处具有明显的地形坡度转折，该处即为山丘区与平原区之间的界线。

Ⅱ级类型区划分 6 类。其中，平原区划分 4 类：一般平原区、内陆盆地平原区、山间平原区（包括山间盆地平原区、山间河谷平原区和黄土高原台塬区）和沙漠区；山丘区划分 2 类：一般山丘区和岩溶山区。一般平原区指与海洋为邻的平原区；内陆盆地平原区指被山丘区环抱的内陆性平原区，该区往往与沙漠区接壤；山间平原区指四周被群山环抱、分布于非内陆性江河两岸的平原区；沙漠区指发育于干旱气候区的地面波状起伏、沙石裸露、植被稀疏矮小的平原区，又称荒漠区。一般山丘区指由非可溶性基岩构成的山地（又称一般山区）或丘陵（又称一般丘陵区），地下水类型以基岩裂隙水为主；岩溶山区指由可溶岩构成的山地，地下水类型以岩溶水为主。

Ⅲ级类型区划分是在Ⅱ级类型区划分的基础上进行的。每个Ⅱ级类型区，首先根据水文地质条件划分出若干水文地质单元，然后再根据地下水埋深、包气带岩性及厚度等因素，将各水文地质单元分别划分出若干个均衡计算区，称Ⅲ级类型区。均衡计算区是各项资源量的最小计算单元。

4.3.4　水文地质参数的确定方法

水文地质参数是各项补给量、排泄量以及地下水蓄变量计算的重要依据。应根据有关基础资料（包括已有资料和开展观测、试验、勘察工作所取得的新成果资料），进行综合分析、计算，确定出适合于当地近期条件的参数值。

1. 给水度 μ 值

给水度是指饱和岩土在重力作用下自由排出的重力水的体积与该饱和岩土体积的比值。μ 值大小主要与岩性及其结构特征（如岩土的颗粒级配、孔隙裂隙的发育程度及密实度等）有关；此外，第四系孔隙水在浅埋深（地下水埋深小于地下水毛细管上升高度）时，同一岩性，μ 值随地下水埋深减小而减小。

确定给水度的方法很多，目前，在区域地下水资源量评价工作中常用的方法有：

（1）抽水试验法

抽水试验法适用于典型地段特定岩性给水度测定。在含水层满足均匀无限（或边界条件允许简化）的地区，可采用抽水试验测定给水度。

（2）地中渗透仪测定法和筒测法

通过均衡场地中渗透仪测定（测定的是特定岩性给水度）或利用特制的测筒进行筒测，即利用测筒（一般采用截面积为 $3000cm^2$ 的圆铁筒）在野外采取原状土样，在室内注水令土样饱和后，测量自由排出的重力水体积，以排出的重力水体积与饱和土样体积的比值定量为该土样的给水度。这两种测定方法直观、简便，特别是筒测法，可测定黏土、亚黏土、亚砂土、粉细砂、细砂等岩土的给水度 μ 值。

（3）实际开采量法

该方法适用于地下水埋深较大（此时，潜水蒸发量可忽略不计）且受侧向径流补排、河道补排和渠灌入渗补给都十分微弱的井灌区的给水度 μ 值测定。根据无降水时段（称计算时段）内观测区浅层地下水实际开采量、潜水水位变幅，采用下式计算给水度 μ 值：

$$\mu=\frac{Q_{开}}{F\cdot\Delta h} \tag{4-22}$$

式中 $Q_{开}$——计算时段内观测区浅层地下水实际开采量，m^3；

Δh——计算时段内观测区浅层地下水平均水位降幅，m；

F——观测区面积，m^2。

在选取计算时段时，应注意避开动水位的影响。为提高计算精度，可选取开采强度较大、能观测到开采前和开采后两个较稳定的地下水水位且开采前后地下水水位降幅较大的集中开采期作为计算时段。

（4）其他方法

在浅层地下水开采强度大、地下水埋藏较深或已形成地下水水位持续下降漏斗的平原区（又称超采区），可采用年水量平衡法及多元回归分析法推求给水度 μ 值。

值得注意的是：由于岩土组成与结构的差异，给水度 μ 值在水平、垂直两个方向变化较大。目前，μ 值的试验研究与各种确定方法都还存在一些问题，影响 μ 值的测试精度。因此，应尽量采用多种方法计算，相互对比验证，并结合相邻地区确定的 μ 值进行综合分析，合理定量。

2. 降水入渗补给系数 α 值

降水入渗补给系数是降水入渗补给量 P_r 与相应降水量 P 的比值，即 $\alpha=P_r/P$。影响 α 值大小的因素很多，主要有包气带岩性、地下水埋深、降水量大小和强度、土壤前期含水量、地形地貌、植被及地表建筑设施等。目前，确定 α 值的方法主要有地下水水位动态资料计算法、地中渗透仪测定法和试验区水均衡观测资料分析法等。

（1）地下水水位动态资料计算法

在侧向径流较微弱、地下水埋藏较浅的平原区，根据降水后地下水水位升幅 Δh 与变幅带相应埋深段给水度 μ 值的乘积（即 $\mu\cdot\Delta h$）与降水量 P 的比值计算 α 值。计算公式：

$$\alpha_{年}=\frac{\mu\cdot\sum\Delta h_{次}}{P_{年}} \tag{4-23}$$

式中　$\alpha_{年}$——年均降水入渗补给系数，无因次；

$\sum\Delta h_{次}$——年内各次降水引起的地下水水位升幅的总和，mm；

$P_{年}$——年降水量，mm。

该计算法是确定区域 α 值的最基本、常用的方法。$\alpha_{年}$ 在单站（分析 α 值选用的地下水水位动态监测井）上取多年平均值，分区上取各站多年平均 α 值的算术平均值（站点在分区上均匀分布时）或面积加权（泰森法）平均值（站点在分区上不均匀分布时），做出不同岩性的降水入渗补给系数 α、地下水埋深 Z 与降水量 P 之间的关系曲线（即 P-α-Z 曲线），并根据该关系曲线推求不同 P、Z 条件下的 α 值。

在西北干旱区，一年内仅有少数几次降水对地下水有补给作用，这几次降水称有效降水，这几次有效降水量之和称为年有效降水量（$P_{年有效}$）。$P_{年有效}$ 相应的 α 值称为年有效降水入渗补给系数（$\alpha_{年有效}$）。$\alpha_{年有效}$ 为年内各次有效降水入渗补给地下水水量之和（$\mu\cdot\sum\Delta h_{次}$）与年内各次有效降水量之和 $P_{年有效}$ 的比值，即：

$$\alpha_{年有效}=\frac{\mu\cdot\sum\Delta h_{次}}{P_{年有效}} \tag{4-24}$$

采用 $\alpha_{年有效}$ 计算降水入渗补给量 P_r 时，应用统计计算的 $P_{年有效}$，不得采用 $P_{年}$。

分析 α 值应选用具有较长地下水水位动态观测系列的观测井资料，受地下水开采、灌溉、侧向径流、河渠渗漏影响较大的长观资料不适宜作为分析计算 α 值的依据。选取水位升幅 Δh 前，必须绘制地下水水位动态过程线图，在图中标示出各次降水过程（包括各次降水量及其发生时间）和浅层地下水实际开采过程（包括实际开采量及其发生时间），不能仅按地下水水位观测记录数字进行演算。

目前，地下水水位长观井的监测频次以 5 日为多，选用观测频次为 5 日的长观资料计算 α 值，往往由于漏测地下水水位峰谷值而产生较大误差。因此，使用这样的水位监测资料计算 α 值时，需要对计算成果进行修正。修正公式如下：

$$\alpha_{1日}=K''\cdot\alpha_{5日} \tag{4-25}$$

式中　$\alpha_{1日}$——根据逐日地下水水位观测资料计算的 α 值，即修正后的 α 值，无因次；

$\alpha_{5日}$——根据 5 日地下水水位观测资料计算的 α 值，即需要修正的 α 值，无因次；

K''——修正系数，无因次。修正系数 K'' 是根据逐日观测资料，分别取 5 日观测数据计算 $\alpha_{5日}$ 和利用逐日观测数据计算 $\alpha_{1日}$，以 $\alpha_{1日}$ 与 $\alpha_{5日}$ 的比值确定的，即 $K''=\frac{\alpha_{1日}}{\alpha_{5日}}$。

（2）地中渗透仪法

采用水均衡试验场地中渗透仪测定不同地下水埋深、岩性、降水量的 α 值，直观、快捷。但是，地中渗透仪测定的 α 值是特定的地下水埋深、岩性、降水量和植被条件下的值，地中渗透仪中地下水水位固定不变，与野外地下水水位随降水入渗而上升的实际情况不同。因此，当将地中渗透仪测算的 α 值移用到降水入渗补给量均衡计算区时，要结合均衡计算区实际的地下水埋深、岩性、降水量和植被条件，进行必要的修正。当地下水埋深不大于 2m 时，地中渗透仪测得的 α 值偏大较多，不宜使用。

（3）其他方法

在浅层地下水开采强度大、地下水埋藏较深且已形成地下水水位持续下降漏斗的平原区（又称超采区），可采用水量平衡法及多元回归分析法推求降水入渗补给系数 α 值。

3. 潜水蒸发系数 C 值

潜水蒸发系数（C 值）是指潜水蒸发量 E 与相应计算时段的水面蒸发量 E_0 的比值，即 $C=E/E_0$。水面蒸发量 E_0、包气带岩性、地下水埋深 Z 和植被状况是影响潜水蒸发系数 C 的主要因素。可利用浅层地下水水位动态观测资料通过潜水蒸发经验公式拟合分析计算。

潜水蒸发经验公式（修正后的阿维里扬诺夫公式）：

$$E=k\cdot E_0\cdot\left(1-\frac{Z}{Z_0}\right)^n \tag{4-26}$$

式中　Z_0——极限埋深，m，即潜水停止蒸发时的地下水埋深，黏土 Z_0=5m 左右，亚黏土 Z_0=4m 左右，亚沙土 Z_0=3m 左右，粉细沙 Z_0=2.5m 左右；

n——经验指数，无因次，一般为 1.0～2.0；

k——作物修正系数，无因次，无作物时 k 取 0.9～1.0，有作物时 k 取 1.0～1.3；

Z——潜水埋深，m；

E、E_0——潜水蒸发量和水面蒸发量，mm。

还可根据水均衡试验场地中渗透仪对不同岩性、地下水埋深、植被条件下潜水蒸发量 E 的测试资料与相应水面蒸发量 E_0 计算潜水蒸发系数 C。分析计算潜水蒸发系数 C 时，使用的水面蒸发量 E_0 为 E601 型蒸发器的观测值，应用其他型号的蒸发器观测资料时，应换算成 E601 型蒸发器的数值。

4. 灌溉入渗补给系数 β 值

灌溉入渗补给系数 β（包括渠灌田间入渗补给系数 $\beta_{渠}$ 和井灌回归补给系数 $\beta_{井}$）是指田间灌溉入渗补给量 h_r 与进入田间的灌水量 $h_{灌}$（渠灌时，$h_{灌}$ 为进入斗渠的水量；井灌时，$h_{灌}$ 为实际开采量）的比值，即 $\beta=h_r/h_{灌}$。影响 β 值大小的因素主要是包气带岩性、地下水埋深、灌溉定额及耕地的平整程度。确定灌溉入渗补给系数 β 值的方法有：

（1）利用公式 $\beta=h_r/h_{灌}$ 直接计算。公式中，h_r 可用灌水后地下水水位的平均升幅 Δh 与变幅带给水度 μ 的乘积（即 $h_r=\mu\cdot\Delta h$，h_r 与 Δh 均以深度表示）计算；$h_{灌}$ 可采用引灌水量（用深度表示）或根据次灌溉定额与年灌溉次数的乘积（即年灌水定额，用深度表示）计算。

（2）根据野外灌溉试验资料，确定不同土壤岩性、地下水埋深、次灌溉定额时的 β 值。

（3）在缺乏地下水水位动态观测资料和有关试验资料的地区，可采用降水前土壤含水量较低、次降水量大致相当于次灌溉定额情况下的次降水入渗补给系数 $\alpha_{次}$ 值近似地代表灌溉入渗补给系数 β 值。

（4）在降水量稀少（降水入渗补给量甚微）、田间灌溉入渗补给量基本上是地下水唯一补给来源的干旱区，选取灌区地下水埋深大于潜水蒸发极限埋深的计算时段（该时段内潜水蒸发量可忽略不计），采用下式计算灌溉入渗补给系数 β 值：

$$\beta=\frac{Q_{开}\pm\mu\cdot\Delta h}{h_{灌}} \tag{4-27}$$

式中　$Q_{开}$——计算时段内灌区平均浅层地下水实际开采量，m；

Δh——计算时段内灌区平均地下水水位变幅，m，计算时段初地下水水位较高（或地下水埋深较小）时取负值，计算时段末地下水水位较高（或地下水埋深较小）时取正值；

$h_{灌}$——计算时段内灌区平均田间灌水量，m，包括井灌水量和渠灌水量。

5. 渠系渗漏补给系数 m 值

渠系渗漏补给系数 m 是指渠系渗漏补给量 $Q_{渠系}$ 与渠首引水量 $Q_{渠首引}$ 的比值，即：$m=Q_{渠系}/Q_{渠首引}$。渠系渗漏补给系数 m 值的主要影响因素是渠道衬砌程度、渠道两岸包气带和含水层岩性特征、地下水埋深、包气带含水量、水面蒸发强度以及渠系水位和过水时间。可按下列方法分析确定 m 值。

（1）根据渠系有效利用系数 η 确定 m 值

渠系有效利用系数 η（无因次）为灌溉渠系送入田间的水量与渠首引水量的比值，在数值上等于干、支、斗、农、毛各级渠道有效利用系数的连乘积，为方便起见，渠系渗漏补给量可主要计算干、支两级渠道，斗、农、毛三级渠道的渠系渗漏补给量并入田间入渗补给量中，故 η 值在使用上是干、支两级渠道有效利用系数的乘积。计算公式：

$$m=\gamma\cdot(1-\eta) \tag{4-28}$$

式中　γ——修正系数，无因次。

渠首引水量 $Q_{渠首引}$ 与进入田间的水量 $Q_{渠首引}\cdot\eta$ 之差为 $Q_{渠首引}(1-\eta)$。实际上，渠系渗漏补给量应是 $Q_{渠首引}(1-\eta)$ 减去消耗于湿润渠道两岸包气带土壤（称浸润带）和浸润带蒸发的水量、渠系水面蒸发量、渠系退水量和排水量。修正系数 γ 为渠系渗漏补给量与 $Q_{渠首引}(1-\eta)$ 的比值，可通过有关测试资料或调查分析确定。γ 值的影响因素较多，主要受水面蒸发强度和渠道衬砌程度控制，其次还受渠道过水时间长短、渠道两岸地下水埋深以及包气带岩性特征和含水量多少的影响。γ 值的取值范围一般在 0.3～0.9 之间，水面蒸发强度大（即水面蒸发量 E_0 值大）、渠道衬砌良好、地下水埋深小、间歇性输水时，γ 取小值；水面蒸发强度小（即水面蒸发量 E_0 值小）、渠道未衬砌、地下水埋深大、长时间连续输水时，γ 取大值。

（2）根据渠系渗漏补给量计算 m 值

当灌区引水灌溉前后渠道两岸地下水水位只受渠系渗漏补给和渠灌田间入渗补给影响时，可采用下式计算 m 值：

$$m=\frac{Q_{渠补}-Q_{渠灌}}{Q_{渠首引}} \tag{4-29}$$

其中，$Q_{渠补}=Q_{渠系}+Q_{渠灌}$

式中　$Q_{渠灌}$——田间入渗补给量，万 m^3；

$Q_{渠补}$——渠系渗漏补给量，$Q_{渠系}$ 与 $Q_{渠灌}$ 之和，万 m^3。

渠系渗漏补给量 $Q_{渠系}$ 可根据渠道两岸渠系渗漏补给影响范围内渠系过水前后地下水水位升幅、变幅带给水度 μ 值等资料计算；$Q_{渠灌}$ 可根据渠系渗漏补给影响范围之外渠灌前后地下水水位升幅、变幅带给水度 μ 值等资料计算。分析计算时，渠系引水量应扣除渠系下游退水量及引出计算渠系的水量，并注意将各级渠道输水渗漏的水量按规定分别计入渠系（干、支两级）渗漏补给量及渠灌田间（斗、农、毛）入渗补给量内。

(3) 利用渗流理论计算公式确定 m 值

利用渗流理论计算公式（如考斯加柯夫自由渗流、达西渗流和非稳定流等，具体公式参考有关水文地质书籍）求得渠系渗漏补给量 $Q_{渠系}$，进而用下式确定 m 值：

$$m=Q_{渠系}/Q_{渠首引} \tag{4-30}$$

在应用公式（4-8）、公式（4-9）计算 m 值时，需注意避免在 $Q_{渠系}$ 中含有田间灌溉入渗补给量。

6. 渗透系数 K 值

渗透系数为水力坡度（又称水力梯度）等于 1 时的渗透速度（单位：m/d）。影响渗透系数 K 值大小的主要因素是岩性及其结构特征。确定渗透系数 K 值有抽水试验、室内仪器（吉姆仪、变水头测定管）测定、野外同心环或试坑注水试验以及颗粒分析、孔隙度计算等方法。其中，采用稳定流或非稳定流抽水试验，并在抽水井旁设水位观测孔确定 K 值的效果最好。上述方法的计算公式及注意事项、相关要求等可参阅有关水文地质书籍。

7. 导水系数、弹性释水系数、压力传导系数及越流系数

导水系数 T 是表示含水层导水能力大小的参数，在数值上等于渗透系数 K 与含水层厚度 M 的乘积（单位：m^2/d），即 $T=K\cdot M$。T 值大小的主要影响因素是含水层岩性特征和厚度。

弹性释水系数 μ^*（又称弹性贮水系数，无因次）是表示当承压含水层地下水水位变化 1m 时从单位面积（$1m^2$）含水层中释放（或贮存）的水量。μ^* 的主要影响因素是承压含水层的岩性及埋藏部位。μ^* 的取值范围一般为 $10^{-4}\sim10^{-5}$左右。

压力传导系数 a（又称水位传导系数）是表示地下水的压力传播速度的参数，在数值上等于导水系数 T 与释水系数（潜水时为给水度 μ，承压水时为弹性释水系数 μ^*）的比值（单位：m^2/d），即：$a=T/\mu$ 或 $a=T/\mu^*$。a 值大小的主要影响因素是含水层的岩性特征和厚度。

越流系数 Ke 是表示弱透水层在垂向上的导水性能，在数值上等于弱透水层的渗透系数 K''与该弱透水层厚度 M''的比值，即 $Ke=K''/M''$（式中，Ke 的单位为 m/d·m 或 1/d，K''的单位为 m/d，M''的单位为 m）。影响 Ke 值大小的主要因素是弱透水层的岩性特征和厚度。

T、μ^*、a、Ke 等水文地质参数均可用稳定流抽水试验或非稳定流抽水试验的相关资料分析计算，计算公式等可参阅有关水文地质书籍。

8. 缺乏有关资料地区水文地质参数的确定

缺乏地下水水位动态观测资料、水均衡试验场资料和其它野外的或室内的试验资料的地区，可根据类比法原则，移用条件相同或相似地区的有关水文地质参数。移用时，应根据移用地区与被移用地区间在水文气象、地下水埋深、水文地质条件等方面的差异，进行必要的修正。

4.3.5 浅层地下水矿化度分区的确定方法

根据地下水水质评价中地下水矿化度分区成果，对平原区矿化度 $M\leqslant1g/L$、1g/L

$<M\leqslant 2$g/L、2g/L$<M\leqslant 3$g/L、3g/L$<M\leqslant 5$g/L 和 $M>5$g/L5 个范围的地下水资源量进行评价。其中，$M\leqslant 1$g/L、1g/L$<M\leqslant 2$g/L 两个矿化度范围的地下水资源量可参与水资源总量评价，其余各矿化度范围的地下水资源量可不参与水资源总量评价。山丘区地下水资源量不进行矿化度分区。

4.3.6　平原区各项补给量、排泄量、地下水总补给量、地下水资源量、地下水蓄变量的计算方法和水均衡分析

计算各地下水Ⅲ级类型区（或均衡计算区）近期条件下各项补给量、排泄量以及地下水总补给量、地下水资源量和地下水蓄变量，并将这些计算成果分配到各计算分区（即水资源三级区套地级行政区）中。

1. 平原区各项补给量的计算方法

补给量包括降水入渗补给量、河道渗漏补给量、库塘渗漏补给量、渠系渗漏补给量、渠灌田间入渗补给量、人工回灌补给量、山前侧向补给量和井灌回归补给量。

1）降水入渗补给量

降水入渗补给量是指降水（包括坡面漫流和填洼水）渗入土壤中并在重力作用下渗透补给地下水的水量。降水入渗补给量一般采用下式计算：

$$P_r=10^{-1}\cdot P\cdot\alpha\cdot F \tag{4-31}$$

式中　P_r——降水入渗补给量，万 m^3；

P——降水量，mm；

α——降水入渗补给系数，无因次；

F——均衡计算区计算面积，km^2。

2）河道渗漏补给量

当河道水位高于河道岸边地下水水位时，河水渗漏补给地下水。

河道渗漏补给量可采用下述两种方法计算。

（1）水文分析法。

该法适用于河道附近无地下水水位动态观测资料但具有完整的计量河水流量资料的地区。计算公式：

$$Q_{河补}=(Q_{上}-Q_{下}+Q_{区入}-Q_{区出})\cdot(1-\lambda)\cdot\frac{L}{L'} \tag{4-32}$$

式中　$Q_{河补}$——河道渗漏补给量，万 m^3；

$Q_{上}$、$Q_{下}$——分别为河道上、下水文断面实测河川径流量，万 m^3；

$Q_{区入}$——上、下游水文断面区间汇入该河段的河川径流量，万 m^3；

$Q_{区出}$——上、下游水文断面区间引出该河段的河川径流量，万 m^3；

λ——修正系数，即上、下两个水文断面间河道水面蒸发量、两岸浸润带蒸发量之和占（$Q_{上}-Q_{下}+Q_{区入}-Q_{区出}$）的比率（无因次），可根据有关测试资料分析确定；

L——计算河道或河段的长度，m；

L'——上、下两水文断面间河段的长度，m。

(2) 地下水动力学法（剖面法）。

当河道水位变化比较稳定时，可沿河道岸边切割剖面，通过该剖面的水量即为河水对地下水的补给量。单侧河道渗漏补给量采用达西公式计算：

$$Q_{河补}=10^{-4}\cdot K\cdot I\cdot A\cdot L\cdot t \tag{4-33}$$

式中 $Q_{河补}$——单侧河道渗漏补给量，万 m^3；

K——剖面位置的渗透系数，m/d；

I——垂直于剖面的水力坡度，无因次；

A——单位长度河道垂直于地下水流向的剖面面积，m^2/m；

L——河道或河段长度，m；

t——河道或河段过水（或渗漏）时间，d。

若河道或河段两岸水文地质条件类似且都有渗漏补给时，则公式（4-33）计算的 $Q_{河补}$ 的 2 倍即为该河道或河段两岸的渗漏补给量。剖面的切割深度应是河水渗漏补给地下水的影响带（该影响带的确定方法参阅有关水文地质书籍）的深度；当剖面为多层岩性结构时，K 值应取用计算深度内各岩土层渗透系数的加权平均值。

利用公式（4-33）计算多年平均单侧河道渗漏补给量时，I、A、L、t 等计算参数应采用多年平均值。

3）库塘渗漏补给量

当位于平原区的水库、湖泊、塘坝等蓄水体的水位高于岸边地下水水位时，库塘等蓄水体渗漏补给岸边地下水。计算方法有：

(1) 地下水动力学法（剖面法）。沿库塘周边切割剖面，利用公式（4-33）计算，库塘不存在两岸补给情况。

(2) 出入库塘水量平衡法。

计算公式：

$$Q_{库}=Q_{入库}+P_{库}-E_0-Q_{出库}-E_{浸}\pm Q_{库蓄} \tag{4-34}$$

式中 $Q_{库}$——库塘渗漏补给量，万 m^3；

$Q_{入库}$、$Q_{出库}$——分别为入库塘水量和出库塘水量，万 m^3；

E_0——库塘的水面蒸发量（采用 E_{601} 蒸发器的观测值或换算成 E_{601} 型蒸发器的蒸发量），万 m^3；

$P_{库}$——库塘水面的降水量，万 m^3；

$E_{浸}$——库塘周边浸润带蒸发量，万 m^3；

$Q_{库蓄}$——库塘蓄变量（即年初、年末库塘蓄水量之差，当年初库塘蓄水量较大时取“+”值，当年末库塘蓄水量较大时取“−”值），万 m^3。

利用公式（4-34）计算多年平均库塘渗漏补给量时，$Q_{入库}$、$Q_{出库}$、$P_{库}$、E_0、$E_{浸}$、$Q_{库蓄}$ 等应采用多年平均值。

4）渠系渗漏补给量

渠系是指干、支、斗、农、毛各级渠道的统称。渠系水位一般均高于其岸边的地下水水位，故渠系水一般均补给地下水。渠系水补给地下水的水量称为渠系渗漏补给量。计算方法有：

(1) 地下水动力学法（剖面法）。沿渠系岸边切割剖面，计算渠系水通过剖面补给地下水的水量，采用公式（4-33）计算。

（2）渠系渗漏补给系数法。

计算公式：

$$Q_{渠系}=m\cdot Q_{渠首引} \tag{4-35}$$

式中　$Q_{渠首引}$——渠首引水量，万 m^3；

m——渠系渗漏补给系数，无因次。

利用地下水动力学法或渠系渗漏补给系数法，即利用公式（4-33）或公式（4-35）计算多年平均渠系渗漏补给量 $Q_{渠系}$时，相关计算参数应采用多年平均值。

5）渠灌田间入渗补给量

渠灌田间入渗补给量是指渠灌水进入田间后，入渗补给地下水的水量。可将斗、农、毛三级渠道的渗漏补给量纳入渠灌田间入渗补给量。渠灌田间入渗补给量可利用下式计算：

$$Q_{渠灌}=\beta_{渠}\cdot Q_{渠田} \tag{4-36}$$

式中　$Q_{渠灌}$——渠灌田间入渗补给量，万 m^3；

$\beta_{渠}$——渠灌田间入渗补给系数，无因次；

$Q_{渠田}$——渠灌水进入田间的水量（应用斗渠渠首引水量），万 m^3。

利用公式（4-36）计算多年平均渠灌田间入渗补给量时，$Q_{渠田}$采用多年平均值，$\beta_{渠}$采用近期地下水埋深和灌溉定额条件下的分析成果。

6）人工回灌补给量

人工回灌补给量是指通过井孔、河渠、坑塘或田面等方式，人为地将地表水等灌入地下且补给地下水的水量。可根据不同的回灌方式采用不同的计算方法。例如，井孔回灌，可采用调查统计回灌量的方法；河渠、坑塘或田面等方式的人工回灌补给量，可分别按计算河道渗漏补给量、渠系渗漏补给量、库塘渗漏补给量或渠灌田间入渗补给量的方法进行计算。

7）地表水体补给量

地表水体补给量是指河道渗漏补给量、库塘渗漏补给量、渠系渗漏补给量、渠灌田间入渗补给量及以地表水为回灌水源的人工回灌补给量之和。由河川基流量形成的地表水体补给量，可根据地表水体中河川基流量占河川径流量的比率确定。

8）山前侧向补给量

山前侧向补给量是指发生在山丘区与平原区交界面上，山丘区地下水以地下潜流形式补给平原区浅层地下水的水量。山前侧向补给量可采用剖面法利用达西公式计算：

$$Q_{山前侧}=10^{-4}\cdot K\cdot I\cdot A\cdot t \tag{4-37}$$

式中　$Q_{山前侧}$——山前侧向补给量，万 m^3；

K——剖面位置的渗透系数，m/d；

I——垂直于剖面的水力坡度，无因次；

A——剖面面积，m^2；

t——时间，采用 365d。

采用公式（4-37）计算多年平均山前侧向补给量时，应同时满足以下 4 点技术要求：

（1）水力坡度 I 应与剖面相垂直，不垂直时，应根据剖面走向与地下水流向间的夹角，对水力坡度 I 值按余弦关系进行换算；剖面位置应尽可能靠近补给边界（即山丘区与平原区界线）。

（2）渗透系数 K 值，可采用垂向全剖面混合试验成果，也可采用分层试验成果。采用后者时，应按不同含水层和弱透水层的厚度取用加权平均值。

（3）在计算多年平均山前侧向补给量时，水力坡度 I 值采用多年平均值。

（4）切割剖面的底界一般采用当地浅层地下水含水层的底板；沿山前切割的剖面线一般为折线，应分段分别计算各折线段剖面的山前侧向补给量，并以各分段计算结果的总和作为全剖面的山前侧向补给量。

9）井灌回归补给量

井灌回归补给量是指井灌水（系浅层地下水）进入田间后，入渗补给地下水的水量，井灌回归补给量包括井灌水输水渠道的渗漏补给量。井灌回归补给量可利用下式计算：

$$Q_{井灌}=\beta_{井}\cdot Q_{井田} \tag{4-38}$$

式中　$Q_{井灌}$——井灌回归补给量，万 m^3；

$\beta_{井}$——井灌回归补给系数，无因次；

$Q_{井田}$——井灌水进入田间的水量（使用浅层地下水实际开采量中用于农田灌溉的部分），万 m^3。

利用公式（4-38）计算多年平均井灌回归补给量时，$Q_{井田}$ 采用多年平均值，$\beta_{井}$ 采用近期地下水埋深和灌溉定额条件下灌溉入渗补给系数的分析成果。

2. 平原区多年平均地下水总补给量、多年平均地下水资源量

平原区各项多年平均补给量之和为多年平均地下水总补给量。平原区多年平均地下水总补给量减去多年平均井灌回归补给量，其差值即为平原区多年平均地下水资源量。

3. 平原区各项排泄量、总排泄量的计算方法

排泄量包括潜水蒸发量、河道排泄量、侧向流出量和浅层地下水实际开采量。

1）潜水蒸发量

潜水蒸发量是指潜水在毛细管作用下，通过包气带岩土向上运动造成的蒸发量（包括棵间蒸发量和被植物根系吸收造成的叶面蒸发量两部分）。计算方法主要有以下两种。

（1）潜水蒸发系数法。

$$E=10^{-1}\cdot E_0\cdot C\cdot F \tag{4-39}$$

式中　E——潜水蒸发量，万 m^3；

E_0——水面蒸发量，mm（采用 E_{601} 型蒸发器的观测值或换算成 E_{601} 型蒸发器的蒸发量）；

C——潜水蒸发系数，无因次；

F——计算面积，km^2。

利用公式（4-39）计算多年平均潜水蒸发量时，计算参数 E_0、C 应采用多年平均值。

(2) 经验公式计算法。

采用潜水蒸发经验公式，计算用深度表示的潜水蒸发量（单位：mm），再根据均衡计算区的计算面积，换算成用体积表示的潜水蒸发量（单位：万 m^3）。采用此法计算均衡计算区多年平均潜水蒸发量时，Z、E_0 等计算参数应采用多年平均值。

2）河道排泄量

当河道内河水水位低于岸边地下水水位时，河道排泄地下水，排泄的水量称为河道排泄量。计算方法、计算公式同河道渗漏补给量的计算。

3）侧向流出量

以地下潜流形式流出计算区的水量称为侧向流出量。一般采用地下水动力学法（剖面法）计算，即沿均衡计算区的地下水下游边界切割计算剖面，利用公式（4-33）计算侧向流出量。

4）浅层地下水实际开采量

各均衡计算区的浅层地下水实际开采量应通过调查统计得出。可采用各均衡计算区多年平均浅层地下水实际开采量调查统计成果作为各相应均衡计算区的多年平均浅层地下水实际开采量。

5）总排泄量的计算方法

均衡计算区内各项多年平均排泄量之和为该均衡计算区的多年平均总排泄量。

4. 平原区浅层地下水蓄变量的计算方法

浅层地下水蓄变量是指均衡计算区计算时段初浅层地下水储存量与计算时段末浅层地下水储存量的差值。通常采用下式计算：

$$\Delta W = 10^2 \cdot (h_1 - h_2) \cdot \mu \cdot F/t \tag{4-40}$$

式中　ΔW——年浅层地下水蓄变量，万 m^3；

h_1——计算时段初地下水水位，m；

h_2——计算时段末地下水水位，m；

μ——地下水水位变幅带给水度，无因次；

F——计算面积，km^2；

t——计算时段长度，a。

利用公式（4-40）计算多年平均浅层地下水蓄变量时，h_1、h_2 应分别采用多年间起、迄年份的年均值。当 $h_1 > h_2$（或 $Z_1 < Z_2$）时，ΔW 为“+”；当 $h_1 < h_2$（或 $Z_1 > Z_2$）时，ΔW 为“−”；当 $h_1 = h_2$（或 $Z_1 = Z_2$）时，$\Delta W = 0$。

5. 平原区水均衡分析

水均衡是指均衡计算区或计算分区内多年平均地下水总补给量（$Q_{总补}$）与总排泄量（$Q_{总排}$）的均衡关系，即 $Q_{总补} = Q_{总排}$。在人类活动影响和均衡期间代表多年的年数并非足够多的情况下，水均衡还与均衡期间的浅层地下水蓄变量（ΔW）有关，因此，在实际应用水均衡理论时，一般指均衡期间多年平均地下水总补给量、总排泄量和浅层地下水蓄变量三者之间的均衡关系，即：

$$Q_{总补} - Q_{总排} \pm \Delta W = X \tag{4-41}$$

$$\frac{X}{Q_{总补}} \cdot 100\% = \delta \tag{4-42}$$

式中　X——绝对均衡差，万 m^3；

δ——相对均衡差，无因次，用%表示。

$|X|$值或$|\delta|$值较小时，可近似判断为$Q_{总补}$、$Q_{总排}$、ΔW 三项计算成果的计算误差较小，亦即计算精确程度较高；$|X|$值或$|\delta|$值较大时，可近似判断为$Q_{总补}$、$Q_{总排}$、ΔW 三项计算成果的计算误差较大，亦即计算精确程度较低。

为提高计算成果的可靠性，对平原区的各个水资源分区逐一进行水均衡分析，当水资源分区的$|\delta|>20\%$时，要对该水资源分区的各项补给量、排泄量和浅层地下水蓄变量进行核算，必要时，对某个或某些计算参数做合理调整，直至其$|\delta|\leqslant 20\%$为止。

4.3.7　山丘区排泄量、入渗量和地下水资源量的计算方法

1. 山丘区各项排泄量的计算方法

排泄量包括河川基流量、山前泉水溢出量、山前侧向流出量、浅层地下水实际开采量和潜水蒸发量。

1）河川基流量计算方法

河川基流量是指河川径流量中由地下水渗透补给河水的部分，即河道对地下水的排泄量。河川基流量是一般山丘区和岩溶山区地下水的主要排泄量，可通过分割河川径流量过程线的方法计算。

（1）选用水文站的技术要求。为计算河川基流量选择的水文站应符合下列要求：

① 选用水文站具有一定系列长度的比较完整、连续的逐日河川径流量观测资料；

② 选用水文站所控制的流域闭合，地表水与地下水的分水岭基本一致；

③ 按地形地貌、水文气象、植被和水文地质条件，选择各种有代表性的水文站；

④ 单站选用水文站的控制流域面积宜介于 300～5000km^2之间，为了对上游各选用水文站河川基流分割的成果进行合理性检查，还应选用少量的单站控制流域面积大于5000km^2且有代表性的水文站；

⑤ 在水文站上游建有集水面积超过该水文站控制面积 20%以上的水库，或在水文站上游河道上有较大引、提水工程，以及从外流域向水文站上游调入水量较大，且未做还原计算的水文站，均不宜作为河川基流分割的选用水文站。

（2）单站年河川基流量的分割方法。根据选用水文站实测逐日河川径流资料，点绘河川径流过程线，采用直线斜割法分割单站不少于 10 年的年实测河川径流量中的河川基流量。若选用水文站有河川径流还原水量，应对分割的成果进行河川基流量还原。河川基流量还原水量的定量方法是：首先，根据地表水资源量中河川径流还原水量在年内的分配时间段，利用分割的实测河川基流量成果，分别确定相应时间段内分割的河川基流量占实测河川径流量的比率（即各时间段基流比）；然后，以各时间段的基流比乘以相应时间段的河川径流还原水量，乘积即为该时间段的河川基流还原水量；最后，将年内各时间段的河川基流还原水量相加，即为该年的河川基流还原水量。进行了河川基流还原后的河川基流量，为相应选用水文站还原后的河川径流量中的河川基流量。

直线斜割法是比较常用的方法，对于年河川径流过程属于单洪峰型或双洪峰型时

特别适用。在逐日河川径流过程线上分割河川径流量时，枯季无明显地表径流的河川径流量（过程线距离时间坐标较近且无明显起伏）应全部作为河川基流量（俗称清水流量）；自洪峰起涨点至河川径流退水段转折点（又称拐点）以直线相连，该直线以下部分即为河川基流量。在逐日河川径流过程线上，洪峰起涨点比较明显和容易确定，而退水段的转折点往往不容易分辨。因此，准确判定退水段的转折点是直线斜割法计算单站河川基流量的关键。确定退水段的转折点最常用的方法是综合退水曲线法（此外，还有消退流量比值法、消退系数比较法等，可参阅有关书籍）。

采用综合退水曲线法确定、判断退水段转折点的具体做法是：首先，绘制年逐日河川径流量过程线（以下简称“过程线”）；在该过程线上，将各个无降水影响的退水段曲线（以下简称“退水曲线”）绘出（即在过程线上描以特殊色调）；将各个退水曲线在该年河川径流过程线坐标系上做水平移动，使各个退水曲线的尾部（即退水曲线发生时间段的末端）重合，并做出这一组退水曲线的外包线，该外包线称为综合退水曲线；再将此综合退水曲线绘制在与河川径流过程线坐标系相同的透明纸上；然后，将描绘在透明纸上的综合退水曲线，在始终保持透明纸上的坐标系与河川径流过程线坐标系的横纵坐标总是平行的条件下，移动透明纸，使透明纸上的综合退水曲线的尾部与河川径流过程线上的各个退水段曲线的尾部重合，则综合退水曲线与河川径流过程线上各个退水段曲线的交叉点或分叉点，即为相应各个退水段的退水转折点。

在我国南方雨量比较丰沛的地区，洪水频繁发生，河川径流过程线普遍呈连续峰型，当采用直线斜割法有困难时，可采用加里宁试算法分割河川基流量。加里宁试算法，是根据河川基流量一般由基岩裂隙地下水所补给的特点，并假定地下水含水层向河道排泄的水量（即河川基流量）与地表径流量（包括坡面漫流量和壤中流量）之间存在比例关系，利用试算法确定合理的比例系数，再通过对水均衡方程的反复演算得出年河川基流量，计算公式可参阅有关专著。为保证加里宁试算法分割的河川基流量与直线斜割法分割的河川基流量一致，当选用加里宁试算法分割河川基流量时，要求对两种分割方法（即直线斜割法和加里宁试算法）的成果进行对比分析，必要时，对加里宁试算法的分割成果进行修正。

（3）单站年河川基流量系列的计算。根据单站不少于 10 年的年河川基流量分割成果，建立该站河川径流量（R）与河川基流量（R_g）的关系曲线（R 及 R_g 均采用还原后的水量），即 R-R_g 关系曲线，再根据该站未进行年河川基流量分割年份的河川径流量（采用还原和修正后的资料），从 R-R_g 关系曲线中分别查算各年的河川基流量。

（4）计算分区河川基流量系列的计算。计算分区内，可能有一个或几个选用水文站控制的区域，还可能有未被选用水文站所控制的区域。可按下列计算步骤计算各计算分区年河川基流量系列：

首先，在计算分区内，计算各选用水文站控制区域逐年的河川基流模数，计算公式：

$$M_{0\text{基}i}^{j}=\frac{R_{g\ \text{站}i}^{\ j}}{f_{\text{站}i}} \tag{4-43}$$

式中 $M_{0基i}^{j}$——选用水文站 i 在 j 年的河川基流模数，万 m^3/km^2；

$R_{g站i}^{j}$——选用水文站 i 在 j 年的河川基流量，万 m^3；

$f_{站i}$——选用水文站 i 的控制区域面积，km^2。

其次，在计算分区内，根据地形地貌、水文气象、植被、水文地质条件类似区域逐年的河川基流模数，按照类比法原则，确定未被选用水文站所控制的区域逐年的河川基流模数。

最后，按照面积加权平均法的原则，利用下式计算各计算分区年河川基流量系列：

$$R_g{}^j = \sum M_{0基i}^{j} \cdot F_i \tag{4-44}$$

式中 $R_g{}^j$——计算分区 j 年的河川基流量，万 m^3；

$M_{0基i}^{j}$——计算分区选用水文站 i 控制区域 j 年的河川基流模数或未被选用水文站所控制的 i 区域 j 年的河川基流模数，万 m^3/km^2；

F_i——计算分区内选用水文站 i 控制区域的面积或未被水文控制站所控制的 i 区域的面积。

2）逐年山前泉水溢出量的计算方法

泉水是山丘区地下水的重要组成部分。山前泉水溢出量是指出露于山丘区与平原区交界线附近、且未计入河川径流量的诸泉水水量之和。在调查统计各泉水流量的基础上进行分析计算。

（1）逐年单泉年均流量的调查统计。对在山前出露且未计入河川径流量的泉逐一进行逐年的年均流量调查统计。缺乏年均流量资料的年份，可根据邻近年份的年均流量采用趋势法进行插补。

（2）逐年单泉年山前泉水溢出量的计算。采用下式计算单泉年山前泉水溢出量：

$$Q_{单泉i} = 3153.6 \times q_i \tag{4-45}$$

式中 $Q_{单泉i}$——i 年单泉年山前泉水溢出量，万 m^3；

q_i——i 年单泉年均山前泉水流量，m^3/s。

（3）计算分区逐年山前泉水溢出量的计算。将计算分区内各单泉年逐年的山前泉水溢出量对应相加，即为该计算分区的逐年的山前泉水溢出量。

3）逐年山前侧向流出量的计算方法

山前侧向流出量是指山丘区地下水以地下潜流形式向平原区排泄的水量。该量即为平原区的山前侧向补给量，计算公式同平原区山前侧向补给量。

采用公式（4-16）计算逐年的山前侧向流出量（水力坡度 I 分别采用逐年的年均值）。缺乏水力坡度 I 资料的年份，可根据邻近年份的山前侧向流出量采用趋势法进行插补。

4）逐年浅层地下水实际开采量和潜水蒸发量的计算方法

（1）逐年浅层地下水实际开采量的计算。浅层地下水实际开采量是指发生在一般山丘区、岩溶山区（包括未单独划分为山间平原区的小型山间河谷平原）的浅层地下水实际开采量（含矿坑排水量），从该量中扣除在用水过程中回归补给地下水部分的剩余量，称为浅层地下水实际开采净消耗量。采用调查统计方法估算山丘区浅层地下水实际开采量及开采净消耗量。

调查统计各计算分区尽可能多的年份的浅层地下水实际开采量，并根据用于农田灌溉的水量和井灌定额等资料，估算井灌回归补给量，以浅层地下水实际开采量与该年井灌回归补给量之差作为相应年份的浅层地下水实际开采净消耗量。具有较大规模地下水开发利用期间，缺乏统计资料年份的浅层地下水实际开采量和开采净消耗量，可根据邻近年份的年浅层地下水实际开采量和开采净消耗量采用趋势法进行插补。

(2) 逐年潜水蒸发量的计算。潜水蒸发量是指发生在未单独划分为山间平原区的小型山间河谷平原的浅层地下水，在毛细管作用下，通过包气带岩土向上运动造成的蒸发量（包括棵间蒸发量和被植物根系吸收造成的叶面蒸发量两部分）。各计算分区年潜水蒸发量的计算方法同平原区。

逐一进行年潜水蒸发量的估算，缺乏地下水埋深等相关资料的年份，可根据邻近年份的潜水蒸发量采用趋势法进行插补。

2. 山丘区总排泄量、入渗量和地下水资源量的计算方法

(1) 山丘区逐年总排泄量和降水入渗补给量的计算方法。山丘区河川基流量、山前泉水溢出量、山前侧向流出量、浅层地下水实际开采量和潜水蒸发量之和为山丘区总排泄量。从山丘区总排泄量中扣除回归补给地下水部分为山丘区浅层地下水资源量，亦即山丘区降水入渗补给量。

山丘区逐年各项排泄量之和为山丘区逐年总排泄量。山丘区逐年总排泄量与逐年回归补给地下水量之差为山丘区逐年降水入渗补给量。

(2) 利用山丘区降水入渗补给量-降雨量相关关系（$P_{r山}$-$P_{山}$）推求降水入渗补给量。

首先，根据已有的一定长度的逐年降水入渗补给量 $P_{r山}$ 和对应的逐年降水量 $P_{山}$，建立 $P_{r山}$-$P_{山}$ 关系曲线，分析其合理性之后，即可利用 $P_{r山}$-$P_{山}$ 关系曲线由降水量查算其对应的降水入渗补给量。

(3) 山丘区多年平均年地下水资源量的计算方法。山丘区降水入渗补给量的多年平均值即为山丘区多年平均年地下水资源量。

4.3.8　山丘、平原混合区多年平均地下水资源量的计算

在多数水资源分区内，往往存在山丘和平原混合在一起的区域，由山丘区和平原区构成的各计算分区多年平均地下水资源量采用下式计算：

$$Q_{资} = P_{r山} + Q_{平资} - Q_{侧补} - Q_{基补} \tag{4-46}$$

式中　$Q_{资}$——计算分区多年平均地下水资源量；

$P_{r山}$——山丘区多年平均降水入渗补给量，亦即山丘区多年平均地下水资源量；

$Q_{平资}$——平原区多年平均地下水资源量；

$Q_{侧补}$——平原区多年平均山前侧向补给量；

$Q_{基补}$——平原区河川基流量形成的多年平均地表水体补给量。

4.3.9　南方地区地下水资源量的简化计算法

1. 平原区多年平均地下水资源量计算方法

在南方，分布面积较大的一般平原区有长江中下游平原区、杭嘉湖平原区、长江

三角洲平原区、珠江三角洲平原区、韩江三角洲平原区、琼北台地平原区和浙闽沿海平原区等；分布面积较大的山间平原区有成都平原区、江汉平原区、洞庭湖平原区、鄱阳湖平原区、南阳盆地平原区和汉中盆地平原区等。这些平原区，大多缺乏连续的浅层地下水水位动态观测资料和水文地质资料，难以按前面的方法进行各项补给量、排泄量计算。目前，在南方，除个别平原区（如琼北台地平原区等）外，大多数平原区浅层地下水的开发利用程度很低。因此，可利用简化计算法，具体如下：

（1）确定平原区的地域分布，量算各平原区分属的各水资源计算分区的面积；确定各计算分区中水稻田和旱地的地域分布，量算水稻田和旱地的面积。

（2）分别计算：水稻田水稻生长期（含泡田期）的多年平均地下水补给量，水稻田旱作期及旱地的多年平均降水入渗补给量、灌溉入渗补给量和潜水蒸发量，其中，灌溉入渗补给量为地表水体补给量，应将本水资源一级区引水中河川基流量形成的灌溉入渗补给量单独计算出来。计算工作中，除收集降水量、水面蒸发量、引灌水量等水文气象资料外，还应尽量收集当地零散的浅层地下水水位（或埋深）资料、包气带岩性资料以及水稻田水稻生长期渗透率试验资料，分别采用下列方法进行粗略的估算：

① 水稻田水稻生长期的近期多年平均地下水补给量采用下式计算：

$$Q_{水生}=10^{-1}\times\varphi\times F_{水}\times t'' \tag{4-47}$$

式中 $Q_{水生}$——水稻田水稻生长期地下水补给量，万 m^3；

φ——渗透率，mm/d；

$F_{水}$——水稻田面积，km^2；

t''——水稻田水稻生长期的天数，d。

利用公式（4-47）计算多年平均地下水补给量时，φ 采用灌溉试验站多年平均或平水年资料。

水稻田水稻生长期潜水蒸发量近似按“0”处理。

② 水稻田旱作期及旱地的近期多年平均降水入渗补给量、灌溉入渗补给量和潜水蒸发量的计算方法：

根据当地降水量、引灌水量和水面蒸发量资料，以及当地的浅层地下水水位（或埋深）、包气带岩性资料，引用条件相近的北方地区有关水文地质参数，参照北方平原区的相关计算方法，分别估算水稻田旱作期和旱地的近期多年平均降水入渗补给量、灌溉入渗补给量和潜水蒸发量。

（3）平原区内计算分区多年平均地下水资源量的计算方法。计算分区内水稻田水稻生长期多年平均地下水补给量与水稻田旱作期及旱地的多年平均降水入渗补给量和灌溉入渗补给量之和，近似作为平原区内计算分区的多年平均地下水资源量。

2. 山丘区多年平均地下水资源量计算方法

南方的山丘区，由于缺乏有关地质资料，可以按一般山丘区和岩溶山区的地域分布计算逐年河川基流量，并以河川基流量系列近似作为山丘区地下水资源量（亦即降水入渗补给量）系列。以河川基流量的多年平均值，作为山丘区近期多年平均地下水资源量。

3. 各计算分区多年平均地下水资源量计算方法

各计算分区内，平原区近期多年平均地下水资源量与山丘区多年平均河川基流量之和，再扣除平原区水稻田旱作期及旱地由本水资源一级区引水河川基流量形成的灌溉入渗补给量，近似作为相应计算分区的多年平均地下水资源量。

4.3.10　南方总水资源量计算中地表水与地下水重复计算量的计算

各计算分区地下水资源量与地表水资源量间的重复计算量的计算方法要求采用下式计算：

$$Q_{重}=Q_{山}+Q_{水生}+\frac{P_{r水旱}}{Q_{水旱}}\cdot E_{水旱}-Q_{基补} \tag{4-48}$$

式中 $Q_{重}$——计算分区多年平均地下水资源量与地表水资源量间的重复计算量，万 m^3；

$Q_{山}$——计算分区中山丘区多年平均地下水资源量（即河川基流量），万 m^3；

$Q_{水生}$——计算分区中平原区水稻田水稻生长期多年平均地下水补给量，万 m^3；

$Q_{水旱}$——计算分区中平原区水稻田旱作期及旱地多年平均地下水资源量（即降水入渗补给量与灌溉入渗补给量之和），万 m^3；

$P_{r水旱}$——计算分区中平原区水稻田旱作期及旱地多年平均降水入渗补给量，万 m^3；

$E_{水旱}$——计算分区中平原区水稻田旱作期及旱地多年平均潜水蒸发量，万 m^3；

$Q_{基补}$——计算分区中平原区水稻田旱作期及旱地由本水资源一级区河川基流量形成的多年平均灌溉入渗补给量，万 m^3。

4.3.11　地下水资源时空分布

1. 地下水资源地域分布特征

地下水资源的地区分布受地形、地貌、水文气象、水文地质条件及人类活动等多种因素影响，各地差别很大，可以用地下水资源模数在地域上的分布图表示。总体是平原区大于山丘区，山前平原区大于黄泛平原区，岩溶山区大于一般山区。

（1）山丘区地下水一般为基岩裂隙水和岩溶水，补给来源单一，主要接受大气降水补给，地下水资源的地区分布随着降水量的地区分布的变化和水文地质条件优劣差异很大。

（2）平原区地下水以孔隙水为主，补给来源主要是大气降水和地表水体，其次是山前侧渗补给。地下水资源的地区分布除与大气降水地区分布、水文地质条件的差异有关外，与人类活动影响程度也有一定关系，所以平原区地下水资源的地区分布也十分不均。

2. 地下水资源的年际变化

地下水资源的年际变化可以用地下水资源年系列的变差系数 C_v 的大小表示。地下水资源量与降水量的变化密切相关，地下水资源量的年际变化幅度比降水量的年际变化幅度大，山丘区地下水资源量的年际变化幅度大于平原区。降水入渗补给量的年际变化，基本代表地下水资源量年际变化。

4.4 水资源总量计算

4.4.1 水资源总量概述

一定区域内的水资源总量是指当地降水形成的地表和地下水量，即地表径流量与降水入渗补给量之和。水资源总量并不等于地表水资源量与地下水资源量的简单相加，需扣除两者重复量。水资源总量计算的目的是分析评价在当前自然条件下可用水资源量的最大潜力，从而为水资源的合理开发利用提供依据。一定区域水资源总量的计算公式可以写成：

$$W_{总}=W_{地表}+W_{地下}-W_{重复} \tag{4-49}$$

式中 $W_{总}$——水资源总量，万 m^3 或亿 m^3；

$W_{地表}$——地表水资源量，万 m^3 或亿 m^3；

$W_{地下}$——地下水资源量，万 m^3 或亿 m^3；

$W_{重复}$——地表水和地下水之间相互转化的重复水量，万 m^3 或亿 m^3。

在大多数情况下，水资源总量的计算项目包括多年平均水资源总量和不同频率水资源总量。若区域内的地貌条件单一（全部为山丘区或平原区），式（4-49）中右端各分量的计算比较简单；若区域内既包括山丘区又包括平原区，水资源总量的计算则比较复杂。下面将介绍不同情况的水资源总量的计算方法。

4.4.2 多年平均水资源总量的计算

1. 单一山丘区

单一山丘区一般包括一般山丘区、岩溶山区、黄土高原丘陵沟壑区。地表水资源为当地河川径流量，地下水资源量按排泄量计算，相当于当地降水入渗补给量，山丘区地表水和地下水相互转化的重复量为河川基流量。山丘区多年平均水资源总量计算公式可由式（4-49）改写为：

$$\overline{W}_{山总}=\overline{W}_{山地表}+\overline{W}_{山地下}-\overline{W}_{山河川基} \tag{4-50}$$

式中 $\overline{W}_{山总}$——山丘区多年平均水资源总量，万 m^3 或亿 m^3；

$\overline{W}_{山地表}$——山丘区多年平均地表水资源量，万 m^3 或亿 m^3；

$\overline{W}_{山地下}$——山丘区多年平均地下水资源量，万 m^3 或亿 m^3。

$\overline{W}_{山河川基}$——山丘区多年平均河川基流量，即地表水和地下水之间相互转化的重复水量，万 m^3 或亿 m^3。

山丘区多年平均地表水资源量、地下水资源量、河川基流量的计算方法见前面第三、第四章相关内容。

2. 单一平原区

单一平原区包括北方一般平原区、沙漠区、内陆闭合盆地平原区、山间盆地平原区、山间河谷平原区、黄土高原台塬阶地区，平原区地表水和地下水相互转化的重复量为平原区河川基流量和来自平原区地表水体渗漏补给量。单一平原区多年平均水资源总量计算公式可由式（4-49）改写为：

$$\overline{W}_{平总}=\overline{W}_{平地表}+\overline{W}_{平地下}-\overline{W}_{平河川基}-\overline{W}_{平表水渗补} \tag{4-51}$$

式中　$\overline{W}_{平总}$——平原区多年平均水资源总量，万 m^3 或亿 m^3；

$\overline{W}_{平地表}$——平原区多年平均地表水资源量，万 m^3 或亿 m^3；

$\overline{W}_{平地下}$——平原区多年平均地下水资源量，万 m^3 或亿 m^3；

$\overline{W}_{平河川基}$——平原区多年平均河川基流量，万 m^3 或亿 m^3；

$\overline{W}_{平表水渗补}$——平原区多年平均地表水体的补给量，万 m^3 或亿 m^3。

平原区多年平均地表水资源量、地下水资源量、河川基流量及地表水体补给量的计算方法见相关内容。

3. 多种地貌类型混合区

在多数水资源分区内，计算分区内既包括山丘区又包括平原区，水资源总量的计算则比较复杂，其复杂性主要在于重复量的计算上。这种混合区的重复水量包括两部分：

（1）同一地貌（山丘区或平原区）地表水与地下水的重复水量计算：①山丘区地表水和地下水相互转化的重复量，即山丘区河川基流量；②平原区地表水和地下水相互转化的重复量，即平原区河川基流量和来自平原区地表水体渗漏补给量。

（2）不同类型区间的重复水量，即山丘区与平原区间的重复计算量。包括①山丘区河川径流量与平原区地下水补给量之间的重复量，即山丘区河川径流流经平原时对地下水的补给量；②山前侧向补给量，即山区流入平原区的地下径流，属于山丘区、平原区地下水本身的重复量。

若计算区包括山丘区和平原区两大地貌单元，式（4-49）便可改写为：

$$\overline{W}_{总}=\overline{W}_{山总}+\overline{W}_{平总}-\overline{W}_{山、平重复} \tag{4-52}$$

式中　$\overline{W}_{总}$——全区（包括山丘区和平原区）多年平均水资源总量，万 m^3 或亿 m^3；

$\overline{W}_{山总}$——山丘区多年平均水资源总量，万 m^3 或亿 m^3；

$\overline{W}_{平总}$——平原区多年平均水资源总量，万 m^3 或亿 m^3；

$\overline{W}_{山、平重复}$——山丘区与平原区间的多年平均重复水量，万 m^3 或亿 m^3。包括山丘区河川径流量与平原区地下水补给量之间的重复量及山前侧向补给量，其计算方法参见本书相关内容。

4.4.3 不同频率水资源总量的计算

不同频率的水资源总量不能用典型年法或同频率相加法进行计算，必须首先求得区域内的水资源总量系列，然后通过频率计算进行。

有些受资料限制的地区，组成水资源总量的某些分量难以逐年求得，在这种情况下，作为近似估算，可在多年平均水资源、总量的基础上，借助于河川径流量和降水入渗补给量系列近似推求水资源总量系列。山丘区可将逐年河川径流量乘以水资源总量均值与河川年径流值的比值后得出的系列，作为水资源总量系列。平原区则以各年的河川径流量与降水入渗补给量之和，乘以水资源总量均值与上列两项之和的均值的比值后得出的系列，作为水资源总量系列。将山丘区和平原区水资源总量系列对应项逐年相加，即可求得全区域水资源总量系列。

4.4.4 水资源总量的年际变化

水资源总量有年际变化，可以统计计算其多年平均值及年际变化特征值 C_V。

第5章　水资源可利用量及水质评价

5.1　水资源可利用量

水资源可利用量是水资源总量的一部分。水资源可利用量的分析对流域或区域水资源开发利用、水资源合理配置及水资源保护的研究具有重要意义。

5.1.1　水资源可利用量的概念与分析原则

水资源可利用量是不同水平年可供水量分析的基本依据，是水资源合理配置的前提。本章是根据《全国水资源综合规划》中“水资源可利用量估算方法”（试行）、“地表水资源可利用量计算补充技术细则”、“地下水资源量及可开采量补充细则”（试行）（水利部水利水电规划设计总院，2002年）内容选定的。

1. 水资源可利用量概念

地表水资源可利用量是指在可预见的时期内，在统筹考虑河道内生态环境和其他用水的基础上，通过经济合理、技术可行的措施，可供河道外生活、生产、生态用水的一次性最大水量（不包括回归水的重复利用）。地下水资源可利用量按浅层地下水资源可开采量考虑。地下水可开采量是指在可预见的时期内，通过经济合理、技术可行的措施，在不致引起生态环境恶化的条件下，允许从含水层中获取的最大水量。水资源可利用总量是指在可预见的时期内，在统筹考虑生活、生产和生态环境用水要求的基础上，通过经济合理、技术可行的措施，在当地水资源总量中可供一次性利用的最大水量。水资源可利用量是从资源的角度分析可能被消耗利用的水资源量。

水资源总量可利用量分为地表水可利用量和地下水可利用量（浅层地下水可开采量）两部分。水资源总量可利用量为扣除重复水量的地表水资源可利用量与地下水资源可开采量之和。

2. 水资源可利用量分析原则

水资源可持续利用分析计算遵循以下原则：

（1）水资源可持续利用的原则

水资源可利用量是以水资源可持续开发利用为前提，水资源的开发利用要对经济社会的发展起促进和保障作用，且又不对生态环境造成破坏。水资源可利用量分析水资源合理开发利用的最大限度和潜力，将水资源的开发利用控制在合理的范围内，充分利用当地水资源和合理配置水资源，保障水资源的可持续利用。

（2）统筹兼顾及优先保证最小生态环境需水的原则

水资源开发利用遵循高效、公平和可持续利用的原则，统筹协调生活、生产和生态等各项用水。同时为保持人与自然的和谐相处，保护生态环境，促进经济社会的可持续发展，必须维持生态环境最基本的需水要求。因此，在统筹河道内与河道外各项用水中，应优先保证河道内最小生态环境需水要求。

(3) 以流域水系为系统的原则

水资源的分布以流域水系为特征。流域内的水资源具有水力联系，它们之间相互影响、相互作用，形成一个完整的水资源系统。水资源量是按流域和水系独立计算的，同样，水资源可利用量也应按流域和水系进行分析，以保持计算成果的一致性、准确性和完整性。

(4) 因地制宜的原则

由于受地理条件和经济发展的制约，各地水资源条件、生态环境状况和经济社会发展程度不同，各地水资源开发利用的模式也不同。因此，不同类型、不同流域水系的可利用量分析应根据资料条件和具体情况，选择相适宜的计算方法。

5.1.2 地表水资源可利用量计算

地表水资源可利用量是水资源开发利用规划和管理的科学依据之一，正确估算地表水资源可利用量是水资源综合规划和开发利用的一项重要工作。

1. 基本要求

(1) 水资源可利用量是反映宏观概念的数，是反映可能被消耗利用的最大极限值，在定性分析方面要进行全面和综合的分析，以求定性准确；在定量计算方面不宜过于繁杂，力求计算的内容简单明了，计算方法简捷，可操作性强。

(2) 地表水资源可利用量以流域和水系为单元分析计算，以保持成果的独立性、完整性。对于大江大河干流可按重要控制站点，分为若干区间段；控制站以下的三角洲地区和下游平原区，应单独进行分析。各流域可根据资料条件和具体情况，确定计算的河流水系或区间，并选择控制节点，然后计算地表水资源可利用量。

对长江、黄河、珠江、松花江等大江大河还要对干流重要控制节点和主要二级支流进行可利用量计算。大江大河又可分为上中游、下游，干、支流，并按照先上游、后下游，先支流、后干流依次逐级进行计算。上游、支流汇入下游、干流的水量应扣除上游、支流计算出的可利用量，以避免重复计算。

(3) 根据流域内的自然地理特点及水资源条件，划分相应的地表水可利用量计算的类型。全国地表水可利用量计算的类型可以划分为：大江大河、沿海独流入海诸河、内陆河及国际河流 4 种类型。

(4) 本书水资源可利用量计算内容主要为多年平均水资源量的可利用量，且是进行不考虑水质影响下的可利用量计算。对于为满足水功能要求，在不同水平年水资源保护及水环境治理要达到的目标和应采取的措施，计算不同水平年可供利用的水量，本书不做介绍。

2. 影响地表水资源可利用量的主要因素

(1) 自然条件。自然条件发展包括水文气象条件和地形地貌、植被、包气带和含水层岩性特征、地下水埋深、地质构造等下垫面条件。这些条件的优劣，直接影响地表水资源量和地表水资源可利用量的大小。

(2) 水资源特性。地表水资源数量、质量及其时空分布、变化特性以及由于开发利用方式等因素的变化而导致的未来变化趋势等，直接影响地表水资源可利用量的定量分析。

（3）经济社会发展及水资源开发利用技术水平。经济社会的发展水平既决定水资源需求量的大小及其开发利用方式，也是水资源开发利用资金保障和技术支撑的重要条件。随着科学技术的进步和创新，各种水资源开发利用措施的技术经济性质也会发生变化。显然，经济社会及科学技术发展水平对地表水资源可利用量的定量也是至关重要的。

（4）生态环境保护要求。地表水资源可利用量受生态环境保护的约束，为维护生态环境平衡或为逐渐改善生态环境状况都需要保证生态用水，在水资源紧缺和生态环境脆弱的地区应优先考虑生态环境的用水要求。可见，生态环境状况也是确定地表水资源可利用量的重要约束条件。此外，地表水体的水质状况以及为了维护地表水体具有一定的环境容量均需保留一定的河道内水量，从而影响地表水资源可利用量的定量。

3. 地表水可利用量估算方法概述

1）地表水资源总量概念

地表水资源总量包括可利用量和不可利用量两部分。地表水可利用量的概念前面已有介绍；不可利用的地表水资源量包括不可以被利用水量和不可能被利用水量。不可以被利用水量是指不允许利用的水量，以免造成生态环境恶化及被破坏的严重后果，即必须满足的河道内生态环境用水量。不可能被利用水量是指受种种因素和条件的限制，无法被利用的水量。这主要包括：超出工程最大调蓄能力和供水能力的洪水量；在可预见时期内受工程经济技术性影响不可能被利用的水量；在可预见的时期内超出最大用水需求的水量。

2）地表水资源可利用量分析

在估算地表水资源可利用量时，应从以下几个方面加以分析：

（1）必须考虑地表水资源的合理开发。所谓合理开发是指要保证地表水资源在自然界的水文循环中能够继续得到再生和补充，不致显著地影响到生态环境。地表水资源可利用量的大小受生态环境用水量多少的制约，在生态环境脆弱的地区，这种影响尤为突出。将地表水资源的开发利用程度控制在适度的可利用量之内，即做到合理开发，既会对经济社会的发展起促进和保障作用，又不至于破坏生态环境；无节制、超可利用量的开发利用，在促进了一时的经济社会发展的同时，会给生态环境带来不可避免的破坏，甚至会带来灾难性的后果。

（2）必须考虑地表水资源可利用量是一次性的，回归水、废污水等二次性水源的水量都不能计入地表水资源可利用量内。

（3）必须考虑确定的地表水资源可利用量是最大可利用水量。所谓最大可利用水量是指根据水资源条件、工程和非工程措施以及生态环境条件，可被一次性合理开发利用的最大水量。然而，由于河川径流的年内和年际变化都很大，难以建设足够大的调蓄工程将河川径流全部调蓄起来，因此，实际上不可能把河川径流量都通过工程措施全部利用。此外，还需考虑河道内用水需求以及国际界河的国际分水协议等，所以，地表水资源可利用量应小于河川径流量。

（4）伴随着经济社会的发展和科学技术水平的提高，人类开发利用地表水资源的手段和措施会不断增多，河道内用水需求以及生态环境对地表水资源开发利用的要求也会不断变化，显然，地表水资源可利用量在不同时期将会有所变化。

3）地表水资源可利用量估算原则

在估算地表水资源可利用量时，应根据流域水系的特点和水资源条件，遵守下列原则：

（1）在水资源紧缺及生态环境脆弱的地区，应优先考虑最小生态环境需水要求，可采用从地表水资源量中扣除维护生态环境的最小需水量和不能控制利用而下泄的水量的方法估算地表水资源可利用量。

（2）在水资源较丰沛的地区，上游及支流重点考虑工程技术经济因素可行条件下的供水能力，下游及干流主要考虑满足较低标准的河道内用水。

沿海地区独流入海的河流，可在考虑技术可行、经济合理和满足防洪要求的基础上，估算地表水资源可利用量。

（3）国际河流应根据有关国际协议及国际通用的规则，结合近期水资源开发利用的实际情况估算地表水资源可利用量。

可以看出，在估算地表水资源可利用量时，应先确定并扣除河道内生态环境用水（包括湿地湖泊生态环境用水等），因此，地表水资源可利用量的估算与生态环境需水量的确定密切相关。

4）地表水资源可利用量估算方法

地表水资源可利用量估算方法分为倒算法（倒扣计算法）与正算法与（直接计算法）。

（1）倒算法是用多年平均水资源量减去不可以被利用水量和不可能被利用水量中的汛期下泄洪水量的多年平均值，得出多年平均水资源可利用量。可用式（5-1）表示：

$$W_{地表水可利用量}=W_{地表水资源量}-W_{河道内需水量外包}-W_{洪水弃水} \tag{5-1}$$

倒算法一般用于北方水资源紧缺地区。

（2）正算法是根据工程最大供水能力或最大用水需求的分析成果，以用水消耗系数（耗水率）折算出相应的可供河道外一次性利用的水量。可用（5-2）式或式（5-3）表示：

$$W_{地表水可利用量}=k_{用水消耗系数}\times W_{最大供水能力} \tag{5-2}$$

或

$$W_{地表水可利用量}=k_{用水消耗系数}\times W_{最大用水需求} \tag{5-3}$$

正算法用于南方水资源较丰沛的地区及沿海独流入海河流，其中式（5-2）一般用于大江大河上游或支流水资源开发利用难度较大的山区，以及沿海独流入海河流，式（5-3）一般用于大江大河下游地区。

4. 地表水可利用量估算方法中各项水量计算

地表水资源可利用量计算涉及的各项水量包括：河道内生态环境需水量、河道内生产需水量、汛期下泄洪水量、工程最大供水能力相应的供水量和最大用水需求量等。

1）河道内生态环境需水分类及其计算

河道内生态环境需水量主要包括：河流维持河道基本功能的最小流量，改善城市景观河道内需水量，维持湖泊湿地生态功能的最小水量，保持一定水环境容量的水量，维持河湖水生生物生存的水量，河道冲沙输沙水量，冲淤保港水量，防止河口淤积、海水入侵、维系河口生态平衡的入海水量等。各类生态环境需水量的计算方法如下：

（1）河流最小生态环境需水量。河流最小生态环境需水量即维持河道基本功能（防止河道断流、保持水体一定的稀释能力与自净能力）的最小流量，是指维系河流的最基本环境功能不受破坏所必须在河道中常年流动着的最小水量阈值。需要考虑河流水体维持原有自然景观，使河流不萎缩断流，并能基本维持生态平衡。

通常采用的计算方法：

① 以多年平均径流量的百分数（北方地区一般取 10%～20%，南方地区一般取 20%～30%）作为河流最小生态环境需水量。计算公式为：

$$W_r = \frac{1}{n}\left(\sum_{i=1}^{n} W_i\right) \times K \tag{5-4}$$

式中　W_r——河流最小生态环境需水量；

W_i——第 i 年的径流量（水资源量）；

K——选取的百分数；

n——统计年数。

② 根据近 10 年最小月平均流量或 90%频率最小月平均流量，计算多年平均最小生产需水量。计算公式为：

$$W_r = 12 \times \mathrm{Min}(W_{ij}) = 12 \times \mathrm{Min}(W_{ij})_{P=90\%} \tag{5-5}$$

式中　W_r——河流最小生态环境需水量；

$\mathrm{Min}(W_{ij})$——近 10 年最小的月径流量；

$\mathrm{Min}(W_{ij})_{P=90\%}$——90%频率最小月径流量。

③ 典型年法。

选择满足河道基本功能、未断流又未出现较大生态环境问题的某一年作为典型年，将典型年最小月平均流量或月径流量作为满足年生态环境需水的平均流量或月平均的径流量。公式为：

$$W_r = 12 \times W_{最小月径流量} = 365 \times 0.000864 \times Q_{最小月平均流量} \tag{5-6}$$

（2）城市河湖景观需水量。

城市景观河道内生态环境需水量是与水的流动有关联的穿城河道与通河湖泊中，为改善城市景观需要保持河湖水体流动的河道内水量。根据改善城市生态环境的目标和水资源条件确定。

城市河湖景观需水量计算方法有以下几种。

① 城市水面面积比例法：

$$W_{河湖} = \beta_n \times S \times E \tag{5-7}$$

或

$$W_{河湖} = \lambda \times S_g \times P \times E \tag{5-8}$$

式中　$W_{河湖}$——城市河湖景观需水量；

β_n——城市河湖水面面积占城市市区面积的比率；水面面积一般应占城市市区面积的 1/6 为宜，如果考虑城市绿地的效应，则该指标应适当降低，一般在 5%～15%较为合适；

S——城市市区面积；

E——河湖水面蒸发量；

λ——绿地折合成水面面积的折算系数，若按通常在计算绿化面积时将水面面积的一半计为绿化面积，则 λ 为 2；

S_g——城市市区人均绿地面积，我国推荐的城市绿地面积为 7～11m^2/人；

P——城市（包括县级市）城镇人口；

E——河湖水面蒸发量。

② 人均水量法。

根据城市河湖建设情况，为满足城市景观和娱乐休闲的需要，推算城市河湖景观需水量。

$$W_{河湖}=\alpha\times P \tag{5-9}$$

式中 α——人均城市河湖需水基准值，一般为 20m^3/人；

P——城市（包括县级市）城镇人口；

其他符号同前。

城市河湖景观用水量计算，需要收集城市市区规划面积、城市人口、水面面积等资料，并根据改善城市生态环境的目标和水资源条件来确定城市河湖景观最小需水量。城市河湖景观需水应注意河道内与河道外生态环境需水的区别，一般情况下，为保持河湖一定的水面而补充被消耗的水量为河道外需水，为保持穿城河道和通河湖泊的流动性而需要的水量为河道内需水。有些城市利用处理后的污废水改善城市河湖水环境，这部分水量不是一次性用水，这些河湖可不计生态需水。

（3）通河湿地恢复与保护需水量。

湿地生态环境需水一般为维持湿地生态和环境功能所消耗的、需补充的水量。由于通河湿地这些水量是靠天然河道的水量自然补充的，可以作为河道内需水考虑。湿地生态环境需水量包括湿地蒸发渗漏损失的补水量、湿地植物需水量、湿地土壤需水量、野生生物栖息地需水量等。

根据湿地、湖泊洼地的功能确定满足其生态功能的最低生态水位，具有多种功能的湿地需进行综合分析确定，据此确定相应的水面和容量，并推算出在维持最低生态水位情况下的水面蒸发耗水量（水面蒸发量与水面降水量之差值）及渗漏损失水量，确定湖泊、洼地最小生态需水量。在计算出湿地的各项需水量后，分析确定通河湿地恢复与保护需水量。

（4）环境容量需水量。

环境容量需水量是维系和保护河流的最基本环境功能（保持水体一定的稀释能力、自净能力）不受破坏，所必须在河道中常年流动着的最小水量。因人类活动影响所造成的水污染，导致河流的基本环境功能衰退，有些地区采取清水稀释的办法改善水环境状况，这不是倡导的办法，不在环境需水量的考虑范畴之列。环境容量需水计算方法同河流最小生态环境需水量计算。

（5）冲沙输沙及冲淤保港水量。

冲沙输沙水量是为了维持河流中下游冲刷与侵蚀的动态平衡，须在河道内保持的水量。输沙需水量主要与输沙总量和水流的含沙量的大小有关。水流的含沙量则取决于流域产沙量的多少、流量的大小以及水沙动力条件。一般情况下，根据来水来沙条件，可将全年冲沙输沙需水分为汛期和非汛期输沙需水。对于北方河流而言，汛期的输沙量约占全年输沙总量的 80％左右。但汛期含沙量大，输送单位泥沙的用水量比非汛期小得多。根据对黄河的分析，汛期输送单位泥沙的用水量为 30～40m^3/t，非汛期为 100m^3/t。

汛期输沙需水量计算公式为：

$$W_{m1}=S_1/C_{\max} \tag{5-10}$$

或

$$W_{m1}=S_1\times C_{us1} \tag{5-11}$$

式中　W_{m1}——汛期输沙需水量；

S_1——多年平均汛期输沙量；

C_{us1}——多年平均汛期输送单位泥沙用水量；

$C_{\max}$——多年最大月平均含沙量的平均值，可用下式计算：

$$C_{\max}=\frac{1}{N}\sum_{i=1}^{N}\max(C_{ij}) \tag{5-12}$$

式中　C_{ij}——第 i 年 j 月的平均含沙量；

N——统计年数。

非汛期输沙需水量计算公式为：

$$W_{m2}=S_2\times C_{us2} \tag{5-13}$$

式中　W_{m2}——非汛期输沙需水量；

S_2——多年平均非汛期输沙量；

C_{us2}——多年平均非汛期输送单位泥沙用水量。

全年输沙需水量 W_m 为汛期与非汛期输沙需水量之和。

$$W_m=W_{m1}+W_{m2} \tag{5-14}$$

（6）水生生物保护水量。

维持河流系统水生生物生存的最小生态环境需水量，是指维系水生生物生存与发展，即保存一定数量和物种的生物资源，河湖中必须保持的水量。

采用河道多年平均年径流量的百分数法计算需水量，百分数应不低于 30%。

此外，还应考虑河道水生生物及水生生态保护对水质和水量的一些特殊要求，以及稀有物种保护的特殊需求。

对于较大的河流，不同河段水生生物物种及对水质、水量的要求不一样，可分段设定最小生态需水量。

（7）最小入海水量。

入海水量指维持河流系统水沙平衡、河口水盐平衡和生态平衡的入海水量。保持一定的入海水量是维持河口生态平衡（包括保持一定的生物数量与物种）所必须的。

最小入海水量，重点分析枯水年入海水量，在历史系列中选择未出现较大河口生态环境问题的最小月入海水量做参照。非汛期入海水量与河道基本流量分析相结合，汛期入海水量应与洪水弃水量分析相结合。

感潮河流为防止枯水期潮水上溯，保持河口地区不受海水入侵的影响，必须保持河道一定的防潮压咸水量。可根据某一设计潮水位上朔的影响，分析计算河流的最小入海压咸水量。也可在历史系列中，选择河口地区未受海水入侵影响的最小月入海水量，计算相应的入海月平均流量，作为防潮压咸的控制流量。

2）河道内生产需水量

河道内生产需水量主要包括航运、水力发电、水产养殖等部门的用水。河道内生产用水一般不消耗水量，可以“一水多用”，但要在河道中预留一定的水量。

（1）航运需水量。

航运需要根据航道条件保持一定的流量，以维持航道必要的深度和宽度。在设计航运基流时，根据治理以后的航道等级标准及航道条件，计算确定相应设计最低通航水深保证率的流量，以此作为河道内航运用水的控制流量。

航运需水量要与河道内生态环境需水量综合考虑，其超过河道内生态环境需水量的部分，要与河道外需水量统筹协调。

（2）水力发电需水量。

水力发电用水一般指为保持梯级电站、年调节及调峰等电站的正常运行，需要向下游下泄并在河道中保持一定的水量。水力发电一般不消耗水量，但要满足在特定时间和河段内保持一定水量的要求。在统筹协调发电用水与其他各项用水的基础上，计算确定水力发电需水量。

（3）水产养殖需水量。

河道内水产养殖用水主要指湖泊、水库及河道内养殖鱼类及其他水产品需要保持一定的水量。一般情况下，在考虑其他河道内生态环境和生产用水的条件下，河道内水产养殖用水的水量能得到满足，水产养殖用水对水质也有明确的要求，应通过对水源的保护和治理，满足其要求。

3）河道内总需水量

河道内总需水量是在上述各项河道内生态环境需水量及河道内生产需水量计算的基础上，分月取外包并将各月的外包值相加得出多年平均情况下的河道内总需水量。计算公式如下：

$$W_{\text{河道内总需水量}} = \sum_{j=1}^{n} \text{Max} W_{ij} \tag{5-15}$$

式中　W_{ij}——i 项 j 月河道内需水量，$n=1$，…，12。

4）下泄洪水量分析计算

（1）下泄洪水量的概念。

下泄洪水量是指汛期不可能被利用的水量。对于支流而言，其下泄洪水量是指支流泄入干流的水量，对于入海河流是指最终泄弃入海的水量。下泄洪水量是根据最下游的控制节点分析计算的，不是指水库工程的弃水量，一般水库工程的弃水量到下游还可能被利用。

由于洪水量年际变化大，在几十年总弃水量长系列中，往往一次或数次大洪水弃水量占很大比重，而一般年份、枯水年份弃水较少，甚至没有弃水。因此，多年平均情况下的下泄洪水量计算，不宜采用简单的选择某一典型年的计算方法，而应以未来工程最大调蓄与供水能力为控制条件，采用天然径流量长系列资料，逐年计算汛期下泄的水量，在此基础上统计计算多年平均下泄洪水量。

对于下泄洪水量基于这样的认识：汛期水量中一部分可供当时利用，还有一部分可通过工程蓄存起来供以后利用，剩余水量即为不可能被利用下泄的洪水量。

（2）下泄洪水量的计算方法与步骤。

将流域控制站汛期的天然径流量减去流域调蓄和耗用的最大水量，剩余的为下泄洪水量。

① 确定汛期时段。

各地进入汛期的时间不同，工程的调蓄能力和用户在不同时段的需水量要求也不同，因而在进行汛期下泄洪水量计算时所选择的汛期时段不一样。一般来说，北方地区，汛期时段集中，7—8 月是汛期洪水出现最多最大的时期，8—9 月汛后是水库等工程调蓄水量最多的时期，而 5—6 月份是用水（特别是农业灌溉用水）的高峰期。因此，北方地区计算下泄洪水量，汛期时段选择 7—9 月为宜。南方地区，汛期出现的时间较长，一般在 4—10 月，且又分成两个或多个相对集中的高峰期。南方地区中小型工程、引提水工程的供水能力所占比例大，同时用水时段也不象北方那样集中。因此，南方地区下泄洪水量计算，汛期时段宜分段选取，一般 4—6 月为一汛期时段，7—9 月为另一汛期时段，分别分析确定各汛期时段的控制下泄水量 W_m。

② 计算汛期最大的调蓄和耗用水量 W_m。

对于现状水资源开发利用程度较高、在可预期的时期内没有新工程的流域水系，可以根据近 10 年来实际用水消耗量（由天然径流量与实测径流量之差计算）中选择最大值，作为汛期最大用水消耗量。

对于现状水资源开发利用程度较高，但尚有新工程的流域水系，可在对新建工程供水能力与作用的分析基础上，对根据上述原则统计的近 10 年实际出现的最大用水消耗量进行适当调整，作为汛期最大用水消耗量。

对于现状水资源开发利用程度较低、潜力较大的地区，可根据未来规划水平年供水预测或需水预测的成果，扣除重复利用的部分，折算成用水消耗量。对于流域水系内具有调蓄能力较强的控制性骨干工程，分段进行计算，控制工程以上主要考虑上游的用水消耗量、向外流域调出的水量以及水库的调蓄水量；控制工程以下主要考虑下游区间的用水消耗量。全水系汛期最大调蓄及用水消耗量为上述各项相加之和。

③ 计算多年平均汛期的下泄洪水量 $W_{泄}$。

用控制站汛期天然径流系列资料 $W_{天}$减 W_m 得出逐年汛期下泄洪水量 $W_{泄}$（若 $W_{天}-W_m<0$ 则 $W_{泄}$为 0），并计算其多年平均值。

$$W_{泄}=\frac{1}{n}\times\sum_{i=1}^{n}(W_{i天}-W_{im}) \tag{5-16}$$

式中　$W_{泄}$——多年平均汛期下泄洪水量；

$W_{i天}$——第 i 年汛期天然径流量；

W_{im}——第 i 年流域汛期最大调蓄及用水消耗量；

n——系列年数。

5）工程最大供水能力估算

在一些大江大河上游及一些水资源较丰沛的山丘区，由于田高水低、人口稀少，建工程的难度较大，其经济技术性超出所能承受的合理范围。这些地区，在可预期的时期内，水资源的利用主要受制于供水工程的建设及其供水能力的大小。这些地区水资源可利用量计算一般采用正算法，通过对现有工程和规划工程（包括向外流域调水的工程）最大的供水能力的分析，进行估算。

6）最大用水需求估算

在南方水资源丰沛地区的大江大河干流和下游，决定其水资源利用程度的主要因素是需求的大小。这些地区水资源可利用量计算采用正算法，通过需水预测分析，估算在未来可预期的时期内的最大需求量（包括向外流域调出的水量），据此估算水资源可利用量。

5. 不同流域水系地表水可利用量的计算

1）海河、辽河流域地表水可利用量计算

（1）地表水可利用量计算一般采用倒算法计算并用正算法进行校核。

倒算法是以多年平均地表水资源量减去最小生态环境需水量和多年平均的汛期下泄洪水量得出，正算法是根据近10年实际用水情况分析得出。

（2）生态环境需水量主要考虑维持河道基本功能的生态环境需水量。

此外，还要考虑一些地区为改善城市景观、保护与恢复湖泊湿地，需要维持河湖水体流动的水量。

（3）汛期下泄洪水量或汛期入海水量，可在近10年中选择平水年份或偏丰、偏枯的年份，不要选择枯水年或偏枯年份，防止出现供水不足，形成缺水局面，而没有反映出汛期的最大用水需求；同时还要对用水是否合理进行分析，不要出现挤占生态用水情况。

2）黄河流域地表水可利用量计算

（1）地表水可利用量计算采用倒算法计算，正算法校核。

（2）按照先支流后干流、先上游后下游的顺序计算。

（3）支流与上游干流河道内生态环境用水主要为输沙冲沙水量、维持河道基本功能的最小生态环境需水等。黄河中下游干流，河道内生态环境需水除了要考虑输沙冲沙水量、枯季河道基流外，还要考虑河口区湿地保护以及非汛期最小入海流量等。

3）淮河流域地表水可利用量计算

（1）淮河流域地处我国南北过渡带，水资源兼有南北方的特征。淮河流域水资源开发利用程度较高。可利用量计算应分别采用倒算法和正算法，通过综合分析比较，确定计算成果。

（2）淮河支流及上游干流，河道内生态环境需水主要为维持河道基本功能的水量。此外，还要统筹考虑航运、水力发电等河道内用水。

（3）根据现有工程最大供水能力或汛期现状实际最大的用水消耗量，并考虑规划新建工程的供水能力与作用，分析确定控制汛期洪水下泄的水量或流量。

（4）淮河下游情况复杂，对于这样复杂的地区，地表水可利用量分析计算要在弄清情况的基础上，采取定性分析和定量计算相接合的方法，进行简化计算。

4）松花江流域地表水可利用量计算

（1）可利用量计算应分别采用倒算法和正算法，通过综合分析比较，确定计算成果。

（2）河道内生态环境需水主要包括：非汛期河道基流、水生生物与生态保护用水、湿地保护与恢复用水等。此外，对有些地区还要适当考虑航运、水电等其他河道内用水。

（3）松花江流域的大型控制性工程具有防洪、发电等综合功能，在考虑工程的调蓄与供水功能时要与防洪、发电等功能相互协调，在计算汛期下泄洪水量时要考虑防洪的要求和安排。

（4）松花江上游干支流开发利用程度较高，下游支流和干流尚有潜力。采用正算法分析计算可利用量应在现有工程供水能力以及现状供用耗水量分析的基础上，充分考虑待建工程的供水能力及未来需水要求。

5）长江和珠江流域地表水可利用量计算

（1）长江和珠江流域地表水可利用量计算采用正算法和倒算法计算，一般情况下选择两者中较小的成果。

（2）河道内生态环境需水的主要功能有：维持水生生物生存，保持水体一定的自净能力，防止"水华"与湖泊富营养化等水污染事件的发生与蔓延，湖泊湿地保护与恢复，防止海水顶托、海水入侵，防止河口泥沙淤积及保护河口地区生态系统等。

（3）长江和珠江流域水资源综合利用程度高，航运、水力发电、水产养殖等河道内用水也应统筹考虑。由于长江和珠江的水量大，航运、水力发电等河道内用水量也大，生态环境用水量一般都能得到满足。

（4）长江和珠江上游及其支流，总体开发利用程度不高，尚有较大潜力，但也有一些地区，开发利用的难度大，经济合理和技术可行的开源工程已为数不多。这些地区可利用量计算以正算法为主，通过对开发利用潜力的分析，重点考虑采取工程措施所能达到的最大调蓄供水能力，或考虑未来发展导致的最大供水需求。

（5）下游、干流以正算法为主，要考虑枯水期对生态环境的影响，重点考虑水生生态需水和河道内用水。河口地区要重点考虑入海水量和河口区生态系统的保护。要充分考虑河道水生生物及水生生态保护对水质和水量的某些特殊要求，以及稀有物种保护对水资源的要求。

6）独流入海诸河地表水可利用量计算

（1）独流入海诸河中较大的河流（钱塘江、闽江和韩江），可采用与长江和珠江及其支流相同的计算方法单独计算。

（2）其余河流，一般以所处的区域组成计算单元（区内包括诸多直接入海的小河），根据现状地表水资源开发利用的程度，考虑进一步开发利用的潜力，并经综合比较分析，确定各区域独流入海诸河的最大开发利用程度，估算可利用量（正算法）。

7）内陆河水资源可利用量计算

（1）新疆塔里木河和甘肃内蒙西部的黑河，单独进行计算；其余的诸多内陆河可不分水系，分为西北内陆河区（包括内蒙古西部地区）、华北内陆河区和藏北内陆河区。藏北内陆河区基本为无人区，水资源可利用量可以认为是零，不需进行可利用量计算。其余两区可采用较为简化的方法估算可利用量。

（2）内陆河地表水与地下水转换关系复杂，不宜单独分析计算。直接按水资源总量进行水资源可利用总量的分析计算。

（3）有不少独立的小河，其水量无法利用，并且这些小河对天然生态保护有作用，这些水量也不该用于生产与生活用水，这部分水量应扣除，不能作为可利用量。内陆河还有些河流或河段，天然水质较差，不能满足用水户的要求，这部分水量也要扣除，不能作为可利用量。

（4）内陆河水资源可利用量计算采用倒算法，从水资源总量中扣除河道内生态环境需水量（天然生态需水量），剩余的即为可利用量。河道内生态环境需水包括中游区维护天然生态保护目标所需的河道内生态需水量，以及下游区维持天然生态景观的最小河道内生态需水量。

（5）内陆河一般划分为三段：上游出山口以上为产水区；中游人工绿洲集中的地区为主要用水区；下游以荒漠天然景观植被为主的地区为径流消耗消失区。

（6）在内陆河区很难严格区分河道内生态环境需水量和河道外生态环境需水量，一般认为维持天然植被的生态环境需水量为河道内生态环境需水量，人工绿洲建设所需的生态需水量为河道外生态环境需水量。

8）国际河流地表水可利用量计算

出境国际河流应根据有关国际协议及国际通用的规则，结合近期水资源开发利用的实际情况，考虑未来当地需水增长及向外流域调水的可能，估算境内部分地表水资源的可利用量。

5.1.3 地表水资源可利用量计算实例

《全国水资源综合规划》中“水资源可利用量估算方法（试行）”及《地表水资源可利用量计算补充技术细则》中把全国水资源可利用量计算分为 94 个流域、水系或区间进行，这里选择其中 3 个水系作为典型进行分析计算。北方选择海滦河流域的滦河水系，南方选择长江的支流汉江水系，内陆河选择黑河流域。以下是其实例计算过程。

1. 滦河水系地表水可利用量计算

1）基本情况

滦河流域面积 4.48 万 km^2，多年平均年降水量 556mm，年径流量 42.1062 亿 m^3。滦河的控制站为滦县站，控制全流域面积的 98%，自 1929 年开始有径流资料。滦河上游地处内蒙古高原，植被良好，汛期雨量不大，径流比较平稳。滦河中下游燕山迎风区是主要产水区，产水量较大的支流柳河、瀑河、洒河、青龙河等均在此区。滦河现有潘家口、大黑汀、桃林口 3 座大型控制性工程。现状地表水供水量 19.3 亿 m^3，用水消耗水量约为 13.3 亿 m^3，地表水资源消耗利用率 32%。

2）计算方法

滦河水系可利用量计算采用倒算法，首先计算河道内生态环境需水量和多年平均下泄洪水量，最后用多年平均地表水资源量减去以上两项，得出多年平均情况下的地表水资源可利用量。滦河河道内生态环境需水主要为维持河道基本功能的生态环境需水，其他如湿地保护等河道内需水量都较小，在维持河道基本功能的需水得到满足的情况下，其他河道内用水也能满足。

3）河道内生态环境需水量计算

滦河河道内生态环境需水主要为维持河道基本功能的生态环境需水。对于维持河道基本功能的生态环境需水采用下列方法计算：

（1）多年平均年径流量百分数。

以多年平均径流量的百分数作为河流最小生态环境需水量。滦河控制站滦县站 1956—2000 年系列天然年径流的多年平均值为 42.1062 亿 m^3，根据滦河的情况，多年平均河流最小生态需水量取年径流量的 10%～15%。$W_{生1}$ 与 $W_{生2}$ 分别取年径流量的 10%与 15%得出计算成果。

① 年径流量的 10%：

$$W_{生1}=42.1062\times0.10=4.21\text{ 亿 m}^3$$

② 年径流量的 15%：

$$W_{生2}=42.1062\times0.15=6.32\text{ 亿 m}^3$$

（2）最小月径流系列。

在滦县站 1956—2000 年天然月径流系列中，挑选每年最小的月径流量，组成 45 年最小月径流量系列，对此系列进行统计分析，取其 $P=90\%$频率的特征值，作为年河道最小生态需水量的月平均值，计算多年平均河道最小生态的年需水量。

据滦县最小月径流量系列分析，$P=90\%$频率情况下的月径流量为 0.366 亿 m^3。据此计算多年平均河道最小生态的年需水量 $W_{生3}$ 为：

$$W_{生3}=0.366\times12=4.40\text{ 亿 m}^3$$

（3）近 10 年月径流量。

以滦县站 1991—2000 年天然月径流系列进行统计分析，选择最小月径流量，作为年河道最小生态需水量的月平均值，计算多年平均河道最小生态的年需水量。

滦县站 1991—2000 年天然月径流系列中，最小的月径流量出现在 1997 年 5 月，为 0.3583 亿 m^3。据此计算多年平均河道最小生态的年需水量 $W_{生4}$ 为：

$$W_{生4}=0.3583\times12=4.23\text{ 亿 m}^3$$

（4）典型年最小月径流量。

在滦县站 1956—2000 年天然月径流系列中，选择能满足河道基本功能、未断流，又未出现较大生态环境问题的最枯月平均流量，作为年河道最小生态需水量的月平均值。由于 20 世纪 80 年代以来滦河出现持续枯水年，存在较严重的缺水，出现挤占生态环境用水的现象，不宜选为典型。在 20 世纪 70 年代的月径流系列中选择典型比较合适。最好选择的典型年径流量与多年平均年径流量比较接近，以典型年中最小月径流量，作为年河道最小生态需水量的月平均值，计算多年平均河道最小生态的年需水量。

选择 1973 年为典型年：1973 年年径流量为 47.47 亿 m^3，该年 1 月径流量为 0.4961 亿 m^3。据此计算多年平均河道最小生态的年需水量 $W_{生5}$ 为：

$$W_{生5}=0.4961\times12=5.47\text{ 亿 m}^3$$

4）汛期下泄洪水量计算

滦河下游滦县站有较完整可靠的天然径流量和实测径流量系列资料，且滦河水资源开发利用程度相对较高，采用近 10 年中汛期最大的一次性供水量或用水消耗量，作为控制滦河汛期洪水下泄的水量 W_m。一次性供水量或用水消耗量可采用滦县站汛期的天然径流量减去同期的入海水量得出。滦县站下游有岩山渠，从滦河滦县以下河道中引水到下游灌区，滦河入海水量应为滦县站实测径流量减去同期岩山渠引水量。滦河汛期一般出现在6—9月，但绝大部分年份的6月尚未出现大雨，该月的供水大部分为前一年汛末水库的蓄水，因而分析计算汛期下泄洪水量应将6月排除在外，按7—9月统计分析汛期洪水量。具体操作：

（1）计算各年汛期的用水消耗量。

根据滦县站1991—2000年7—9月天然径流、实测径流量和岩山渠引水量资料（岩山渠1991—2000年只有年引水量资料，采用该引水渠1980—1988年7—9月引水量占全年引水量的比例系数的多年平均值，推算岩山渠1991—2000年7—9月的引水量），计算各年汛期的用水消耗量。

$$W_{用}=W_{天}-W_{实}+W_{岩} \tag{5-17}$$

式中 $W_{用}$——滦河用水消耗量；

$W_{天}$——滦县站天然径流量；

$W_{实}$——滦县站实测径流量；

$W_{岩}$——岩山渠引水量。

（2）确定控制汛期洪水下泄的水量。

从计算的$W_{用}$中选择最大的。在计算的各年汛期用水消耗量中，1994年最大，为17.3754亿m^3，经分析该年汛期洪水量较大，实际供用水量正常合理，可以将该年汛期用水消耗量作为控制滦河汛期洪水下泄的水量W_m。

（3）计算多年平均汛期下泄洪水量。

根据以上确定的控制滦河汛期洪水下泄的水量W_m，采用滦县站1956—2000年45年汛期洪水量（天然）系列，逐年计算汛期下泄洪水量。汛期洪水量中大于W_m的部分作为下泄洪水量，汛期洪水量小于或等于W_m，则下泄洪水量为0。根据算出的下泄洪水量系列，按式（5-16）计算多年平均下泄洪水量。

经对滦县站45年汛期（7—9月）的计算，计算得出滦河多年平均汛期的下泄洪水量为13.87亿m^3。

5）可利用量计算成果

根据以上计算的滦河多年平均最小生态环境需水量和汛期下泄洪水量，计算得出滦河多年平均地表水资源量的可利用量。上面采用不同方法计算出5套最小生态环境需水量成果，见表5-1。

根据各种方法计算的结果，结合滦河的具体情况分析，滦河最小生态需水量建议采用年径流量百分数法计算的成果，设立两个方案，需水低方案取$W_{生1}$为4.21亿m^3，高方案取$W_{生2}$为6.32亿m^3。

表5-1 滦河最小生态环境需水量计算成果 单位：亿m^3

序号	计算方法	需水量
$W_{生1}$	年径流量10%	4.21
$W_{生2}$	年径流量15%	6.32
$W_{生3}$	最小月径流量系列（$P=90\%$）	4.40
$W_{生4}$	近10年最小的月径流量	4.23
$W_{生5}$	典型年最小月径流量（1973年）	5.47

滦河流域多年平均汛期下泄洪水量计算成果为13.87亿m^3。用滦河多年平均地表水资源量42.11亿m^3，减去最小生态需水量和下泄洪水量，计算出滦河多年平均情况下地表水资源可利用量。

根据以上生态需水和汛期下泄洪水量的计算结果，在河道内生态环境需水量采用低方案时，地表水可利用量为24.03亿m^3；生态需水采用高方案，可利用量为21.92亿m^3。多年平均地表水可利用量与地表水资源量相除，得出的地表水资源可利用率分别为57%和52%。

2. 汉江水系地表水可利用量计算

1）基本情况

汉江是长江中游最大的支流，流域面积15.65万km^2，丹江口以上为汉江干流上游，面积9.49万km^2，汉江上游为山地丘陵区，内有多个降水和径流深的高值区。唐白河是汉江中游最大的支流，集水面积2.43万km^2。丹江口以下汉江干流中下游主要为平原，面积3.73万km^2，其中钟祥以下为江汉平原，地势平坦，河网交织，湖泊密布，是重要的经济区和用水区。汉江上游有丹江口、黄龙滩、石泉、安康等4座大型水库，其中丹江口水库是南水北调中线工程的源头。汉江流域多年平均地表水资源量为566亿m^3，其中丹江口以上流域为388亿m^3，丹江口以下（包括唐白河）为178亿m^3。丹江口是汉江上游的控制站，皇庄为汉江中游控制站。

2）计算方法

汉江地表水可利用量采用倒算法。河道内需水主要包括生态需水、航运用水及保护中下游河道水质的环境用水等，取其外包作为非汛期需扣除的河道内需水。汛期下泄洪水量采用分段计算法，丹江口以上考虑上游用水和南水北调中线工程向外流域的调水量。丹江口以上以丹江口作为控制站，丹江口以下采用皇庄作为控制站，分别计算确定汛期洪水下泄的控制水量W_m（或流量），再计算汛期多年平均下泄洪水量。

3）河道内生态环境需水量计算

河道内需水主要包括生态需水、航运用水及保护中下游河道水质的环境用水。汉江生态需水主要为维持河道内水生生物生存的水量，采用Tennant法，以年平均流量的30%作为河道内水生生物生存满意的流量。汉江多年平均年径流量为566亿m^3，其30%为170亿m^3，折算成平均流量约为540m^3/s。汉江中下游航运用水要满足丹江口—襄樊河段达Ⅴ级航道标准，襄樊—汉口河段达Ⅳ级航道标准。保护河道水质的环境用水是指防止下游河段发生"水华"事件，维持河道必要的流量。保护河道水质根本的出路在于严格限制污水直接排放，"水华"的发生起因于很难控制的面源污染，因此汉江中下游河道维持必要的流量，对保护生态环境非常重要。南水北调中线工程规划，在综合考虑汉江中下游河道航运与环境需水量的基础上，拟定丹江口水库下泄最小流量不小于490m^3/s（其中襄樊—泽口河段最小流量不小于500m^3/s）。综合考虑上述3项河道内用水，取其外包，汉江河道内需水按540m^3/s考虑。

4）汛期下泄洪水量计算

汉江的汛期历时较长，从4月至10月，并可分为两个相对集中的高峰期。计算汛期下泄洪水量可将汛期分为两段，即4—6月与7—9月，分别计算各段的下泄洪水量。汉江丹江口以上地区用水量不大，丹江口以下的汉江中下游区是主要的用水区，另外丹江口水库是南水北调中线工程的水源地，承担向外流域调水的功能。汉江中下游多为中小型引提水工程，调蓄能力有限，且汛期的用水量也较小，汛期大部分洪水量将向长江下泄。具体计算步骤如下：

（1）丹江口以上用水消耗量。

根据需水预测，丹江口上游 2010 年用水消耗量为 23 亿 m^3。2030 年将会达到 25 亿 m^3，汛期 4—6 月和 7—9 月分别为 9 亿 m^3 和 6 亿 m^3。

（2）丹江口水库向外流域调出的水量。

根据南水北调中线工程规划，丹江口水库多年平均向外流域调出的水量为 97 亿 m^3。按 4—6 月调出量占总量的 35%，7—9 月调出量占总量的 15%计算，4—6 月和 7—9 月向外流域调出的水量分别为 34 亿 m^3 和 15 亿 m^3。

（3）丹江口水库汛期蓄水量。

丹江口水库汛末蓄水将用于非汛期向汉江中下游和外流域供水，估算 7—9 月水库具备供水功能的蓄水量约为 55 亿 m^3。

（4）汉江中下游用水消耗量。

根据需水预测，汉江中下游 2030 年需水量达到 160 亿 m^3，采用 1999 年汉江各部门实际用水的耗水率 50%计算，汉江中下游 2030 年用水消耗量为 80 亿 m^3。按 4—6 月占年总量的 35%，7—9 月占 25%计算，4—6 月和 7—9 月的用水消耗量分别为 28 亿 m^3 和 20 亿 m^3。

（5）汉江皇庄以上汛期最大调蓄与用水消耗量。

汉江皇庄以上 4—6 月最大调蓄与用水消耗量 W_m 为同期丹江口以上用水消耗量 9 亿 m^3、丹江口水库向外流域调出水量 34 亿 m^3 与汉江中下游用水消耗量 28 亿 m^3 之和为 71 亿 m^3。7—9 月 W_m 为同期丹江口以上用水消耗量 6 亿 m^3、丹江口水库向外流域调出水量 15 亿 m^3、丹江口水库汛期蓄水量 55 亿 m^3 与汉江中下游用水消耗量 20 亿 m^3 之和为 96 亿 m^3。

（6）皇庄下泄洪水量。

采用皇庄站 1956—2000 年历年 4—6 月和 7—9 月天然径流量系列，按以上分析计算的 4—6 月和 7—9 月最大调蓄与用水消耗量 W_m（分别为 71 亿 m^3 和 96 亿 m^3），逐年计算下泄洪水量，4—6 月多年平均下泄洪水量为 44 亿 m^3，7—9 月为 150 亿 m^3，汛期 4—9 月合计也即全年为 194 亿 m^3。

（7）汉江下泄长江的洪水量。

以上计算的是汉江皇庄控制站多年平均下泄的洪水量 194 亿 m^3，尚未考虑皇庄以下至入长江口区间的下泄水量。区间多年平均年径流量为 57 亿 m^3。由于这区间为江汉平原，基本没有调蓄工程，区间的用水在以上计算的汉江中下游需水量预测计算已考虑进去了，因此区间的天然径流量可以认为全部排入长江。多年平均情况下汉江全流域向长江下泄的水量为 251 亿 m^3。计算成果见表 5-2。

表 5-2　汉江下泄洪水量计算成果表　　单位：亿 m^3

项目	全年	4—6 月	7—9 月
丹江口以上用水消耗量	25	9	6

续表

项目	全年	4—6月	7—9月
丹江口调出外流域水量	97	34	15
丹江口汛期蓄水量			55
汉江中下游用水消耗量	80	28	20
皇庄 W_m		71	96
皇庄天然径流量	509	133	230
皇庄下泄水量	194	44	150
皇庄以下天然径流量	57		
汉江全流域下泄水量	251		

5）可利用量计算成果

根据以上计算，汉江河道内生态环境及生产需水流量为540m³/s，由于汛期4—9月河道内水量较大，并有洪水下泄至长江，汛期的河道内生态环境及生产需水量能得到满足，仅需在非汛期（1—3月与10—12月）考虑河道内生态环境及生产需水，按非汛期182天计算，需水量约为85亿m³。计算的多年平均汉江汛期排入长江的洪水量为251亿m³。汉江多年平均天然年径流量为566亿m³，减去以上两项水量，得出的多年平均情况下地表水资源可利用量为230亿m³。地表水资源可利用率达到40%，计算成果见表5-3。

表5-3 汉江地表水资源可利用量计算成果表

项目	数量
汉江多年平均年径流量/亿m³	566
河道内生态环境及生产需水流量/m³/s	540
非汛期河道内生态环境及生产需水量/亿m³	85
多年平均汛期下泄洪水量/亿m³	251
汉江多年平均地表水资源可利用量/亿m³	230
地表水资源可利用率/%	40

3. 黑河流域可利用量计算

1）基本情况

黑河是我国第二大内陆河，现已形成东、中、西3个独立的子水系。其中东部子水系即黑河干流水系面积11.6万km²，占整个黑河流域面积的80%以上，其情况复杂，涉及3省（自治区）、水事矛盾突出。本次计算可利用量是黑河的东部子水系（以下所称黑河均指黑河东部子水系）。

黑河出山口莺落峡以上为上游，面积1.0万km²，该区地处高寒山地，植被较好但生长缓慢，是主要的产水区。莺落峡至正义峡为中游，包括支流梨园河、马营河等面积为2.56km²。河道两岸地势平坦，光热资源充足，人工绿洲发育，是重要的灌溉农业经济区。正义峡以下为下游，面积为8.04万km²，主要为戈壁沙漠和剥蚀残山，气候极端干燥，生态环境极为脆弱，是我国北方沙尘暴的主要来源区之一。

黑河出山口多年平均天然径流量24.75亿m^3，其中黑河干流莺落峡站15.80亿m^3，梨园河梨园堡2.37亿m^3，其他沿山支流6.58亿m^3。黑河流域地下水资源主要由河川径流补给。地下水资源与河川径流不重复量约为3.33亿m^3。天然水资源总量为28.08亿m^3。

2）计算方法

黑河水资源可利用量采用水资源总量扣除河道内生态环境需水量（天然生态需水量）的方法计算。河道内生态环境需水包括维护天然生态保护目标所需的河道内生态需水量，以及维持下游区天然生态景观的最小河道内生态需水量。

3）河道内生态环境需水量计算

黑河河道内生态环境需水主要包括：

（1）黑河下游狼心山以下额济纳三角洲地区天然植被所需的生态需水，主要是植被生长期间的生理需水、棵间和斑块间潜水蒸发量和植被覆盖区非生长季节的潜水蒸发量。根据黑河流域近期治理规划要求，下游天然绿洲恢复到20世纪80年代中期规模，绿洲面积达到650万亩左右。估算生态需水量7.5亿m^3。

（2）莺落峡至狼心山区间河道内损失的水量和沿河生态防护林消耗的水量。为了实现向黑河下游狼心山以下送7.5亿m^3生态用水，需要考虑沿途河道内的水量损失。地处干旱区的黑河中下游河段，特别是下游河段，蒸发渗漏损失大。20世纪90年代从正义峡进入下游的水量约为7.7亿m^3，而到达狼心山实际进入额济纳的水量只有3～5亿m^3。沿途减少的水量达2.7～4.7亿m^3，这其中有一部分是下游鼎新灌区和国防科研基地用水（估计为1.5～2.0亿m^3），其余的主要为河道内沿程损失的水量，为1.2～2.7亿m^3。据此估算正义峡至狼心山沿程损失的水量约为2.0亿m^3，莺落峡至正义峡损失的水量应小一些，约为1.0亿m^3。此外，中游河段两岸生态防护林消耗的水量约为2.0亿m^3。这样，莺落峡至狼心山区间河道内消耗水量和沿河生态防护林消耗的水量合计为5.0亿m^3。

4）可利用量计算成果

根据以上分析计算，黑河河道内生态环境需水量为12.5亿m^3，其中下游天然绿洲的生态需水量为7.5亿m^3，河道内损失和沿岸防护林消耗的水量为5.0亿m^3。黑河流域多年平均水资源总量为28.0亿m^3，减去河道内生态环境需水量12.5亿m^3，水资源总量的可利用量为15.5亿m^3，水资源消耗利用率55%。

5.1.4 地下水资源可利用量

地下水资源可利用量按浅层地下水资源可开采量考虑。地下水可开采量是指在可预见的时期内，通过经济合理、技术可行的措施，在不致引起生态环境恶化的条件下，允许从含水层中获取的最大水量。多年平均地下水总补给量是多年平均地下水可开采量的上限值。

1. 平原区浅层地下水可开采量的计算方法

1）实际开采量调查法

实际开采量调查法适用于浅层地下水开发利用程度较高、浅层地下水实际开采量统计资料较准确、完整且潜水蒸发量不大的地区。若某地区，在1980—2000年期间，1980年年初、2000年年末的地下水水位基本相等，则可以该期间多年平均浅层地下水实际开采量近似确定为该地区多年平均浅层地下水可开采量。

2）可开采系数法

可开采系数法适用于含水层水文地质条件研究程度较高的地区。这些地区，浅层地下水含水层的岩性组成、厚度、渗透性能及单井涌水量、单井影响半径等开采条件掌握得比较清楚。

所谓可开采系数（ρ，无因次）是指某地区的地下水可开采量（$Q_{可开}$）与同一地区的地下水总补给量（$Q_{总补}$）的比值，即 $\rho=Q_{可开}/Q_{总补}$，ρ 应不大于 1。确定了可开采系数 ρ，就可以根据地下水总补给量 $Q_{总补}$，确定出相应的可开采量 $Q_{可开}$，即 $Q_{可开}=\rho\cdot Q_{总补}$。可开采系数 ρ 是以含水层的开采条件为定量依据：ρ 值越接近 1，说明含水层的开采条件越好；ρ 值越小，说明含水层的开采条件越差。

确定可开采系数 ρ 时，应遵循以下基本原则：

（1）由于浅层地下水总补给量中，可能有一部分要消耗于水平排泄和潜水蒸发，故可开采系数 ρ 应不大于 1；

（2）对于开采条件良好，特别是地下水埋藏较深、已造成水位持续下降的超采区，应选用较大的可开采系数，参考取值范围为 0.8～1.0；

（3）对于开采条件一般的地区，宜选用中等的可开采系数，参考取值范围为 0.6～0.8；

（4）对于开采条件较差的地区，宜选用较小的可开采系数，参考取值范围为不大于 0.6。

3）多年调节计算法

多年调节计算法适用于已求得不同岩性、地下水埋深的各个水文地质参数，且具有为水利规划或农业区划制订的井、渠灌区的划分以及农作物组成和复种指数、灌溉定额和灌溉制度、连续多年降水过程等资料的地区。

地下水的调节计算，是将历史资料系列作为一个循环重复出现的周期看待，并在多年总补给量与多年总排泄量相平衡的原则基础上进行的。所谓调节计算，是根据一定的开采水平、用水要求和地下水的补给量，分析地下水的补给与消耗的平衡关系。通过调节计算，既可以探求在连续枯水年份地下水可能降到的最低水位，又可以探求在连续丰水年份地下水最高水位的持续时间，还可以探求在丰、枯交替年份在以丰补欠的模式下开发利用地下水的保证程度，从而确定调节计算期（可近似代表多年）适宜的开采模式、允许地下水水位降深及多年平均可开采量。

多年调节计算法有长系列和代表周期两种。前者选取长系列（如 1980—2000 年系列）作为调节计算期，以年为调节时段，并以调节计算期间的多年平均总补给量与多年平均总废弃水量之差作为多年平均地下水可开采量；后者选取包括丰、平、枯在内的 8～10 年一个代表性降水周期作为调节计算期，以补给时段和排泄时段为调节时段，并以调节计算期间的多年平均总补给量与难以夺取的多年平均总潜水蒸发量之差作为多年平均地下水可开采量。具体调节计算方法可参见有关专著。

4）类比法

缺乏资料地区，可根据水文及水文地质条件类似地区可开采量计算成果，采用类比法估算可开采量。

应注意的是，在生态环境比较脆弱的地区，应用上述各种方法（特别是应用多年调节计算法）计算平原区可开采量时，必须注意控制地下水水位。例如，为防止荒漠化，应以林草生长所需的极限地下水埋深作为约束条件；为预防海水入侵（或咸水入侵），应始终保持地下淡水水位与海水水位（或地下咸水水位）间的平衡关系。

2. 山丘区多年平均地下水可开采量的计算方法

山丘区地下水可开采量是指以凿井方式开发利用的地下水资源量。由于山丘区水文地质条件及开采条件差异很大，地下水可开采量的计算，根据含水层类型、地下水富水程度、调蓄能力、开发利用情况等，以实际开采量和泉水流量（扣除已纳入地表水可利用量的部分）为基础，同时考虑生态恢复、地下水动态等，采用可开采系数法与实际开采量类比法等综合分析确定。各计算区可开采系数采用范围：岩溶山区为0.70～0.85，一般山丘区为0.55～0.75。

山丘区与平原区之间地下水可开采量的重复计算量包括山前侧渗补给量和本水资源一级区河川基流量形成的地表水体补给量的可开采量，即将两项补给量之和乘以相应计算分区的可开采系数计算得出。

5.1.5 水资源可利用总量

（1）水资源可利用总量是指在可预见的时期内，在统筹考虑生活、生产和生态环境用水的基础上，通过经济合理、技术可行的措施在当地水资源中可一次性利用的最大水量。

（2）水资源可利用总量的计算，可采取地表水资源可利用量与浅层地下水资源可开采量相加再扣除地表水资源可利用量与地下水资源可开采量两者之间重复计算量的方法估算。

$$W_{总可}=W_{地表可}+W_{地下可}-W_{重} \tag{5-18}$$

式中 $W_{总可}$——水资源可利用总量；

$W_{地表可}$——地表水资源可利用量；

$W_{地下可}$——浅层地下水资源可开采量；

$W_{重}$——重复计算量；

其中：$W_{重}=\rho_{平可}(W_{渠渗}+W_{田渗})+\rho_{山可}W_{基}$；

$W_{渠渗}$——渠系渗漏补给量；

$W_{田渗}$——田间地表水灌溉入渗补给量；

$\rho_{平可}$——平原区可开采系数；

$\rho_{山可}$——山区可开采系数；

$W_{基}$——河川基流量。

根据《山东省水资源综合规划》(2007)，山东全省当地水资源可利用总量为208.8亿m^3，其中淮河流域及山东半岛、黄河流域、海河流域分别为163.4亿m^3、15.2亿m^3、30.2亿m^3；全省水资源可利用率为68.9%，其中淮河、黄河、海河流域分别为67.8%、60.5%、81.3%。

5.2 水资源质量评价

水资源质量评价是合理开发利用和保护水资源的一项基本工作。水资源质量也可简称为水质，是指天然水及其特定水体中的物质成分、生物特征、物理性状和化学性质以及对于所有可能的用水目的和水体功能，其质量的适应性和重要性的综合特征。水质评价指按照评价目标，选择相应的水质参数、水质标准和评价方法，对水体的质量作出评定。评价水环境质量，一般都以国家或地方政府颁布的各类水质标准作为评价标准。在无规定水质标准情况下，可采用水质基准或本水系的水质背景值作为评价标准。

按水资源质量评价的目的可分为水资源利用的水质评价和水环境保护的水质评价。按水资源质量评价的目标和要素可分为物理性状评价、化学性质评价、化学成分评价、生物特征评价等几方面。按水源水体类型可分为地表水质量评价、地下水质量评价和降水水质评价等。在水资源开发利用和水环境保护的生产实际中，水质评价通常以各类水资源开发利用工程和水体类型作为评价主体，因此，本章将首先介绍水的特性、水质评价指标、水质评价标准，在此基础上按地表水水质评价、地下水水质评价和河流泥沙评价几个方面介绍主要的水质评价方法。

5.2.1　水的特性

水有很多特性，下面就天然水的物理、化学、生物特性作简要介绍。

1. 水的物理特性

1）水的热学和溶解性质

（1）热学性质。在元素周期表中，与氧同族的元素硫、硒和碲的氢化物分别为 H_2S、H_2Se、H_2Te。它们的热学性质见表 5-4。

水的物理常数的特点及其对环境和对生物的重要性见表 5-5。

表 5-4　周期表中氧及其同族元素的氢化物的热学性质

化合物	分子量	溶点 /℃	溶解热	沸点 /℃	蒸发热	偶极矩
H_2O	18	0.0	1.44	+100	9.72	1.84
H_2S	34	−85.5	0.57	−60.3	4.46	1.1
H_2Se	81	−65.7	0.6	−41.3	4.62	0.4
H_2Te	130	−51.0	1.0	−2.2	5.55	<0.2

表 5-5　纯水的物理常数及其重要性

性质	与其他物质对比	对环境和生物的重要性
状态	不同温度下，以固、液、气三态存在，常温下为液态	使全球水循环，维持地球生命物质的持水量并提供生命介质
密度	在 4℃时密度最大，冻结时膨胀	水体在冰冻时从水面开始，防止连底冻结，造成季节性温度分层，对水生生物越冬有重要意义
溶点和沸点	高	使地球表面的水经常处于液态
热容	高于除氨以外的任何液体	缓冲生物体内及地表温度的剧烈变化
蒸发热	液体中最高	缓冲温度的极端变化

续表

性质	与其他物质对比	对环境和生物的重要性
表面张力	液体中最高	在云层和雨层中调节水滴大小，是细胞生理学中的控制因素
介电常数	所有液体中最高	
热传导	所有液体中最高	在细胞生理中具极重要作用
吸收辐射热	在红外和紫外光区甚强，在可见光区域内较小	无色、透明，对水体中生物活动（如光合作用）有重要控制作用，对大气温度有重要抑制作用
电离度	很小	中性物质，对维持生命体系极重要
溶解性质	因其偶极性质，对离子化合物和极性分子是极佳的溶剂	在水文循环和生物系统中，对溶解物质的迁移极重要

除氨以外，水在一切已知液体中热容量最高。正因为它的热容量最高，像湖泊和海洋那样的大型水体，其温度基本保持不变。这种热缓冲作用，对于保护生命至关重要。

（2）溶解性质。

水是极好的溶解剂。许多有机物和无机化合物如糖、醇、氨基酸和氨皆溶于水。水有能溶解有机分子的能力，对生命过程和地质化学过程都非常重要。

2）天然水的物理性质

自然界的水并不是纯净的。天然水均含有一定的杂质，这些杂质大体分为三类：一类为溶解物，包括钙、镁、钠、钾、铁、锰、硅等盐类和二氧化碳、氮气、氧气、硫化氢、沼气等；另一类是胶体物，为硅胶、腐殖质胶等；还有一类是悬浮物，包括细菌、藻类、原生动物、泥沙以及其他漂浮物。

评价天然水物理性质的主要分析项目有：水色、嗅和味、浑浊度、水温、固体物质、电导率等。

清洁的天然水是无色的，水层较深时常呈淡蓝色，水中含有较多的钙、镁离子时则呈深蓝色，这都属于正常水色。如果天然水中含有较多杂质，水色就变得五花八门。例如，受铁离子和锰离子污染的水呈黄褐色；受腐殖质污染的水呈棕黄色；藻类将水染成黄绿色；硫化氢进入水体后，由于氧化作用析出微细的胶体硫，从而使水变成翠绿色。根据水色的不同，可大体判断杂质的存在和水体受污染的程度。清洁的天然水是无味的，只有水中溶有较多致味物质时，水才会有各种味道。例如，含有较多氯化物的水有咸味；含较多诸如石膏、芒硝等硫酸盐的水有苦味；水中铜离子量超过1.0mg/L也会有苦味；受粪便或其他腐烂性有机物污染时，水会有臭味。在水流缓慢的坑塘中，一些藻类过度繁殖也会给水带来臭味。水的浑浊度指水中由泥沙、黏土和有机物等所造成悬浮物和胶体物对光线射透的阻碍程度，浑浊度与水流紊流搅动强度相关，枯水季节浊度较小，洪水季节浊度变大，浑浊度影响水生植物的光合作用，也影响水的用途。水温是各种水体的重要物理指标，水温影响化学反应速率和水体自净能力。气体在水中的溶解度随水温上升而下降，矿物质在水中的溶解度随水温上升而升高，水温影响水在工农业生产中的使用，鱼类对水温变化尤为敏感。水中的固体物质是除气体以外的主要污染物质，对水体质量影响极大。固体物按其颗粒大小、化学特性可分成沉降态、悬浮态、胶体态、溶解态。悬浮固体是指不能以常规的重力沉降法去除的非溶解性固体，黏土就是典型的胶体悬浮固体。天然水中的固体物主要来自地表径流和人类活动。电导率是溶液对电流的通过能力的度量，天然水的电导率较低。

2. 水的化学特性

1）离子

天然水中含有多种元素。其中钾离子（K^+）、钠离子（Na^+）、钙离子（Ca^{2+}）、镁离子（Mg^{2+}）、碳酸氢根离子（HCO_3^-）、硝酸根离子（NO_3^-）、氯离子（Cl^-）和硫酸根离子（SO_4^{2-}）为天然水中常见的八大离子，占天然水中离子总量的 95%～99%。天然水中的这些主要离子的分类，常用来作为表征水体主要化学特征性指标。天然水中次要离子有铝（Al^{3+}）、砷（Ⅲ，As^{3+}）、钡（Ba^{2+}）、铜（Cu^{2+}）、锰（Mn^{2+}）、酸式硫酸根（HSO_4^-）、碳酸根（CO_3^{2-}）、氟根（F^-）、硫根（S^{2-}）等。

2）pH 值

pH 值是以氢离子浓度的负对数（以 10 为底）来度量水体中氢离子的活性指标。pH 值能直接或间接地影响水中存在的其他污染物的浓度和活性，它是天然水体生化系统的重要反映。

天然水按 pH 值的不同可以划分为如下五类：

强酸性：pH<5.0，如铁矿矿坑积水。

弱酸性：pH5.0～6.5，如地下水。

中性：pH6.5～8.0，大部分淡水。

弱碱性：pH8.0～10.0，海水。

强碱性：pH>10.0，少数苏打型湖泊水。

大多数天然水为中性到弱碱性，pH 在 6.0～9.0 之间。淡水的 pH 值多在 6.5－8.5，部分苏打型湖泊水的 pH 值可达 9.0～9.5，有的可能更高。海水的 pH 值一般在 8.0～8.4。地下水由于溶有较多的 CO_2，pH 一般较低，呈弱酸性。某些铁矿矿坑积水，由于 FeS_2 的氧化、水解，水的 pH 可能成强酸性，有的 pH 甚至可低至 2～3，这当然是很特殊的情况。

pH 值的变化将能影响弱酸和弱碱的分解程度，又依次影响许多化合物的毒性。例如氰化氢对鱼的毒性随着 pH 值的降低而增大；又如，随着 pH 值的增大，NH_3 的浓度迅速增加。此外，金属化合物的可溶程度也受到 pH 值的影响。

3）硬度

硬度是一种溶解于水的二价金属离子的定量量度。水的总硬度指水中钙、镁离子的总浓度，其中包括碳酸盐硬度（即通过加热能以碳酸盐形式沉淀下来的钙、镁离子，故又叫暂时硬度）和非碳酸盐硬度（即加热后不能沉淀下来的那部分钙、镁离子，又称永久硬度）。

4）溶解气体

水中溶解的气体有氮气（N_2）、氧气（O_2）、二氧化碳（CO_2）、硫化氢（H_2S）、氨（NH_3）、甲烷（CH_4）等。这些气体在水中的浓度取决于气体在水中的溶解度。水中溶解的 CO_2 也称游离 CO_2，它与水中碳酸盐构成平衡体系。超过平衡量的部分称为侵蚀性二氧化碳，它对混凝土有很强的侵蚀作用。

有些天然水会溶解少量的硫化氢（H_2S）、氨（NH_3）、甲烷（CH_4）等。这些气体中往往来自厌氧条件下含硫含氮有机物质或由无机硫化合物在微生物作用下还原而产生。硫化氢和氨以及某些挥发性有机硫化物和氮化合物都有恶臭气味。如地表水中 H_2S 含量达 5mg/L、NH_3 含量达 2mg/L 以上就不能饮用。由于特殊地质环境，地下水则有时可含大量的 H_2S 气体。

5）痕量无机物

天然水中重要的有毒元素和化合物主要有：钡（Ba^{2+}）、镉（Cd^{2+}）、铬（Cr^{3+}、Cr^{6+}）、铜（Cu^{2+}）、铅（Pb^{2+}）、汞（Hg^{2+}）、镍（Ni^{2+}）、银（Ag^{+}）、锌（Zn^{2+}）、砷（As）、硒（Se）、氟化物（F^{-}）、氰化物（CN^{-}）等。这些物质的主要来源为

（1）地质风化作用：这是环境中基线值或背景值的来源。

（2）各种工业过程：在大多数的工业生产所产生的废水中均含有污染物。采矿、冶炼、金属的表面处理以及电镀、石油精炼、钢铁与化肥、制革工业、油漆和燃料制造等工业生产均可产生含毒性的废物和废水。如采矿场采矿过程中以及废矿石堆、尾矿场的淋溶作用等。

6）放射性物质

有些元素有一种或两种以上的放射性同位素，水中常见的放射性物质主要有碘131、锶 90、铯 137 和镭 226。

7）有机物质

各种水体中普遍存在化学性质和组成复杂的有机物，即使未遭受污染，水体中也会存有种类和浓度各异的有机物。人为活动导致大量有机物质排入水体，如工业废水和生活污水等。水中有机物通过直接或间接方式，影响水体物理、化学、生物性质。水中有机物从产生、存在和迁移转化过程与水生生物（包括微生物、浮游生物、鱼类）组成和生命活动（繁殖、生长、死亡）过程都存在十分密切的关系；水中有机物参与和调节水中氧化—还原、沉淀—溶解、络合—解离、吸附—解吸等一系列物理化学过程，从而影响许多无机成分（特别是重金属元素和过渡金属元素）的形态分布、迁移转化和生物活性，影响碳酸盐平衡和水体许多物理化学性质（水色、透明度、表面活性等）；水中广泛存在多种持久性有毒有机污染物，它们可被水生生物富集，进而通过食物链危害人类健康。因此，对水中有机物的深入研究对于水产养殖、水生生物学、水质保护均具有重要的理论和实践意义。

在天然水体中有机物含量一般较低，其来源包括两个方面：一是在水循环过程中所溶解和携带的有机成分；二是水生生物生命活动过程中所产生的各种有机物质。

水中有机物种类繁多，按其在水中的分散度的大小可分为颗粒状有机物和溶解性有机物；按对水环境质量的影响和污染危害方式，可分为耗氧有机物与微量有毒有机物两大类；按结构复杂程度和产生方式分为腐殖质类和非腐殖质类有机物。水中常见的有机有毒物如酚类化合物、农药、多氯联苯等。

3. 水的生物学特性

水中的生物由于在水体中的空间分布和生活方式不同可分为微生物和浮游生物两大类。从影响水质的角度来讲，水的生物特性主要是指直接影响水质的水生微生物。

1）微生物

微生物是指水中的病毒、细菌、真菌（霉菌和酵母菌）和放线菌及体型微小的藻类和原生动物。此类生物结构简单，形体微小，在水生物系统中处于低级水平。但它们生长繁殖快、分布广，与水体肥力大小及水质优劣关系十分密切。在检验水的质量的时候有一个很重要的指标——大肠杆菌含量，大肠杆菌是人和动物肠道中最著名的一种细菌，主要寄生于大肠内，约占肠道菌中的 1%，在水和食品中检出，可认为是被粪便污染的指标。大肠菌群数常作为饮水、食物或药物的卫生学标准。

2）浮游生物

浮游生物是整个水体中实行浮游生活方式的动、植物总称，个体比较小，除少数物种可用肉眼鉴别以外，一般需借助显微镜才能看清。这类生物多半缺乏运动能力，在水中随波逐流。浮游生物包括浮游植物和浮游动物两类。

（1）藻类（浮游植物）是自养、光合成作用并含有叶绿素的浮游植物。主要有裸藻门、绿藻门、金藻门、黄藻门、硅藻门等。藻类和真菌的主要区别在于前者含有叶绿素，后者则无。除了叶绿素外，每种藻还可能含有红、棕、黄、蓝、橙等一到两种色素，因而自然界中的藻类具有各种奇异的颜色。

（2）浮游动物：原生动物是单位细胞微生物，在自然界中，多数可自由生活，少数物种则寄生于从藻类到人类的各种宿主体内。大多数原生动物是好氧或兼厌氧生物，但也有厌氧的原生动物，其重要成员有变形虫、草履虫等。轮虫是简单的多细胞动物。其头部有类似旋轮状纤毛，个体甚小，肉眼难见。轮虫在淡水水体中分布很广，以细菌为主要食料，轮虫本身又是鱼类的主要食料。枝角类动物是小型甲壳动物，俗称水蚤或红虫，以藻类和原生动物为食料，生长繁殖极快，在有机物含量丰富的水体中，可形成拥挤种群，在流动水体中品种和数量较少，是幼鱼和鲢、鲸鱼的重要食料。同一种枝角类动物的成年个体在不同季节和不同的污染水体中有不同的外形。桡足类动物在地球上分布很广，其形状与枝角类有明显区别。

（3）水底生物。水底生物是生活在水底部的各种动、植物的统称，是个庞大的生态类群。它可分为水底植物和水底动物两类；按其生存的场所和生活方式不同，又可分成固着生物、附着生物、底栖生物和水底活动生物。

（4）游泳生物。这是一类有发达运动器官和很强运动能力的水生生物，包括各种鱼类及在水中游泳自如的其他动物。我国的淡水鱼类达 800 多种，其中经济鱼类也有 100 多种，广泛分布于江河湖海中。

5.2.2　水质评价指标

水质指标是指水样中除去水分子外所含其它物质的种类和数量，它是描述水质状况的一系列重要依据。确定的水质评价指标要有科学性、针对性、可比性、可操作性和可量化性。

能反映水的物理、化学、生物等特性的指标均可作为评价水质的指标。大致可分为：

（1）物理指标：嗅味、温度、浑浊度、透明度、颜色等；

（2）化学指标：①非专一性指标：电导率、pH 值、硬度、碱度、无机酸度等；②无机物指标：有毒金属、有毒准金属、硝酸盐、亚硝酸盐、磷酸盐等；③非专一性有机物指标：总耗氧量、化学耗氧量、生化耗氧量、总有机碳、高锰酸钾指数、酚类等；④溶解性气体：氧气、二氧化碳等；

（3）生物指标：细菌总数、大肠菌群、藻类等；

（4）放射性指标：总 α 射线、总 β 射线、铀、镭、钍等。

有些指标用某一物理参数或某一物质的浓度来表示，是单项指标，如温度、pH 值、溶解氧等；而有些指标则是根据某一类物质的共同特性来表明在多种因素的作用下所形成的水质状况，称为综合指标，比如生化耗氧量表示水中能被生物降解的有机物的污染状况，总硬度表示水中含钙、镁等无机盐类的多少。

在对某些河流、湖泊等水体的水环境综合评价时，除以上一些指标外，有时也把与水质相关的水量、流速及水深等作为指标加入水体水环境综合评价之中。

5.2.3 水质评价标准

水质标准是环境标准的一种，是水质评价、水资源开发利用、水环境保护及其他相关的生产活动的重要依据。根据不同的用水要求，我国目前实施的水质标准有多个，例如有《生活饮用水卫生标准》《地表水环境质量标准》《地下水质量标准》《农田灌溉水质标准》《工业用水水质标准》等。以下是我国现行的水质标准的部分内容。

1.《生活饮用水卫生标准》

国家标准委和卫生部联合发布的《生活饮用水卫生标准》（GB 5749—2006）于 2007 年 7 月 1 日起在全国各地全部实施，部分内容摘编如下。

本标准规定了生活饮用水水质卫生要求、生活饮用水水源水质卫生要求、集中式供水单位卫生要求、二次供水卫生要求、涉及生活饮用水卫生安全产品卫生要求、水质监测和水质检验方法。本标准适用于城乡各类集中式供水的生活饮用水，也适用于分散式供水的生活饮用水。

生活饮用水水质应符合表 5-6～表 5-8 所列卫生要求。集中式供水出厂水中消毒剂限值、出厂水和管网末梢水中消毒剂余量均应符合表 5-7 所列要求。

农村小型集中式供水和分散式供水的水质因条件限制，部分指标可暂按照表 5-9 所列执行，其余指标仍按表 5-6、表 5-7 和表 5-8 所列执行。

当发生影响水质的突发性公共事件时，经市级以上人民政府批准，感官性状和一般化学指标可适当放宽。

当饮用水中含有表 5-10 所列指标时，可参考表 5-10 限值评价。

表 5-6　水质常规指标及限值

指标	限值
1. 微生物指标[①]	
总大肠菌群/(MPN/100mL 或 CFU/100mL)	不得检出
耐热大肠菌群/(MPN/100mL 或 CFU/100mL)	不得检出
大肠埃希氏菌/(MPN/100mL 或 CFU/100mL)	不得检出
菌落总数/(CFU/mL)	100

续表

指标	限值
2. 毒理指标	
砷/(mg/L)	0.01
镉/(mg/L)	0.005
铬/(六价，mg/L)	0.05
铅/(mg/L)	0.01
汞/(mg/L)	0.001
硒/(mg/L)	0.01
氰化物/(mg/L)	0.05
氟化物/(mg/L)	1.0
硝酸盐(以 N 计，mg/L)	10(地下水源限制时为 20)
三氯甲烷/(mg/L)	0.06
四氯化碳/(mg/L)	0.002
溴酸盐(使用臭氧时，mg/L)	0.01
甲醛(使用臭氧时，mg/L)	0.9
亚氯酸盐(使用二氧化氯消毒时，mg/L)	0.7
氯酸盐(使用复合二氧化氯消毒时，mg/L)	0.7
3. 感官性状和一般化学指标	
色度(铂钴色度单位)	15
浑浊度(NTU-散射浊度单位)	1 水源与净水技术条件限制时为 3
臭和味	无异臭、异味
肉眼可见物	无
pH	不小于 6.5 且不大于 8.5
铝/(mg/L)	0.2
铁/(mg/L)	0.3
锰/(mg/L)	0.1
铜/(mg/L)	1.0
锌/(mg/L)	1.0
氯化物/(mg/L)	250
硫酸盐/(mg/L)	250
溶解性总固体/(mg/L)	1000
总硬度(以 $CaCO_3$ 计，mg/L)	450
耗氧量(COD_{Mn}法，以 O_2 计，mg/L)	3 水源限制，原水耗氧量>6mg/L 时为 5
挥发酚类(以苯酚计，mg/L)	0.002
阴离子合成洗涤剂/(mg/L)	0.3

续表

指标	限值
4. 放射性指标②	指导值
总 α 放射性/(Bq/L)	0.5
总 β 放射性/(Bq/L)	

注：① MPN 表示最可能数；CFU 表示菌落形成单位。当水样检出总大肠菌群时，应进一步检验大肠埃希氏菌或耐热大肠菌群；水样未检出总大肠菌群，不必检验大肠埃希氏菌或耐热大肠菌群。

② 放射性指标超过指导值，应进行核素分析和评价，判定能否饮用

表 5-7　饮用水中消毒剂常规指标及要求

消毒剂名称	与水接触时间	出厂水中限值	出厂水中余量	管网末梢水中余量
氯气及游离氯制剂(游离氯，mg/L)	至少 30min	4	≥0.3	≥0.05
一氯胺(总氯，mg/L)	至少 120min	3	≥0.5	≥0.05
臭氧(O_3，mg/L)	至少 12min	0.3		0.02 如加氯，总氯≥0.05
二氧化氯(ClO_2，mg/L)	至少 30min	0.8	≥0.1	≥0.02

表 5-8　水质非常规指标及限值

指标	限值
1. 微生物指标	
贾第鞭毛虫/(个/10L)	<1
隐孢子虫/(个/10L)	<1
2. 毒理指标	
锑/(mg/L)	0.005
钡/(mg/L)	0.7
铍/(mg/L)	0.002
硼/(mg/L)	0.5
钼/(mg/L)	0.07
镍/(mg/L)	0.02
银/(mg/L)	0.05
铊/(mg/L)	0.0001
氯化氰(以 CN^- 计，mg/L)	0.07
一氯二溴甲烷/(mg/L)	0.1
二氯一溴甲烷/(mg/L)	0.06
二氯乙酸/(mg/L)	0.05
1，2-二氯乙烷/(mg/L)	0.03
二氯甲烷/(mg/L)	0.02
三卤甲烷(三氯甲烷、一氯二溴甲烷、二氯一溴甲烷、三溴甲烷的总和)	该类化合物中各种化合物的实测浓度与其各自限值的比值之和不超过 1

续表

指标	限值
1，1，1-三氯乙烷/(mg/L)	2
三氯乙酸/(mg/L)	0.1
三氯乙醛/(mg/L)	0.01
2，4，6-三氯酚/(mg/L)	0.2
三溴甲烷/(mg/L)	0.1
七氯/(mg/L)	0.0004
马拉硫磷/(mg/L)	0.25
五氯酚/(mg/L)	0.009
六六六/(总量，mg/L)	0.005
六氯苯/(mg/L)	0.001
乐果/(mg/L)	0.08
对硫磷/(mg/L)	0.003
灭草松/(mg/L)	0.3
甲基对硫磷/(mg/L)	0.02
百菌清/(mg/L)	0.01
呋喃丹/(mg/L)	0.007
林丹/(mg/L)	0.002
毒死蜱/(mg/L)	0.03
草甘膦/(mg/L)	0.7
敌敌畏/(mg/L)	0.001
莠去津/(mg/L)	0.002
溴氰菊酯/(mg/L)	0.02
2，4-滴/(mg/L)	0.03
滴滴涕/(mg/L)	0.001
乙苯/(mg/L)	0.3
二甲苯/(mg/L)	0.5
1，1-二氯乙烯/(mg/L)	0.03
1，2-二氯乙烯/(mg/L)	0.05
1，2-二氯苯/(mg/L)	1
1，4-二氯苯/(mg/L)	0.3
三氯乙烯/(mg/L)	0.07
三氯苯/(总量，mg/L)	0.02
六氯丁二烯/(mg/L)	0.0006
丙烯酰胺/(mg/L)	0.0005
四氯乙烯/(mg/L)	0.04
甲苯/(mg/L)	0.7

续表

指标	限值
邻苯二甲酸二(2-乙基己基)酯/(mg/L)	0.008
环氧氯丙烷/(mg/L)	0.0004
苯/(mg/L)	0.01
苯乙烯/(mg/L)	0.02
苯并(a)芘/(mg/L)	0.00001
氯乙烯/(mg/L)	0.005
氯苯/(mg/L)	0.3
微囊藻毒素－LR(mg/L)	0.001
3. 感官性状和一般化学指标	
氨氮(以N计，mg/L)	0.5
硫化物/(mg/L)	0.02
钠/(mg/L)	200

表 5-9　农村小型集中式供水和分散式供水部分水质指标及限值

指标	限值
1. 微生物指标	
菌落总数/(CFU/mL)	500
2. 毒理指标	
砷/(mg/L)	0.05
氟化物/(mg/L)	1.2
硝酸盐(以N计，mg/L)	20
3. 感官性状和一般化学指标	
色度(铂钴色度单位)	20
浑浊度(NTU-散射浊度单位)	3 水源与净水技术条件限制时为5
pH	不小于6.5且不大于9.5
溶解性总固体/(mg/L)	1500
总硬度(以$CaCO_3$计，mg/L)	550
耗氧量(COD_{Mn}法，以O_2计，mg/L)	5
铁/(mg/L)	0.5
锰/(mg/L)	0.3
氯化物/(mg/L)	300
硫酸盐/(mg/L)	300

表 5-10　生活饮用水水质参考指标及限值

指标	限值
肠球菌/(CFU/100mL)	0

续表

指标	限值
产气荚膜梭状芽孢杆菌/(CFU/100mL)	0
二(2－乙基己基)己二酸酯/(mg/L)	0.4
二溴乙烯/(mg/L)	0.00005
二噁英(2，3，7，8-TCDD，mg/L)	0.00000003
土臭素(二甲基萘烷醇，mg/L)	0.00001
五氯丙烷/(mg/L)	0.03
双酚 A/(mg/L)	0.01
丙烯腈/(mg/L)	0.1
丙烯酸/(mg/L)	0.5
丙烯醛/(mg/L)	0.1
四乙基铅/(mg/L)	0.0001
戊二醛/(mg/L)	0.07
甲基异莰醇-2/(mg/L)	0.00001
石油类/(总量，mg/L)	0.3
石棉/(>10mm，万/L)	700
亚硝酸盐/(mg/L)	1
多环芳烃/(总量，mg/L)	0.002
多氯联苯/(总量，mg/L)	0.0005
邻苯二甲酸二乙酯/(mg/L)	0.3
邻苯二甲酸二丁酯/(mg/L)	0.003
环烷酸/(mg/L)	1.0
苯甲醚/(mg/L)	0.05
总有机碳/(TOC，mg/L)	5
萘酚-b/(mg/L)	0.4
黄原酸丁酯/(mg/L)	0.001
氯化乙基汞/(mg/L)	0.0001
硝基苯/(mg/L)	0.017
镭 226 和镭 228/(pCi/L)	5
氡/(pCi/L)	300

2.《地表水环境质量标准》

我国 1983 年首次发布了《地面水环境标准》(GB 3838—83)，1988 年为第一次修订，1999 年为第二次修订，目前使用的为第三次修订的《地表水环境质量标准》(GB 3838—2002)，本标准由国家环境保护总局、国家质量监督检验检疫总局发布，自 2002 年 6 月 1 日起实施。本标准将标准项目分为：地表水环境质量标准基本项目、集中式生活饮用水地表水源地补充项目和集中式生活饮用水地表水源地特定项目。地表水环境质量标准基本项目适用于全国江河、湖泊、运河、渠道、水库等具有使用功能的地表水水域；集中式生活引用水地表水源地补充项目和特定项目适用于集中式生活饮用水地表水源地一级保护区和二级保护区。集中式生活引用水地表水源地特定项目由县级以上人民政府环境保护行政主管部门根据本地区地表水水质特点和环境管理的需要进行选择，集中式生活引用水地表水源地补充项目和选择确定的特定项目作为基本项目的补充指标。

本标准按照地表水环境功能分类和保护目标，规定了水环境质量应控制的项目及限值，以及水质评价、水质项目的分析方法和标准的实施与监督。

本标准适用于我国领域内江河、湖泊、运河、渠道、水库等具有使用功能的地表水水域。具有特定功能的水域，执行相应的专业用水水质标准。

依据地表水水域环境功能和保护目标，按功能高低依次划分为五类：

Ⅰ类　主要适用于源头水、国家自然保护区；

Ⅱ类　主要适用于集中式生活饮用水地表水源地一级保护区、珍稀水生生物栖息地、鱼虾类产卵场、仔稚幼鱼的索饵场等；

Ⅲ类　主要适用于集中式生活饮用水地表水源地二级保护区、鱼虾类越冬场、洄游通道、水产养殖区等渔业水域及游泳区；

Ⅳ类　主要适用于一般工业用水区及人体非直接接触的娱乐用水区；

Ⅴ类　主要适用于农业用水区及一般景观要求水域。

对应地表水上述五类水域功能，将地表水环境质量标准基本项目标准值分为五类，不同功能类别执行相应类别的标准值。水域功能类别高的标准值严于水域功能类别低的标准值。同一水域兼有多类使用功能的，执行最高功能类别对应的标准值。实现水域功能与达到功能类别标准为同一含义。

地表水环境质量标准基本项目标准限值见表5-11，集中式生活饮用水地表水源地补充项目标准限值见表5-12，集中式生活饮用水地表水源地特定项目标准限值见表5-13。

表5-11　地表水环境质量标准基本项目标准限值　　（单位：mg/L）

序号	项目＼标准值分类	Ⅰ类	Ⅱ类	Ⅲ类	Ⅳ类	Ⅴ类
1	水温（℃）	人为造成的环境水温变化应限制在： 周平均最大温升≤1 周平均最大温降≤2				
2	pH值（无量纲）	6～9				
3	溶解氧　≥	饱和率90%（或7.5）	6	5	3	2
4	高锰酸盐指数　≤	2	4	6	10	15
5	化学需氧量（COD）　≤	15	15	20	30	40
6	五日生化需氧量（BOD_5）≤	3	3	4	6	10
7	氨氮（NH_3-N）　≤	0.15	0.5	1.0	1.5	2.0
8	总磷（以P计）　≤	0.02（湖、库0.01）	0.1（湖、库0.025）	0.2（湖、库0.05）	0.3（湖、库0.1）	0.4（湖、库0.2）

续表

序号	项目 \ 分类 \ 标准值	Ⅰ类	Ⅱ类	Ⅲ类	Ⅳ类	Ⅴ类
9	总氮（湖、库、以 N 计） ≤	0.2	0.5	1.0	1.5	2.0
10	铜 ≤	0.01	1.0	1.0	1.0	1.0
11	锌 ≤	0.05	1.0	1.0	2.0	2.0
12	氟化物（以 F^- 计） ≤	1.0	1.0	1.0	1.5	1.5
13	硒 ≤	0.01	0.01	0.01	0.02	0.02
14	砷 ≤	0.05	0.05	0.05	0.1	0.1
15	汞 ≤	0.00005	0.00005	0.0001	0.001	0.001
16	镉 ≤	0.001	0.005	0.005	0.005	0.01
17	铬（六价） ≤	0.01	0.05	0.05	0.05	0.1
18	铅 ≤	0.01	0.01	0.05	0.05	0.1
19	氰化物 ≤	0.005	0.05	0.2	0.2	0.2
20	挥发酚 ≤	0.002	0.002	0.005	0.01	0.1
21	石油类 ≤	0.05	0.05	0.05	0.5	1.0
22	阴离子表面活性剂 ≤	0.2	0.2	0.2	0.3	0.3
23	硫化物 ≤	0.05	0.1	0.05	0.5	1.0
24	粪大肠菌群（个/L） ≤	200	2000	10000	20000	40000

表 5-12　集中式生活饮用水地表水源地补充项目标准限值　（单位：mg/L）

序号	项目	标准值
1	硫酸盐（以 SO_4^{2-} 计）	250
2	氯化物（以 Cl^- 计）	250
3	硝酸盐（以 N 计）	10
4	铁	0.3
5	锰	0.1

表 5-13　集中式生活饮用水地表水源地特定项目标准限值　（单位：mg/L）

序号	项目	标准值	序号	项目	标准值
1	三氯甲烷	0.06	41	丙烯酰胺	0.0005
2	四氯化碳	0.002	42	丙烯腈	0.1
3	三溴甲烷	0.1	43	邻苯二甲酸二丁酯	0.003
4	二氯甲烷	0.02	44	邻苯二甲酸二（2-乙基已基）酯	0.008
5	1，2-二氯乙烷	0.03	45	水合肼	0.01
6	环氧氯丙烷	0.02	46	四乙基铅	0.0001
7	氯乙烯	0.005	47	吡啶	0.2
8	1，1-二氯乙烯	0.03	48	松节油	0.2

续表

序号	项目	标准值	序号	项目	标准值
9	1，2-二氯乙烯	0.05	49	苦味酸	0.5
10	三氯乙烯	0.07	50	丁基黄原酸	0.005
11	四氯乙烯	0.04	51	活性氯	0.01
12	氯丁二烯	0.002	52	滴滴涕	0.001
13	六氯丁二烯	0.0006	53	林丹	0.002
14	苯乙烯	0.02	54	环氧七氯	0.0002
15	甲醛	0.9	55	对流磷	0.003
16	乙醛	0.05	56	甲基对流磷	0.002
17	丙烯醛	0.1	57	马拉硫磷	0.05
18	三氯乙醛	0.01	58	乐果	0.08
19	苯	0.01	59	敌敌畏	0.05
20	甲苯	0.7	60	敌百虫	0.05
21	乙苯	0.3	61	内吸磷	0.03
22	二甲苯①	0.5	62	百菌清	0.01
23	异丙苯	0.25	63	甲萘威	0.05
24	氯苯	0.3	64	溴清菊酯	0.02
25	1，2-二氯苯	1.0	65	阿特拉津	0.003
26	1，4-二氯苯	0.3	66	苯并（a）芘	2.8×10^{-6}
27	三氯苯②	0.02	67	甲基汞	1.0×10^{-6}
28	四氯苯③	0.02	68	多氯联苯⑥	2.0×10^{-5}
29	六氯苯	0.05	69	微囊藻毒素-LR	0.001
30	硝基苯	0.017	70	黄磷	0.003
31	二硝基苯④	0.5	71	钼	0.07
32	2，4-二硝基甲苯	0.0003	72	钴	1.0
33	2，4，6-三硝基甲苯	0.5	73	铍	0.002
34	硝基氯苯⑤	0.05	74	硼	0.5
35	2，4-二硝基氯苯	0.5	75	锑	0.005
36	2，4-二氯苯酚	0.093	76	镍	0.02
37	2，4，6-三氯苯酚	0.2	77	钡	0.7
38	五氯酚	0.009	78	钒	0.05
39	苯胺	0.1	79	钛	0.1
40	联苯胺	0.0002	80	铊	0.0001

注：① 二甲苯：指对-二甲苯、间-二甲苯、邻-二甲苯。

② 三氯苯：指 1，2，3-三氯苯、1，2，4-三氯苯、1，3，5-三氯苯。

③ 四氯苯：指 1，2，3，4-四氯苯、1，2，3，5-四氯苯、1，2，4，5-四氯苯。

④ 二硝基苯：指对-二硝基苯、间-硝基氯苯、邻-硝基氯苯。

⑤ 多氯联苯：指 PCB-1016、PCB-1221、PCB-1232、PCB-1242、PCB-1248、PCB-1254、PCB-1260

3.《地下水质量标准》

为保护和合理开发地下水资源，防止和控制地下水污染，保障人民身体健康，促进经济建设，国家技术监督局于 1993 年 12 月 30 日批准了《地下水质量标准》(GB/T 14848—1993)，并于 1994 年 10 月 1 日实施。2017 年 10 月 14 日国家质量监督检验检疫总局与国家标准化管理委员会联合发布了《地下水质量标准》(GB/T 14848—2017)，并于 2018 年 5 月 1 日实施，代替了《地下水质量标准》(GB/T 14848—1993)。地下水质量标准是地下水勘察评价、开发利用和监督管理的依据。该标准规定了地下水的质量分类，地下水质量监测、评价方法和地下水质量保护。本标准适用于一般地下水，不适用于地下热水、矿水、盐卤水。

依据我国地下水水质现状、人体健康基准值及地下水质量保护目标，并参照了生活饮用水、工业、农业用水水质最高要求，将地下水质量划分为五类。

Ⅰ类：地下水化学组分含量低，适用于各种用途。

Ⅱ类：地下水化学组分含量较低，适用于各种用途。

Ⅲ类：地下水化学组分含量中等，以《生活饮用水卫生标准》(GB 5749—2006)为依据，主要适用于集中式生活饮用水水源及工农业用水。

Ⅳ类：地下水化学组分含量较高，以农业和工业用水质量要求以及一定水平的人体健康风险为依据，适用于农业和部分工业用水，适当处理后可作生活饮用水。

Ⅴ类：地下水化学组分含量高，不宜作为生活饮用水水源，其他用水可根据使用目的选用。

地下水质量分类指标见表 5-14。

表 5-14　地下水质量分类指标

项目序号	类别标准值项目	Ⅰ类	Ⅱ类	Ⅲ类	Ⅳ类	Ⅴ类
1	色(铂钴色度单位)	≤5	≤5	≤15	≤25	>25
2	嗅和味	无	无	无	无	有
3	浑浊度/NTU[a]	≤3	≤3	≤3	≤10	>10
4	肉眼可见物	无	无	无	无	有
5	pH	6.5≤pH≤8.5		5.5≤pH<6.5 8.5<pH≤9	<5.5，>9	
6	总硬度(以 $CaCO_3$ 计)(mg/L)	≤150	≤300	≤450	≤650	>650
7	溶解性总固体/(mg/L)	≤300	≤500	≤1000	≤2000	>2000
8	硫酸盐/(mg/L)	≤50	≤150	≤250	≤350	>350
9	氯化物/(mg/L)	≤50	≤150	≤250	≤350	>350
10	铁(Fe)/(mg/L)	≤0.1	≤0.2	≤0.3	≤2.0	>2.0
11	锰(Mn)/(mg/L)	≤0.05	≤0.05	≤0.1	≤1.5	>1.5
12	铜(Cu)/(mg/L)	≤0.01	≤0.05	≤1.0	≤1.5	>1.5

续表

项目序号	类别标准值项目	Ⅰ类	Ⅱ类	Ⅲ类	Ⅳ类	Ⅴ类
13	锌(Zn)/(mg/L)	≤0.05	≤0.5	≤1.0	≤5.0	>5.0
14	铝(Al)/(mg/L)	≤0.01	≤0.05	≤0.20	≤0.50	>0.50
15	挥发性酚类(以苯酚计，/mg/L)	≤0.001	≤0.001	0.002	≤0.01	>0.01
16	阴离子合成表面活性剂/(mg/L)	不得检出	≤0.1	≤0.3	≤0.3	>0.3
17	耗氧量(COD_{Mn}法，以 O_2 计，/mg/L)	≤1.0	≤2.0	≤3.0	≤10.0	>10.0
18	氨氮(NH_4)(以 N 计)/(mg/L)	≤0.02	≤0.10	≤0.50	≤1.50	>1.5
19	硫化物/(mg/L)	≤0.005	≤0.01	≤0.02	≤0.10	>0.10
20	钠 Na/(mg/L)	≤100	≤150	≤200	≤400	>400
微生物指标						
21	总大肠菌群/(MPN[b]/100mL 或 CFU[c]/100mL)	≤3.0	≤3.0	≤3.0	≤100	>100
22	细菌总数/(个/L)	≤100	≤100	≤100	≤1000	>1000
毒理学指标						
23	亚硝酸盐(以 N 计，/mg/L)	≤0.01	≤0.1	≤1.00	≤4.80	>4.8
24	硝酸盐(以 N 计)/(mg/L)	≤2.0	≤5.0	≤20	≤30	>30
25	氰化物/(mg/L)	≤0.001	≤0.01	≤0.05	≤0.1	>0.1
26	氟化物/(mg/L)	≤1.0	≤1.0	≤1.0	≤2.0	>2.0
27	碘化物/(mg/L)	≤0.04	≤0.04	≤0.08	≤0.50	>0.50
28	汞(Hg)/mg/L)	≤0.0001	≤0.0001	≤0.001	≤0.002	>0.002
29	砷(As)/mg/L)	≤0.001	≤0.001	≤0.01	≤0.05	>0.05
30	硒(Se，/mg/L)	≤0.01	≤0.01	≤0.01	≤0.1	>0.1
31	镉(Cd，/mg/L)	≤0.0001	≤0.001	≤0.005	≤0.01	>0.01
32	铬(六价)(Cr^{6+}，/mg/L)	≤0.005	≤0.01	≤0.05	≤0.1	>0.1
33	铅(Pb，/mg/L)	≤0.005	≤0.01	≤0.05	≤0.1	>0.1
34	三氯甲烷/(μg/L)	≤0.5	≤6	≤60	≤300	>300
35	四氯化碳/(μg/L)	≤0.5	≤0.5	≤2.0	≤50.0	>50.0
36	苯/(μg/L)	≤0.5	≤1.0	≤10.0	≤120	>120
37	甲苯/(μg/L)	≤0.5	≤140	≤700	≤1400	>1400
放射性指标[d]						
38	总 α 放射性/(Bq/L)	≤0.1	≤0.1	≤0.5	>0.5	>0.5
39	总 β 放射性/(Bq/L)	≤0.1	≤1.0	≤1.0	>1.0	>1.0

a——NTU 为散射浊度单位。

b——MPN 表示最可能数。

c——CFU 表示菌落形成单位。

d——放射性指标超过指导值，应进行核素分析和评价。

表 5-15　地下水质量非常规指标及限值

序号	指标	Ⅰ类	Ⅱ类	Ⅲ类	Ⅳ类	Ⅴ类
毒理学指标						
1	铍/(mg/L)	≤0.0001	≤0.0001	≤0.002	≤0.06	>0.06
2	硼/(mg/L)	≤0.02	≤0.10	≤0.50	≤2.00	>2.00
3	锑/(mg/L)	≤0.0001	≤0.0005	≤0.005	≤0.01	>0.01
4	钡/(mg/L)	≤0.01	≤0.10	≤0.70	≤4.00	>4.00
5	镍/(mg/L)	≤0.002	≤0.002	≤0.02	≤0.10	>0.10
6	钴/(mg/L)	≤0.005	≤0.005	≤0.05	≤0.10	>0.10
7	钼/(mg/L)	≤0.001	≤0.01	≤0.07	≤0.15	>0.15
8	银/(mg/L)	≤0.001	≤0.01	≤0.05	≤0.10	>0.10
9	铊/(mg/L)	≤0.09	≤0.0001	≤0.0001	≤0.001	>0.001
10	二氯甲烷/(ug/L)	≤1	≤2	≤20	≤500	>500
11	1，2-二氯乙烷/(ug/L)	≤0.5	≤3.0	≤30.0	≤40.0	>40.0
12	1，1，1-三氯乙烷/(ug/L)	≤0.5	≤400	≤2000	≤4000	>4000
13	1，1，2-三氯乙烷/(ug/L)	≤0.5	≤0.5	≤5.0	≤60.0	>60.0
14	1，2-二氯丙烷/(ug/L)	≤0.5	≤0.5	≤5.0	≤60.0	>60.0
15	三溴甲烷/(ug/L)	≤0.5	≤10.0	≤100	≤800	>800
16	氯乙烯/(ug/L)	≤0.5	≤0.5	≤5.0	≤90.0	>90.0
17	1，1-二氯乙烯/(ug/L)	≤0.5	≤3.0	≤30.0	≤60.0	>60.0
18	1，2-二氯乙烯/(ug/L)	≤0.5	≤5.0	≤50.0	≤60.0	>60.0
19	三氯乙烯/(ug/L)	≤0.5	≤7.0	≤70.0	≤210	>210
20	四氯乙烯/(ug/L)	≤0.5	≤4.0	≤40.0	≤300	>300
21	氯苯/(ug/L)	≤0.5	≤60.0	≤300	≤600	>600
22	邻二氯苯/(ug/L)	≤0.5	≤200	≤1000	≤2000	>2000
23	对二氯苯/(ug/L)	≤0.5	≤30.0	≤300	≤600	>600
24	三氯苯(总量)/(ug/L)	≤0.5	≤4.0	≤20.0	≤180	>180
25	乙苯/(ug/L)	≤0.5	≤30.0	≤300	≤600	>600
26	二甲苯(总量)/(ug/L)	≤0.5	≤100	≤500	≤1000	>1000
27	苯乙烯/(ug/L)	≤0.5	≤2.0	≤20.0	≤40.0	>40.0
28	2，4-二硝甲苯/(ug/L)	≤0.1	≤0.5	≤5.0	≤60.0	>60.0
29	2，6-二硝甲苯/(ug/L)	≤0.1	≤0.5	≤5.0	≤30.0	>30.0
30	萘/(ug/L)	≤1	≤10	≤100	≤600	>600
31	蒽/(ug/L)	≤1	≤360	≤1800	≤3600	>3600
32	荧蒽/(ug/L)	≤1	≤50	≤240	≤480	>480
33	苯并(b)荧蒽/(ug/L)	≤0.1	≤0.4	≤4.0	≤8.0	>8.0
34	苯并(a)芘/(ug/L)	≤0.002	≤0.002	≤0.01	≤0.50	>0.50
35	多氯联苯(总量)/(ug/L)	≤0.05	≤0.05	≤0.50	≤10.0	>10.0

续表

序号	指标	Ⅰ类	Ⅱ类	Ⅲ类	Ⅳ类	Ⅴ类
36	邻苯二甲酸二(2-乙基已基)酯/(ug/L)	≤3	≤3	≤8.0	≤300	>300
37	2，4，6-三氯酚/(ug/L)	≤0.05	≤20.0	≤200	≤300	>300
38	五氯酚/(ug/L)	≤0.05	≤0.90	≤9.0	≤18.0	>18.0
39	六六六(总量)/(ug/L)	≤0.01	≤0.50	≤5.0	≤300	>300
40	γ-六六六(林丹)/(ug/L)	≤0.01	≤0.20	≤2.00	≤150	>150
41	滴滴涕(总量)/(ug/L)	≤0.01	≤0.10	≤1.00	≤2.00	>2.00
42	六氯苯/(ug/L)	≤0.0.1	≤0.10	≤1.00	≤2.00	>2.00
43	七氯/(ug/L)	≤0.01	≤0.04	≤0.40	≤0.80	>0.80
44	2，4-滴/(ug/L)	≤0.1	≤6.0	≤30.0	≤150	>150
45	克百威/(ug/L)	≤0.05	≤1.40	≤7.00	≤14.0	>14.0
46	涕灭威/(ug/L)	≤0.05	≤0.60	≤3.00	≤30.0	>30.0
47	敌敌畏/(ug/L)	≤0.05	≤0.10	≤1.00	≤2.00	>2.00
48	甲基对硫磷/(ug/L)	≤0.05	≤4.00	≤20.0	≤40.0	>40.0
49	马拉硫磷/(ug/L)	≤0.05	≤25.00	≤250	≤500	>500
50	乐果/(ug/L)	≤0.05	≤16.0	≤80.0	≤160	>160
51	毒死蜱/(ug/L)	≤0.05	≤6.00	≤30.0	≤60.0	>60.0
52	百菌清/(ug/L)	≤0.05	≤1.00	≤10.0	≤150	>150
53	莠去津/(ug/L)	≤0.05	≤0.40	≤2.00	≤600	>600
54	草甘膦/(ug/L)	≤0.1	≤140	≤700	≤1400	>1400

注：三氯苯（总量）为1，2，3-三氯苯、1，2，4-三氯苯、1，3，5-三氯苯3种异构体加和。

B二甲苯（总量）为邻二甲苯、间二甲苯、对二甲苯3种异构体加和。

多氯联苯（总量）为PCB28、PCB101、PCB118、PCB138、PCB153、PCB180、PCB194、PCB2069种多氯联苯单体加和。

六六六（总量）为α-六六六、β-六六六、γ-六六六、δ-六六六4种异构体加和。

滴滴涕（总量）为o，p’-滴滴涕、p，p’-滴滴伊、p，p’-滴滴滴、p，p’-滴滴滴四种异构体加和

5.2.4 地表水水质评价

按照一定的水质标准、选择适当的评价指标体系对地表水体的质量进行定性或定量的评定过程称为地表水水质评价。评价地表水水质的过程主要有以下几个环节。

1. 评价标准

评价标准是评价的依据，确定合适的评价标准十分重要，而且应该注意选择被认可的、统一的标准，因为采用不同的标准，对同一水体的评价会得出不同的结论，甚至对水质是否污染也会有不同的结论。评价时，水质标准一般应采用国家规定的最新标准或相应的地方标准，国家无标准的水质参数可采用国外标准或经主管部门批准的临时标准，评价区内不同功能的水域应采用不同类别的水质标准，如地表水水质标准、海湾水水质标准、生活饮用水水质标准、渔业用水标准、农业灌溉用水标准等。

2. 评价指标

地表水体质量的评价与所选定的指标有很大关系，在评价时所有指标不可能全部考虑，但若考虑不当，则会影响到评价结论的正确性和可靠性。因此，常常将能正确反映水质的主要污染物作为水质评价指标。评价指标的选择通常遵照以下原则：

（1）所选的评价指标应满足评价目的和评价要求。

（2）所选的评价指标应是污染源调查与评价所确定的主要污染源的主要污染物。

（3）所选的评价指标应是地表水体质量标准所规定的主要指标。

（4）所选的评价指标应考虑评价费用的限额与评价单位可能提供的监测和测试条件。

常见的地表水水质评价指标有：感官物理性状指标，如温度、色度、浑浊度、悬浮物等，氧平衡指标：如 DO、COD、BOD_5 等；营养盐指标，如氨氮、硝酸盐氮、磷酸盐氮等；毒物指标，挥发酚、氢化物、汞、铬、砷、镉、铅、有机氯等；以及微生物指标，如大肠杆菌等。

3. 评价方法

目前常用的水质评价方法有单项指标水质评价和多项指标水质综合评价。水资源质量评价方法应能真实反映水体的特点、本质和各要素之间的内在联系及其动态过程，其评价结果的合理性、可靠性、完备性取决于可靠的基础资料。单项指标水质评价是一切水质评价的基础。目前大多数国家和地区均制定了各种用水质量标准，如我国的《地面水环境质量标准》（GB 3838—2002）中就把地表水质量划分为五类，每一项参数均有具体的分类指标划分。这种分类分级方法是制定各种水质标准的通用方法之一，它能迅速而又直观地描述水体中某种污染物的多少或某种特性的严重程度，对水体的质量做出比较客观的评价。在实际评价水体质量的工作中，由于水体本身是一个多元复杂体系，影响水质的物理化学因素很多，规律性也各不相同，这给水质评价带来了很多不确定性和模糊性，对不同用途的水体来讲，仅用单项指标来评价水质量还不够全面，各单项指标的评判结果往往是不相容的和独立的，直接依据单指标评价常常会遗漏一些有价值的信息，甚至得到错误的结果，因此，逐渐形成了许多综合的评价方法。各种评价方法均各有优缺点。同时有必要指出，评价结果不仅取决于选用的方法或评价模型，还取决于监测数据的代表性及准确性。下面介绍在地表水水质评价中应用比较广泛的几种方法。

1）单一指数法

计算公式如下：

$$I_i=\frac{C_i}{S_i} \tag{5-19}$$

式中　I_i——某指标实测值对标准值的比值，无量纲；

C_i——某指标实测值；

S_i——某指标的标准值（或对照值）。

当标准值为一区间时：

$$I_i=\frac{|C_i-\bar{S}_i|}{|S_{i\max}-\bar{S}_i|}\text{或}\quad I_i=\frac{|C_i-\bar{S}_i|}{|\bar{S}_i-S_{i\min}|} \tag{5-20}$$

式中 I_i——某指标实测值对标准值的比值，无量纲；

$\bar{S}_i$——某指标标准值区间中值；

S_{imax}、S_{imin}——某指标标准值的区间最大、最小值；

其他符号含义同上。

2）综合指数法

地表水体的污染一般由多种污染物引起的，用单一指数法进行评价，往往不能全面反映水质的综合状况，为此在 20 世纪 60、70 年代一些专家提出了综合指数法。美国的赫尔顿（R. K. Horton，1965）提出了一种水质评价的指数体系，并提出了制定指数的步骤，第一是要选择建立指数时所需要的质量特征，第二是根据各种参数确定评价等级，第三是定出各参数的加权值。国内外已提出多种不同的模式，归纳起来比较典型的为综合污染指数法、内梅罗（N. L. Nemerow）水质指数法、均方差法、指数法等，现介绍几种常用的综合指数计算公式。

（1）叠加型指数法：

$$I=\sum_{i=1}^{n}\frac{C_i}{S_i} \tag{5-21}$$

式中 I——水质综合评价指数；

C_i——某指标 i 的实测值；

S_i——某评价指标的标准值。

（2）均值型指数：

$$I=\frac{1}{n}\cdot\sum_{i=1}^{n}\frac{C_i}{S_i} \tag{5-22}$$

式中 n——水质评价指标的个数；

其他符号意义同前。

（3）加权均值型指数：

$$I=\sum_{i=1}^{n}W_i\frac{C_i}{S_i} \tag{5-23}$$

式中 W_i——各水质指标的权重值，$\sum_{i=1}^{n}W_i=1$；

其他符号意义同前。

（4）内梅罗指数法：

该方法不仅考虑了影响水质的一般水质指标，还考虑了对水质污染影响最严重的水质指标。其计算公式为：

$$I_{ij}=\sqrt{\frac{\left|\left(\frac{C_i}{S_{ij}}\right)_{max}^2+\left(\frac{1}{n}\sum_{i=1}^{n}\frac{C_i}{S_{ij}}\right)^2\right|}{2}} \tag{5-24}$$

当$\frac{C_i}{S_{ij}}>1$时，$\frac{C_i}{S_{ij}}=1+k\lg\left(\frac{C_i}{S_{ij}}\right)$；当$\frac{C_i}{S_{ij}}\leqslant 1$时，用$\frac{C_i}{S_{ij}}$的实际值。

$$I_i=\sum_{j=1}^{m}W_jI_{ij} \tag{5-25}$$

式中 i——水质指标项目数，$i=1, 2, \cdots, n$；

j——水质用途数，$j=1, 2, \cdots, m$；

I_{ij}——j 用途 i 指标项目的内梅罗指数；

C_i——i 指标实测值；

S_{ij}——j 用途 i 指标项目的标准值；

$\frac{1}{n}\sum_{i=1}^{n}\frac{C_i}{S_{ij}}$——$n$ 个$\frac{C_i}{S_{ij}}$的平均值；

k——常数，采用 5；

I_i——几种用途的综合指数，取不同用途的加权平均值；

W_i——不同用途的权重，$\sum_{j=1}^{m}W_j=1$。

根据上述公式计算结果，将水质分为三类：①人类直接接触（$j=1$），包括饮用、游泳、饮料制造等；②人类间接接触（$j=2$），养鱼、农业用水等；③人类不接触（$j=3$），工业用水、冷却水、航运等。内梅罗将第一类和第二类用途的权重各定为 0.4，第三类为 0.2。

内梅罗指数法将水体用途分为三类：①$I_{ij}>1$，水质污染较重；②$0.5\leqslant I_{ij}\leqslant 1$，水质已受到污染；③$I_{ij}\leqslant 0.5$，水质未受到污染。

（5）其他方法。

随着人们对评价方法和评价理论的不断探索，新的综合评价方法在国内外不断涌现，如模糊综合水质评价法、数理统计法、灰色系统理论法、神经网络模型法（Artificial Neural Networks）、物元分析法及建立基于 GIS 的评价模型等对水体质量进行了综合评价。例如，利用模糊综合水质评价方法评价的步骤如下。

第一步：构造参评水质指标的水质分级标准矩阵 $\boldsymbol{S}_{m\times 5}$ 和各水质指标的实测值的矩阵 $\boldsymbol{C}_{m\times 1}$。

构造参评水质指标的水质分级标准矩阵 $\boldsymbol{S}_{m\times 5}$。

$$\boldsymbol{S}_{m\times 5}=\begin{bmatrix} S_{1,1}, & S_{1,2}, & \cdots, & S_{1,5} \\ S_{2,1}, & S_{2,2}, & \cdots, & S_{2,5} \\ \vdots & & & \\ S_{m,1}, & S_{m,2}, & \cdots, & S_{m,5} \end{bmatrix} \tag{5-26}$$

$$S'_i=\frac{1}{5}\sum_{j=1}^{5}S_{i,j} \tag{5-27}$$

即　S'_i 取 5 个级别的均值；

式中　$S_{i,j}$——所选水质指标的水质级别值。

构造各水质指标的实测值的矩阵 $\boldsymbol{C}_{m\times 1}$：

$$\boldsymbol{C}_{m\times 1}=(C_1, C_2, \cdots, C_m)^{\mathrm{T}} \tag{5-28}$$

式中　C_i——水质指标的实测值。

第二步：计算各水质指标权重并进行归一化处理。

计算各指标权重：
$$W_i=\frac{C_i}{S'_i} \tag{5-29}$$

各水质指标权重进行归一化：
$$\boldsymbol{Q}_{1\times m}=(q_1, q_1, \cdots, q_n) \tag{5-30}$$

其中
$$q_i = \frac{W_i}{\sum_{i=1}^{m} W_i}$$

第三步：计算各指标的隶属矩阵 $\boldsymbol{R}_{m\times 5}$。

$$\boldsymbol{R}_{m\times 5} = \begin{bmatrix} r_{1,1}, & r_{1,2}, & \cdots, & r_{1,5} \\ r_{2,1}, & r_{2,2}, & \cdots, & r_{2,5} \\ \vdots & & & \\ r_{m,1}, & r_{m,2}, & \cdots, & r_{m,5} \end{bmatrix} \tag{5-31}$$

式中 $j=1, 2, \cdots, 5$，为水质级别；

$i=1, 2, \cdots, m$，m 为所选参数个数。

隶属函数 $r_{i,j}$ 按下式计算：

$$r_{i,1} = \begin{cases} 0 & C_i \geqslant S_{i,2} \\ (S_{i,2}-C_i)/(S_{i,2}-S_{i,1}) & S_{i,1} < C_i \leqslant S_{i,2} \\ 1 & C_i \leqslant S_{i,1} \end{cases}$$

$$r_{i,2} = \begin{cases} 1-(S_{i,2}-C_i)/(S_{i,2}-S_{i,1}) & S_{i,1} < C_i \leqslant S_{i,2} \\ (S_{i,3}-C_i)/(S_{i,3}-S_{i,2}) & S_{i,2} < C_i \leqslant S_{i,3} \\ 0 & C_i < S_{i,1} and C_i \geqslant S_{i,3} \end{cases}$$

$$\cdots$$

$$r_{i,5} = \begin{cases} 1-(S_{i,5}-C_i)/(S_{i,5}-S_{i,4}) & S_{i,4} < C_i < S_{i,5} \\ 1 & C_i \geqslant S_{i,5} \\ 0 & C_i \leqslant S_{i,4} \end{cases}$$

对于溶解氧DO，因为其值越大水质越好，故在隶属函数及归一化权重计算时，与以上公式有所不同，隶属函数 $r_{i,j}$ 按下式计算：

$$r_{i,1} = \begin{cases} 0 & C_i \leqslant S_{i,2} \\ (C_i-S_{i,2})/(S_{i,1}-S_{i,2}) & S_{i,2} < C_i \leqslant S_{i,1} \\ 1 & C_i \geqslant S_{i,1} \end{cases}$$

$$r_{i,2} = \begin{cases} 1-(C_i-S_{i,2})/(S_{i,1}-S_{i,2}) & S_{i,2} < C_i \leqslant S_{i,1} \\ (C_i-S_{i,3})/(S_{i,2}-S_{i,3}) & S_{i,3} < C_i \leqslant S_{i,2} \\ 0 & C_i > S_{i,1} and C_i \leqslant S_{i,3} \end{cases}$$

$$\cdots$$

$$r_{i,5} = \begin{cases} 1-(C_i-S_{i,5})/(S_{i,4}-S_{i,5}) & S_{i,5} < C_i < S_{i,4} \\ 1 & C_i < S_{i,5} \\ 0 & C_i \geqslant S_{i,4} \end{cases}$$

第四步：对矩阵 $\boldsymbol{Q}_{1\times m}$ 与 $\boldsymbol{R}_{m\times 5}$ 进行模糊矩阵复合运算，得出综合评价矩阵 $\boldsymbol{B}_{1\times 5}$。

$$\boldsymbol{B}_{1\times 5} = \boldsymbol{Q}_{1\times m} \cdot \boldsymbol{R}_{m\times 5} = (b_1, b_2, \cdots, b_5) = (b_j) \tag{5-32}$$

模糊矩阵的复合运算，采用以下算法：

$$b_j = \bigvee_{i=1}^{m} (q_i \wedge r_{ij})$$

即“相乘取小，相加取大”。

式中 b_j——监测断面水质隶属于 B 的程度。一般取 b_j 的最大值所属级别作为水质综合评价结果。

4. 湖泊（水库）的富营养化评价

上述地表水水质评价过程适合于河流、湖泊的水质量评价。对湖泊来讲，除对其进行以上水质评价外，还要求对湖泊（水库）的富营养程度进行评价。湖泊（水库）的富营养化评价指标主要有总磷、总氮、叶绿素、透明度和高锰酸钾指数等，评价标准和评价方法可参照全国水资源规划要求的表 5-16 给出的浓度值，营养程度一般按贫营养、中营养和富营养三级评价，有多测点分层取样的湖泊（水库），评价年度代表值采用由垂线平均后的多点平均值，评价方法采用评分法，具体做法为：①查表将单指标浓度值转为评分，监测值处于表列值两者中间者可采用相邻点内插，或就高不就低处理；②几个参评项目评分值求取均值；③用求得的均值再查表得富营养化等级。

表 5-16 地表水富营养化控制标准

营养程度	评分值	叶绿素 a /(mg/m³)	总磷 /(mg/m³)	总氮 /(mg/m³)	高锰酸盐指数 /(mg/L)	透明度 /(m)
贫营养	10	0.5	1.0	20	0.15	10.0
	20	1.0	4.0	50	0.4	5.0
中营养	30	2.0	10	100	1.0	3.0
	40	4.0	25	300	2.0	1.5
	50	10.0	50	500	4.0	1.0
富营养	60	26.0	100	1000	8.0	0.50
	70	64.0	200	2000	10.0	0.40
	80	160.0	600	6000	25.0	0.30
	90	400.0	900	9000	40.0	0.20
	100	1000.0	1300	16000	60.0	0.12

5. 案例——济南大明湖水质现状评价

1）水质现状评价的标准

城市湖泊的水质评价等级参考《地表水环境质量标准》（GB 3838—2002）。

表 5-17 地表水质量标准基本项目标准限值

序号	水质指标	Ⅰ类	Ⅱ类	Ⅲ类	Ⅳ类	Ⅴ类
1	pH 值（无量纲）	6～9				
2	溶解氧（mg/L）≥	7.5	6	5	3	2
3	高锰酸盐指数（mg/L）≤	2	4	6	10	15
4	化学需氧量（COD）（mg/L）≤	15	15	20	30	40
5	五日生化需氧量（BOD）（mg/L）≤	3	3	4	6	10
6	氨氮（NH_3—N）（mg/L）≤	0.15	0.5	1.0	1.5	2.0
7	总氮（以 N 计）（mg/L）≤	0.2	0.5	1.0	1.5	2.0
8	总磷（以 P 计）（mg/L）≤	0.02（湖库 0.01）	0.1（湖库 0.025）	0.2（湖库 0.05）	0.3（湖库 0.1）	0.4（湖库 0.2）
9	挥发酚（mg/L）≤	0.002	0.002	0.005	0.01	0.1

湖泊水体富营养化是反映湖泊水体环境质量的一个重要标准，本文评价分级标准参照水利部水电规划设计总院提出的《地表水富营养化控制标准》(2002)，见表 5-18。

表 5-18　湖泊水体富营养化标准

评价指标	贫营养化	中营养化	中富营养化	富营养	重度富营养
叶绿素 a/(mg/m^3)	2	26	64	160	1000
COD/(mg/L)	1	4	8	15	80
总磷/(mg/L)	0.015	0.05	0.1	0.4	0.8
总氮/(mg/L)	0.2	0.5	1	4	7

2）大明湖概况

大明湖位于济南城北部，是泰山北侧山前的一个泉水汇成的天然小湖泊。济南市位于鲁中南山地北部与华北平原的交接带上，北面有黄河流过，黄河以南岗丘起伏；南面紧临泰山的前山带。所以它实际上处于一个凹陷中，大明湖正居于凹地的底部。

大明湖是一个城市小型浅水湖泊，呈东西长、南北狭的扁矩形，南面紧邻济南市中心区。湖周长 4km 多，面积约 4.6×10^5 m^2，占济南旧城的四分之一。其平均水深 2m 左右，最深处约 4m，雨季与枯水季水位差约 15cm，总蓄水量为 115 万 m^3。

湖内散布几处小岛，致使湖面变化和深邃之致。沿湖点缀着许多名胜古迹，现在辟为公园。湖水主要靠南侧山的泉水补给和西护城河水补给。以前济南的名泉如趵突泉、黑虎泉、珍珠泉、五龙潭泉四大泉群的水都直接或间接汇入湖中，今多数泉已不与湖相通，仅有珍珠泉、芙蓉泉、泮池、王府池诸泉经河道由南门汇入大明湖，西护城河水由西南门两个入口分别进入湖区，如图 5-1 所示，湖水从东北隅汇波门出口，汇合沪城河水，流入北面的小清河，注于渤海。

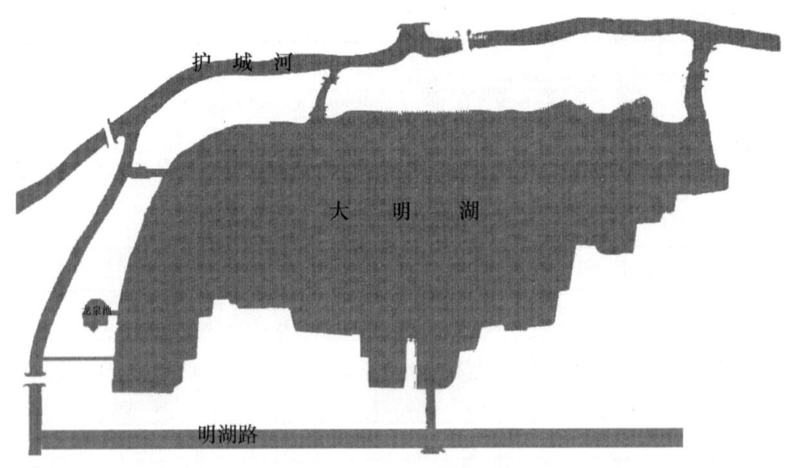

图 5-1　济南市大明湖概况图

3）水质评价方法

对大明湖水质评价采用 BP 人工神经网络模型法。前向多层神经的反传学习理论(Back-Propagation，BP）是由韦伯斯（Werbos）在 1984 年提出来的，鲁梅尔哈特(Rumelhart）等于 1985 年发展了反传学习算法，实现了明斯基（Minsky）的多层网络设想。BP 神经网络是具有输入层、1 个或多个隐含层和输出层结构的前向多层神经网络，同层各神经元互不连接，相邻层的神经元通过权连接。考虑到项目综合评价的特性，本文建立 3 层 BP 神经网络作为项目综合评价网络模型。网络的输入层设置了 m 个神经元节点，与项目评价递阶层次结构指标层的指标数目相等。隐含层有 1 个神经元节点，输出层仅有 1 个输出节点，相邻层的神经元通过权连接。输入层信号从输入层经隐含层单元逐层处理，并传向输出层，每一层神经元的状态只影响下一层神经元的状态。如果输出层不能得到期望的输出，则转入反向传播，使输出信号的误差沿原来的连接通路返回。通过修改各层神经元的权值，使得误差最小（收敛）。

人工神经网络是由大量的神经元连接而成的复杂网络系统。作为神经网络的基本处理单元，神经元一般由输入、处理、输出 3 个部分构成。神经元可以接受其他神经元输出的信号或系统外部引入的信号作为它的输入内容，将这些信号经过一定处理后得到一个结果，再以信号的形式输出到其他神经元或系统外部。典型的人工神经元模型是一个有 n 个不同输入、m 个相同输出的非线性单元结构。

将神经元按功能分为输入、处理和输出 3 个分区，它可以接收多个输入信号，并输出一个信号，这一信号可以同时引向多个去处，神经元接收的信号可以是连续量、离散量或者模糊量。输入区的功能是将所有输入神经元的信号以一定规则综合成一个总输入值 p_i，综合规则可以形式化地用某种输入函数来表达。最常见的输入函数是“加权和”形式：

$$p_i(t) = f_i(W_i, X) = \sum_{j=1}^{n} w_{ij} x_j$$

式中　W_i——连接强度，表示输入信号 X 对神经元的作用强度；

　　w_{ij}——输入层与中间层的连接权。

处理区的功能是根据总输入 p_i（t）和该神经元原来在 $t-1$ 时刻的状态 a_i（$t-1$），计算它在目前 t 时刻的状态 a_i（t），也称活化态（state of activation），并定量地用活化值 a_i（t）表示，处理规则也称为活化规则，或形式化地用某种活化函数 g_i 描述。活化函数的一般表达式为：

$$a_i(t) = g_i\left[p_i(t), a_i(t-1), a_i(t-2), \cdots, a_1(1)\right]$$

输出区的功能是根据当前的活化值 a_i（t）确定该神经元的输出值 y_i（t），这种转换规则的形式化表示可称为输出函数 h_i，它将活化值映射为一个输出信号 y_i，即：

$$y_i = h_i\left[a_i(t)\right]$$

BP 网络学习规则：BP 神经网络由 4 个过程组成：①输入模式由输入层经中间层向输出层的“模式顺传播”过程；②网络的希望输出与网络实际输出之差的误差信号由输出层经隐含层向输入层逐步修正连接权的“误差逆转播”过程；③由“模式顺传播”与“误差逆传播”反复交零星进行的网络“记忆训练”过程；④网络趋向收敛，即网络的全局误差趋向极小值的“学习收敛”过程。

BP 学习算法的一般步骤如下：

（1）模式顺传播。这一过程是由输入模式提供给网络的输入层开始的，输入层各个单元对应于输入模式向量的各个元素。设输入模式向量为：

$$X_k = (x_1, x_2, \cdots, x_n)\ (k=1, 2, \cdots, m)$$

式中　m——学习模式对个数；

　　n——输入层单元个数。

对应输入模式的希望输出向量为：

$$Y_k = (y_1, y_2, \cdots, y_q)$$

式中　q——输出层单元个数。

根据神经元模式原理，中间隐含层各单元的输入为：

$$S_j = \sum_{i=1}^{n} w_{ij} x_i - \theta_j$$

式中　θ_j——中间层单元的阈值；

　　p——中间层单元个数。

为了模拟生物神经元的非线性特性，以 S_j 作为 S 函数（Sigmoid 函数）的自变量，计算中间隐含层单元的输出。S 函数接近于生物神经元的信号输出形式，所以，选用 S 函数作为 BP 网络的输出函数。把中间隐含层的输入代入 S 函数得：

$$b_j = f(S_j) = \frac{1}{1+e^{-S_j}} = \frac{1}{1+e^{\sum\limits_{i=1}^{n} w_{ij} x_j + \theta_j}}$$

输出层各单元的输入、输出由下式求出：

$$L_t = \sum_{j=1}^{p} v_{ij} - r_t \ (t=1, 2, \cdots, q)$$

$$C_t = f\ (L_t)\ (t=1, 2, \cdots, q)$$

式中　v_{jt}——中间层单元与输出层单元连接权；

　　r_t——输出层单元阈值；

　　f——S 函数。

这样，一个输入模式就完成了一个顺传播过程。

（2）误差逆传播。首先，进行误差计算。误差逆传播过程是由输出层的误差 d_j 向中间层的误差 e_i 传递的过程。输出层的校正误差由下式计算：

$$d_t^k = (y_t^k - c_t^k)\ f'\ (L_t)\ (t=1, 2, \cdots, q;\ k=1, 2, \cdots, m)$$

$$e_j^k = \left[\sum_{t=1}^{q} v_{jt} d_t^k\right] f'(S_j)\ (t=1, 2, \cdots, p;\ k=1, 2, \cdots, m)$$

为完成误差向中间层的传递，需计算中间层各单元的校正误差，得到校正误差 d_t^k 与 e_j^k 后，沿逆方向调整输出层与中间层、中间层与输入层之间的连接权，以及各单元的输出阈值。其调整量按下列公式求出：

$$\begin{cases} \Delta v_{jt} = \alpha d_t^k b_j^k \\ \Delta r_t = \alpha d_t^k \end{cases}$$

$[j=1, 2, \cdots, p;\ t=1, 2, \cdots, q;\ k=1, 2, \cdots, m;\ 0<\beta<1$（学习系数）$]$

（3）训练过程。这一过程是指反复学习的过程，也就是根据希望输出与网络实际输出的误差调整连接权的过程。

（4）收敛过程。训练的收敛过程就是网络全局误差趋向极小值的过程。全局误差由下式计算：

$$E=\frac{\sum_{k=1}^{m}\sum_{t=1}^{q}(y_t^k-c_t)^2}{2}$$

式中　E——所有样本模式对的误差平方和，是检验网络收敛的误差标准；

q——输出单元个数；

m——样本模式对个数。

BP 网络整个学习过程的一般步骤如下：

(1) 权值的阈值的初始化。给各连接权 $\{w_{ij}\}$、$\{v_j t\}$ 及阈值 $\{\theta_j\}$、r_t 赋予 (−1, +1) 间的随机值。

(2) 随机选取一学写模式对 $X_k=(x_1^k, x_2^k, \cdots, x_n^k)$，$Y_k=(y_1^k, y_2^k, \cdots, y_n^k)$ 提供给网络。

(3) 由输入模式 X_k、连接权 $\{w_{ij}\}$ 和阈值 θ_j 计算隐含层各神经元的输入 $\{S_j\}$；然后用 $\{S_j\}$ 通过 S 函数计算隐含层各单元的输出 $\{b_j\}$，即：

$$S_j=\sum_{i=1}^{n}w_{ij}x_i-\theta_j\ (j=1,1,\cdots,p)$$

$$b_j=f(S_j)\ (j=1,2,\cdots,p)$$

(4) 由中间层的输出 $\{b_j\}$、中间层与输出层的连接权 $\{v_{jt}\}$ 和输出层的阈值 $\{r_t\}$ 计算输出层各神经元的输入 $\{L_t\}$，然后由 $\{L_t\}$ 通过 S 函数计算输出层各单元的输出 $\{c_t\}$，即：

$$L_t=\sum_{j=1}^{p}v_{jt}b_j-r_t\ (t=1,1,\cdots,q)$$

$$c_t=f(L_t)\ (t=1,2,\cdots,q)$$

(5) 用希望输出模式 $Y_k=(y_1^k, y_2^k, \cdots, y_n^k)$ 和网络实际输出 $\{c_t\}$，计算输出层各神经元的一般化误差 $\{d_t^k\}$：

$$d_t^k=(y_t^k-c_t)\,c_t\,(1-c_t)$$

(6) 用连接权 $\{v_{jt}\}$、输出层的一般化误差 $\{d_t^k\}$ 和中间层的输出 $\{b_j\}$ 计算中间层各单元的一般化误差 e_j^k：

$$e_j^k=\left(\sum_{t=1}^{q}d_t^k v_{jt}\right)b_j(1-b_j)\quad(j=1,2,\cdots,p)$$

(7) 用输出层各单元的一般化误差 $\{d_t^k\}$ 和中间层各单元的输出 $\{b_j\}$ 修正连接权 $\{v_{jt}\}$ 和阈值 $\{r_t\}$：

$$\begin{cases}v_{jt}(N+1)=v_{jt}(N)+\alpha d_t^k b_j\\ r_{jt}(N+1)=r_t(N)-\alpha d_t^k\end{cases}\quad(j=1,2,\cdots,p;\ t=1,2,\cdots,q)$$

式中　N——学习次数。

(8) 用隐含层各单元的一般化误差 $\{e_j^k\}$ 和输入层各单元的输入 $X_k=(x_1^k, x_2^k, \cdots, x_n^k)$ 修正隐含层与输入层的连接权 $\{w_{ij}\}$ 和隐含层的阈值 $\{\theta_j\}$：

$$\begin{cases}w_{ij}(N+1)=w_{ij}(N)+\beta e_j^k x_j^k\\ \theta_j(N+1)=\theta_j(N)-\beta e_j^k\end{cases}\quad(i=1,2,\cdots,n;\ j=1,2,\cdots,p)$$

(9) 随机选取下一个学习模式提供网络，返回步骤 (3) 重复进行循环，直到全部

m 个模式对训练完毕。

4）评价结果

根据文献《大明湖治理前后水环境质量变化分析》原始资料，由 BP 人工神经网络模型计算可以得到大明湖 2001—2005 年水质及富营养化情况，见表 5-19 和图 5-2。

表 5-19　大明湖 2001—2005 年水质及富营养化评价结果

年份	水质评价结果	富营养化评价结果
2001	5.2520	4.5991
2002	4.9297	4.3178
2003	4.7686	4.3728
2004	3.3159	4.1423
2005	3.0053	3.8850

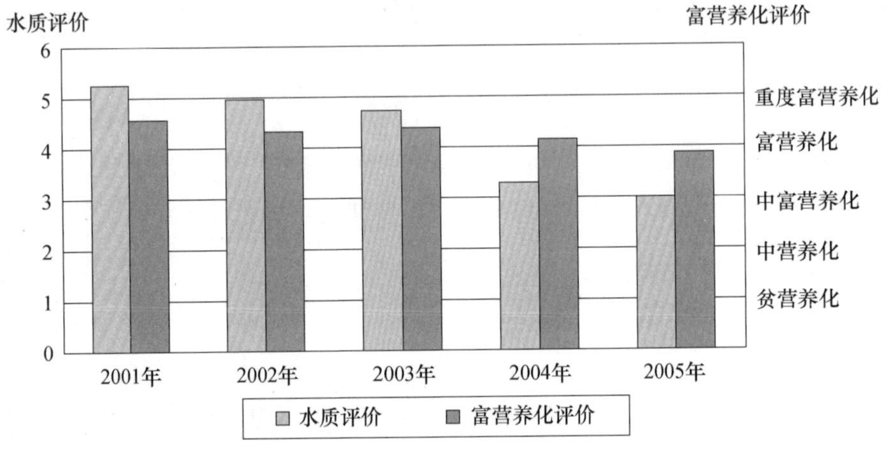

图 5-2　大明湖水质及富营养化程度评价结果

通过表 5-19 及图 5-2 可以看出，大明湖的水质日趋变好，尤其是 2003 年换水后，大明湖的水质明显改善，基本上已经达到了Ⅲ类（偏向Ⅳ类）水标准，但是大明湖的富营养化程度仍十分严重，一直在富营养化附近徘徊，富营养化主要成因除污染物排入外，湖水流动性差也是一方面，因此，大明湖也需要引水使其流动性增强，从而改善其富营养化程度。

5.2.5　地下水水质评价

1. 地下水水质评价指标

在自然界中，影响地下水质量的有害物质很多。不同地区，由于工业布局不同，污染源不同，污染物组成存在很大差别，因此地下水质量评价指数的选取要根据评价区的具体情况而定。其主要评价指标包括：pH、总硬度、矿化度（溶解性固体）、硫酸盐、硝酸盐氮、亚硝酸盐氮、氨氮、氯化物、氟化物、高锰酸盐指数、酚、氰、砷、汞、六价铬、铅、镉、铁、锰等项。城镇饮用水源评价增加细菌总数、大肠菌群等指标。

2. 评价方法

地表水水质评价方法在地下水水质评价中也适用。此外，《地下水质量标准》（GB/T 14848—2017）中还规定了单项组分评价法和综合评价法，其评价步骤如下：

（1）单指标评价法。

① 选择评价指数。选择的评价参数一般不少于《地下水质量标准》（GB/T 14848—2017）规定的监测项目。

② 确定评价标准。以现行的《地下水质量标准》（GB/T 14848—2017）为评价标准。

③ 单指标评价。根据每个评价指标的实测值，参照评价标准，分别确定它们的单指标水质类别。

这样，每一个评价指标均有一个水质评价类别，即单指标评价法的评价结果。应该注意的是，不同类别标准值相同时，从优不从劣。如挥发酚类Ⅰ类、Ⅱ类标准值均为 0.001mg/L，若水质监测结果为 0.001mg/L 时，应定为Ⅰ类，而不是定为Ⅱ类。

（2）综合评价法。

选择评价指数，按单指标评价结果最差的类别确定，并指出最差类别的指标。如某地下水样氯化物含量 400mg/L，四氯乙烯含量含量 350μg/L，这两个指标属Ⅴ类，其余指标均低于Ⅴ类，则该地下水质量综合类别定为Ⅴ类，Ⅴ类指标为氯离子和四氯乙烯。

5.2.6　河流泥沙水质评价

在水资源利用和水资源开发工程的运行管理中，河流的泥沙也是主要的水质和水环境要素之一。孙剑辉等在《黄河泥沙对水质的影响研究进展》中提到：河流泥沙是地球化学元素由陆地向海洋输送的重要载体，是河流水生物的重要食物来源，是水环境的重要组成部分。对河流水环境和水质而言，河流泥沙不仅本身就是水体污染物，而且通常具有较大的比表面，含有大量活性官能团，因而成为水体中微量污染物的主要载体，在很大程度上决定着这些污染物在水体中的迁移、转化和生物效应等。由联合国环境规划署、联合国教科文组织和世界卫生组织共同制定的最新水质评价指南已经突出强调了泥沙在水质评价中的作用。

1. 河流泥沙的形成与分类

河流泥沙是指河水挟带的岩土颗粒，是降水、地面水流、风力、冰川及重力地质作用在降落地面和流动的过程中冲击破坏和冲刷侵蚀地表岩石物质并将其挟载运移或异地沉积形成的固体颗粒物质。其中岩石的风化作用是产生泥沙最主要的形成条件，地表岩土物质受水及其他引力的侵蚀作用，其物质结构破坏并分离、迁移形成水体中的泥沙，是泥沙形成的最重要的环节。侵蚀作用的强度取决于岩石的强度和抗侵蚀能力、地形坡度及长度、降雨强度及降水量、植被发育程度及其特征等诸多因素。

天然河流的河床是由大小不同、形状各异的泥沙所组成。根据泥沙在河槽内运动的形式和性质不同，可分为悬移质、推移质、床沙。在一定水流条件下，泥沙处于运动状态，颗粒较细的泥沙被水流中的漩涡带起，悬浮于水中向下游运动，沿水流方向前进的速度与水流的流速基本相同，这种泥沙称为悬移质；颗粒稍大的泥沙，则在河床表面上滚动、滑动或跳跃着向下游移动，前进的速度远远小于水流的流速，往往以沙波形式向前运动，这种泥沙称为推移质。比推移质颗粒更大的泥沙，则下沉到河床上静止不动，称为床沙。悬移质、推移质和床沙之间颗粒大小的分界是相对的，随水流的流速大小而变化，并且三者之间还存在着相互交换的现象。

对于河槽内处于运动状态的泥沙，根据颗粒粗细及其来源不同，又分为床沙质和冲泻质两类。某一河段来自上游的泥沙中，一部分颗粒较粗，在床沙的组成中大量存在，可以认为它们直接来自上游的河床，并与本河段床沙有交换现象，这一部分泥沙就称为床沙质；另一部分颗粒较细的泥沙，在床沙的组成中只有少量存在或根本不存在，可以认为它们来自流域的表面冲蚀，随水流冲泻而下，沿程与床沙无交换现象，并且也很少沉积，则称为冲泻质。床沙质与冲泻质的颗粒粗细也是相对的，随着水流条件及河流形态的改变，也将互相转化。床沙质、冲泻质和悬移质、推移质是对运动中泥沙的两种不同分类。

2. 泥沙的主要特征

1）几何特征

（1）粒径（d）。泥沙颗粒的形状极不规则，通常采用与泥沙颗粒同体积的球体直径来表示泥沙颗粒的大小，称为等容粒径，简称为粒径，一般用 d 表示，以毫米（mm）计。

实际上，粒径的数值常和量测方法有关。粒径大于 0.05mm 左右的泥沙，一般采用筛析法量测，以标准筛的孔径来确定粒径的大小；粒径小于 0.05mm 左右的泥沙，则采用水析法，根据泥沙在静水中的沉降速度与粒径的关系来确定粒径的大小。对于大颗粒的卵（砾）石，可以直接量测。

（2）粒径级配曲线（粒配曲线）。河流泥沙是由大小不同的颗粒组成的群体，各种颗粒的粒径在群体中所占的比例，用级配曲线来表示，如图 5-3 所示。粒径级配曲线通常画在半对数坐标纸上，横坐标表示粒径大小，纵坐标表示小于某粒径的泥沙在整个沙样中所占的重量百分比。

粒径级配曲线能清楚地表明沙样粒径的大小和均匀程度，如图 5-3 中，沙样 a 的粒径较粗而大小级配均匀，沙样 b 的粒径较细而且大小级配不均匀。

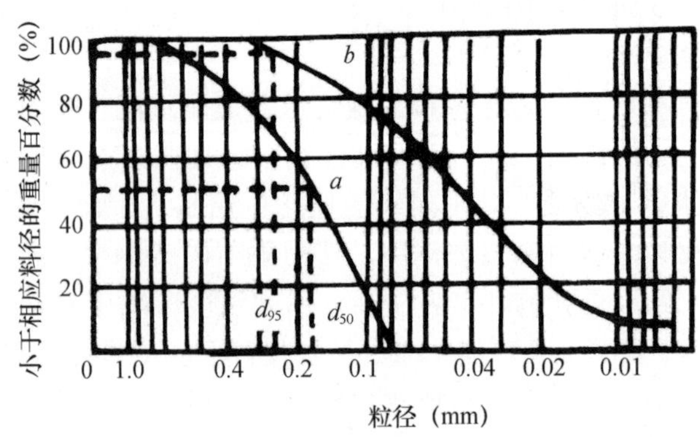

图 5-3 粒径级配曲线

(3) 平均粒径 $\overline{d}$ 和中值粒径 d_{50}。

沙样的代表粒径常用平均粒径和中值粒径来表示，其符号一般用 $\overline{d}$ 和 d_{50}，均以毫米（mm）计。

平均粒径是沙样中各粒径（按重量）的加权平均值，可按下式计算：

$$\overline{d}=\frac{\sum d_i p_i}{100} \tag{5-33}$$

或

$$\overline{d}=\frac{\sum d_i \Delta p_i}{\sum \Delta p_i} \tag{5-34}$$

式中　d_i——各级粒径，mm；

p_i——各级粒径泥沙的重量占沙样总重量的百分数；

Δp_i——各级粒径泥沙的重量。

沙样的代表粒径，常以粒径曲线上查到的百分数作为粒径 d 的脚标，来表示粒径的特征。例如 d_{95}、d_{65}、d_{50} 等，表示小于该粒径的泥沙在沙样中总重量各占 95%、65%、50%。其中 d_{50} 称为中值粒径，是一个十分重要的特征粒径，它表示大于和小于这种粒径的泥沙各占沙样总重量的一半；粒径曲线纵坐标 50%所对应的横坐标，就是中值粒径 d_{50} 的数值。

2）重力特征

泥沙的重力特征用单位体积内的泥沙重量来表示，称为重度，符号一般用 γ_s，单位为牛/平方米（N/m^3）。泥沙的重度随岩石的成分不同而不同，但实测资料表明其变化不大，一般可采用 $26kN/m^3$。

3）水力特征

泥沙的水力特征，由泥沙颗粒在静止的清水中均匀下沉的速度来表示，称为沉速（或水力粗度），符号用 ω，单位为厘米/秒（cm/s）。沉速是反映泥沙运动和河床冲淤可能性的重要参数。

静水中的泥沙颗粒，在重度作用下开始以加速度下沉，下沉过程中颗粒受到水流的阻力，阻力随沉速的加快而增大；当水流阻力增大到与颗粒所受重度相等时，颗粒将以等速下沉，此时的下沉速度即为泥沙的沉速。不同的研究者，根据上述条件和实验资料，导出了一些沉速计算公式，并给出了 ω 值表。

4）泥沙的起动

河床上的泥沙在水流作用下，由静止状态转变为运动状态，这种现象称为泥沙的起动。它是河流泥沙由静止到运动的临界状态，此时的临界水流条件，称为泥沙的起动条件。泥沙运动和河床变形都始于床面泥沙的起动，泥沙的起动条件是一个很重要的问题。

泥沙颗粒的起动，是推动颗粒运动的水流作用力和抗拒颗粒运动的阻力之间失去平衡的结果。

图 5-4 所示为泥沙颗粒处的垂线流速分布和推动泥沙颗粒运动的床面作用流速 u_d；由于接近床面的水流受到泥沙颗粒的阻挡，正对泥沙颗粒的作用流速 u_d，在颗粒的迎水面产生向前的冲压力；同时，泥沙颗粒附近的水流形成绕流，在颗粒的顶面流速加快、压力减小，与底面产生压力差而形成向上的负压力；在颗粒的背水面，由于绕流

旋涡的作用，又使颗粒表面产生了向前的负压力；在泥沙颗粒的下面，由于水流被阻挡，而产生向上和向前的表面压力。泥沙颗粒表面上的这些动水压力，将合成向前的推移力 P_x 和上举力 P_z，构成了驱使泥沙颗粒运动的水流作用力。另一方面，泥沙颗粒还受重度 G 和颗粒间摩擦力 F 的作用，对细颗粒还有颗粒间的粘结力，这些力又构成了抗拒泥沙颗粒运动的阻力，如图 5-5 所示。泥沙颗粒起动的临界条件，是推动颗粒运动的各力对支点 O 的力矩之和等于抗拒颗粒运动的各力对支点 O 的力矩之和。

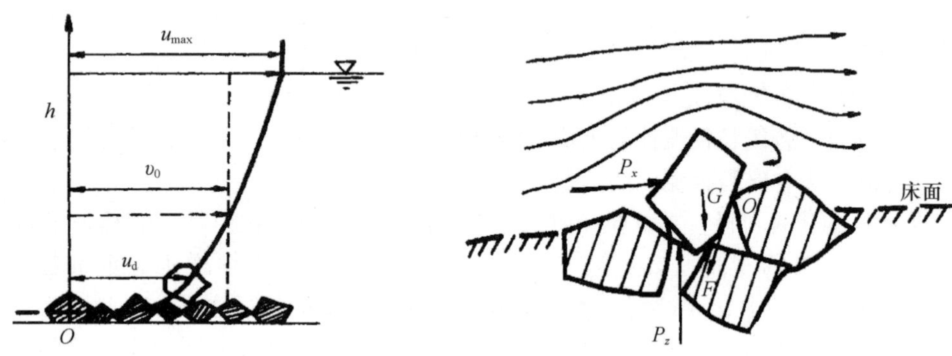

图 5-4　泥沙颗粒处的垂线流速分布

图 5-5　泥沙颗粒的受力状态

各国研究者采用了不同的分析途径和表达方式，依据各自的实验数据，建立了很多表示泥沙起动条件的关系式。目前表达泥沙起动时临界水流条件的方式有两种：一种是以泥沙起动时水流的床面作用流速（称为起动流速）来表达，为了便于实用，通常采用水流的垂线平均流速 v_0 代替作用流速来表示起动流速，有时也采用水流的断面平均流速来表示；另一种是以泥沙起动时的床面切应力（称为起动拖曳力）来表达。上述两种方式，都是为了表达泥沙的起动条件，并且可以互相转化，但它们代表着不同的研究途径，反映了不同的指导思想。目前，两种表达方式都在进行研究，虽然各有利弊，但存在不同看法。

我国常用的公式为张瑞瑾导出的起动流速公式和沙玉清建立的公式。张瑞瑾公式的系数和指数是以窦国仁整理的各家资料做基础，加上从长江的实测记录以及原武汉水利电力大学关于轻质卵石试验记录整理出来的资料确定的，使用的资料包括了范围较宽的各种粒径的资料，不但适用于黏性细颗粒，对于粗细颗粒的散粒体泥沙，也能适用。其公式为：

$$v_0=\left(\frac{h}{d}\right)^{0.14}\left[29d+0.000000605\,\frac{10+h}{d^{0.72}}\right]^{0.5} \tag{5-35}$$

式中　v_0——起动流速，m/s；

h——水深，m；

d——粒径，mm。

沙玉清根据泥沙颗粒起动时推动力与阻力相等的条件，建立了起动流速公式：

$$v_0=\left[0.43d^{0.75}+1.1\,\frac{(0.7-\varepsilon)^4}{d}\right]^{0.5}h^{0.2} \tag{5-36}$$

式中　v_0——起动流速，m/s；

h——水深，m；

d——粒径，mm。

ε——孔隙率，自然淤积孔隙率约为 0.4。

式（5-35）和式（5-36）括号中的第一项反映重力的作用，第二项反映分子力的作用；对于大颗粒泥沙第一项的数值为主，对于细颗粒泥沙则第二项为主。

令水深为 1m，以式（5-35）和式（5-36）分别绘制起动流速与粒径的关系曲线（图 5-6），两条曲线的形状基本相同，在 $d=0.13\sim0.17$mm 处，起动流速都有个最小值。图中曲线表明，这个最小值的右侧，粒径增大时起动流速也随之增大，而最小值的左侧，粒径减小时起动流速反而增大，这是因为大颗粒泥沙的起动流速主要由克服重力来决定，而细颗粒泥沙的起动流速主要由克服分子粘结力来决定。估算泥沙的起动流速时；若 $d\geqslant2$mm，括号中的第二项（粘结力的作用）可以忽略不计，若 $d\leqslant0.02$mm，括号中的第一项（重力的作用）则可忽略不计。

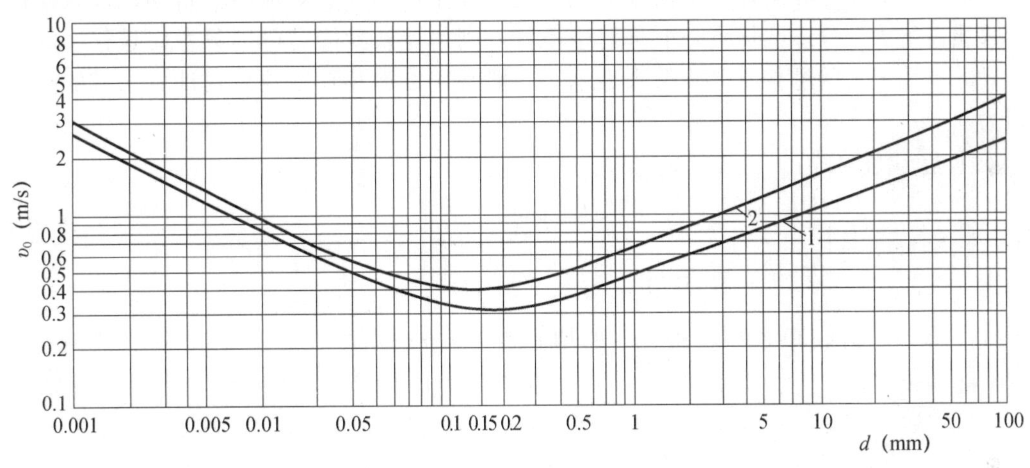

图 5-6　起动流速与粒径的关系曲线

1—张瑞瑾公式（$h=1.0$m）；2—沙玉清公式（$h=1.0$，$\varepsilon=0.4$）

5）泥沙的表面化学特性

泥沙颗粒愈细，单位体积泥沙颗粒所具有的比表面积愈大。泥沙颗粒表面的物理化学作用主要包括双电层及吸附水膜絮凝和分散现象。泥沙颗粒的吸附分为物理吸附和化学吸附，物理吸附主要与泥沙的比表面积（面积/重量）有关，化学吸附与泥沙所含活性成分有关。排入河流水体中的有机污染物、重金属离子等具有强烈的表面结合作用，使得泥沙成为污染物在河流水体中的扩散、迁移和转化的主要载体，从而影响河流的水质。

3. 河流泥沙评价

1）水流的含沙量及挟沙能力评价

（1）含沙量。

天然河流中，运动着的水流总是含有一定数量的泥沙，并能起到输移泥沙的作用。单位体积的水流所含泥沙的数量，称为含沙量，含沙量通常用体积含沙量或质量含沙量表示，表达公式见式（5-37）、式（5-38）。

体积含沙量公式（无量纲）：

$$S_v=\frac{泥沙颗粒体积}{浑水的体积} \tag{5-37}$$

质量含沙量公式（量纲为 kg/m³）：

$$S_\omega=\frac{泥沙质量}{浑水的体积} \tag{5-38}$$

在河流泥沙含沙量测定及浑水密度测定的基础上，可用以上体积含沙量或质量含沙量的统计平均值代表河流断面的平均含沙量。

（2）水流的挟沙能力。

水流挟带泥沙的多少，直接影响河流的水质及河床的冲淤变形。在一定的水流条件和边界条件下，单位体积的水流能够挟带泥沙的最大数量，称为水流的挟沙能力，单位为千克/立方米（kg/m³）；它是一个临界值，包括推移质和悬移质全部泥沙数量，并且随着水流和边界条件的不同而时刻变化。在平原河流中水流所挟带的泥沙，往往悬移质占绝大部分，推移质一般可忽略不计，则水流挟沙能力可以只考虑悬移质的数量，并且用最大的悬移质含沙量来表示。一般常用以下几种经验公式计算水流的挟沙能力。

① 张瑞瑾公式：

$$S_m=K\left(\frac{\upsilon^3}{gh\omega}\right)^m \tag{5-39}$$

式中 S_m——挟沙能力，kg/m³；

m、K——指数和系数，由$\frac{\upsilon^3}{gh\omega}$的取值给出，$m$ 取值 1.6～0.4，K 取值 0.3～4.0kg/m³；

υ——挟沙水流的断面平均流速，m/s；

ω——泥沙颗粒的沉降速度，m/s；

h——水深，m；

g——重力加速度。

② 沙玉清公式：

$$S_m=a\frac{d}{\omega^{\frac{3}{4}}}\left(\frac{\upsilon-\upsilon_0}{\sqrt{R}}\right)^n \tag{5-40}$$

式中 d——泥沙粒径，mm；

a——系数，kg/m³，平均值为 200kg/m³；

R——水力半径，m；

υ_0——泥沙的起动流速，m/s；

n——指数，缓流时取 2，急流时取 3；

其他符号意义同前。

③ 恩格隆-汉森公式：

$$g_s=\alpha\frac{(\tau'_b-\tau_c)\ \lambda\gamma u_*}{(\gamma_s-\gamma)\ \Delta} \tag{5-41}$$

式中 g_s——以干重计的全沙单宽输沙率；

α——正比例常数；

Δ——沙波波高，m；

τ'_b——床面沙粒阻力；

τ_c——起动剪切力；

λ——沙波长度；

u_*——摩阻流速，m/s；

γ_s——泥沙颗粒容重；

γ——水的容重。

2）输沙量评价

河流悬移质输沙量可由下式计算：

$$G_s = S_\omega \cdot A \cdot \upsilon \tag{5-42}$$

式中 G_s——断面输沙量，kg/s；

S_ω——断面含沙量，kg/m^3；

A——断面面积，m^2；

υ——断面平均流速，m/s。

3）河段冲淤平衡分析

对于某一河段，若自上游输移来的泥沙数量（来沙量）大于本河段的水流挟沙能力，多余的泥沙就会沉积下来，使河床发生淤积。若来沙量小于本河段的水流挟沙能力，则将由本河段补偿不足的泥沙，就会造成河床冲刷。总之，河床的冲淤变化是河流输沙不平衡引起的。

4）水库泥沙淤积量评价

水库泥沙淤积量可由以下公式计算。

① 水库年与多年泥沙淤积量：

$$V_a = S_\omega \bar{Q} \delta \tag{5-43}$$

$$V_{Ta} = T \cdot V_a \tag{5-44}$$

② 水库年与多年泥沙淤积体积：

$$V_{Va} = \frac{S_\omega \bar{Q} \delta g}{(1-\varepsilon)\ \gamma_s} \tag{5-45}$$

$$V_{TVa} = T \cdot V_{Va} \tag{5-46}$$

式中 V_a——水库年泥沙淤积量，kg；

V_{Ta}——水库使用期 T 年的泥沙总淤积量，kg；

S_ω——年平均入库水流含沙量，kg/m^3；

$\bar{Q}$——年平均入库流量，m^3/a；

δ——库中泥沙沉积率，%；

ε——淤积泥沙的孔隙率，%；

g——重力加速度，m/s^2；

γ_s——泥沙的干容重，N/m^3；

T——评价使用年限，a。

V_{Va}——年平均泥沙淤积体积积，m^3/a；

V_{TVa}——水库使用期 T 年的泥沙总淤积体积，m^3。

5）泥沙污染物评价

在天然河流的水体中，一般都含有一定量的泥沙。对河流水环境和水质而言，河流泥沙不仅本身就是水体污染物，而且通常具有较大的比表面，其表面通常存在多种活性物质，它们与排入河流水体中的有机污染物、重金属离子等具有强烈的表面结合作用，使得泥沙成为污染物在河流水体中的扩散、迁移和转化的主要载体，从而影响河流流经区域的生态环境，把泥沙对环境的这种作用称为泥沙的环境效应。

黄文典在“河流悬移质对污染物吸附及生物降解影响试验研究”一文中将河流泥沙的环境效应归纳为以下几个方面的表现：第一、泥沙的引入，使得河流水体长期或某时段处于浑浊状态，水体透明度降低，影响河流流经地区的生态景观；第二、泥沙淤积可能引起洪水灾害，形成致病生物的滋生条件，造成洪水淹没区生态环境系统破坏，威胁人类健康；第三，颗粒表面与有机污染物、重金属离子等污染物质的吸附与解吸作用，从微观上改变了它们在水相和泥沙颗粒相之间的赋存状态，并可能在泥沙表面发生多种物理、化学和生物反应，影响污染物的转化过程；第四，河流泥沙随水流的运动非常复杂，具有很大的随机性，与泥沙结合的污染物伴随着泥沙在水体中的运动而迁移；第五，由于泥沙上除了吸附有污染物外，还通常吸附着一些水生生物如鱼类所需的营养物质，这些带有污染物的泥沙进入食物链，其生物富集作用对污染物的危害具有放大作用。随着研究的深入，泥沙对有毒物质、耗氧性有机物、植物营养物质等的作用也日益受到重视。李清浮对黄河小花段干流、支流的 10 个断面进行统一的水质采样与监测，监测数据分析结果表明：原状水的所有水质指标浓度值均明显大于清水的指标浓度值，清水监测极值超Ⅴ类标准的指标四个断面均只有磷和铅两项指标，而原状水极值四个断面的磷、砷、铜、铅、锌、镉和汞均超过Ⅴ类标准。牛明颖、胡国华等人通过试验方法对浑水、清水中 COD_{Mn} 与含沙量的关系进行研究，结果表明 COD_{Mn} 的浓度随含沙量的增大而显著上升。杨红莉等进行了辽河泥沙对 COD_{Cr} 测定值的影响研究，发现辽河悬浮物测定值与原状水 COD_{Cr} 测定值之间存在明显的正相关关系。泥沙本身复杂的微观性质及其复杂的宏观运动规律，导致与泥沙结合的污染物质随着泥沙自身冲淤演变的迁移转化规律和污染物与泥沙界面复杂的反应规律变得更为复杂，使得人们进行随水流和泥沙运动的污染物的迁移转化规律的研究更为困难。

虽然有些研究者认为，泥沙对水环境的影响具有两重性：一方面，泥沙作为污染物和其他污染物的载体，对水质和水生生态环境造成显著的不利影响；另一方面，泥沙对污染物的吸附作用，使河流水相中的污染物含量降低，因而能改善以该水体作为水源的生活用水和工业用水的水质状况，对水质起到相对的净化作用。但是，泥沙对水质的相对净化作用是临时性的，污染物被吸附在泥沙表面后，会随着泥沙颗粒的随机运动而发生迁移，并能长期保留下来，造成水体的污染。随着水环境条件的变化，其存在形态和生物可给性也会发生变化，往往造成二次污染。此外，重金属污染物还表现在它与生物作用引起的重金属的甲基化和生物富集作用等方面，有科学家研究发现有机金属化合物的毒性一般要大于形成它们的原有金属的毒性，因此，重金属污染物在含沙水体中的迁移转化的研究受到了很大的重视。我国在泥沙与重金属作用的研究投入大量的人力、物力，并取得了一些成果，例如，黄河水资源保护科学研究所与水利部水质试验研究中心及原武汉水利电力大学合作完成了“八五”国家重点科技攻关项目“黄河治理与水资源开发利用”的“泥沙对黄河水质影响及重点河段水污染控制”专题的研究，对黄河泥沙同有毒物质及重金属相互作用水质模拟等问题进行了研究。

我国在泥沙污染物评价方面多是基于试验研究的基础上，通过建立泥沙—污染物关系或河流泥沙污染水质模型进行评价的，可参考相关研究文献，在此不再赘述。

第 6 章　水资源供需平衡分析

水资源供需平衡分析是水资源开发利用的一项重要内容。水资源供需平衡分析，是指在一定范围内（行政、经济区域或流域）不同时期的可供水量和需水量的供求关系分析。其目的是：①是通过可供水量和需水量的分析，弄清楚水资源总量的供需现状和存在的问题；②是通过不同时期不同部门的供需平衡分析，预测未来，了解水资源余缺的时空分布；③是针对水资源供需矛盾，进行开源节流的总体规划，明确水资源综合开发利用保护的主要目标和方向，以期实现水资源的长期供求计划。

6.1　需水预测

6.1.1　需水预测分类

需水预测的用水户分生活、生产和生态环境三大类。生活用水指城镇居民生活用水和农村居民生活用水。生产需水是指有经济产出的各类生产活动所需的水量，包括第一产业（种植业、林牧渔业）、第二产业（工业、建筑业）及第三产业（商饮业、服务业）。生态环境需水分为维护生态环境功能和生态环境建设两类，并按河道内与河道外用水划分。

国民经济行业和生产用水分类对照见表 6-1，用水户分类及其层次结构见表 6-2。

表 6-1　国民经济和生产用水行业分类表

<table>
<tr><th>三大产业</th><th>7 部门</th><th>17 部门</th><th>40 部门（投入产出表分类）</th><th>部门序号</th></tr>
<tr><td>第一产业</td><td>农业</td><td>农业</td><td>农业</td><td>1</td></tr>
<tr><td rowspan="9">第二产业</td><td rowspan="4">高用水工业</td><td>纺织</td><td>纺织业、服装皮革羽绒及其他纤维制品制造业</td><td>7、8</td></tr>
<tr><td>造纸</td><td>造纸印刷及文教用品制造业</td><td>10</td></tr>
<tr><td>石化</td><td>石油加工及炼焦业、化学工业</td><td>11、12</td></tr>
<tr><td>冶金</td><td>金属冶炼及压延加工业、金属制品业</td><td>14、15</td></tr>
<tr><td rowspan="5">一般工业</td><td>采掘</td><td>煤炭采选业、石油和天然气开采业、金属矿采选业、非金属矿采选业、煤气生产和供应业、自来水的生产和供应业</td><td>2、3、4、5、25、26</td></tr>
<tr><td>木材</td><td>木材加工及家具制造业</td><td>9</td></tr>
<tr><td>食品</td><td>食品制造及烟草加工业</td><td>6</td></tr>
<tr><td>建材</td><td>非金属矿物制品业</td><td>13</td></tr>
<tr><td>机械</td><td>机械工业、交通运输设备制造业、电气机械及器材制造业、机械设备修理业</td><td>16、17、18、21</td></tr>
</table>

续表

三大产业	7 部门	17 部门	40 部门（投入产出表分类）	部门序号
第二产业	一般工业	电子	电子及通信设备制造业、仪器仪表及文化办公用机械制造业	19、20
		其他	其他制造业、废品及废料	22、23
	电力工业	电力	电力及蒸汽热水生产和供应业	24
	建筑业	建筑业	建筑业	27
第三产业	商饮业	商饮业	商业、饮食业	30、31
	服务业	货运邮电业	货物运输及仓储业、邮电业	28、29
	其他服务业		旅客运输业、金融保险业、房地产业、社会服务业、卫生体育和社会福利业、教育文化艺术及广播电影电视业、科学研究事业、综合技术服务业、行政机关及其他行业	32、33、34、35、36、37、38、39、40

表 6-2　用水户分类口径及其层次结构

一级	二级	三级	四级	备注
生活	生活	城镇生活	城镇居民生活	仅为城镇居民生活用水（不包括公共用水）
		农村生活	农村居民生活	仅为农村居民生活用水（不包括牲畜用水）
生产	第一产业	种植业	水田	水稻等
			水浇地	小麦、玉米、棉花、蔬菜、油料等
		林牧渔业	灌溉林果地	果树、苗圃、经济林等
			灌溉草场	人工草场、灌溉的天然草场、饲料基地等
			牲畜	大、小牲畜
			鱼塘	鱼塘补水
	第二产业	工业	高用水工业	纺织、造纸、石化、冶金
			一般工业	采掘、食品、木材、建材、机械、电子、其他（包括电力工业中非火（核）电部分）
			火（核）电工业	循环式、直流式
		建筑业	建筑业	建筑业
	第三产业	商饮业	商饮业	商业、饮食业
		服务业	服务业	货运邮电业、其他服务业、城市消防用水、公共服务用水及城市特殊用水
生态环境	河道内	生态环境功能	河道基本功能	基流、冲沙、防凌、稀释净化等
			河口生态环境	冲淤保港、防潮压碱、河口生物等
			通河湖泊与湿地	通河湖泊与湿地等
			其他河道内	根据河流具体情况设定
	河道外	生态环境功能	湖泊湿地	湖泊、沼泽、滩涂等
		其他生态建设	城镇生态环境美化	绿化用水、城镇河湖补水、环境卫生用水等
			其他生态建设	地下水回补、防沙固沙、防护林草、水土保持等

注：① 农作物用水行业和生态环境分类等因地而异，可根据各地区情况确定；
② 分项生态环境用水量之间有重复，提出总量时取外包线；
③ 河道内其他非消耗水量的用户包括水力发电、内河航运等，未列入本表，但文中已作考虑；
④ 生产用水应分成城镇和农村两类口径分别进行统计或预测；⑤建制市成果应单列。

6.1.2 需水预测方法

1. 经济社会发展指标分析

(1) 人口与城市（镇）化

人口指标包括总人口、城镇人口和农村人口。预测方法可采用模型法或指标法，如采用已有规划成果和预测数据，应说明资料来源。

城市（镇）化预测，应结合国家和各级政府制订的城市（镇）化发展战略与规划，充分考虑水资源条件对城市（镇）发展的承载能力，合理安排城市（镇）发展布局和确定城镇人口的规模。城镇人口可采用城市化率（城镇人口占全部人口的比率）方法进行预测。

在城乡人口预测的基础上，进行用水人口预测。城镇用水人口是指由城镇供水系统、企事业单位及自备水源供水的人口；农村用水人口则为农村地区供水系统供水（包括自给方式取水）的用水人口。

城镇用水人口包括常住人口（可采用户籍人口）和居住时间超过 6 个月的暂住人口。暂住人口所占比重不大的，可直接采用城镇人口作为城镇用水人口。对于流出人口比较多的农村，也应考虑其流出人口的影响。

(2) 国民经济发展指标

国民经济发展指标按行业进行预测。规划水平年国民经济发展预测要按照我国经济发展战略目标，结合基本国情和区域发展情况，符合国家有关产业政策，结合当地经济发展特点和水资源条件，尤其是当地水资源的承载能力。除规划发展总量指标数据外，应同时预测各主要经济行业的发展指标，并协调好分行业指标和总量指标间的关系。各行业发展指标以增加值指标为主，以产值指标为辅。有条件地区，可建立宏观经济模型进行预测。

生产用水中有部分用水是在河道内直接取用的（如水电、航运、水产养殖等），因而直接从河道内取用水的行业发展指标及其需水量需单列，在计算包括这些部门的河道外工业需水时，应将其相应的河道内取水部分的产值扣除，以避免重复计算。

由于火（核）电工业用水的特殊性，除了统计和预测整个电力工业增加值与总产值指标外，还需统计和预测火（核）电工业的装机容量和发电量，并需对直流式火（核）电发电机组的用水单独处理。

建筑业的需水量预测可采用单位竣工面积定额法，因而需统计和预测现状及不同水平年的新增竣工面积。新增竣工面积可按建设部门的统计确定，或根据人均建筑面积推算。

(3) 农业发展及土地利用指标

农业发展及土地利用指标包括总量指标和分项指标。总量指标包括耕地面积、农作物总播种面积、粮食作物播种面积、经济作物播种面积、主要农产品总产量、农田有效灌溉面积、林果地灌溉面积、草场灌溉面积、鱼塘补水面积、大小牲畜总头数等。分项指标包括各类灌区、各类农作物灌溉面积等。

现状耕地面积采用国土资源部发布的分省资料进行统计。预测耕地面积时，应遵循国家有关土地管理法规与政策以及退耕还林还草还湖等有关政策，考虑基础设施建设和工业化、城市化发展等占地的影响。在耕地面积预测成果基础上，按照各地不同的复种指数，预测农作物播种面积；按照粮食作物和经济作物播种面积的组成，测算粮食、棉花、油料、蔬菜等主要农作物的总产量。农作物总产量预测，要充分考虑科技进步、灌区生产潜力和旱地农业发展对提高农作物产量的作用。

各地已有农田灌溉发展规划可作为灌溉面积预测的基本依据，但要根据新的情况，进行必要的复核或调整。农田灌溉面积发展指标应充分考虑当地的水、土、光、热资源条件以及市场需求情况，调整种植结构，合理确定发展规模与布局。根据灌溉水源的不同，要将农田灌溉面积划分成井灌区、渠灌区和井渠结合灌区三种类型。

根据畜牧业发展规划以及对畜牧产品的需求，考虑农区畜牧业发展情况，进行灌溉草场面积和畜牧业大、小牲畜头数指标预测。根据林果业发展规划以及市场需求情况，进行灌溉林果地面积发展指标预测。

2. 经济社会需水预测

1） 各类用水户需水预测

（1） 生活需水预测。

生活需水分城镇居民需水和农村居民需水两类，可采用人均日用水量方法进行预测。

根据经济社会发展水平、人均收入水平、水价水平、节水器具推广与普及情况，结合生活用水习惯和现状用水水平，参照建设部门已制定的城市（镇）用水标准，参考国内外同类地区或城市生活用水定额，分别拟定各水平年城镇和农村居民生活用水净定额；根据供水预测成果以及供水系统的水利用系数，结合人口预测成果，进行生活净需水量和毛需水量的预测。

城镇和农村生活需水量年内相对比较均匀，可按年内月平均需水量确定其年内需水过程。对于年内用水量变幅较大的地区，可通过典型调查和用水量分析，确定生活需水月分配系数，进而确定生活需水的年内需水过程。

（2） 农业需水预测。

农业需水包括农田灌溉和林牧渔业需水。

① 农田灌溉需水。

对于井灌区、渠灌区和井渠结合灌区，应根据节约用水的有关成果，分别确定各自的渠系及灌溉水利用系数，并分别计算其净灌溉需水量和毛灌溉需水量。农田净灌溉定额根据作物需水量考虑田间灌溉损失计算，毛灌溉需水量根据计算的农田净灌溉定额和比较选定的灌溉水利用系数进行预测。

农田灌溉定额，可选择具有代表性的农作物的灌溉定额，结合农作物播种面积预测成果或复种指数加以综合确定。有关部门或研究单位大量的灌溉试验所取得的有关成果，可作为确定灌溉定额的基本依据。对于资料条件比较好的地区，可采用彭曼公式计算农作物蒸腾蒸发量、扣除有效降雨并考虑田间灌溉损失后的方法计算而得。

有条件的地区可采用降雨长系列计算方法设计灌溉定额，若采用典型年方法，则应分别提出降雨频率为 50％、75％和 95％的灌溉定额。灌溉定额可分为充分灌溉和非充分灌溉两种类型。对于水资源比较丰富的地区，一般采用充分灌溉定额；而对于水资源比较紧缺的地区，一般可采用非充分灌溉定额。预测农田灌溉定额应充分考虑田间节水措施以及科技进步的影响。

② 林牧渔业需水。

包括林果地灌溉、草场灌溉、牲畜用水和鱼塘补水4类。林牧渔业需水量中的灌溉（补水）需水量部分，受降雨条件影响较大，有条件的或用水量较大的要分别提出降雨频率为50%、75%和95%情况下的预测成果，其总量不大或不同年份变化不大时可用平均值代替。

根据当地试验资料或现状典型调查，分别确定林果地和草场灌溉的净灌溉定额；根据灌溉水源及灌溉方式，分别确定渠系水利用系数；结合林果地与草场发展面积预测指标，进行林地和草场灌溉净需水量和毛需水量预测。鱼塘补水量为维持鱼塘一定水面面积和相应水深所需要补充的水量，采用亩均补水定额方法计算，亩均补水定额可根据鱼塘渗漏量及水面蒸发量与降水量的差值加以确定。

③ 农业需水量月分配系数。

农业需水具有季节性特点，为了反映农业需水量的年内分配过程，提出各分区农业需水量的月分配系数。农业需水量月分配系数可根据种植结构、灌溉制度及典型调查加以综合确定。

（3）工业需水预测。

需水工业分高用水工业、一般工业和火（核）电工业三类。

高用水工业和一般工业需水可采用万元增加值用水量法进行预测，高用水工业需水预测可参照国家经贸委编制的工业节水方案的有关成果。火（核）电工业分循环式和直流式两种用水类型，采用发电量单位（亿kWh）用水量法进行需水预测，并以单位装机容量（万kW）用水量法进行复核。

有关部门和省（自治区、直辖市）已制定的工业用水定额标准，可作为工业用水定额预测的基本依据。远期工业用水定额的确定，可参考目前经济比较发达、用水水平比较先进国家或地区现有的工业用水定额水平，再结合本地发展条件确定。

工业用水定额预测方法包括：重复利用率法、趋势法、规划定额法和多因子综合法等，以重复利用率法为基本预测方法。

在进行工业用水定额预测时，要充分考虑各种影响因素对用水定额的影响。这些影响因素主要有：①行业生产性质及产品结构；②用水水平、节水程度；③企业生产规模；④生产工艺、生产设备及技术水平；⑤用水管理与水价水平；⑥自然因素与取水（供水）条件。

工业用水年内分配相对均匀，仅对年内用水变幅较大的地区，通过典型调查进行用水过程分析，计算工业需水量月分配系数，确定工业用水的年内需水过程。

（4）建筑业和第三产业需水预测。

建筑业需水预测以单位建筑面积用水量法为主，以建筑业万元增加值用水量法进行复核。第三产业需水可采用万元增加值用水量法进行预测，根据这些产业发展规划成果，结合用水现状分析，预测各规划水平年的净需水定额和水利用系数，进行净需水量和毛需水量的预测。

建筑业和第三产业需水量年内分配比较均匀，仅对年内用水量变幅较大的地区，通过典型调查进行用水量分析，计算需水月分配系数，确定用水量的年内需水过程。

（5）生态环境需水预测。

生态环境用水是指为维持生态与环境功能和进行生态环境建设所需要的最小需水量。我国地域辽阔、气候多样，生态环境需水具有地域性、自然性和功能性特点。生态环境需水预测要以《生态环境建设规划纲要》为指导，根据本区域生态环境所面临的主要问题，拟定生态保护与环境建设的目标。

按照修复和美化生态环境的要求，可按河道内和河道外两类生态环境需水口径分别进行预测。根据各分区、各流域水系不同情况，分别计算河道内和河道外生态环境需水量。

河道内生态环境用水一般分为维持河道基本功能和河口生态环境的用水。河道外生态环境用水分为城镇生态环境美化和其他生态环境建设用水等。

不同类型的生态环境需水量计算方法不同。城镇绿化用水、防护林草用水等以植被需水为主体的生态环境需水量，可采用定额预测方法；湖泊、湿地、城镇河湖补水等，以规划水面面积的水面蒸发量与降水量之差为其生态环境需水量。对以植被为主的生态需水量，要求对地下水水位提出控制要求。其他生态环境需水，可结合各分区、各河流的实际情况采用相应的计算方法。

（6）河道内其他需水预测。

河道内其他生产活动用水（包括航运、水电、渔业、旅游等）一般来讲不消耗水量，但因其对水位、流量等有一定的要求，因此，为做好河道内控制节点的水量平衡，亦需要对此类用水量进行估算。

2）城乡需水量预测统计

根据各用水户需水量的预测成果，对城镇和农村需水量可以采用“直接预测”和“间接预测”两种预测方式进行预测。汇总出各计算分区内的城镇需水量和农村需水量预测成果。城镇需水量主要包括：城镇居民生活用水量，城镇范围内的菜田、苗圃等农业用水，城镇范围内工业、建筑业以及第三产业生产用水量，城镇范围内的生态环境用水量等；农村需水量主要包括：农村居民生活用水量、农业（种植业和林牧渔业）用水量，农村工业、建筑业和第三产业生产用水量，以及农村地区生态环境用水量等。“直接预测”方式是把计算分区分为城镇和农村两类计算单元，分别计算单元内城镇和农村需水量预测（包括城镇和农村各类发展指标预测、用水指标及需水量的预测）。“间接预测”方式是在计算分区需水量预测成果基础上，按城镇和农村两类口径进行需水量分配；参照现状用水量的城乡分布比例，结合工业化和城镇化发展情况，对城镇和农村均有的工业、建筑业和第三产业的需水量按人均定额或其它方法处理并进行城乡分配。

3）城市需水量预测

各省（自治区、直辖市）对国家行政设立的建制市城市进行需水预测。城市需水量预测范围限于城市建成区和规划区。城市需水量按用水户分项进行预测，预测方法同各类用水户。一般情况下城市需水量不应含农业用水，但对确有农业用水的城市，应进行农业需水量预测；对农业用水占城市总用水比重不大的城市，可简化预测农业需水量。

4）成果合理性分析

为了保障预测成果具有现实合理性，要求对经济社会发展指标、用水定额以及需水量进行合理性分析。合理性分析主要是将各类指标发展趋势（增长速度、结构和人均量变化等）和国内外其他地区的指标比较，以及对经济社会发展指标与水资源条件之间、需水量与供水能力之间的关系进行协调性分析等。

6.2 供水预测

6.2.1 基本要求

（1）在对现有供水设施的工程布局、供水能力、运行状况，以及水资源开发程度与存在问题等综合调查分析的基础上，进行水资源开发利用前景和潜力分析。

（2）水资源开发利用要统筹安排河道内、河道外用水以及生活、生产、生态环境用水。水资源开发利用潜力是指通过对现有工程的加固配套和更新改造、新建工程的投入运行和非工程措施的实施后，分别以地表和地下水可供水量以及其他水源可能的供水型式，与现状条件相比所能提高的供水能力。

（3）供水预测中的供水能力是指区域（或供水系统）供水能力。区域供水能力为区域内所有供水工程组成的供水系统，依据系统来水条件、工程状况、需水要求及相应的运用调度方式和规则，提供不同用户、不同保证率的供水量。

（4）可供水量估算要充分考虑技术经济因素、水质状况、对生态环境的影响以及开发不同水源的有利和不利条件，预测不同水资源开发利用模式下可能的供水量，并进行技术经济比较，拟定水资源开发利用方案。要分析各水平年利用当地水资源的可供水量及其耗水量。通过对区域当地水资源耗用量的分析计算，以水资源可利用量为控制上限，检验当地水资源开发潜力及可供水量预测成果的合理性，一个区域当地水资源的耗水量不应超过区域水资源可利用总量。

（5）供水预测要充分吸收和利用有关专业规划以及流域、区域规划（如全国及各地的地下水开发利用规划、污水治理再利用规划、雨水集蓄利用规划、海水利用规划，以及各流域规划与区域水资源综合规划等）的成果。

6.2.2 可供水量计算

1. 地表水供水

地表水资源开发，一方面要考虑更新改造、续建配套现有水利工程可能增加的供水能力以及相应的技术经济指标，另一方面要考虑规划的水利工程，重点是新建大中型水利工程的供水规模、范围和对象，以及工程的主要技术经济指标，经综合分析提出不同工程方案的可供水量、投资和效益。

1）地表水可供水量计算

（1）地表水可供水量计算，要以各河系各类供水工程以及各供水区所组成的供水系统为调算主体，进行自上游到下游、先支流后干流的逐级调算。

（2）大型水库和控制面积大、可供水量大的中型水库应采用长系列进行调节计算，得出不同水平年、不同保证率的可供水量，并将其分解到相应的计算分区，初步确定其供水范围、供水目标、供水用户及其优先度、控制条件等，供水资源配置时进行方案比选。

(3) 其他中型水库和小型水库及塘坝工程可采用简化计算，中型水库采用典型年法，小型水库及塘坝采用兴利库容乘复蓄系数法估算。复蓄系数可通过对不同地区各类工程进行分类，采用典型调查方法，参照邻近及类似地区的成果分析确定。一般而言，复蓄系数南方地区比北方大，小（2）型水库及塘坝比小（1）型水库大，丰水年比枯水年大。

(4) 引提水工程根据取水口的径流量、引提水工程的能力以及用户需水要求计算可供水量。引水工程的引水能力与进水口水位及引水渠道的过水能力有关；提水工程的提水能力则与设备能力、开机时间等有关。引提水工程可供水量可用下式计算：

$$W_{可供} = \sum_{i=1}^{t} \min(Q_i, H_i, X_i) \tag{6-1}$$

式中　Q_i——i 时段取水口的可引流量；

H_i——i 时段工程的引提能力；

X_i——i 时段用户需水量；

t——计算时段数。

(5) 规划工程要考虑与现有工程的联系，与现有工程组成新的供水系统，按照新的供水系统进行可供水量计算。对于双水源或多水源用户，联合调算要避免重复计算供水量。

(6) 在跨省（自治区、直辖市）的河流水系上布设新的供水工程，要符合流域规划，充分考虑对下游和对岸水量及供水工程的影响。根据统筹兼顾上下游、左右岸各方利益的原则，合理布局新增水资源开发利用工程。

(7) 可供水量计算应预测不同规划水平年工程状况的变化，既要考虑现有工程更新改造和续建配套后新增的供水量，又要估计工程老化、水库淤积和因上游用水增加造成的来水量减少等对工程供水能力的影响。

(8) 为了计算重要供水工程以及分区和供水系统的可供水量，要在水资源评价的基础上，分析确定主要水利工程和流域主要控制节点的历年逐月入流系列以及各计算分区的历年逐月水资源量系列。

2) 在水资源紧缺地区，要在确保防洪安全的前提下，研究改进防洪调度方式、提高洪水利用程度的可行性及方案。

3) 病险水库加固改造

收集整理大型病险水库及重要中型病险水库加固改造的作用和增加的供水量的有关资料。

4) 灌区工程续建配套

收集灌区工程续建配套有关资料，分析续建配套对增加供水量、提高供水保证率以及提高灌溉水利用效率的有关资料。

5) 在建及规划大型水源工程和重要中型水源工程

在建及规划的大型及重要中型蓄、引、提等水源工程，要按照规划工程的设计文件，统计工程供水规模、范围、对象和主要技术经济指标等，逐个分析工程的作用，计算工程建成后增加的供水能力以及单方水投资和成本等指标。有条件的地区应将新建骨干工程与现有工程所组成的供水系统进行长系列调算，计算可供水量的增加量，并相应提出对下游可能造成的影响。

6）规划和扩建的跨流域调水工程

收集、分析调水规模、供水范围和对象、水源区调出水量、受水区调入水量以及主要技术经济指标等。跨流域调水工程，要列出分期实施的计划，并将工程实施后，不同水平年调入各受水区的水量，纳入相应分区的地表水可供水量中。

7）其他中小型供水工程

收集各计算分区内此类中小型工程近几年的实际供水量、工程技术经济指标，在此基础上预测其可供水量，并分析规划工程的效果、作用和投资等。

2. 地下水供水

（1）以矿化度不大于 2g/L 的浅层地下水资源可开采量作为地下水可供水量估算的依据。采用浅层地下水资源可开采量成果确定地下水可供水量时，要考虑相应水平年由于地表水开发利用方式和节水措施的变化所引起的地下水补给条件的变化，相应调整水资源分区的地下水资源可开采量，并以调整后的地下水资源可开采量作为地下水可供水量估算的控制条件；还要根据地下水布井区的地下水资源可开采量作为估算的依据。

（2）结合地下水实际开采情况、地下水资源可开采量以及地下水位动态特征，综合分析确定具有地下水开发利用潜力的分布范围和开发利用潜力的数量，提出现状基础上增加地下水供水的地域和可供水量。

（3）地下水可供水量计算。地下水可供水量与当地地下水资源可开采量、机井提水能力、开采范围和用户的需水量等有关。地下水可供水量计算公式为：

$$W_{可供}=\sum_{i=1}^{t}\min(H_i,W_i,X_i) \tag{6-2}$$

式中 H_i——i 时段机井提水能力；

W_i——i 时段当地地下水资源可开采量；

X_i——i 时段用户的需水量；

t——计算时段数。

（4）地下水超采区供水预测。根据超采程度以及引发的生态环境灾害情况，地下水超采区划分为严重、较严重、一般三类。禁采、压采、限采是控制、管理地下水超采区的具体措施。禁采措施一般在严重超采区实施，属终止一切开采活动的举措；压采、限采措施一般在较严重超采区实施，属于强制性压缩、限制现有实际开采量的举措；一般超采区，要采取措施，严格控制开采地下水。禁采区、压采区、限采区以及严格控制区与相应的超采区范围是一致的。

地表水和地下水之间存在着复杂的转换关系，有些地区地下水的开发利用将增加地表水向地下水的补给量（如坎儿井、山前区侧向补给、傍河河川径流补给）。这些地区只有在地下水开采量超过当地地下水资源可开采量与增加的地表水补给量之和时，才为超采地下水。

在供水预测中，应充分考虑当地政府已经和将要采取的措施，对于近期无其他替代水源的一般超采区（或压采、限采区），在保持地下水环境不再继续恶化或逐步有所改善的前提下，可适当开采一定数量的地下水。

3. 其他水源开发利用

其他水源开发利用主要指参与水资源供需分析的雨水集蓄利用、微咸水利用、污水处理再利用、海水利用和深层承压水利用等。

1）雨水集蓄利用

雨水集蓄利用主要指收集储存屋顶、场院、道路等场所的降雨或径流的微型蓄水工程，包括水窖、水池、水柜、水塘等。通过调查、分析现有集雨工程的供水量以及对当地河川径流的影响，提出各地区不同水平年集雨工程的可供水量。

2）微咸水利用

（1）微咸水（矿化度 2～3g/L）一般可补充农业灌溉用水，某些地区矿化度超过 3g/L 的咸水也可与淡水混合利用。在北方一些平原地区，微咸水的分布较广，可利用的数量也较大，微咸水的合理开发利用对缓解某些地区水资源紧缺状况有一定的作用。

（2）通过对微咸水的分布及其可利用地域范围和需求的调查分析，综合评价微咸水的开发利用潜力，提出各不同水平年微咸水的可利用量。

3）污水处理再利用

（1）城市污水经集中处理后，在满足一定水质要求的情况下，可用于农田灌溉及生态环境。对缺水较严重城市，污水处理再利用对象可扩及水质要求不高的工业冷却用水，以及改善生态环境的市政用水，如城市绿化、冲洗马路、河湖补水等。

（2）污水处理再利用于农田灌溉，要通过调查、分析再利用水的需求、时间要求和使用范围，落实再利用水的数量和用途。现状部分地区存在直接引用污水灌溉的现象，在供水预测中，不能将未经处理、未达到水质要求的污水量计入可供水量中。

（3）对污水处理再利用需要新建的供水管路和管网设施实行分质供水的，或者需要建设深度处理或特殊污水处理厂的，以满足特殊用户对水质的目标要求，要计算再利用供水管路、厂房及有关配套设施的投资。

（4）估算污水处理后的入河排污水量，分析对改善河道水质的作用。

（5）调查分析污水处理再利用现状及存在的问题，落实用户对再利用的需求，制定各规划水平年再利用方案。不同水平年应提出两种方案：一为正常发展情景下的再利用方案，简称“基本再利用方案”；二为根据需要和可能，加大再利用力度的方案，简称“加大再利用方案”。污水处理再利用要分析再利用对象，并进行经济技术比较（主要对再利用配水管道工程的投资进行分析），提出实施方案所需要满足的条件和相应的保障措施与机制。

4）海水利用

海水利用包括海水淡化和海水直接利用两种方式。

（1）对沿海城市海水利用现状情况进行调查。海水淡化和海水直接利用要分别统计，其中海水直接利用量要求折算成淡水替代量。

（2）分析海水利用的潜力，除要摸清海水利用的现状、具备的条件和各种技术经济指标外，还要了解国内外海水利用的进展和动态，并估计未来科技进步的作用和影响，根据需求和具备的条件分析不同地区、不同时期海水利用的前景。根据需要和可能，提出规划水平年两套海水利用的方案：一为按正常发展情景下的海水利用量，简称“基本利用方案”；二为考虑科技进步和增加投资力度加大海水利用力度的情景下的利用量，简称“加大海水利用方案”。

5）深层承压水利用

深层承压水利用应详细分析其分布、补给和循环规律，做出深层承压水的可开发利用潜力的综合评价。在严格控制不超过其可开采数量和范围的基础上，提出各规划水平年深层承压水的可供水量计算成果。

6.2.3 供水预测与供水方案

（1）供水预测以现状水资源开发利用状况为基础，以当地水资源开发利用潜力分析为控制条件，通过技术经济综合比较，先制定出多组开发利用方案并进行可供水量预测，提供水资源供需分析与合理配置选用，然后根据计算反馈的缺水程度、缺水类型，以及对合理抑制需求、增加有效供水、保护生态环境的不同要求，调整修改供水方案，再供新一轮水资源供需分析与水资源配置选用，如此，经过多次反复的平衡分析，以水资源配置最终选定的供水方案作为推荐方案。

（2）可供水量包括地表水可供水量、浅层地下水可供水量、其他水源可供水量。其中地表水可供水量中包含蓄水工程供水量、引水工程供水量、提水工程供水量以及外流域调入的水量。在向外流域调出水量的地区（跨流域调水的供水区）不统计调出的水量，相应其地表水可供水量中不包括这部分调出的水量。其他水源可供水量包括深层承压水可供水量、微咸水可供水量、雨水集蓄工程可供水量、污水处理再利用量、海水利用量（包括折算成淡水的海水直接利用量和海水淡化量）。地表水可供水量除按供需分析的要求提出长系列的供水量外，还需提出不同水平年 $P=50\%$、$P=75\%$、$P=95\%$三种保证率的可供水量；浅层地下水资源可供水量一般只需多年平均值。

（3）供水预测根据各计算分区内供水工程的情况、大型及重要水源工程的分布，确定供水节点并绘制节点网络图。各主要供水节点可采用水文长系列调算和系统优化调节计算的方法计算可供水量。供水范围跨计算分区的应将其不同水平年、不同保证率的可供水量按一定的比例分解到相应计算分区内。计算分区内小型供水工程（包括地下水开发工程），以及其他水源工程可采用常规方法预测不同保证率可供水量。将计算分区内同一水平年、同一保证率的各项供水量相加，即得出计算分区的可供水量。可供水量中不应包括超采地下水、超过分水指标或水质超标等不合格水的量。

（4）为满足不同水源与用户对水量和水质的要求，除对可供水量进行预测外，还要对供水水质状况进行分析与预测。地表水域应根据水功能区划，以水资源三级区为单元，对各类功能区可能达到的水质指标进行分析，重点分析饮用水源地的水质要求及达标状况。规划水平年要按照水功能区水质目标的要求，安排不同水质要求用户的供水。规划供水工程要对供水用户的水质要求及保障措施进行分析研究，不满足要求者，其供水量不能列入供水方案中。地下水供水水质状况分析亦应进行类似分析，不满足要求者，其供水量不能列入供水方案中。

（5）以现状工程的供水能力（即不增加新工程和新供水措施）与各水平年正常增长的需水要求（即不考虑新增节水措施），组成不同水平年的一组方案，称为“零方案”。以现状工程组成的供水系统与规划水平年的来水条件和正常增长的需水要求进行调节计算，得出各水平年、不同保证率“零方案”的可供水量。这是与其他供水方案进行比较分析的基础，也是进行水资源一次供需平衡分析的供水输入条件。

(6) 根据对各地水资源开发利用模式和水资源开发利用潜力的分析，对应各水平年不同需水方案的需水要求，确定不同水平年的供水目标，以及为达到预期的供水目标所要采取的各种增加供水、保护水质和提高供水保证程度的措施（包括工程措施和非工程措施），分析采取这些措施及多种措施组合情况下的效果与投入以及水资源生产效率、新增单方供水投资、新增供水成本等经济技术指标；分析对水资源可持续利用可能带来的有利和不利影响，并综合考虑工程布局和总体安排等因素，最终拟定不同水平年的供水方案集，供水资源供需分析和水资源配置选用。

(7) 将拟定的各规划水平年的多种供水方案与相应水平年供水“零方案”进行比较，对各种方案的作用、效果及投入进行综合分析与评价，并提出各计算分区、不同水平年、不同保证率的可供水量成果以及与“零方案”比较增加的供水量和相应的投资等指标，供水资源供需分析和水资源配置选用。

(8) 在计算分区供水预测的基础上，进行城市可供水量预测。依据城市规划区内和周边地区可能利用的水源，对照城市各水平年需水预测的成果，拟定城市供水的组合方案，经水资源供需平衡分析和水资源配置，提出城市各水平年供水的推荐方案及其可供水量的预测成果。预测成果要与所属计算分区及周边地区的成果衔接与协调。

6.3　水资源供需平衡分析

6.3.1　基本原则与要求

(1) 水资源供需分析应在现状调查评价和基准年供需分析的基础上，依据各水平需水预测与供水预测的分析成果，拟定多组方案，进行供需水量平衡分析，并应对这些方案进行评价与比选，提出推荐方案。

(2) 水资源供需分析应以计算单元供需水量平衡分析为基础，根据各计算单元分析的需水量、供水量和缺水量，进行汇总和综合。

(3) 水资源供需分析应提出各水平年不同年型的分析成果，具备条件的，应提出经长系列调算的供需分析成果，不同水平年、不同年型的成果应相互协调。

(4) 水资源供需分析应将流域水循环系统与取、供、用、耗、排、退水过程作为一个相互联系的整体，分析上游地区用水量及退水量对下游地区来水量及水质的影响，协调区域之间的供需平衡关系。

(5) 水资源供需分析应满足不同用户对供水水质的要求，根据供水水源的水质状况和不同用户对供水水质的要求，合理调配水量。水资源供需分析应充分利用水资源保护规划的有关成果，根据水功能区或控制节点的纳污能力与入河污染物总量控制目标，分析各河段和水源地的水质状况，结合各河段水量的分析，进行水量与水质的统一调配，以满足不同用户对水量和水质的要求。各类用户对水质的要求：生活用水为Ⅲ类及优于Ⅲ类，工业用水为Ⅳ类及优于Ⅳ类，农业灌溉为Ⅴ类及优于Ⅴ类，生态用水根据其用途确定，一般不劣于Ⅴ类。

（6）水资源供需分析应在统筹协调河道内与河道外用水的基础上，进行河道外水资源供需平衡分析，原则上应优先保证河道内生态环境需水。

（7）水资源供需分析应进行多方案比较。依据满足用水需求、节约资源、保护环境和减少投入的原则，从经济、社会、环境、技术等方面对不同组合方案进行分析、比较和综合评价。

（8）水资源供需分析应进行多次供需反馈和协调平衡。一般应进行2～3次水资源供需平衡分析。根据未来经济社会发展的需水要求，在保持现状水资源开发利用格局和发挥现有供水工程潜力情况下进行一次平衡分析：若一次平衡后留有供需平衡缺口，则采取加大节水和治污力度、增加再生水利用等其他水源供水，新建必要的供水工程等措施，在减少需求和增加供给的基础上进行二次平衡分析；若二次平衡分析后仍有较大的供需缺口，应进一步调整经济布局和产业结构、加大节水力度、具备跨流域调水条件的，实施外流域调水、进一步减少需求和增加供给，进行三次平衡分析。水资源较丰沛的地区，可只进行二次平衡分析。

6.3.2 分析计算途径与方法

1. 水资源供需平衡分析方法步骤

流域或区域水资源供需分析应将流域或区域水资源作为一个系统，根据水资源供需调配原则，采用系统分析的原理，选择合适的计算方法，按以下步骤进行水资源供需分析计算：

（1）应根据流域或区域内控制节点和供用水单元之间取、供、用、耗、排、退水的相互关系和联系，概化出水资源系统网络图。

（2）应制定流域或区域水资源供需调配原则，包括不同水源供水的比例与次序，不同地区供水的途径与方式，不同用户供水的保证程度与优先次序以及水利的调度原则等。

（3）应根据水量平衡原理，根据系统网络图，按照先上游、后下游、先支流后干流的顺序，依次逐段进行水量平衡计算，最终得出流域或区域水资源供需分析计算成果。

（4）应对水资源供需分析计算成果进行合理性分析。应结合流域或区域的特点，采取理性分析的方法，对水资源供需分析计算方法和计算成果进行综合分析与评价。

2. 基准年供需分析

（1）应在现状供用水量调查评价的基础上，依据基准年需水分析和供水分析的成果，进行不同年型供需水量的平衡分析。基准年供需分析应根据不同年型需水和来水量的变化，按照水量调配原则，对现有水资源系统进行合理配置。提出的基准年不同年型供需分析成果，应作为规划水平年供需分析的基础。

不同年型需水量主要受降水条件影响，不同年型供水量供需分析则选择降水频率和来水频率均相当于$P=75\%$的年份，作为$P=75\%$（中等干旱年）的代表年份，进行供需水量的平衡计算，得出$P=75\%$（中等干旱年）供需分析的成果。

（2）基准年的供需分析应重点对现状缺水情况进行分析，包括缺水地区及分布、缺水时段与持续时间、缺水程度、缺水性质、缺水原因及其影响等。可用缺水率表示缺水程度（缺水率＝缺水量/需水量×100%）。

（3）应通过对基准年的供需分析，进一步认识现状水资源开发利用存在的主要问题和水资源对于经济社会发展的制约和影响，为规划水平年供需分析提供依据。在基准年供需分析的基础上，可进一步进行以下分析：根据对用水状况及用水效率的分析，进一步认识现状用水水平、节水水平以及节水的潜力；根据水资源开发利用程度的分析，进一步认识水资源过度开发地区挤占生态环境用水的状况、需退还不合理的开发利用水量，进一步了解具有开发利用潜力的重点地区及分布；根据对生态环境需水满足程度的分析，进一步认识水资源对生态环境的影响、生态环境保护与修复的要求与对策；根据对缺水情况的分析，进一步认识水资源对经济社会发展的保障和制约作用。

3. 规划水平年供需分析

（1）规划水平年供需分析应以基准年供需分析为基础，根据各规划水平年的需水预测和供水预测成果，组成多组方案，通过对水资源的合理配置进行供需水量的平衡分析计算，提出各规划水平年、不同年型、各组方案的供需分析成果。由于受现状条件的限制，基准年供需分析可能存在节水水平不高和水资源配置不尽合理的问题。规划水平年供需分析应强调节约用水和合理配置水资源的原则，在水资源高效利用和优先配置的基础上，进行水资源供需分析。

（2）各规划水平年供需分析应设置多组方案。由需水预测基本方案与供水预测“零方案”组成供需分析起始方案。再由需水预测的比较方案和供水预测的比较方案组成多组供需的比较方案。应在对多组供需分析比较方案进行比选的基础上，提出各规划水平年的推荐方案。从需水比较方案和供水比较方案组合而成的若干组方案中，选择几组有代表性和有比较意义的方案，作为供需分析的比较方案。起始方案和比较方案供需分析内容可适当简化，如进行供需分析时，可仅选择多年平均情景或中等干旱年（$P=75\%$），仅选择对整个规划区影响区较大的水资源分区或计算单元，仅选用总需水量、总供水量和总缺水量指标。

（3）水资源供需分析宜采用长系列系统分析方法。应根据控制节点来水、水源地供水和用户需求的关联关系，通过水资源的合理配置，进行不同水平年供需水量的平衡分析计算，得出需水量、供水量和缺水量的系列，提出不同水平年、不同年型供需分析结果。在采用长系列调算方法时，径流系列应采用经过还原计算的逐月天然径流，来水量系列应考虑不同水平年上游水资源开发利用情况的变化；用水系列应根据不同水平年不同降水率下的需水量预测的成果及月分配过程组合而成。

（4）资料缺乏的地区可采用典型年法进行供需分析计算，应选择不同年型的代表年份，分析各计算单元、不同水平年来水量、需水量和供水量的变化，进行供需水量的平衡分析计算，得出各计算单元不同水平年和不同年型的供需分析成果，并进行汇总综合。在采用典型年法进行供需分析计算时，北方地区可只选择$P=50\%$和$P=75\%$两种频率的典型年，南方地区可只选择$P=75\%$和$P=95\%$两种频率的典型年。应根据不同水平年、不同方案供水和需水的预测成果，分析不同年型典型年的可供水量和不同用户的需水量，进行典型年的供需分析。

（5）各规划水平年多组方案的比选，应以起始方案为基础，进行多方案的比较和综合评价，从中选出最佳的方案作为推荐方案。

（6）宜通过更加深入细致的分析计算和方案的综合评价，对选择的推荐方案进行必要的修改完善。各规划水平年的推荐方案应提供不同年型的、各层次完整全面的供需分析成果。

（7）对各规划水平年出现特殊枯水年或连续枯水年的情况，宜进行进一步的水资源供需分析，提出应急对策并制订应急预案。在进行特殊枯水年或连续枯水年的供需分析时，因在对特殊枯水年或连续枯水年来水状况和缺水情势分析的基础上，结合各规划水平年在特殊干旱期的需水和供水状况，分析可供采取的进一步减少需求和增加供给的应急措施，并对采取应急措施的作用和影响进行评估，制订应急预案。特殊干旱期压减需水的应急对策主要有：降低用水标准，调整用水优先次序，保证生活和重要产业基本用水，适当限制或暂停部分用水量大的用户和农业用水等。特殊干旱期增加供水的应急对策主要有：动用后备和应急水源，适当超采地下水和开采深层地下水，利用供水工程在紧急情况下可动用的水量，统筹安排适当增加外区调入的水量等。

4. 跨流域（区域）调水供需分析

（1）应分析跨流域（区域）调水的必要性、可能性和合理性。应对受水区和调水区不同水平年的水资源供需关系、受水区需要调入的水量及其必要性、调水区可能调出的水量及其可能性，以及调水工程实施的经济技术合理性等方面进行分析研究。跨流域（区域）调水供需分析，应首先进行受水区和调水区各自的水资源供需分析，在此基础上进行受水区和调水区整体的水量平衡计算。水量平衡计算应包括调水过程中的水量损失。

（2）受水区水资源供需分析应充分考虑节水和区域水资源开发利用及其他水源的利用，考虑生态环境保护与修复对水资源的需求。应根据节水优先、治污为本、挖掘本区潜力和积极开发利用其他水源的原则，在3次供需平衡分析的基础上，确定需调入的水量及调水工程实施方案。

（3）调水区水资源供需分析应充分考虑未来经济社会发展及对水资源需求的变化（包括水量、水质及保证成度），考虑未来水量的变化，特别是调水区对本区来水量的衰减作用与可能造成的影响，考虑对区内的生态环境保护的影响。应分析调水对本区径流量及年内分配过程的影响，以及对河道内生态环境用水、水利工程和水电站正常运行、航运等的影响。

（4）应根据受水区需调水量和调水区可调水量的分析，结合调水工程规划，提出多组调水方案，并应对各方案进行跨流域（区域）联合调度，对需要调入水量和可能调出水量进行平衡分析，确定各规划水平年不同方案的调水量及调水过程。

（5）应对不同水平年（或不同期）多组跨流域（区域）调水方案进行综合评价和比选，分析各调水方案的作用与影响、投入与效益，并提出推荐方案。

5. 城市水资源供需分析

（1）城市水资源供需分析应在流域及区域水资源供需分析和城市水资源开发利用现状及存在的问题分析的基础上进行，应与流域及区域的水资源规划、水资源供需分析的成果相协调。

（2）应在城市现状用水分析的基础上，根据城市总体发展目标，结合流域及区域需水预测成果，考虑城市节水减污的要求，提出不同水平年城市需水预测成果。城市需水量应在现状用水调查的基础上，根据当地社会经济发展目标和城市发展规划，充分考虑技术进步和节水的影响，参照《城市给水工程规划规范》《水利工程水利计算规范》等有关规范及类似城市用水指标进行分析预测。

（3）应在城市现状供水分析的基础上，分析不同水平年、不同用水户对供水水量、水质、供水范围、过程和保证程度的要求，结合水源条件，考虑现有工程的挖潜和增加污水处理再生利用等其他水源供水的可能性，分析不同水平年需要新增的供水量，提出不同水平年城市供水预测成果。

（4）应根据各规划水平年的预测分析，结合城市节水和增加供水的潜力分析，拟定多组方案，进行综合比较，提出不同水平年的推荐方案。

（5）应对可能出现的各种特殊情况下城市水资源供需关系的变化进行分析，推进城市双水源和对水源建设，加强供水系统之间的联网，增强城市供水的应急调配能力，提高供水保证率；合理安排城市后备与应急水源，制定城市供水应急预案。在各种特殊和应急情况下，在蓄水方面可能提出一些特殊和附加的要求，在供水方面对正常调配运行可能有不利影响，甚至可能出现造成工程设施破坏的情况，应确定相应的对策措施。

6.4　水资源供需平衡分析案例

本书以利津县汀罗镇为例进行水资源供需平衡分析。

6.4.1　现状年供需平衡分析

以 2017 年为现状年进行分析。

1. 需水量分析

1）第一种方法以《水资源供需预测分析技术规范》（SL 429—2008）统计的需水量分析方法

本次需水分为生活、生产、生态环境三大类（“三生用水”）。

根据现状年各项用水的满足状况，现状满足的用水选择采用现状实际用水量，现状不能完全满足的采用定额预测。

（1）生活需水量。

生活需水量为农村居民生活需水量，根据现状年农村规模、水资源类型、基础设施和社会经济发展水平，考虑现状年生活用水基本得到满足，故现状年生活用水量按照实际用水量计算。现状年全镇生活需水量为 119.52m^3。

（2）生产需水量。

① 第一产业。

a. 农田灌溉需水量。汀罗镇现状年有效灌溉面积为 7.44 万亩，按不同保证率非充分灌溉用水定额计算灌溉水量，经计算在 50%、75%（95%）保证率下农田灌溉需水量分别为 1629.54 万 m^3、1747.44 万 m^3。

b. 林牧渔业需水量。汀罗镇现状年林果面积 0.29 万亩、草场 0.08 万亩、鱼塘 0.19 万亩、大畜生 1.12 万头、小畜生 9.89 万头、根据拟定用水定额，经计算林牧渔业需水量为 194.92 万 m³。

经计算保证率 50%、75%（95%）时，现状年汀罗镇第一产业需水量分别为 1824.46 万 m³、1942.35 万 m³。

② 第二产业。汀罗镇现状年完成工业、建筑业增加值分别为 1.35 亿元、0.08 亿元，用水定额为 11.0m³/万元、8.9m³/万元，经计算第二产业需水量为 15.50 万 m³。

③ 第三产业。汀罗镇现状年第三产业增加值为 1.15 亿元，用水定额为 2.8m³/万元，经计算第三产业需水量为 3.21 万 m³。

综上所述，保证率为 50%、75%（95%）时，汀罗镇现状年生产需水总量为 1843.18 万 m³、1961.07 万 m³。

（3）生态环境需水量。

为保护和改善该区域的生态环境，实现人与自然的和谐相处，必须预留足够的生态用水量，河道内生态需水量不参与供需平衡分析，生态需水主要为河道外生态需水。

河道外生态需水量主要包括乡村绿地建设需水、乡村河湖补水、乡村环境卫生需水、湖泊沼泽地生态环境补水、林草植被建设需水和地下水回灌补水等。经分析，现状年汀罗镇生态环境需水量为 22.91 万 m³。

（4）总需水量。

经分析计算，保证率 50%、75%（95%）情况下，现状年汀罗镇需水总量分别为 2266 万 m³、2395 万 m³。其成果详情见表 6-3。

表 6-3　汀罗镇现状年需水量分析表　　（单位：万 m³）

水平年	保证率	生活	一产	二产	三产	生态	合计
2017	50%	119.52	1824.46	15.50	3.21	22.91	1986
	75%	119.52	1824.46	15.50	3.21	22.91	2103
	95%	119.52	1942.35	15.50	3.21	22.91	2103

2）第二种方法以《城市给水工程规划规范》（GB 50282—2016）统计的需水量分析方法

本方法所指需水分为城镇综合用水与第一产业用水。

根据现状年各项用水的满足状况，现状满足的用水选择采用现状实际用水量，现状不能完全满足的采用定额预测。

（1）城镇综合需水量。

生活需水量为农村居民生活需水量，根据现状年农村规模、水资源类型、基础设施和社会经济发展水平，考虑现状年生活用水基本得到满足，故现状年生活用水量按照实际用水量计算。现状年全镇生活需水量为 161.12 万 m³。

（2）第一产业需水量。

a. 农田灌溉需水量。汀罗镇现状年有效灌溉面积为 7.44 万亩，按不同保证率非充分灌溉用水定额计算灌溉水量，经计算在 50%、75%（95%）保证率下农田灌溉需水量分别为 1629.54 万 m³、1747.44 万 m³。

b. 林牧渔业需水量。汀罗镇现状年林果面积 0.29 万亩、草场 0.08 万亩、鱼塘 0.19 万亩、大畜生 1.12 万头、小畜生 9.89 万头、根据拟定用水定额，经计算林牧渔业需水量为 194.92 万 m^3。

经计算保证率 50%、75%（95%）时，现状年汀罗镇第一产业需水量分别为 1824.46 万 m^3、1942.35 万 m^3。

（3）总需水量。

经分析计算，保证率 50%、75%（95%）情况下，现状年汀罗镇需水总量分别为 2266 万 m^3、2395 万 m^3。其成果详情见表 6-4。

表 6-4　汀罗镇现状年需水量分析表　（单位：万 m^3）

水平年	保证率	生活	一产	合计
2017	50%	161.12	1824.46	1986
	75%	161.12	1824.46	1986
	95%	161.12	1942.35	2103

2. 可供水量分析

可供水量是指在一定的来水、用水和供水条件下，采取合理的调度、方法可以提供利用的水量。可供水量与水资源、用水条件、工程设施、水质条件等有关。没有通过工程设施而被用户利用的水量，不能算作可供水量。

现状年汀罗镇可供水量主要包括地表水、地下水、黄河水、非常规水源等。汀罗镇可供水量以用水总量指标为上限控制分析。

1）地表水可供水量

地表水可供水量取决于地表水资源量和水利工程拦蓄能力，同时还需要考虑河道生态环境需水量等因素。地表水源工程主要包括各种规模的塘坝、拦河闸（坝）等地表拦蓄工程。

经计算，现状年汀罗镇 50%、75%、95%保证率下当地地表水可供水量分别为 334 万 m^3、164 万 m^3 和 41 万 m^3。

2）地下水可供水量

东营市属海河流域，黄河冲积平原，系退海之地，深层地下水矿化度高，不能利用，浅层地下水资源分布面积很小，均分布在黄河滩区，埋深 5～30m，涌水量较小，只能协助饮用而不能大量开采用于灌溉。由东营市水资源规划可知，汀罗镇所属地区的地下水资源均为不可利用的咸水，因此，汀罗镇地下水可利用量为 0m^3。

3）客水

黄河水是汀罗镇重要的客水资源，是农业灌溉、农村生活及工业供水的主要来源，在国民经济和社会发展中发挥了巨大作用。在当地水资源严重不足、供水矛盾日趋尖锐的情况下，黄河水已成为汀罗镇不可缺少的主要水源。

根据《利津县水资源综合规划报告》，利津县分配给汀罗镇的黄河水量指标为 1800 万 m^3。

4）非常规水源利用量

非常规水源是指区别于一般意义上的地表水、地下水的水源，非常规水源利用主要包括城市、农村污水集中处理回用（再生水回用）、海水利用（海水直接利用及淡化）、雨水集蓄利用、微咸水利用、矿坑水利用等。汀罗镇的非常规水源主要为农村污水集中处理回用水。现状年汀罗镇非常规水源可供水量为 0m³。

经分析，现状年汀罗镇在 50%、75%、95%保证率情况下可供水量分别为 2371 万 m³、2202 万 m³、2078 万 m³。汀罗镇现状年可供水量见表 6-5，现状年不同水源可供水量情况详见图 6-1。

表 6-5　汀罗镇现状年可供水量分析表　　（单位：万 m³）

水平年	保证率	地表水	地下水	客水	非常规水	合计
2017	50%	334	0	1800	0	2134
	75%	164	0	1800	0	1964
	95%	41	0	1800	0	1841

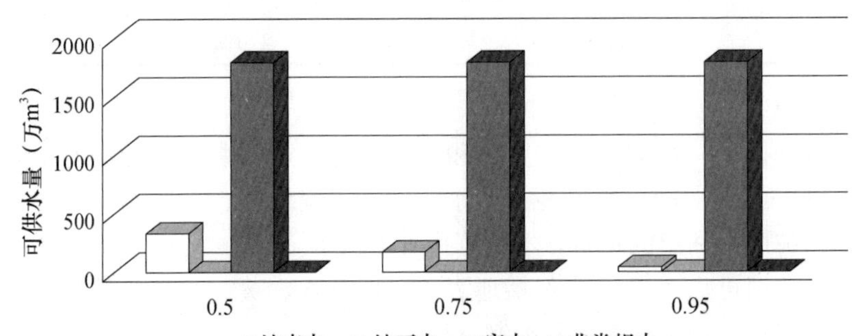

图 6-1　汀罗镇现状年不同水源可供水量柱状图

3. 现状年供需平衡分析

1）根据第一种方法供需平衡结果分析

由上述现状年需水量和供水量分析结果，对汀罗镇进行水资源供需分析。经计算，汀罗镇保证率 50%情况下富余水量 209 万 m³，余（缺）水率 10.52%；保证率 75%情况下缺水量为 78 万 m³，余（缺）水率－3.72%；保证率 95%情况下缺水量为 202 万 m³，余（缺）水率－9.59%。由此可以看出，在现有水利工程情况下，汀罗镇现状水平年存在较大程度的缺水，其主要原因是资源型缺水和工程型缺水。汀罗镇现状年供需情况见表 6-6。

表 6-6　汀罗镇现状年水资源供需平衡分析表　　（单位：万 m³）

水平年	保证率	可供水量	需水量	余（缺）水量	余（缺）水率（%）
2017	50%	2134	1986	209	10.52%
	75%	1964	2103	－78	－3.72%
	95%	1841	2103	－202	－9.59%

注：正为余，负为缺。

2）根据第二种方法供需平衡结果分析

由上述现状年需水量和供水量分析结果，对汀罗镇进行水资源供需分析。经计算，汀罗镇保证率 50%情况下富余水量 209 万 m³，余（缺）水率 10.52%；保证率 75%情况下缺水量为 78 万 m³，余（缺）水率－3.72%；保证率 95%情况下缺水量为 202 万 m³，余（缺）水率−9.59%。由此可以看出，在现有水利工程情况下，汀罗镇现状水平年存在较大程度的缺水，其主要是资源型缺水和工程型缺水。汀罗镇现状年供需情况见表 6-6。

6.4.2　规划水平年水资源供需平衡分析

选择的规划水平年为 2025 年、2030 年、2035 年。

1. 需水量预测

由汀罗镇水资源开发利用现状及供需形势分析可知，当地水资源不足，且水资源年际年内变化较大，开发利用难度大，该区域总体上属于资源型缺水、工程型缺水并存的地区。

为加快推进水利基础建设，优化汀罗镇水资源配置，结合汀罗镇的实际情况，水资源开发利用的总体思路是：把节约保护放在首要位置，在节水和水资源保护的基础上，努力拦蓄地表水，合理开采地下水，用好用足黄河水，加大污水处理回用及其他非常规水源的利用，同时，以黄河为依托，以各级河道为纽带，以库水、闸坝为节点，河库串流、水系联网、城乡结合、配套完善的供水保障工程网络，实施区域水资源优化配置，切实保障汀罗镇的用水安全，以水资源的可持续利用保障全县发展战略的顺利实施。

在水资源配置方面，要确定合理的用户用水优先次序和水源供水先后次序，实施多水源联合调度和优化配置。在用户用水优先次序上，生活用水具有最高优先权，也是以人为本、服务民生的根本要求；其次为生态环境用，应优先满足最基本的生态用水需要，维护河流、湿地、湖泊健康生命；再次为生产用水；最后是一般生态用水，在满足最小生态用水的基础上提供更为宽裕的生态用水，建设生态和谐、环境优美的汀罗镇。在水源供水先后次序上，应优先利用地表水和非常规水，用好用足黄河水，地下水本着涵养地下水源、保护生态和作为水资源战略储备原则最后利用，深层地下水仅在特殊干旱期应急使用。

1）第一种方法以《水资源供需预测分析技术规范》（SL-429—2008）统计的需水量分析方法

（1）生活需水量。

生活需水为农村居民生活需水。根据人口发展预测，在考虑社会经济发展状况、居民生活消费水平、节水技术的应用推广情况、水资源管理水平及水价的调整等因素的情况下进行生活需水预测。生活需水预测采用人均日用水量定额法。根据《汀罗镇总体规划（2018—2035 年）》有关预测成果，至 2025 年全镇人口将达到 38000 万人，其中城镇人口 16000 万人，农村人口 22000 万人；2030 年人口将达到 41000 万人，其中城镇人口 20000 万人，农村人口 21000 万人；2035 年人口将达到 45000 万人，其中城镇人口 24000 万人，农村人口 21000 万人。

管网漏损水量按生活用水量的 8%计算，不可预见水量按生活用水量的 8%计算，由此，汀罗镇不同水平年生活用水量见表 6-7。

（2）生产需水量。

① 第一产业。农田灌溉需水量采用灌溉定额与灌溉水利用系数法进行预测。

计算公式如下：

$$W_g = A \times Q_g / \gamma \tag{6-3}$$

式中 W_g——农田灌溉需水量，万 m^3；

A——灌溉面积，万亩；

Q_g——农田灌溉综合净定额，m^3/亩；

γ——农田灌溉水有效利用系数。

本次规划中农田灌溉需水分不同保证率即50%、75%（95%）、不同方案、不同水平年来预测。

汀罗镇农业需水主要指水浇地、水田、菜田、林果、草场、鱼塘及养殖场需水量。不同水平年农业灌溉数量预测汇总见表6-8。

汀罗镇内现状年农业用水定额根据每年实际用水量进行推算，规划年用水量考虑农业种植结构调整，各净用水定额见表6-9，农业用水量预测见表6-10。

表6-7 汀罗镇不同水平年生活用水量预测成果表

分析镇	水平年	人口（人）		城镇生活		农村生活		合计（万 m^3/a）
		城镇	农村	定额（L/d）	需水量（万 m^3/a）	定额（L/d）	需水量（万 m^3/a）	
汀罗镇	2025	16000	22000	113	66.14	79	63.15	149.97
	2030	20000	21000	117	85.73	83	63.93	173.61
	2035	24000	21000	121	105.61	88	67.13	200.37

表6-8 汀罗镇不同水平年农业灌溉数量预测汇总表 （单位：万 m^2）

水平年	2025	2030	2035
水田/万亩	0	0	0
水浇地/万亩	6.08	6.31	6.55
菜田/万亩	1.70	1.77	1.83
林果/万亩	0.30	0.30	0.31
草场/万亩	0.08	0.09	0.10
鱼塘/万亩	0.20	0.20	0.21
大牲畜/万头	1.12	1.11	1.10
小牲畜/万头	9.89	9.89	9.90

表6-9 汀罗镇不同水平年农业用水定额预测表

水平年	2025		2030		2035	
保证率	50%	75%（95%）	50%	75%（95%）	50%	75%（95%）
水田	349	379	349	379	349	379
水浇地	140	141	140	142	141	144
菜田	182	227	183	228	184	230
林果	120	120	120	120	120	120
草场	80	80	80	80	80	80

续表

水平年	2025		2030		2035	
保证率	50%	75%（95%）	50%	75%（95%）	50%	75%（95%）
鱼塘	800	800	800	800	800	800
大牲畜	40	40	40	40	40	40
小牲畜	20	20	20	20	20	20

注：水田、水浇地、菜田、林果、草场、鱼塘用水定额为年用水量，单位 m^3/亩，大、小牲畜用水定额为日用水量，单位 L/d。

表 6-10　汀罗镇不同水平年农业用水量预测成果表　（单位：万 m^3）

水平年	2025		2030		2035	
保证率	50%	75%（95%）	50%	75%（95%）	50%	75%（95%）
水田	0	0	0	0	0	0
水浇地	1232.01	1240.81	1254.02	1271.93	1285.54	1312.89
菜田	447.17	558.04	458.47	572.37	470.04	587.06
林果	35.89	35.89	36.45	36.45	37.02	37.02
草场	6.66	6.66	7.13	7.13	7.65	7.65
鱼塘	159.40	159.40	163.59	163.59	167.89	167.89
大牲畜	0.04	0.04	0.04	0.04	0.04	0.04
小牲畜	0.20	0.20	0.20	0.20	0.20	0.20
合计	1881.39	2001.03	1919.91	2051.72	1968.38	2112.75

② 第二产业。工业需水采用万元增加值用水量定额法进行预测。计算公式如下：

$$W_i = M \times Q_i \tag{6-4}$$

式中　W_i——工业需水量，万 m^3；

M——工业增加值，亿元；

Q_i——工业用水定额，m^3/万元。

2017 年汀罗镇工业产值为亿元，2017—2025 年工业产值增长率约为 7%，2025—2030 年工业产值增长率按 6%计算，2030—2035 年工业产值增长率按 5%计算。2017 年汀罗镇建筑业产值为亿元，2017—2025 年建筑业产值增长率按 5%计算，2025—2030 年建筑业产值增长率按 5%计算，2030—2035 年建筑业产值增长率按 4%计算，预测成果见表 6-11、表 6-12。

③ 第三产业。第三产业需水同样采用万元增加值用水量定额法进行预测。2017 年汀罗镇第三业产值为亿元，2017—2025 年第三业产值增长率约为 8%，2025—2030 年第三业产值增长率按 7%计算，2030—2035 年第三业产值增长率按 6%计算，预测成果见表 6-13。

表 6-11　汀罗镇不同水平年工业用水量预测成果表　（单位：万 m^3）

水平年	工业产值（亿元）	工业用水定额（m^3）	需水量（万 m^3）
2025	2.32	10.4	24.06
2030	3.10	9.9	30.69
2035	3.96	9.4	37.34

表 6-12 汀罗镇不同水平年建筑业用水量预测成果表 （单位：万 m³）

水平年	建筑业产值（亿元）	建筑业用水定额（m³）	需水量（万 m³）
2025	0.11	8.5	0.95
2030	0.14	8.2	1.17
2035	0.17	7.9	1.38

表 6-13 汀罗镇不同水平年第三产业用水量预测成果表 （单位：万 m³）

水平年	第三产业产值（亿元）	第三产业用水定额（m³）	需水量（万 m³）
2025	2.13	2.5	5.33
2030	2.99	2.3	6.81
2035	4.00	2.1	8.32

（3）生态环境需水量。

为保护和改善该区域的生态环境，实现人与自然和谐相处，必须预留足够的生态用水量，河道内生态需水量不参与供需平衡分析，生态需水主要为河道外生态需水。

河道外生态需水量主要包括乡村绿地建设需水、乡村河湖补水、乡村环境卫生需水、湖泊沼泽地生态环境补水、林草植被建设需水和地下水回灌补水等。经分析，预测成果见表 6-14。

表 6-14 汀罗镇不同水平年河道外生态需水量预测成果表 （单位：万 m³）

水平年	生态环境需水量（万 m³）
2025	26.35
2030	29.60
2035	33.26

（4）总需水量。

经分析计算，保证率 50%、75%、95%情况下，汀罗镇不同规划水平年需水总量预测成果详情见表 6-15。

表 6-15 汀罗镇不同规划水平年需水量统计表 （单位：万 m³）

年份	保证率	生活需水	生产需水			生态需水	需水总量
			农业	工业及建筑业	第三产业		
2025	50%	149.97	1881.36	25.01	5.33	26.35	2088
	75%	149.97	2001.03	25.01	5.33	26.35	2208
	95%	149.97	2001.03	25.01	5.33	26.35	2208
2030	50%	173.61	1919.91	31.86	6.81	29.60	2162
	75%	173.61	2051.72	31.86	6.81	29.60	2294
	95%	173.61	2051.72	31.86	6.81	29.60	2294
2035	50%	200.37	1968.38	38.72	8.32	33.26	2249
	75%	200.37	2112.75	38.72	8.32	33.26	2393
	95%	200.37	2112.75	38.72	8.32	33.26	2393

2）第二种方法［以《城市给水工程规划规范》（GB 50282—2016）统计的需水量分析方法］

本方法需水分为城镇综合用水与第一产业用水。

（1）城镇综合需水量。

根据《汀罗镇总体规划（2018—2035 年）》有关预测成果，至 2025 年全镇人口将达到 38000 万人，其中城镇人口 16000 万人，农村人口 22000 万人；2030 年人口将达到 41000 万人，其中城镇人口 20000 万人，农村人口 21000 万人；2035 年人口将达到 45000 万人，其中城镇人口 24000 万人，农村人口 21000 万人。

（2）第一产业需水量。

农田灌溉需水量采用灌溉定额与灌溉水利用系数法进行预测。

计算公式如下：

$$W_g = A \times Q_g / \gamma \tag{6-5}$$

式中　W_g——农田灌溉需水量，万 m^3；

A——灌溉面积，万亩；

Q_g——农田灌溉综合净定额，m^3/亩；

γ——农田灌溉水有效利用系数。

本次规划中农田灌溉需水分不同保证率即 50%、75%（95%）、不同方案、不同水平年来预测。

汀罗镇农业需水主要指水浇地、水田、菜田、林果、草场、鱼塘及养殖场需水量。不同水平年农业灌溉数量预测汇总见表 6-17。

汀罗镇内现状年农业用水定额根据每年实际用水量进行推算，规划年用水量考虑农业种植结构调整，各净用水定额见表 6-18。

（3）总需水量。

经分析计算，保证率 50%、75%、95%情况下，汀罗镇不同规划水平年需水总量预测成果详情见表 6-20。

表 6-16　汀罗镇不同水平年生活用水量预测成果表

分析镇	水平年	人口（人）		城镇生活		农村生活		合计（万 m^3/a）
		城镇	农村	定额（L/d）	需水量（万 m^3/a）	定额（L/d）	需水量（万 m^3/a）	
汀罗镇	2025	16000	22000	220	128.48	79	73.25	201.73
	2030	20000	21000	220	160.60	83	74.16	234.76
	2035	24000	21000	220	192.72	88	77.87	270.59

表 6-17　汀罗镇不同水平年农业灌溉数量预测汇总表　（单位：万 m^3）

水平年	2025	2030	2035
水田/（万亩）	0	0	0
水浇地/（万亩）	6.08	6.31	6.55
菜田/（万亩）	1.70	1.77	1.83

续表

水平年	2025	2030	2035
林果/（万亩）	0.30	0.30	0.31
草场/（万亩）	0.08	0.09	0.10
鱼塘/（万亩）	0.20	0.20	0.21
大牲畜/（万头）	1.12	1.11	1.10
小牲畜/（万头）	9.89	9.89	9.90

表 6-18　汀罗镇不同水平年农业用水定额预测表

水平年	2025		2030		2035	
保证率	50%	75%（95%）	50%	75%（95%）	50%	75%（95%）
水田	349	379	349	379	349	379
水浇地	140	141	140	142	141	144
菜田	182	227	183	228	184	230
林果	120	120	120	120	120	120
草场	80	80	80	80	80	80
鱼塘	800	800	800	800	800	800
大牲畜	40	40	40	40	40	40
小牲畜	20	20	20	20	20	20

注：水田、水浇地、菜田、林果、草场、鱼塘用水定额为年用水量，单位 m^3/亩，大、小牲畜用水定额为日用水量，单位 L/d。

表 6-19　汀罗镇不同水平年农业用水量预测成果表　　（单位：万 m^3）

水平年	2025		2030		2035	
保证率	50%	75%（95%）	50%	75%（95%）	50%	75%（95%）
水田	0	0	0	0	0	0
水浇地	1232.01	1240.81	1254.02	1271.93	1285.54	1312.89
菜田	447.17	558.04	458.47	572.37	470.04	587.06
林果	35.89	35.89	36.45	36.45	37.02	37.02
草场	6.66	6.66	7.13	7.13	7.65	7.65
鱼塘	159.40	159.40	163.59	163.59	167.89	167.89
大牲畜	0.04	0.04	0.04	0.04	0.04	0.04
小牲畜	0.20	0.20	0.20	0.20	0.20	0.20
合计	1881.39	2001.03	1919.91	2051.72	1968.38	2112.75

表 6-20　汀罗镇不同规划水平年需水量统计表　　（单位：万 m^3）

年份	保证率	生活	第一产业	需水总量
2025	50%	201.73	1881.36	2083
	75%	201.73	2001.03	2203
	95%	201.73	2001.03	2203

续表

年份	保证率	生活	第一产业	需水总量
2030	50%	234.76	1919.91	2155
	75%	234.76	2051.72	2286
	95%	234.76	2051.72	2286
2035	50%	270.59	1968.38	2239
	75%	270.59	2112.75	2383
	95%	270.59	2112.75	2383

2. 可供水量预测

可供水量是指不同水平年不同来水情况下，通过各项工程设施，在合理开发利用的前提下，能满足一定的水质要求，可供各部门使用的水量。水资源可供水量包括当地水资源可供水量（包括当地地表水、地下水）、客水资源可供水量和非常规水资源可供水量等三部分，主要用于居民生活、生产和河道外生态环境用水。一般而言，可供水量随水平年的延伸而增加。但在水资源缺乏地区，由于上游耗水量的增加，进入下游的水资源量相应减少，可供水量则随水平年的延伸而下降。不同年份的来水不同，其可供水量也不同。在计算可供水量时，供水和用水需结合起来考虑，弃水和水质不达标等不能被用户利用的水量不能算作可供水量。没有通过工程设施而为用户利用的水量，不能作为可供水量。

本次分别对现状 2017 水平年和规划 2025、2030、2035 水平年 50%、75%和 95%保证率可供水量进行分析。

1）当地地表水可供水量

地表水可供水量是指在一定的来水条件和用水要求下，采用合理的调度运用方式，地表水工程可以提供的利用水量。地表水资源包括地表径流、灌溉回归水等。根据汀罗镇水资源状况及特点，结合拦蓄水工程建设规划，预测 2025 年 50%、75%和 95%频率下当地地表水可供水量分别为 366 万 m^3、180 万 m^3 和 45 万 m^3，2030 年分别为 394 万 m^3、194 万 m^3 和 48 万 m^3，2035 年分别为 426 万 m^3、210 万 m^3 和 52 万 m^3。

2）当地地下水可供水量

东营市属海河流域，黄河冲积平原，系退海之地，深层地下水矿化度高，不能利用，浅层地下水资源分布面积很小，均分布在黄河滩区，埋深 5～30m，涌水量较小，只能协助饮用而不能大量开采用于灌溉。由东营市水资源规划可知，汀罗镇所属地区的地下水资源均为不可利用的咸水，因此，汀罗镇地下水可利用量为 0m^3，见图 6-1。

3）客水可供水量

客水为黄河水、（长江水），分配指标为 1800 万 m^3，其中黄河水 1800 万 m^3，长江水 0 万 m^3。

4）非常规水资源可供水量

非常规水资源主要指中水，中水主要用于部分工业和河道外生态环境用水，汀罗镇在 2018 年建成 1 座污水处理厂，年处理能力为 29 万 m^3，预测 2025 年年再生水可供水量 17 万 m^3，2030 年年再生水可供水量 21 万 m^3，2035 年年再生水可供水量 26 万 m^3。

表 6-21　汀罗镇不同水平年可供水量预测成果表　　（单位：万 m^3）

水平年	保证率	地表水	地下水	客水	非常规水源	总计
2025	50%	366	61	1800	17	2183
	75%	180	61	1800	17	1997
	95%	45	61	1800	17	1862
2030	50%	394	61	1800	21	2215
	75%	194	61	1800	21	2015
	95%	48	61	1800	21	1869
2035	50%	426	61	1800	26	2252
	75%	210	61	1800	26	2036
	95%	52	61	1800	26	1878

3. 规划年供需平衡分析

1）根据第一种方法结果分析

根据以上不同水平年的需水预测和可供水量预测结果，对汀罗镇进行供需平衡分析，各水平年具体分配及供需分析结果见表 6-22、图 6-2。

表 6-22　汀罗镇不同水平年水资源供需平衡分析表（一）

水平年	保证率（%）	可供水量（万 m^3）	需水量（万 m^3）	余缺水量（万 m^3）	余（缺）水率（%）
2025	50	2183	2088	95	4.55
	75	1997	2208	−211	−9.54
	95	1862	2208	−346	−15.66
2030	50	2215	2162	53	2.46
	75	2015	2294	−279	−12.15
	95	1869	2294	−425	−18.51
2035	50	2252	2249	3	0.13
	75	2036	2393	−357	−14.93
	95	1878	2393	−515	−21.53

注：正为余，负为缺。

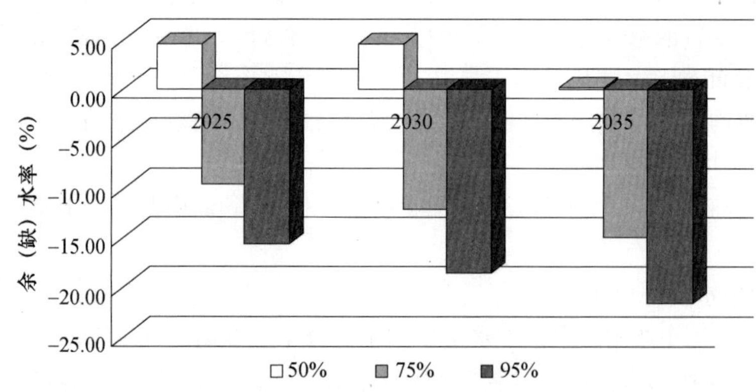

图 6-2　各水平年不同保证率下余（缺）水率变化趋势图（一）

2）根据第二种方法结果分析

根据以上不同水平年的需水预测和可供水量预测结果，对汀罗镇进行供需平衡分析，各水平年具体分配及供需分析结果见表 6-23、图 6-3。

表 6-23　汀罗镇不同水平年水资源供需平衡分析表（二）

水平年	保证率（%）	可供水量/万 m^3	需水量/万 m^3	余缺水量/万 m^3	余（缺）水率（%）
2025	50	2183	2083	100	4.80
	75	1997	2203	−206	−9.34
	95	1862	2203	−341	−15.47
2030	50	2215	2155	60	2.80
	75	2015	2286	−271	−11.87
	95	1869	2286	−417	−18.26
2035	50	2252	2239	13	0.58
	75	2036	2383	−347	−14.57
	95	1878	2383	−505	−21.20

注：正为余，负为缺。

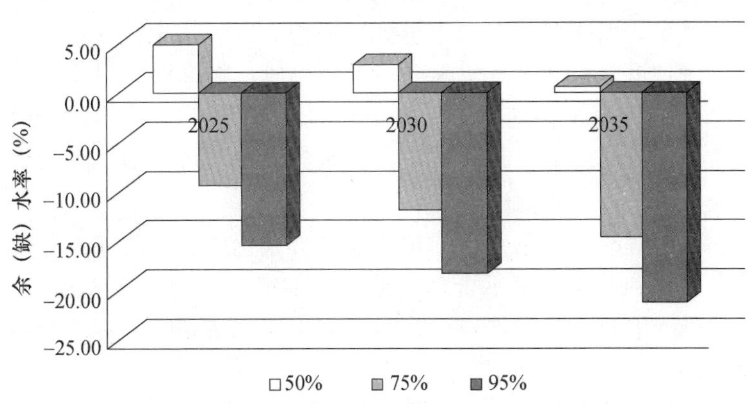

图 6-3　各水平年不同保证率下余（缺）水率变化趋势图（二）

由以上两种方法的分析结果可以看出，汀罗镇随着经济社会的发展，远期规划各水平年均将出现不同程度的缺水。这就要求全市范围内应对有限的水资源在各用水部门间进行合理配置，以发挥其最大效益；加大节水型社会建设，提高用水效率；积极兴建水资源开发利用工程，增加可供水量；加大水资源保护力度，恢复受污染水体的使用功能。

6.4.3　解决缺水途径

1. 节约用水

1）农业节约用水措施

（1）农业内部结构调整。

在确保粮食安全的基础上，调整农业内部种植结构，大力发展特色农业。鼓励和引导种植和发展节水、高效的农作物，促进高效用水，大幅度降低农业万元增加值取水量，积极培育特优品牌，发展优质、高产、高效、生态、安全农业体系，加快农业产业化步伐，在稳步调整中推进农业现代化的进程。

坚持数量、质量、结构、效益相统一，面向市场推进农业结构调整，提高农产品竞争力和农业综合效益。

一是加快种植业结构调整。粮食生产要主攻单产，提高品质。做强畜牧业，做优蔬菜业，做大林果花卉业，积极发展水产业，进一步调整优化农业结构，积极发展设施农业、都市农业、观光休闲农业、生态农业，全面提升农业综合效益。

二是加快农业内部结构调整，重点推进畜牧产业化，培植壮大奶业和肉类加工企业群体，大力发展规模养殖和生态型畜牧小区建设，突出发展以食草家畜为主的节粮型畜牧业。积极提升淡水养殖，发展休闲观光型特色渔业。

三是大力发展外向型农业，重点建设好蔬菜、畜产品、果品、花卉和传统特色产品等出口基地和出口创汇龙头企业。

（2）农业节水工程建设。

农业节水主要是通过改变输水方式来提高用水效率，主要包括低压管道灌溉技术、喷灌技术、微灌技术、渠道防渗技术、田间工程改造技术等。

一是要大力发展渠道防渗、低压管道输水灌溉工程，渠道防渗是我国目前应用最广泛的工程节水技术，即通过对渠床土壤处理或建立不易透水的防护层，减少输水渗漏损失，加快输水速度，提高灌溉效率。与土渠相比，浆砌块石衬砌防渗可减少渗漏水损失50%～60%；混凝土护面防渗可减少渗漏水60%～70%。此外低压管道输水，即用塑料管和混凝土管等管道输水代替土渠输水到农田实施灌溉，可大大减少输水过程中的渗漏、蒸发损失，水的输送利用率可达95%。

二是加快田间工程改造。东营市的田间灌溉方式仍以畦灌为主，传统的畦灌方式粗放，畦（沟）规格和入地流量不合理，土地平整情况较差，田间水量渗漏损失大，灌溉水的利用率低，浪费现象较严重。加强田间工程改造是提高灌溉质量、建设节水型农业灌溉体系的方法。

三是因地制宜发展喷灌技术，大力发展微灌技术。喷灌技术耗水量小，但耗能大，而且灌溉时控制面积较大，在企业化管理的大型农场或大型承包户中发展喷灌技术；在蔬菜及果树种植区内，推广微灌技术。

四是加强节水管理，据有关研究表明，农业节水的潜力有很大一部分取决于管理方面的措施，而且只有科学的管理才能使节水措施得以顺利实施。节水管理的主要内容包括土壤墒情检测预报、节水高效灌溉制度的制订、灌溉用水计划的制订、灌溉预报、输配水与灌水量的量测和流量调节控制等。

汀罗镇农业节水的管理措施主要有：

① 加强计划用水管理和定额管理，推广节水灌溉制度。在加强工程管理的同时，按照省节水农业定额标准，合理分配用水量，对农业用水实行用水总量控制。

② 完善中型灌区水量计量方式，逐步推行计量收费制度。

③ 按照“保本微利”和“节奖超惩”的原则，合理制订农业用水价格，通过水价机制改革促进节约用水。

④ 积极推行小型水利工程产权改革，通过产权改革，明晰工程产权，达到高效、节水、以水养水的目的。

⑤ 积极鼓励社会公众广泛参与，成立镇级农业灌溉用水户协会 3～5 个，通过成立用水户协会，调动群众参与用水权、水价、水量的分配、管理和监督，充分调动广大用水户参与水资源管理的积极性。

⑥ 因地制宜，大力发展高效抗碱农作物，积极推广先进农业节水技术和管理信息技术，逐步形成先进、高效的现代农业节水体系。

2）工业节约用水措施

（1）优化工业产业结构和布局。

引进先进技术，发展低能耗、高附加值、高效益的工业，提高用水效率。积极运用先进技术和工艺改造提升传统产业，开展自主创新，增加科技含量，延伸产业链，提高产品附加值和加工度。大力发展循环经济，坚持走资金低投入、能源低消耗、环境低污染、经济社会和生态和谐发展的循环经济，提高工业用水重复利用率，降低万元工业增加值取水量。

（2）降低管网漏损率，提高水资源利用率。

应查找漏失点，维修管网，降低管网漏损率，从而提高水资源利用效率。

（3）企业生产工艺节水改造。

随着科学技术的进步，逐步淘汰落后的高耗水工艺、设备和产品，研究开发先进的节水工艺，采用节水设备和器具，禁止生产、销售落后的高耗水设备和产品，对在生产经营中使用落后的高耗水工艺、设备和产品要依法查处，坚决淘汰。

（4）用水量大的生产企业加强污水处理回用。

用水量大的生产企业不仅是用水大户，大多也是排水大户和污染大户，这些企业应加大节水投入力度，增加、提高水质处理工艺，使企业的排水在处理达标排放的基础上进一步深度处理，尽可能地回用于本企业，争取达到零排放，提高企业用水重复利用率，减小企业取用的新水量。

3）生活节约用水措施

（1）实施供水管网更新改造，降低漏失率。

随着汀罗城镇规模的扩大，供水管网不断延长，供水范围不断扩大，供水管网和供水设备新旧结合，部分管网由于年久失修，存在不同程度的渗漏现象。加强城市管网的改造与维修管护，加强市政用水的管理，减少和杜绝跑、冒、滴、漏等现象，可以减少输水管网的输水损失，从而节约水资源。

（2）实施“一户一表、计量出户”改造。

对尚未实行一户一表结算方式的城市居民用水户应逐步进行改造，全面推行“一户一表，计量出户”的实施。

（3）对节水产品进行认证，提高节水器具普及率。

生产厂家生产的水利管材、管件、器具均应由节水设备中试基地进行测试，检验是否具有节水功能，节水效率是否达标，并发放检验合格证，凭证进入市场，各级用水户购买用水产品应检查其节水合格证，建立节水器具市场认定和准入制度，从源头杜绝高耗水产品流入市场。

(4) 开展分质供水试点。

选择条件优越的新建居民小区安装中水管道系统，将生活废水进行简单处理后，直接回用于居民区生活用水中对水质要求不高的场合，比如回用于冲厕、卫生、绿化等。中水管道系统与主体工程“同时设计、同时施工、同时投入使用”。

(5) 兴建雨水收集系统，用作绿化及生活用水。

汀罗镇目前雨水没有得到有效利用，降雨形成的径流直接进入城镇污水排泄系统，这样不仅加重了城镇防汛排涝的压力，而且浪费了水资源。由于城镇地面硬化，截断降雨入渗补给地下水的通道，降雨大部分以径流的方式流走，产流时间短，流速快，降雨径流对城镇地面和道路冲刷破坏严重。因此，无论从水资源利用的角度还是从城镇地面和路面保护的角度考虑，都应大力开展城镇雨洪水利用。

4) 乡村污水处理措施

农村生活污水处理设施建设应以国家有关农村人居环境改善及村庄整治的政策为主要依据。规划应根据各地具体情况和要求，综合考虑经济发展与环境保护、污水的排放与利用等关系，并充分利用现有条件和设施。

对无法通过污水处理厂处理污水的分散农村居民点的生活污水，主要采用农村污水滞留塘技术或农村生活污水净化池技术或村庄污水集中处理一体化装置技术等。农村生活污水处理应优先考虑资源化并与当地农村特点相适应。处理水宜利用村庄的自然条件，经过周边沟渠、水塘、土地等方式进一步处理后排入受纳水体，并应符合相关标准。

农村生活污水处理塘（池）或处理设备不应建在饮用水源上游。农村生活污水排水量一般为总用水量的40%～80%，有洗衣污水室外泼洒、厨房污水喂猪等习惯的地方可取下限值，排水设施完善的地方可取上限值。农村生活污水管网应根据村落的格局、地形地貌等因素合理布设。利用村内地势差和现有沟渠收集村庄污水时，应采取密封和防渗措施（图 6-4）。

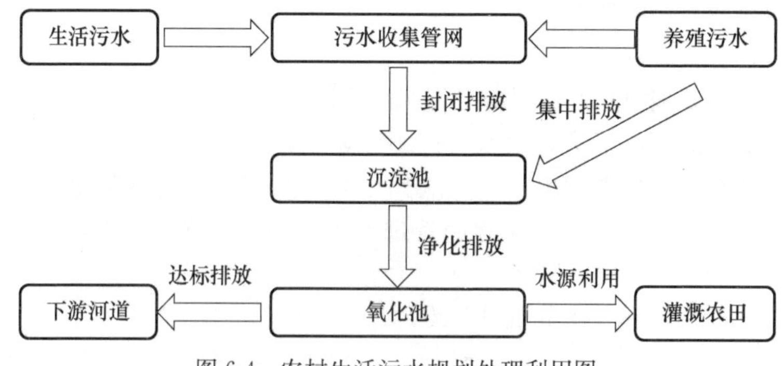

图 6-4　农村生活污水规划处理利用图

2. 开源工程

1) 改善汀罗水库蓄水规划

汀罗水库于1997年11月建成，设计库容997万m^3，由原刁口河扩挖而成，全长12.5km，分为1号（7km）、2号（3km）、3号（2.5km）三座梯级水库。

汀罗水库现存在以下问题：

（1）蓄水量少，引水条件差。

由于汀罗水库位于王庄灌区盐罗分干的最下游，灌溉引水期时常出现群众“抢水”而水库引水条件较差的问题，引水条件非常受限。另外，原设计水库库容为 997 万 m^3，经核算，现状水库库容不足 400 万 m^3，不到原设计的一半，蓄水量少，蓄水效益并不明显。

（2）渗漏严重，影响蓄水功能发挥。

以 2 号库为例，库区第 1 层为填筑土，第 2 层为粉质砂壤土，均为中等透水层，抗渗条件较差且水库未采取有效的防、截渗措施，现状库区渗漏水严重，影响蓄水功能。

（3）水质较差，影响正常使用。

① 受库容及引水条件限制，现状水深较浅且单次充库留置时间较长，导致水质变差；

② 地下水入侵：地下水位较高且水库大部分时段水位较低，且水库无有效防渗设施，导致地下咸水渗入库内，使水质变差；

③ 农田尾水及初期雨水污染：因水库承担部分田块排涝任务，水质较差的初期雨水与农田尾水经排沟汇入水库，导致水库水质受到污染；

④ 咸水无法空库：1 号库库底高程 3.0～3.3m，而闸底板高程为 3.42m，存在最大 0.4m 深的水无法完全排出；2 号库库底高程 2.5～3.0m，而 2 号桥底高程 3.1m，存在最大 0.6m 深的水无法完全排出。即使引入新水，水质也会受到严重影响。

（4）蓄水利用率低。

一是因水库承担排涝任务，汛期来临时，不得不将水库引黄蓄水排出，造成水资源的极大浪费；二是因蓄水时间受汛期排空及引水条件差的影响，水库供水保证率较低，蓄水利用率差。

改善措施：

（1）土方与岸线整治。扩挖 1 号与 2 号库，在不新增占地的前提下进行水库扩容，恢复蓄水功能与效益。

（2）防渗设计。采取科学合理的防渗措施有效改善水质。

（3）拦河闸坝。设置拦河闸坝，拦蓄雨洪径流。

2）东水源调水工程

由于汀罗镇存在水资源短缺问题，因此计划通过东水源建设项目调引黄河水来解决水资源短缺的问题。

东水源建设项目通过崔庄泵站从黄河引水，经过黄河故道、罗家屋子引水闸、王庄五干渠、渤海支沟引水至王庄三干渠供陈庄镇、汀罗镇灌溉用水。设计灌溉控制面积为 8 万亩。

3. 中水利用工程

从汀罗镇的生活及工业供水量来看，污水处理能力太弱，需要提高污水处理能力和提高中水利用量。可把中水用于生态环境、绿地、洗车、水景观、农业灌溉等用途，以提高水的重复利用率。规划在汀罗镇区和南部产业园区两个城镇人口较为密集地区修建两处中水站。假设汀罗镇区和南部产业园区两个城镇人口较为密集地区生活污水排放量为生活用水量的 80%，污水处理率为 100%，其他分散的居民点暂不考虑可利用中水量，那么至 2025 年、2030 年、2035 年可重复利用的中水水量分别为 95.90 万 m^3、111.38 万 m^3和 130.67 万 m^3。

6.4.4 二次供需平衡计算

因第二种方法以《城市给水工程规划规范》(GB 50282—2016)统计的需水量分析方法所分析的规划年需水量较小，所以取较大者作为二次分析的需水量。可供水量增加引黄东水源（用于灌溉）及中水站产生的中水进行二次平衡计算，结果见表 6-24、图 6-5。

表 6-24 汀罗镇不同水平年供水量预测成果表

水平年	保证率（%）	可供水量/万 m^3	需水量/万 m^3	余缺水量/万 m^3	余（缺）水率（%）
2025	50	3079	2088	991	47.46
	75	2893	2208	685	31.02
	95	2758	2208	550	24.90
2030	50	3126	2162	964	44.61
	75	2926	2294	632	27.57
	95	2780	2294	486	21.20
2035	50	3183	2249	934	41.51
	75	2967	2393	574	23.97
	95	2809	2393	416	17.37

注：正为余，负为缺。

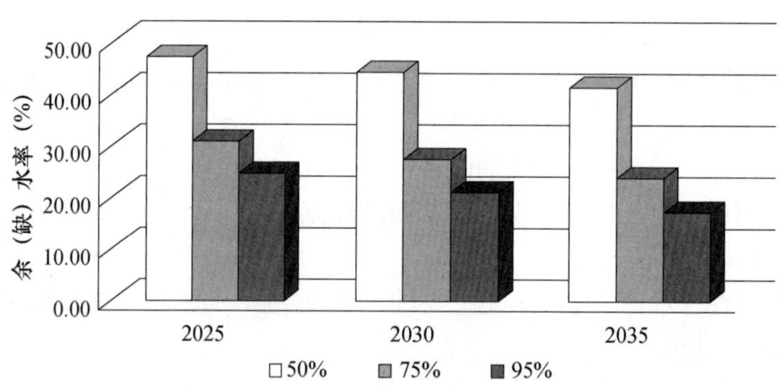

图 6-5 供水增加后各水平年不同保证率下余（缺）水率变化趋势图

第7章 节约用水措施、水资源开发利用分析与水资源开发规划

7.1 节水措施

我国作为一个缺水国家，坚持把节约用水作为实现水资源可持续利用的重要途径之一。2019年4月28日，《水利部关于开展规划和建设项目节水评价工作的指导意见》（水节约〔2019〕136号）印发施行，标志着我国水利部正式启动规划和建设项目节水评价。该《意见》明确要求，各级水行政主管部门在规划和建设项目现有前期工作中突出节水的优先地位，强化规划制定、建设项目立项、取水许可中节水有关内容和要求；严格控制用水总量，合理确定规划和建设项目用水规模和结构，确保用水总量控制在流域水量分配方案、区域用水总量红线范围内；推动提高用水效率，对标国际国内同类地区先进用水水平，建立科学合理的节水评价标准，促使规划和建设项目高效用水；规范文本编制和严格审查把关，充分论证各类用水的必要性、合理性、可行性，提出客观公正的评价结论，从严叫停节水评价不通过的规划和建设项目，真正从源头上把好节水关。在水资源的开发利用方面，要开源节流，既要寻找新的水源，同时也要提高居民生活、工业和农业的水资源利用效率，这样才能达到合理利用水资源，使得水资源的开发利用进入可持续发展的轨道。节水要从爱惜水做起，牢固地树立“节约水光荣，浪费水可耻”的信念，才能时时处处注意节水。

7.1.1 生活节水

加强公共建筑和住宅节水设施建设，全面推行先进的节水型器具，如陶瓷内芯的节水龙头、冲洗阀、便器及高低位水箱配件和淋浴制品等质量技术监督部门确认的节水型器具，不仅使用方便，维修少，寿命长，而且可使水量、水压、供水时间得到有效控制。

积极研究开发和推广中水回用技术，在新建居民小区建设中水道工程，回用部分生活污水用于冲厕、园林绿化等，提高生活用水的重复利用率。不仅节约了水资源，而且改善了水环境，将有利于水资源的优化配置与高效利用。

加大城镇供水管网改造力度，采用新型管材，逐步建立分质供水网络。积极推广使用新的查漏检修技术，定期开展管网查漏维修维护。逐步建立建设GIS管网信息管理系统。

加强节水型示范社区建设，制定节水型社区标准，建立节约用水社区监督网，设立免费的节水热线，以社区、家庭为单位进行节水的日常宣传教育以提高全民节水意识，建立社区节水系统。

实行用水定额管理和计划用水，通过水价改革，实行居民生活用水阶梯累进加价制度，利用经济杠杆的作用，杜绝水资源浪费，促进合理用水。

建设智能水表网络系统，分时、分质计量扣费，对用水进行科学准确的计量管理，使居民自觉合理控制用水量。

7.1.2 工业节水

提高工业用水利用率。加快对现有经济和产业结构的调整步伐，加快对现有大中型企业技术改造力度，“调整改造存量，控制优化增量”，转变落后的用水方式，健全、完善企业节水管理体系、指标考核体系，促进企业向节水型方向转变。要抓好用水大户的节水工作，在电力、化工、造纸、冶金、纺织、机械和食品等七大行业中推广国内外节水新工艺，加快企业技术改造，大力提高水的循环利用率，加强企业内部的污水处理回用。

积极改造落后的旧设备、旧工艺，广泛采用高效环保节水型新工艺、新技术，包括发展高效冷却节水技术、推广蒸汽冷凝水回收再利用技术等，提高水的重复利用率，降低生产单耗指标。

按生态工业园理念，采用水网络集成技术，实施工业园区内厂际串联用水、污水资源化，逐步实现工业园区内废污水零排放。

加强工业企业中循环冷却水工程技术开发研究，增加生产工艺过程中水的循环利用，减少新增用水量。积极开发新型节能冷却设备及附属设施，满足工业企业的客观需要。鼓励开发生产新型工业水量计量仪表、限量水表和限时控制、水压控制、水位控制、水位传感控制等控制仪表。

根据水资源条件和行业特点，通过区域用水总量控制、取水许可审批、用水节水计划考核等措施，按照以供定需的原则，引导工业布局和产业结构调整，以水定产，以水定发展。

将发展节水型工业与产业结构调整、建设先进制造业基地有机结合起来。缺水地区严格限制新上高耗水、高污染项目，鼓励发展用水效率高的产业；水资源丰沛地区高用水行业的企业布局和生产规模要与当地水资源、水环境条件相协调。

加大高耗水行业的节水技术改造力度，依法定期发布“限制和淘汰落后的高耗水工艺和设备（产品）目录”“鼓励使用的节水工艺和设备（产品）目录”。严格禁止淘汰的高耗水工艺和设备重新进入生产领域。

加快工业废污水处理回用技术的研究、开发，不断提高工业用水重复利用率，杜绝工业废污水未经处理直接排放、污染环境和浪费水资源。针对不同行业污水水质特点和性质，研究不同的污水处理回用技术，以适应工业发展节约水资源的客观需要。

建立分质供水网络，按照生产工艺对水质的不同要求，推广工业园区串联供水技术，增加工艺水回用率。

研究开发水质稳定剂和防腐技术，保障工业企业水供应和水循环系统设备和设施的安全运行，延长使用寿命，减少维护及运行成本。

定期开展管网查漏维修维护，减少跑、滴、冒、漏。

强化工业用水项目源头监管。加强对高耗水产品限额标准执行情况的检查。健全依法淘汰的制度，采取强制性措施，依法淘汰落后的高耗水产品、设备。严格执行“三同时、四到位”制度，即节水设施必须与主体工程同时设计、同时施工、同时投入运行，用水单位要做到用水计划到位、节水目标到位、节水措施到位、管水制度到位。

加强用水定额管理，制订生产企业工艺、设备用水标准和限额，建立和完善工业节水标准和指标体系，规范企业用水统计报表，逐步建立和实施工业项目用水、节水评估和审核制度。

加强企业用水管理，定期开展水平衡测试工作，强化对用水和节水的计量管理，重点用水系统和设备应配置计量水表和控制仪表，逐步完善计算机和自动监控系统。

积极在高耗水行业和用水大户中开展创建节水型企业（单位）活动，落实各项节水措施，鼓励和推广企业建立用水和节水计算机管理系统和数据库。

切实落实国家有关节水的财政、税收优惠政策，鼓励和支持企业发展符合国家资源节约与综合利用政策的节水项目和产品。对符合国家《资源综合利用目录》的节水产品实行认定制度，依法享受减免增值税、所得税等优惠政策。

7.1.3　农业节水

由于农业用水占总用水量的大部分，因此，在节约用水中，农业节水是关键。一要加快工程节水步伐，因地制宜地推广高效农业灌溉节水技术。二要加强农艺节水措施，积极引进培育旱作物品种，发展设施农业、生态农业、特色农业，应用科学、先进的栽培技术。三要全力推进农业结构调整，扩大优质果菜、花卉、食用菌、药材、优质牧草等种植面积。四要发展旱作农业，选育高产耐旱优良品种。我国现有常用节水灌溉方法包括渠道防渗、喷灌、微喷灌、渗灌与滴灌、用水管理等。

1. 渠道防渗

在灌区建设中，对渠道采用衬砌、U形渠槽等适当的防渗措施，以减少输水过程中的水量损失，提高渠系水利用系数；合理采用暗渠、隧洞等也可减少渠道输水损失。

2. 田间节水灌溉

田间节水灌溉是解决农作物缺水的重要措施，不仅节水、节能、节地，而且能够增产增收。推广先进的灌水技术，应大面积推广水稻旱育秧、免耕、免泡田，灌溉期采取“薄、浅、湿、晒”的浅水勤灌的灌溉模式，旱作物广泛推广小畦灌、长畦分段灌、隔沟灌、膜上灌等行之有效易于推广的灌溉技术，经济价值较高的作物采用喷灌和软管浇灌等节水灌溉方式。

3. 农耕农艺

采取先进的农耕农艺措施，优化耕作制度，减少水分蒸发，增加土壤水分贮存，有效地控制灌区农业用水总量。如采用间种、轮作、套种、立体种植等；合理使用保水剂、复合包衣剂，采用秸秆还田、地膜栽培等均可增加地表覆盖，起到蓄水保墒的作用，从而提高水的利用效率。调整种植结构，引进优良耐旱品种以减少用水量。

4. 用水管理

科学管理是控制灌区农业用水总量的根本措施。加强工程管理，减少渠、闸漏水；加强田间管理，杜绝串灌、串排，减少灌水过程中的水量损失；推行计划用水、科学用水、合理进行水量调配。实行按方收费、超用加价等管理措施，也是控制灌区农业用水量的有效措施。建立灌区管理信息系统和灌区管理自动化系统是灌区实现科学的水利现代化管理的根本性措施，是灌区控制灌溉用水总量的必要手段。

7.2 水资源开发利用分析

为了满足社会经济各部门对水资源的需要，需对区域水资源开发利用现状进行调查评价，并对用水水平及效率、水资源开发利用程度、区域水资源供需进行分析。本节内容是根据《全国水资源综合规划技术细则》及《水资源供需预测分析技术规范》的内容确定的。

7.2.1 水资源开发利用调查

根据《全国水资源综合规划技术细则》中的水资源开发利用情况调查评价，其调查的主要内容如下：

1. 经济社会资料调查

收集统计与用水密切关联的经济社会指标，是分析现状用水水平和预测未来需水的基础，其指标主要有人口、工农业产值、灌溉面积、牲畜头数、国内生产总值(GDP)、耕地面积、粮食产量等。

2. 供水基础设施调查统计

(1) 调查统计地表水源、地下水源和其他水源等三类供水工程的数量和供水能力，以反映供水基础设施的现状情况。供水能力是指现状条件下相应供水保证率的可供水量，与来水状况、工程条件、需水特性和运行调度方式有关。除了对水利部门所属的水源工程进行统计外，对其他部门所属的水源工程及工矿企业的自备水源工程均需进行统计。

(2) 地表水源工程分为蓄水工程、引水工程、提水工程和调水工程，应按供水系统分别统计，避免重复计算。蓄水工程指水库和塘坝（不包括专为引水、提水工程修建的调节水库），按大、中、小型水库和塘坝分别统计。引水工程指从河道、湖泊等地表水体自流引水的工程（不包括从蓄水、提水工程中引水的工程），按大、中、小型规模分别统计。提水工程指利用扬水泵站从河道、湖泊等地表水体提水的工程（不包括从蓄水、引水工程中提水的工程），按大、中、小型规模分别统计。调水工程指水资源一级区或独立流域之间的跨流域调水工程，蓄、引、提工程中均不包括调水工程的配套工程。蓄、引、提工程规模按下述标准划分：

水库工程按总库容划分：大型为库容≥1.0 亿 m^3，中型为 1.0 亿 m^3>库容≥0.1 亿 m^3，小型为 0.1 亿 m^3>库容≥0.001 亿 m^3；

引、提水工程按取水能力划分：大型为取水能力≥30m^3/s，中型为 30m^3/s>取水能力≥10m^3/s，小型为取水能力<10m^3/s；

塘坝指蓄水量不足 10 万 m^3 的蓄水工程，不包括鱼池、藕塘及非灌溉用的涝池或坑塘。

(3) 地下水源工程指利用地下水的水井工程，按浅层地下水和深层承压水分别统计。浅层地下水指与当地降水、地表水体有直接补排关系的潜水和与潜水有紧密水力联系的弱承压水。

(4) 其他水源工程包括集雨工程、污水处理再利用和海水利用等供水工程。集雨工程指用人工收集储存屋顶、场院、道路等场所产生径流的微型蓄水工程，包括水窖、水柜等。污水处理再利用工程指城市污水集中处理厂处理后的污水回用设施。海水利用包括海水直接利用和海水淡化。海水直接利用指直接利用海水作为工业冷却水及城市环卫用水等。

(5) 供水基础设施根据工程所在地按水资源三级区和地级行政区分别统计。

3. 供水量调查统计

(1) 供水量指各种水源工程为用户提供的包括输水损失在内的毛供水量，按受水区统计。对于跨流域跨省区的长距离调水工程，以省（自治区、直辖市）收水口作为毛供水量的计量点，水源至收水口之间的输水损失单独统计。其他跨区供水工程的供水量从水源地计量，其区外输水损失应单独核算。在受水区内，按取水水源分为地表水源供水量、地下水源供水量和其他水源供水量三种类型统计。

(2) 地表水源供水量按蓄、引、提、调四种形式统计。为避免重复统计：①从水库、塘坝中引水或提水，均属蓄水工程供水量；②从河道或湖泊中自流引水的，无论有闸或无闸，均属引水工程供水量；③利用扬水站从河道或湖泊中直接取水的，属提水工程供水量；④跨流域调水是指水资源一级区或独立流域之间的跨流域调配水量，不包括在蓄、引、提水量中。

地表水源供水量应以实测引水量或提水量作为统计依据，无实测水量资料时可根据灌溉面积、工业产值、实际毛取水定额等资料进行估算。

(3) 地下水源供水量指水井工程的开采量，按浅层淡水、深层承压水和微咸水分别统计。浅层淡水指矿化度≤2g/L 的潜水和弱承压水，坎儿井的供水量计入浅层淡水开采量中。城市地下水源供水量包括自来水厂的开采量和工矿企业自备井的开采量。缺乏计量资料的农灌井开采量，可根据配套机电井数和调查确定的单井出水量（或单井灌溉面积、单井耗电量等资料）估算开采量，但应进行平衡分析校验。

(4) 其他水源供水量包括污水处理再利用、集雨工程、海水淡化的供水量。

4. 供水水质调查分析

(1) 根据地表水取水口、地下水开采井的水质监测资料及其供水量，分析统计供给生活、工业、农业不同水质类别的供水量。

(2) 地表水供水量的水质按《地面水环境质量标准》（GB 3838—2002）评价；地下水供水量的水质按国家《地下水质量标准》（GB/T 14848—2017）评价。

5. 用水量调查统计

(1) 用水量指分配给用户的包括输水损失在内的毛用水量。按用户特性分为农业用水、工业用水和生活用水三大类，并按城（镇）乡分别进行统计。

(2) 农业用水包括农田灌溉和林牧渔业用水。农田灌溉是用水大户，应考虑灌溉定额的差别按水田、水浇地（旱田）和菜田分别统计。林牧渔业用水按林果地灌溉（含果树、苗圃、经济林等）、草场灌溉（含人工草场和饲料基地等）和鱼塘补水分别统计。

(3) 工业用水量按用水量（新鲜水量）计，不包括企业内部的重复利用水量。各工业行业的万元产值用水量差别很大，而各年统计年鉴中对工业产值的统计口径不断变化，应将工业划分为火（核）电工业和一般工业进行用水量统计，并将城镇工业用水单列。在调查统计中，对于有用水计量设备的工矿企业，以实测水量作为统计依据，没有计量资料的可根据产值和实际毛取水定额估算用水量。

（4）生活用水按城镇生活用水和农村生活用水分别统计，应与城镇人口和农村人口相对应。城镇生活用水由居民用水、公共用水（含服务业、商饮业、货运邮电业及建筑业等用水）和环境用水（含绿化用水与河湖补水）组成。农村生活用水除居民生活用水外，还包括牲畜用水在内。

分析用水总量、农业用水量、工业用水量、生活用水量及用水组成的变化趋势。

（5）城市用水量统计：除按行政分区、水资源分区统计供用水量外，对建制市供用水量要逐个进行统计，并列出其中自来水供水量。

6. 用水消耗量分析估算

（1）用水消耗量（简称耗水量）是指毛用水量在输水、用水过程中，通过蒸腾蒸发、土壤吸收、产品带走、居民和牲畜饮用等多种途径消耗掉而不能回归到地表水体或地下含水层的水量。

（2）农田灌溉耗水量包括作物蒸腾、棵间蒸散发、渠系水面蒸发和浸润损失等水量，一般可通过灌区水量平衡分析方法推求。对于资料条件差的地区，可用实灌亩次乘以次灌水净定额近似作为耗水量。水田与水浇地、渠灌与井灌的耗水率差别较大，应分别计算耗水量。

（3）工业耗水量包括输水损失和生产过程中的蒸发损失量、产品带走的水量、厂区生活耗水量等。一般情况可用工业用水量减去废污水排放量求得。废污水排放量可以在工业区排污口直接测定，也可根据工厂水平衡测试资料推求。直流式冷却火电厂的耗水率较小，应单列计算。

（4）生活耗水量包括输水损失以及居民家庭和公共用水消耗的水量。城镇生活耗水量的计算方法与工业基本相同，即由用水量减去污水排放量求得。农村住宅一般没有给排水设施，用水定额低，耗水率较高（可近似认为农村生活用水量基本是耗水量）；对于有给排水设施的农村，应采用典型调查确定耗水率的办法估算耗水量。

（5）其他用户耗水量，各地可根据实际情况和资料条件采用不同方法估算。如果树、苗圃、草场的耗水量可根据实灌面积和净灌溉定额估算；城市水域和鱼塘补水可根据水面面积和水面蒸发损失量（水面蒸发量与降水量之差）估算耗水量。

7.2.2 水资源开发利用分析

1. 用水水平及效率分析

（1）在经济社会资料收集整理和用水调查统计的基础上，对各水资源分区的综合用水指标、农业用水指标、工业用水指标和生活用水指标进行分析计算，评价其用水水平和用水效率及其变化情况。

（2）综合用水指标包括人均用水量和单位GDP用水量。有条件的流域、省（自治区、直辖市）还可以计算城市人均工业用水量、农村人均农业用水量等。并分析城市人均工业产值与人均工业用水量的相关关系，可根据高用水工业比重、供水情况（紧张与否）、节水情况进行综合分析。

(3) 农业用水指标按农田灌溉、林果地灌溉、草场灌溉和鱼塘补水分别计算，统一用亩均用水量表示。对农田灌溉指标进一步细分为水田、水浇地和菜田（按实灌面积计算）。资料条件好的地区，可以分析主要作物的用水指标。

由于作物生长期降水直接影响农业需水量，有条件的流域、省（自治区、直辖市）可建立年降水（或有效降水）与农田综合定额相关关系，灌溉期降水（或有效降水）与某农作物灌溉定额相关关系等，并进行地域性的综合。

(4) 工业用水指标按火电工业和一般工业分别计算。火（核）电工业用水指标以单位装机容量用水量表示；一般工业用水指标以单位工业总产值用水量或单位工业增加值的用水量表示。资料条件好的地区，还应分析主要行业用水的重复利用率、万元产值用水量和单位产品用水量。

重复利用率为重复用水量（包括二次以上用水和循环用水量）在包括循环用水量在内的总用水量中所占百分比，用下列公式表示：

$$\eta=Q_{重复}/Q_{总}\times100\% \tag{7-1}$$

$$\eta=(1-Q_{补})/Q_{总}\times100\% \tag{7-2}$$

式中　η——工业用水重复利用率；

$Q_{重复}$——重复利用水量；

$Q_{总}$——总用水量（新鲜水量与重复利用水量之和）；

$Q_{补}$——补充水量（即新鲜水量）。

(5) 生活用水指标包括城镇生活和农村生活用水指标。城镇生活用水指标按城镇居民和公共设施分别计算，统一以人均日用水量表示。农村生活用水指标分别按农村居民和牲畜计算，居民用水指标以人均日用水量表示，牲畜用水指标以头均日用水量表示，并按大、小牲畜分别统计。

城镇生活用水指标可按城市规模、卫生设施情况、用水习惯、用水管理情况（如有无按户计量、水价及计价方式等）等进行综合分析。

(6) 分析各地区综合用水指标和主要单项用水指标的变化趋势；结合 GDP、农业产值和工业产值的增长速度，分析总用水量、农业用水和工业用水的弹性系数。各种弹性系数计算公式如下：

$$k_{总}=\Delta W_{年总用水}/\Delta F_{GDP年} \tag{7-3}$$

$$k_{农业}=\Delta W_{年农业用水}/\Delta A_{农业用水年增长} \tag{7-4}$$

$$k_{工业}=\Delta W_{年工业用水}/\Delta I_{工业用水年增长} \tag{7-5}$$

式中　$k_{总}$、$k_{农业}$、$k_{工业}$——总用水弹性系数、农业用水弹性系数、工业用水弹性系数；

$\Delta W_{年总用水}$、$\Delta W_{年农业用水}$、$\Delta W_{年工业用水}$——总用水量年增长率、农业用水年增长率、工业用水年增长率；

$\Delta F_{GDP年}$、$\Delta A_{农业用水年增长}$、$\Delta I_{工业用水年增长}$——GDP 年增长率、农业产值年增长率、工业产值年增长率。

2. 水资源开发利用程度分析

水资源开发利用程度分析，除了分析总的水资源开发利用程度，往往还需要对地表水资源和地下水资源的利用程度分别进行分析。

适当选取计算时段，以独立流域或一级支流为单元，对地表水资源开发率、平原区浅层地下水开采率和水资源利用消耗率进行分析计算，以反映近期条件下水资源开发利用程度。

在开发利用程度分析中所采用的地表水资源量、平原区地下水资源量、水资源总量、地表水供水量、浅层地下水开采量、用水消耗量等基本数据，都应计算平均值。

地表水资源开发率指地表水源供水量占地表水资源量的百分比。为了真实反映评价流域内自产地表水的控制利用情况，在供水量计算中要消除跨流域调水的影响，调出水量应计入本流域总供水量中，调入水量则应扣除。

平原区浅层地下水开采率指浅层地下水开采量占地下水资源量的百分比。

水资源开发程度（或开发率）、地表水资源开发程度（或开发率）、地下水资源开发程度（或开采率）可分别表示如下：

$$\beta = W/W_{总} \times 100\% \tag{7-6}$$

$$\beta_s = W_s/W_{地表总} \times 100\% \tag{7-7}$$

$$\beta_g = W_g/W_{地下总} \times 100\% \tag{7-8}$$

式中 β、β_s、β_g——水资源开发率、地表水资源开发率及地下水资源开采率（%）；

W、W_s、W_g——自产水资源可供水量（或实际供水量）、自产地表水资源可供水量（或实际供水量）及地下水开采量；

$W_{总}$、$W_{地表总}$、$W_{地下总}$——多年平均自产水资源总量、地表水资源量及地下水资源量。

水资源利用消耗率指用水消耗量占水资源总量的百分比。为了真实反映评价流域内自产水量的利用消耗情况，在计算用水消耗量时应考虑跨流域调水和深层承压水开采对区域用水消耗的影响。从评价流域调出水量而不能回归本区的应全部作为本流域的用水消耗量，区内用水消耗量应扣除由外流域调入水量和深层承压水开采量所形成的用水消耗量。

3. 现状水资源供需存在的问题分析

通过对水资源利用现状分析，可以发现现状情况下水资源利用中存在的主要问题，以便指导以后的水资源开发利用工作。常见的水资源开发利用工程中存在的问题有：规划方案是否合理；水的有效利用率高低；地下水是否超采；供水结构、用水结构是否合理；水环境问题状况如何；水价机制是否合理；水资源保护、养蓄措施是否有效等。

7.3 水资源开发利用规划

7.3.1 水资源开发利用规划概述

1. 水资源开发利用规划的概念

水资源规划起源于人类有目的、有计划地防洪抗旱以及流域治理等水资源开发利用活动，它是人类与水斗争的产物，是在漫长的水利生产实践中形成的，且随着经济社会与科学技术的不断发展，其内容也不断得到充实和提高。

早在 1951 年出版的《中国工程师手册》中就已写到“以水之控制及利用为主要对

象之活动，统称水资源事业，它包括水害防治、增加水源和用水”，对这些内容的总体安排即为水资源规划。美国的古德曼（A. S. Goodman）教授认为水资源规划就是在开发利用水资源的活动中，对水资源的开发目标及其功能在相互协调的前提下做出的总体安排。我国的陈家琦认为：水资源规划是指在统一的方针、任务和目标的约束下，对有关水资源的评价、分配、供需平衡分析与对策，以及方案实施后可能对经济社会和环境的影响等方面而制订的总体安排。左其亭则认为：水资源规划是以水资源利用调配为对象，在一定区域内为开发水资源、防治水患、保护生态环境、提高水资源综合利用效益而制订的总体措施计划与安排。可见，水资源规划的概念和内涵随着研究者的认识侧重点和实际情况的不同而有所不同。

我国有水利规划与水资源规划之分，水资源规划是水利规划的重要组成部分。水利规划是指为防治水旱灾害、合理开发利用水土资源而制订的总体安排，具体内容包括确定研究范围，制订规划方针、任务和目标，研究防治水害的对策，综合评价流域水资源的分配与供需平衡对策，拟定全局部署与重要枢纽工程的布局，综合评价规划方案实施后对经济、社会和环境的可能影响，提出为实施这些目标需采用的重要措施及程序等。

结合上述有关水资源规划的论述，可以总结出水资源规划的一般概念。水资源规划就是指在统一的方针、任务和目标指导下，以水资源承载力为基础，以自然规律为准则，通过调整水资源的天然时空分布，协调防洪抗旱、开源节流、供需平衡以及发电、通航、水土保持、景观与环境保护等方面的关系，以提高区域水资源的综合利用效益和效率，实现水资源、经济社会、生态环境协调可持续发展，达到水生态文明为目标而制订的总体计划与安排，并就规划方案实施后可能对经济社会和环境产生的潜在影响进行评价。

所谓水资源开发规划，就是依据客观水资源条件和可供开发的水资源量，既量入为出，又极大限度地满足人民生活和生产建设对水资源的需求，而且极少产生难以治理的水害，生态环境质量也不至于下降到最大允许容量，寻求最小的经济代价或最大的经济效益而制定的合理开发利用和保护水资源，防治水害（或公害）的总体布置安排和宏观决策方案。

考虑到水资源利与害的两重性，在制定水资源开发规划时，既要看到水资源不可缺少和重大使用价值，又要看到它会给人类带来灾害，水少时干旱缺水，水多时会泛滥成灾，浸没建筑物，还直接危害人类健康，有时这种灾害甚至是毁灭性的。水资源的这种两重性，在不少地区表现得更为突出。在河流（或地区）的开发治理中，除害是兴利的保证，一般就这两方面是统一的；各种兴和任务之间，通过合理安排，也有可能协调一致。但是，我们强调水的综合利用，并不是说各项治水任务都能完全、很好地结合。由于各方面要求不同，常常存在相互间的矛盾和制约因素。过去由于我们对客观规律认识不足，曾造成某些供水工程建设上的失误，教训是深刻的。要解决这些矛盾，重要的是要有全面的观点，充分考虑各方面的要求，注意在措施安排、运行上进行协调。在确实无法完全协调时，则要按照国家的需要，分析各项任务要求的主次，保证主要任务，兼顾其他任务，有时甚至也要牺牲某些局部利益，以取得最大的社会经济和环境综合效益。

2. 水资源开发利用规划的任务、内容和目的

水资源开发利用规划的基本任务是：根据国民经济和社会发展总体部署，按照自然和经济规律，统筹水资源的开发、利用、配置、节约、保护与管理，确定水资源可持续利用的目标和方向、任务和重点、模式和步骤、对策和措施，规范水事行为，实现水资源可持续利用，促进经济社会发展和生态环境保护。

水资源开发利用规划的主要内容包括：水资源量与质的计算与评估，水资源功能的划分和协调，水资源供求平衡的分析与水量科学分配，水资源保护与灾害防治规划以及相应的水利工程规划方案设计及论证等。

水资源开发利用规划的目的：合理评价、调度和分配水资源，支持经济社会发展，改善环境质量，以做到有计划地开发利用水资源，并达到水资源的开发、经济社会发展及自然生态系统保护相互协调的目标。

3. 水资源开发利用规划的重要意义

水资源规划是水利部门的重要工作内容，也是开发利用水资源的指导性文件，对人类社会合理开发利用水资源、保障水资源可持续利用和经济社会可持续发展具有十分重要的指导意义。

（1）水资源开发利用规划是确保水资源可持续利用、促进经济社会可持续发展的重要保障。水资源是人类社会发展不可缺少的一种宝贵资源，经济社会的良性运转离不开水资源这个关键要素。然而，由于人口增长、工农业发展，目前很多地区的经济社会发展正面临着水问题的严重制约，如防洪安全、干旱缺水、水环境恶化、耕地荒漠化和沙漠化、生态系统退化、人居环境质量下降等。要解决这些问题，必须在可持续发展思想、人水和谐思想的指导下，对水资源进行系统、科学、合理的规划，这样才能为经济社会的发展提供供水、防洪、用水等方面的安全保障。反过来，系统、科学、合理的水资源规划能有效指导水资源开发利用，避免或减少水资源问题的出现，是确保水资源可持续利用、促进经济社会可持续发展、实现人水和谐目标的重要保障。

（2）水资源开发利用规划是充分发挥水资源最大综合效益的重要手段。如何利用有限的水资源发挥最大的社会、经济、环境效益，是人们对水资源开发利用追求的目标。然而，由于用水与供水之间的矛盾、工农业生产用水与生态用水之间的矛盾、不同地区用水之间的矛盾以及不同行业用水之间的矛盾，常常会带来水资源不合理开发利用问题，有时尽管出发点是好的，但却没有收到应有的效果。为了充分发挥水资源的最大综合效益，必须做好水资源规划工作。即，根据经济社会发展需求，通过水资源规划手段，分析当前所面临的主要水问题，同时提出可行的水资源优化配置方案，使得水资源分配既能维持或改善生态系统状况，又能发挥最大的社会、经济效益。

（3）水资源开发利用规划是新时期水利工作的重要环节。目前，我国水利工作正处于四个转变的过渡时期：从工程水利向资源水利转变；从传统水利向现代水利转变；从以牺牲环境为代价发展经济的观念向提倡人与自然和谐共存的思想转变；从对水资源的无节制开发利用向以可持续发展与人水和谐为指导思想的合理开发转变。这些转变既反映了新时期对水利工作更高的要求，也反映了人类对自然界更理性的认识。水资源规划正是实现这四个转变的重要载体，是体现现代水利思想的重要途径，只有充分运用水资源规划这个重要的技术手段，才能真正实现现代水利的工作目标。

7.3.2　水资源开发利用规划的原则和指导思想

7.3.2.1　水资源开发利用规划的原则

水资源开发利用规划是全面落实国家或地区实施可持续发展战略的要求，适应经济社会发展和水资源的时空动态变化，着力缓解水资源短缺、水环境恶化等水问题的一项重要工作。它是根据国家或地区的社会、经济、资源和环境总体发展规划，以区域水文特征及水资源状况为基础来进行的。

水资源开发利用规划的制定是国家或地区国民经济发展中的一件大事，它关系到国计民生、经济社会发展与环境保护等诸多方面，因此应高度重视并尽可能利用有限的水资源，按照最严格水资源管理制度要求满足各方面的需水，以较少的投入获取较高的社会经济和环境效益，促进人口、资源、环境和经济的协调可持续发展，以水资源的可持续利用支持经济社会的可持续发展。

水资源开发利用规划一般应遵守以下几方面原则。

（1）遵守有关法律和规范

水资源开发利用规划是区域水资源开发利用的一个指导性文件，因此在制定水资源规划时，应首先贯彻执行国家有关法律和规范，诸如，《中华人民共和国水法》《中华人民共和国水土保持法》《中华人民共和国环境保护法》《中华人民共和国水污染防治法》及《江河流域规划编制规范》等。

（2）以人为本，保障安全

经济社会发展带来的水问题多样且复杂，在进行水资源规划时，应以人为本，重点解决人民群众最关心、最直接、最现实的问题，保障供水安全、饮水安全及水生态安全。

（3）全面规划，统筹兼顾

水资源开发利用规划是对天然水资源时空分布的再分配，因此应将不同类型水资源载体及其转化环节看作是一个复合系统，在时空尺度上进行统一调配，根据经济社会发展需要、环境保护规划及水资源开发利用现状，对水资源的开发、利用、调配、节约、保护与管理等做出总体安排。要坚持开源节流与污染防治并重，兴利与除害相结合，并妥善处理好上下游、左右岸、干支流、城市与农村、流域与区域、开发与保护、建设与管理、近期与远期等方面的关系。

（4）系统分析与综合开发利用

水资源开发利用规划涉及因素复杂、内容广泛、行业与部门众多，供需较难一致，因此在进行水资源规划时，应首先进行系统分析，在此基础上给出综合措施，做到一水多用、一物多能综合开发利用，最大限度地满足各方面的需求，使水资源利用效益和效率协调最优。

（5）人水和谐发展

坚持人水和谐发展理念，尊重自然规律及经济社会发展规律。水资源是支撑经济社会可持续发展的重要基础，经济社会是保护水资源的重要主体，两者相辅相成，应保持和谐关系。水资源开发利用要与经济社会发展的目标规模水平和速度相适应，经济社会发展要与水资源承载能力、水资源管理要求相适应，城市发展、生产力布局、产业结构调整以及环境保护与建设要充分考虑区域水文特征与水资源条件。

（6）可持续利用

统筹协调生活、生产和生态用水，合理配置地表水与地下水、当地水与跨流域调水、工程供水与其他水源供水。开源与节流、保护与开发并重，不断强化水资源的节约与保护。

（7）因时、因地制宜

水资源系统是一个动态系统，它无时无刻不在发生着变化；加之经济社会也是不断地向前发展的，因此应根据不同时期区域水资源状况与经济社会发展条件，确定适合本地区不同时期的水资源开发利用与保护的模式和对策，提出各类用水的优先次序，明确水资源开发、利用、调配、节约、保护与管理等方面的重点内容和环节，以便满足不同地区、不同时间对水资源规划的需要。

（8）依法治水

规划要适应社会主义市场经济体制的要求，发挥政府宏观调控和市场机制的作用，认真研究水资源管理的体制机制与法制问题。制定有关水资源管理的法规、政策与制度，规范和协调水事活动。

（9）科学治水

要运用先进的技术、方法、手段和规划思想，科学配置水资源，缓解当前和未来一段时期内可能发生的主要水资源问题，应用先进的信息技术、方法与手段，科学管理水资源，制订出具有高科技水平的水资源规划。

（10）实施的可行性

实施的可行性包括时间上的可行性、技术上的可行性和经济上的可行性，在选择水资源规划方案时，既要考虑方案的经济效益，也要考虑方案实施的可行性，只有考虑这一原则，制定出的规划方案才可实施。

7.3.2.2 水资源开发利用规划的指导思想

1. 可持续发展指导思想

随着经济社会发展带来的用水紧张，生态退化问题日益突出，可持续发展作为“解决环境与发展问题的唯一出路”已成为世界各国之共识。水资源是维系人类社会与周边环境健康发展的一种基础性资源，水资源的可持续利用必然成为保障人类社会可持续发展的前提条件之一。因此，水资源规划工作必须坚持可持续发展的指导思想。这是社会发展和时代进步的必然要求，也是指导当前水资源规划工作的重要指导思想和基本出发点。在可持续发展思想指导下的水资源规划的目标，是通过人为调控手段和措施，向经济社会发展和生态系统保护提供源源不断的水资源，以实现水资源在当代人之间、当代人与后代人之间及人类社会与生态系统之间公平合理的分配。

可持续发展指导思想对水资源规划的具体要求可概括如下：

（1）水资源规划需要综合考虑社会效益、经济效益和环境效益，确保经济社会发展与水资源利用、生态系统保护相协调。

（2）需要考虑水资源的承载能力或可再生性，使水资源开发利用在可持续利用的允许范围内进行，确保当代人与后代人之间的协调。

（3）水资源规划的实施要与经济社会发展水平相适应，以确保水资源规划方案在现有条件下是可行的。

(4) 需要从区域或流域整体的角度来看待问题，考虑流域上下游以及不同区域用水间的相互协调，确保区域经济社会持续协调发展。

(5) 需要与经济社会发展密切结合，注重全社会公众的广泛参与，注重从社会发展根源上来寻找解决水问题的途径，也配合采取一些经济手段，确保"人"与"自然"关系的协调。

水资源规划的编制应根据国民经济和社会发展总体部署，并按照自然和经济的规律，来确定水资源可持续利用的目标和方向、任务和重点、模式和步骤、对策和措施，统筹水资源的开发、利用、治理、配置、节约和保护，规范水事行为，促进水资源可持续利用和生态系统保护。

2. 人水和谐指导思想

大量的历史事实证明，人类必须与自然界和谐共处。人类是自然界的一部分，不是自然界的主人，人类必须抑制自己的行为，主动与自然界和谐共处。水是自然界最基础的物质之一，是人类和自然界所有生物不可或缺的一种自然资源。然而，水资源量是有限的，人类的过度开发和破坏都会影响水系统的良性循环，最终又影响人类自己。因此，人类必须与水系统和谐共处，这就是产生人水和谐思想的渊源。

人水和谐是指"人文系统与水系统相互协调的良性循环状态，即在不断改善水系统自我维持和更新能力的前提下，使水资源能够为人类生存和经济社会的可持续发展提供久远的支撑和保障"。人水和谐思想坚持以人为本、全面、协调、可持续的科学发展观，解决由于人口增加和经济社会高速发展出现的洪涝灾害、干旱缺水、水土流失和水污染等水问题，使人和水的关系达到一个协调的状态，使有限的水资源为经济社会的可持续发展提供久远的支撑，为构建和谐社会提供基本保障。

人水和谐思想包含三方面的内容：①水系统自身的健康得到不断改善；②人文系统走可持续发展的道路；③水资源为人类发展提供保障，人类主动采取一些改善水系统健康，协调人和水关系的措施。简单来说，就是在观念上，要牢固树立人文系统与水系统和谐相处的思想；在思路上，要从单纯的就水论水、就水治水向追求人文系统的发展与水系统的健康相结合的转变；在行为上，要正确处理水资源保护与开发之间的关系。这些正是面向人水和谐的水资源规划需要的指导思想。

人水和谐指导思想对水资源规划的具体要求可概括如下：

(1) 水资源规划的目标需要考虑水资源开发利用与经济社会协调发展，走人水和谐之路。这是水资源规划必须坚持的指导思想和规划目标。

(2) 需要考虑水资源的可再生能力，保障水系统的良性循环，并具有永续发展的水量和水质。这是水资源规划必须保障的水资源基础条件。

(3) 需要考虑水资源的承载能力，协调好人与人之间的关系，限制经济社会发展规模，保障其在水资源可承受的范围之内。这是水资源规划必须关注的重点内容。

(4) 需要考虑有利于人水关系协调的措施，正确处理水资源保护与开发之间的关系，这是水资源规划必须制定的一系列重点措施。

(5) 与可持续发展指导思想一样，同样需要从区域或流域整体的角度来看待问题，考虑流域上下游以及不同区域用水间的相互协调，确保区域经济社会持续协调发展。

同样需要注重全社会公众的广泛参与，注重从社会发展根源上来寻找解决水问题的途径。

3. 水生态文明指导思想

中国共产党十八大报告提出“大力推进生态文明建设”。为了贯彻落实党的十八大重要精神，水利部于 2013 年 1 月印发了《关于加快推进水生态文明建设工作的意见》，提出把生态文明理念融入水资源开发、利用、治理、配置、节约、保护的各方面和水利规划、建设、管理的各环节，加快推进水生态文明建设。

水生态文明是指人类遵循人水和谐理念，以实现水资源可持续利用，支撑经济社会和谐发展，保障生态系统良性循环为主体的人水和谐文化伦理形态，是生态文明的重要部分和基础内容。水生态文明建设是缓解人水矛盾、解决我国复杂水问题的重要战略举措，是保障经济社会和谐发展的必然选择。

根据对水生态文明相关理论的认识，把水生态文明指导思想分成五个层面：

（1）理论指导层面：以科学发展观为指导，提倡人与自然和谐相处，共同发展，通过人与水的和谐实现人与人、人与社会、人与自然的和谐。

（2）理论依据层面：认真贯彻党的十八大关于推动生态文明建设的会议精神，结合水利部加快推进水生态文明建设的指导意见，在尊重自然和经济社会发展规律的基础上，本着尊重自然、顺应自然和保护自然的基本原则，坚持节约优先、保护为本和自然恢复为主的方针。

（3）目标建设层面：以落实最严格水资源管理制度为抓手，以实现经济社会可持续发展和水生态系统良性循环为建设目标，把水生态文明理念融入水资源开发、利用、节约、保护、治理的各方面和水利规划、设计、建设、管理的各环节。

（4）落实途径层面：通过水资源优化配置、节水型社会建设、水资源节约和保护、水生态系统修复、水利制度建设和保障体系建设等措施，把我国建设成水环境优美和水生态系统良好的社会主义美丽中国。

（5）精神文化层面：通过水文化传播、水知识普及等途径，倡导先进的水生态伦理价值观，引领合理用水、尊水、敬水的社会主义文化新风尚，营造爱护生态环境的良好风气，具有节水、爱水的生活习惯、生产方式。

水生态文明指导思想对水资源规划的具体要求可概括如下：

（1）水资源规划需要服从水生态文明建设大局，规划目标要满足水生态文明建设的目标要求，通过水资源规划提高水资源对水生态文明建设的支撑能力。

（2）需要尊重自然规律和经济社会发展规律，充分发挥生态系统的自我修复能力，以水定需、量水而行、因水制宜，推动经济社会发展与水资源开发利用相协调。

（3）需要关注水利工程建设与生态系统保护和谐发展。不宜过于重视水利工程建设，过于强调水利工程建设带来的经济效益，还应高度关注因工程建设对生态系统的影响，重视进行水生态系统保护与修复。

（4）需要充分考虑和利用非工程措施，包括水资源管理制度、法制、监管、科技、宣传、教育等，要使工程措施与非工程措施和谐发展。

（5）需要系统分析、综合规划，包括节约用水、水资源保护、最严格水资源管理制度、水生态系统修复、水文化传播与传承等。

7.3.2.3 水资源开发规划在国民经济发展中的地位和作用

水资源开发利用规划，体现了国家基本建设的指导思想，是确定水资源工程建设的战略部署，是安排城乡建设设计的依据，是开发水资源必不可少的前期工作。所以，水资源规划是开发利用水资源和防治水害活动的依据和实施纲领。结合我国多年从事水资源规划的实践，对水资源开发规划的作用和地位，可概括为五个方面。

1. 水资源开发规划是国土整治规划的主要组成部分

各类水资源开发规划特别是大江大河流域综合规划，是国土整治规划的主要组成部分。因为在水资源开发规划中，水旱灾害的防治、水资源的开发利用以及有关生态环境等问题都是与国土整治开发密切相关的。在我国，国土整治规划包括国土区域规划和国土专题规划。国土区域规划的主要任务是：①根据资源、人口、环境条件及国民经济发展的要求，确定本地区主要资源开发的规模和经济发展方向；②统一安排水资源、能源和交通等重大基础设施的建设；③确定生产、人口和城镇的合理布局；④综合治理环境，包括生产、生活“三废”的治理和泥石流、水灾、风灾、沙化等自然灾害的防治。国土专题规划即国土整治开发中需要就某些方面进行专门研究的若干规划。大江大河流域规划就是其中一个十分重要的专题规划之一。它既以国土区域规划提出的任务要求为依据，又在一定程度上对国土区域规划的具体安排（如拟定地区经济发展方向、城镇合理布局和一些重大基础设施安排等）起到约束作用。

2. 水资源开发规划是制定水利建设计划的主要依据

在国家和地区的水利建设计划中，各项任务的主次、相应的措施方向以及一些骨干工程的具体实施安排，一般都首先以流域（地区）水资源开发规划为制定的基础，而后根据国家（或地方）财力反复调整。为使各项水资源开发规划更好地为不同建设时期的计划服务，需要在规划中确定近期和远景的水平年，通常以编制规划后的10～15年为近期水平，以编制规划后的20～30年或更远一些时间为远景水平，使水平年的划分尽可能与国家发展计划的分期一致，以此为制定其实施水利建设计划之依据。

3. 水资源开发规划是合理利用水资源、兴利除害的纲领

水资源开发规划是人们通过治水、供水、用水等长期实践活动中正反两方面的经验教训总结提高而逐步认识并完善起来的。随着城乡建设的发展，人口的增加，新兴城市的兴起，人类活动的加剧，在解决供水问题同时，还要提出防治水害活动发展蔓延的总体规划安排。依此总体安排，结合技术经济条件去逐步实现，使兴利除害的水资源开发利用活动落到实处。水资源开发规划是水资源赋存条件及时空变化规律同人类需求和技术经济条件科学组合的结果，一旦确定并被批准，这些水资源开发和综合利用的目标与方针、梯级开发部署及工程措施，就是兴利除害等开发水资源活动的纲领，并在实施中依据新的水情信息不断充实完善，去指导水资源的科学开发和合理利用。

4. 水资源开发规划是流域（区域）内进行各种水事活动的根据

对各种水事活动，如水量分配、水事纠纷处理，河道、水域和水利工程运行的管理等，常涉及有关地区、部门的权益，只有通过规划，从全局出发统筹研究，协调各方面的关系，才能取得比较一致的认识。我国《水法》规定：开发利用水资源和防治水害应当全面规划，统筹兼顾，综合利用、讲求效益，发挥水资源的多种功能。

5. 水资源开发规划是主要供水工程可行性研究和初步设计的前提

在编制水资源开发规划过程中，一般要对近期可能实施的主要工程兴建可行性，包括工程在流域（区域）治理中的地位和作用、工程条件、大体规模、主要参数、基本运行方式和环境影响评价等进行初步论证。这样，就使下一阶段工作能重点深入研究遗留的某些专门性课题，进一步协调有关地区、部门的关系，分析论证建设项目在近期兴办的迫切性与现实性，以更好地为工程决策提供依据。

7.3.3 水资源开发规划的类型

水资源开发规划是跨系统、跨地区、多学科和综合性较强的前期工作，按区域、范围、规模、目的、专业等可以有多种分类或类型。

1. 水资源开发规划的分类

水资源开发规划，除在我国《水法》上有明确的类别划分外，当前尚未形成共识。不少文献针对规划的范围、目的、对象、水体类别等的不同而有多种分类。如：

按不同水体可分为：地表水开发规划、污水资源化规划、雨水资源利用规划和海水淡化利用规划等；

按不同目的可分为：供水水资源规划、水资源综合利用规划、水资源保护规划、水土保持规划、水资源养蓄规划、节水规划和水资源管理规划等；

按不同用水对象可分为：人畜生活饮用水供水规划、工业用水供水规划和农业用水供水规划；

按不同自然单元可分为独立平原的水资源开发规划、流域河系水资源梯级开发规划、小流域治理规划和局部河段水资源开发规划等；

按不同行政区域可分为以宏观控制为主的全国性水资源规划和包含特定内容的省、地（市）、县水资源开发规划。乡镇因常常不是一个独立的自然单元或独立小流域，而水资源开发不仅受到地域且受到水资源条件的限制，所以，按行政区划的水资源开发规划至少应是县以上行政区域；

按目标的单一与否，可分为单目标水资源开发规划（按经济或社会效益的单目标）和多目标水资源开发规划（按经济、社会、环境等综合的多目标）；

按不同内容和含义，将水资源开发规划分为综合规划和专业规划。

2. 不同范围和目的的水资源开发规划分类

（1）流域水资源规划

流域水资源规划是以整个江河流域为研究对象的水资源规划，包括大型江河流域水资源的规划和中小型河流流域水资源的规划，简称流域规划。其规划区域一般按照地表水系空间地理位置来进行划分，并以流域分水岭为研究水资源的系统边界。针对不同的流域，其规划的侧重点有所不同。

流域水资源规划即《水法》中所指按流域进行的综合规划之一，它是综合研究一个流域内各项开发治理任务的水资源规划，包括大江大河流域规划和中小型河流流域规划。一个流域是由域内所有水系、各种自然资源组成的总体，也是流域内生物与其生存环境构成的生态系统，它的各个局部和上、中、下游有着密切的联系和内在规律。把一个流域作为一个规划单元统一研究，有利于统筹兼顾，全面治理水旱灾害，综合利用水土资源。因此，流域规划是一类水规划，是其他水规划的基础。

（2）地区水资源开发规划

地区水资源开发规划即按区域（如一定自然地理单元、冲洪积平原、行政区域）制定的水资源综合开发规划，它是综合研究区域多目标开发与治理任务的水资源规划。把区域作为一个单元，统筹治理水害，综合利用水资源，有利于从长远利益出发，结合地区的财力，抓住水资源供需中的主要矛盾，调动各方面力量，组织实现主要目标，立足于本地区，全盘考虑，因地制宜地解决水旱灾害和水资源危机问题。可见，地区水资源开发规划也是地区国土整治的基础。

（3）跨流域调水规划

跨流域调水规划即从某一流域的多水区向其他流域的缺水区送水，使两个或两个以上流域的部分水资源经过调剂得以合理开发利用的规划。主要目的是为缺水地区城镇及工业供水和农田灌溉补充水源。多数还兼有其他综合利用效益。跨流域调水对有关流域、地区的水资源开发、社会经济发展以至自然环境都会产生影响，因此，这类规划通常要与有关的流域规划和地区水利规划密切结合，相互协调。我国从20世纪50年代就开始研究长江引水补给淮河、海河、黄河以至西北内陆河流域的规模宏大的南水北调规划，并初步选择了东、中、西三条主要调水线路，70年代后，有关单位又进行了大量工作，于1976年完成《南水北调近期工程规划报告（初稿）》。现在南水北调东线第一期工程、南水北调中线第一期工程已正式运行，西线工程的规划研究也在继续进行。东北地区也在研究引松花江水到辽河的北水南调工程规划。此外，已编制跨流域水规划并付诸实施的还有，北京的东水西调（调密云水库水入永定河流域的京西供水）、辽宁的引碧流河水到大连、河北引滦河水到天津、山东引黄河水到青岛、广东引东江水到深圳，以及甘肃引大通河水到秦王川等调水工程。

（4）专项水开发规划

专项水开发规划是指流域或地区内着重就某一治理开发水资源任务所进行的单项规划。以往编制的专业水利规划主要有防洪规划、除涝规划、灌溉规划、水力发电规划、内河航运规划和水土保持规划等。近几年，根据需要各地还编制了水资源开发规划、城市节约用水规划、农业节约用水规划、城镇供水规划、水资源保护规划和水利渔业规划等。由于一个流域或地区的水利建设大都涉及一项以上的任务要求，各任务之间既有互相结合的一面，也有互相矛盾的一面，因此，这类规划一般都需要和流域规划或地区水利规划同时进行，使单项规划成为拟订总体方案的依据，而总体方案又对单项规划进行调整，使之相互协调。但在特定情况下，例如有些流域或地区治理开发任务相对较单纯，其他任务仅处于从属地位，或者从长远看可能包括更多要求，而在一定时期内只有某项任务最为迫切时，也可先单独编制某一单项规划。这样做，有利于缩短规划周期，有利于特定问题的及时解决。但要处理好当前与长远的关系，在工程安排上要留有与其他任务相协调的余地，以适应流域或地区可能的发展变化。

（5）水利工程规划

水利工程规划是中华人民共和国成立以来编制最多的一类规划。近年来，一般在编制工程可行性研究报告或工程初步设计阶段进行。主要是以工程建设项目为对象，在流域（地区）水利规划或专业规划的基础上，分析论证项目建设的迫切性与现实性，进一步明确工程任务，落实各项工程措施和具体技术问题，决定工程规模和相应参数，拟定工程运行管理原则，为工程的最终决策提供依据。

（6）宏规决策性规划

宏规决策性规划是一种研究性规划，主要是以宏观控制为主要任务，并多以全国或某些特定区域为研究对象。我国于20世纪80年代初配合全国农业区划编制的全国、流域、省（自治区、直辖市）和县四级水利区划，1986年编制的包括研究水资源现状和预测1990年、2000年水资源供需情势以及提出解决缺水对策的《中国水资源利用》，都对宏观决策起到重要作用。近几年来，根据需要已编或正在编制的这类规划还有全国水利发展纲要、全国灌溉排水发展规划、全国水长期供求计划和华北地区水资源的战略措施研究等。

（7）水资源综合规划

水资源综合规划是指以流域或地区水资源综合开发利用和保护为对象的水资源规划。水资源综合规划是在查清水资源及其开发利用现状，分析和评价水资源的承载能力基础上，根据经济社会的可持续发展和生态系统保护水资源的要求，提出水资源的合理开发、高效利用、有效节约、优化配置、积极保护和综合治理的总体布局及实施方案，促进流域或区域人口、资源、环境和经济的协调发展，以水资源的可持续利用支持经济社会的可持续发展。

3. 综合规划和专业规划

综合规划是按流域自然单元编制的流域综合规划和按地理、经济、行政单元编制的区域综合规划的总称。按《水法》规定：国家确定的重要江河、湖泊的流域综合规划，由国务院水行政主管部门会同国务院有关部门和有关省、自治区、直辖市人民政府编制，报国务院批准。跨省、自治区、直辖市的其他江河、湖泊的流域综合规划和区域综合规划，由有关流域管理机构会同江河、湖泊所在地的省、自治区、直辖市人民政府水行政主管部门和有关部门编制，分别经有关省、自治区、直辖市人民政府审查提出意见后，报国务院水行政主管部门审核；国务院水行政主管部门征求国务院有关部门意见后，报国务院或者其授权的部门批准。前款规定以外的其他江河、湖泊的流域综合规划和区域综合规划，由县级以上地方人民政府水行政主管部门会同同级有关部门和有关地方人民政府编制，报本级人民政府或者其授权的部门批准，并报上一级水行政主管部门备案。综合规划应当与国土规划相协调，兼顾各地区、各行业的需要。

专业规划是指在流域（或区域）开发治理中涉及的防洪、治涝、灌溉、航运、城市和工业供水、水力发电、竹木流放、渔业、水质保护、水资源养蓄、水文测验、地下水普查勘探和动态监测规划等。按《水法》规定，其由县级以上人民政府有关部门编制，征求同级其他有关部门意见后，报本级人民政府批准。

4. 各种规划之间的关系

各种水资源开发规划编制的基础是相同的，相互间是不可分割的，但是各自的侧重点或主要目标不同，且各具特点。各种规划之间的关系大约可归纳为：

（1）江河流域或区域的水资源开发综合规划是国土规划的组成部分，地区的水资源开发规划与当地的国土规划相协调。

（2）全国、省、地（市）、县级水资源开发规划存在着逐层的包络关系，量化指标及规划图的衔接应协调一致。

（3）各类专业规划应由综合规划统筹协调或在综合规划规定的原则下编制。

（4）城市节约用水规划应在水资源开发规划和水资源供需平衡，节水潜力分析与技术经济条件分析基础上进行，要密切结合水资源开发现状、开发导致各种水环境问题的危害程度，制定出适度可行的规划，提出相应的政策和措施。

第8章　地表水资源开发利用

8.1　地表水取水工程形式

由于地表水资源的种类、性质和取水条件各不相同，其地表水取水构筑物有多种形式。我国城乡开发地表水资源绝大多数是从江河湖泊取水。在从河流取水时，河流的径流变化、泥沙运动、河床演变、漂浮物及冰冻情况等因素，对取水构筑物的正常工作和安全可靠性有决定性影响。另外，取水构筑物的建立也会影响水流条件，引起河流运动状态的改变。因此，要视当地情况，根据需要和实际取水条件，设计选择适宜的取水工程形式。

8.1.1　地表水取水构筑物的分类

地表水取水构筑物的形式应适应特定的河流水文、地形及地质条件，同时应考虑到取水构筑物的施工条件和技术要求。由于水源自然条件和用户对取水的要求各不相同，因此地表水取水构筑物有多种不同的形式。

地表水取水构筑物按构造形式可分为固定式取水构筑物、活动式取水构筑物和山区浅水河流取水构筑物三大类，每一类又有多种形式，各自具有不同的特点和适用条件。

（1）固定式取水构筑物

固定式取水构筑物按照取水点的位置，可分为岸边式、河床式和斗槽式，其中河床式取水构筑物按照进水管的形式，可分为自流管式、虹吸管式、水泵直接吸水式、桥墩式；按照结构类型，可分为合建式和分建式；按照取水泵类型及泵房的结构特点，可分为干式、湿式泵房和淹没式、非淹没式泵房；按照斗槽的类型，可分为顺流式、逆流式、侧坝进水逆流式和双向式。

（2）活动式取水构筑物

活动式取水构筑物可分为缆车式和浮船式。缆车式按坡道种类可分为斜坡式和斜桥式。浮船式按水泵安装位置可分为上承式和下承式；按接头连接方式可分为阶梯式连接和摇臂式连接。

（3）山区浅水河流取水构筑物

山区浅水河流取水构筑物包括底栏栅式和低坝式。低坝式可分为固定低坝式和活动低坝式（橡胶坝、浮体闸等）。

8.1.2　取水构筑物形式的选择

（1）河道取水。长江上游河段，洪水位与枯水位相差显著，暴雨季节流量暴涨，水位急剧上升，洪水期间水中含沙量及其他漂浮物也大大增加。在河流流速大，河道水位变幅大，且陡涨陡落、主流近岸边、河床稳定的河段，一般选用深井泵房式取水构筑物。长江中游河段，水位变幅较大，水质浑浊，但水位变幅较小，且河床稳定，流速较小又有适宜的岸坡时，可采用岸边式或河床式取水构筑物。主流靠岸的中小型取水工程，也可采用缆车式取水构筑物。对于河岸停泊条件良好但主流不够稳定的河段，可采用浮船式取水构筑物。长江下游河段，水位变幅较小，可根据河床的条件、河岸的地形及地质情况，选用合建或分建的河床式取水构筑物。

黄河水系含沙量大，可考虑采用双向斗槽式取水构筑物。由于泥沙运动的结果，河床稳定性较差，主流游荡不定，如果岸边有足够的水深，可采用河床式桥墩取水构筑物，必要时应设潜丁坝。黄河下游河段，河床淤积严重，建造固定式取水构筑物时应考虑淤高情况，可考虑自流；也可以采用活动式取水形式。

松花江水系河水浊度低，但河流冰冻期长，冰情严重，取水时要注意采取防冰冻措施。根据岸边地形和地质条件，可选择合建式或分建式，也可采用水泵直吸式取水形式。

(2) 湖泊可根据地貌、地质条件以及水生生物情况，选择合建式或分建式取水构筑物。当湖面宽阔、水深不大时，可采用自流管或虹吸管取水；当取水口很深时，应采用分层取水。

(3) 河床式水库取水形式与河流取水类同；湖泊式水库可根据具体情况采取隧洞式取水、引水明渠取水。水库较深时可采用分层取水，较浅时可采用合建式或分建式取水构筑物，也可采用浮筒式取水。

(4) 山区浅水河流洪水期和枯水期水量相差大，水位变幅显著，选择取水构筑物时，要确保枯水期的取水量以及洪水期取水构筑物的安全。

如果山区浅水河流的水文地质特征与平原河流的水文地质特征相似，也可采用平原河流的取水形式。当取水量小于枯水期径流量时，可采用底栏栅式或低坝式或闸式取水构筑物。当山区浅水河流枯水期径流量小于取水量时，为了利用年径流量来调节水量，可利用山区地形，修建小型水库或拦河闸，以确保取水量。

当河床为透水性较好的砂砾层，且含水层较厚、水量丰富时，也可采用大口井或渗渠取用河床渗流水。

8.2　取水构筑物设计原则

地表水取水构筑物设计原则如下：

(1) 取水构筑物应保证在枯水季节仍能取水，且满足在设计枯水流量保证率下取水的设计水量。枯水流量的保证率，对由于减少水量而严重影响生产的工业企业的水源应不低于90%～97%；对允许减少生产用水水量的工业企业，其设计枯水流量保证率应按各有关部分规定确定。城市供水水源、农业灌溉用水水源，一般可采用保证率为90%～97%，村、镇供水的设计枯水流量保证率可依具体情况适当降低。

(2) 当在自然状态下河流不能取得设计水量时，应考虑修建拦河坝、拦河闸或其他确保取水量的设施。

(3) 取水构筑物位置的选择应按河流的特征，根据取水河段的水文、地形、地质、环境、河流规划和综合利用条件进行综合考虑。

(4) 在洪水季节取水构筑物应不受冲刷，不被淹没，设计最高水位和最大流量一般按百年一遇的频率确定；对小型取水构筑物按供水对象可适当降低标准。

(5) 在取水构筑物进水口处，一般要求不小于2.5～3.0m的水深；对小型进水口，水深不小于1.5～2.0m。当河道最低水位的水深较浅时，应选用合适的取水构筑物形式和设计数据。

(6) 作为生活用水取水，其取水口处的水质要符合下列要求：①水源的一般物理、化学指标和毒理学指标等要满足《地表水环境质量标准》(GB 3838—2002) Ⅲ类及以上（Ⅰ类、Ⅱ类)，经净化处理后的指标要符合《生活饮用水卫生标准》(GB 5749—2006)。

《地表水环境质量标准》(GB 3838—2002) 规定，依据地表水水域环境功能和保护目标，按功能高低依次划分为五类：

Ⅰ类主要适用于源头水、国家自然保护区；

Ⅱ类主要适用于集中式生活饮用地表水源地一级保护区、珍稀水生生物栖息地、鱼虾类产卵场、仔稚幼鱼的索饵场等；

Ⅲ类主要适用于集中式生活饮用水地表水源地二级保护区、鱼虾类越冬场、洄游通道、水产养殖区等渔业水域及游泳区；

Ⅳ类主要适用于一般工业用水区及人体非直接接触的娱乐用水区；

Ⅴ类主要适用于农业用水区及一般景观要求水域。

(7) 在水源、取水地点和取水构筑物确定后，还应得到有关部门的同意，建立取水水源卫生防护措施。

在《饮用水水源保护区污染防治管理规定》中，对饮用水地表水源保护区的划分和防护的有关规定如下：

第三条　按照不同的水质标准和防护要求分级划分饮用水水源保护区。饮用水水源保护区一般划分为一级保护区和二级保护区，必要时可增设准保护区。各级保护区应有明确的地理界线。

第四条　饮用水水源各级保护区及准保护区均应规定明确的水质标准并限期达标。

第七条　饮用水地表水源保护区包括一定的水域和陆域，其范围应按照不同水域特点进行水质定量预测并考虑当地具体条件加以确定，保证在规划设计的水文条件和污染负荷下，供应规划水量时，保护区的水质能满足相应的标准。

第八条　在饮用水地表水源取水口附近划定一定的水域和陆域作为饮用水地表水源一级保护区。一级保护区的水质标准不得低于国家规定的《地表水环境质量标准》Ⅱ类标准，并须符合国家规定的《生活饮用水卫生标准》的要求。

第九条　在饮用水地表水源一级保护区外划定一定水域和陆域作为饮用水地表水源二级保护区。二级保护区的水质标准不得低于国家规定的《地表水环境质量标准》Ⅲ类标准，应保证一级保护区的水质能满足规定的标准。

第十条　根据需要可在饮用水地表水源二级保护区外划定一定的水域及陆域作为

饮用水地表水源准保护区。准保护区的水质标准应保证二级保护区的水质能满足规定的标准。

（8）取水构筑物的冲刷深度应通过调查与计算确定，并应考虑汛期高含沙水流对河床的局部冲刷和“揭底”问题。大型重要工程应进行水工模型试验。

（9）在通航河道上，应根据航运部门的要求在取水构筑物处设置标志。

（10）在黄河下游淤积河段设置的取水构筑物，应预留设计使用年限内的总淤积高度，并考虑淤积引起的水位变化。同时也要考虑黄河小浪底水库及其他水库联合调水调沙对下游取水口的影响。

（11）在江河湖泊等设置取水口时，应办理取水许可等手续。

8.3　地表水取水位置选择

在开发利用河水资源时，取水地点（即取水构筑物位置）的选择是否恰当，直接影响取水的水质、水量、安全可靠性及工程的投资、施工、管理等。因此应根据取水河段的水文、地形、地质及卫生防护、河流规划和综合利用等条件全面分析，综合考虑。地表水取水构筑物位置的选择，应根据下列基本要求，通过技术经济比较确定：

（1）取水点应设在具有稳定河床、靠近主流和有足够水深的地段。

取水河段的形态特征和岸形条件是选择取水口位置的重要因素。取水口位置应选在河床比较稳定、含沙量不太高的河段，并能适应河床的演变。不同类型河段适宜的取水位置如下：

① 顺直河段。取水点应选在主流靠近岸边、河床稳定、水深较大、流速较快的地段，通常也就是河流较窄处。在取水口处的水深一般要求不小于 2.5～3.0m。

② 弯曲河段。弯曲河道的凹岸在横向环流的作用下，岸陡水深，泥沙不易淤积，水质较好，且主流靠近河岸，因此凹岸是较好的取水地段。但取水点应避开凹岸主流的顶冲点（即主流最初靠近凹岸的部位），一般可设在顶冲点下游 15～20m、冰水分层的河段。因为凹岸容易受冲刷，所以需要一定的护岸工程。

为了减少护岸工程量，也可以将取水口设在凹岸顶冲点的上游处。具体如何选择，应根据取水构筑物规模和河岸地质情况确定。

③ 游荡型河段。在游荡型河段设置取水构筑物，特别是固定式取水构筑物比较困难，应结合河床、地形、地质特点，将取水口布置在主流线密集的河段上；必要时需改变取水构筑物的形式或进行河道整治以保证取水河段的稳定性。

④ 有边滩、沙洲的河段。在这样的河段上取水，应注意了解边滩和沙洲形成的原因、移动的趋势和速度，不宜将取水点设在可移动的边滩、沙洲的下游附近，以免被泥沙堵塞。一般应将取水点设在上游距沙洲 500m 以上处。

⑤ 有支流汇入的顺直河段。在有支流汇入的河段上，由于干流、支流涨水的幅度和先后次序不同，容易在汇入口附近形成“堆积锥”，因此取水口应离开支流入口处上下游有足够的距离，如图 8-1所示。一般取水口多设在汇入口干流的上游河段上。

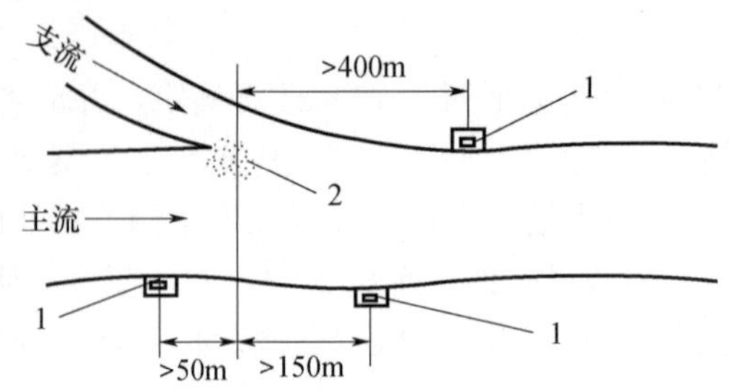

图 8-1　有支流汇入的河流取水口布置

1—取水口；2—堆积锥

（2）取水点应尽量设在水质较好的地段。

为了取得较好的水质，取水点的选择应注意以下几点：

① 生活污水和生产废水的排放常常是河流污染的主要原因，因此供生活用水的取水构筑物应设在城市和工业企业的上游，距离污水排放口上游 150m 以上或下游 1000m 以上，并应建立卫生防护地带。如岸边有污水排放，水质不好，则应伸入江心水质较好处取水。

② 取水点应避开河流中的回流区和死水区，以减少水中泥沙、漂浮物进入和堵塞取水口。

③ 在沿海地区受潮汐影响的河流上设置取水构筑物时，应考虑到海水对河水水质的影响。

（3）取水点应设在具有良好的工程地质条件的地段，并有较好的地形及施工条件。

取水构筑物应尽量设在地质构造稳定、承载力高的地基上，这是构筑物安全稳定的基础。断层、流沙层滑坡、风化严重的岩层、岩溶发育地段及有地震影响地区的陡坡或山脚下，不宜建取水构筑物。此外，取水口应考虑选在对施工有利的地段，不仅要交通运输方便，有足够的施工场地，而且要有较少的土石方量和水下工程量。因为水下施工不仅困难，而且费用甚高，所以应充分利用地形，尽量减少水下施工量，以节省投资、缩短工期。

（4）取水点应尽量靠近主要用水区。

取水点的位置应尽可能与工农业布局和城市规划相适应，并全面考虑整个给水系统的合理布置。在保证安全取水的前提下，尽可能靠近主要用水地区，以缩短输水管线的长度，减少输水的基建投资和运行费用。此外，应尽量减少穿越河流、铁路等障碍物。

（5）取水点应避开人工构筑物和天然障碍物的影响。

河流上常见的人工构筑物有桥梁、丁坝、码头、拦河闸坝等。天然障碍物有突出河岸的陡崖和石嘴等。它们的存在常常改变河道的水流状态，引起河流变化，并可能使河流产生沉积、冲刷和变形，或者形成死水区。因此选择取水口位置时，应对此加以分析，尽量避免各种不利因素。

① 桥梁。由于桥墩束缩了水流过水断面，使河道中桥梁上游的水位壅高，流速减慢，容易形成泥沙淤积；在桥墩下游，由于水流通过桥墩时流速增大，桥墩下游附近

形成冲刷区；再往下，水流恢复了原来流速，又形成淤积区域。所以一般规定取水点应选在桥墩上游 0.5～1.0km 或桥墩下游 1.0km 以外的地段，不能选在桥梁的水流壅水段，如图 8-2 所示。

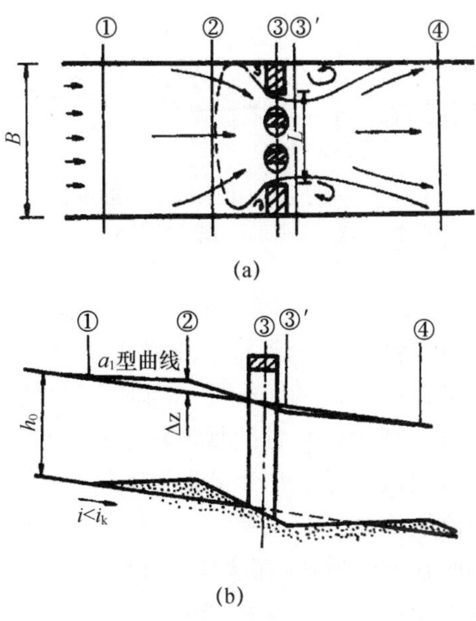

图 8-2　桥前壅水情况

(a) 平面；(b) 河流中心纵剖面 (F_r<1.0))

② 丁坝。丁坝是常见的河道整治构筑物，其作用在于将水流挑离河岸，束水归槽，并使泥沙在丁坝后淤积，形成新的水边线（导治线），以改变水流流向，改善流态，达到保护河岸的作用，如图 8-3 所示。路堤类似于丁坝，如图 8-4 所示，因此，取水口应设在丁坝同岸的上游或对岸，位置选择如图 8-5 所示。当取水口与丁坝同岸时，取水口应设在丁坝上游，与丁坝前浅滩起点相隔一定距离（岸边式取水口不小于 150～200m，河床式可小些）；当取水口设在丁坝对岸时，必须有护岸设施。在丁坝同岸的下游不宜设取水口。

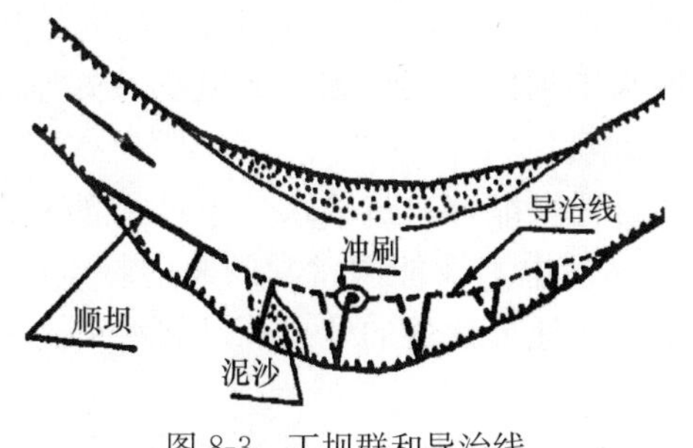

图 8-3　丁坝群和导治线

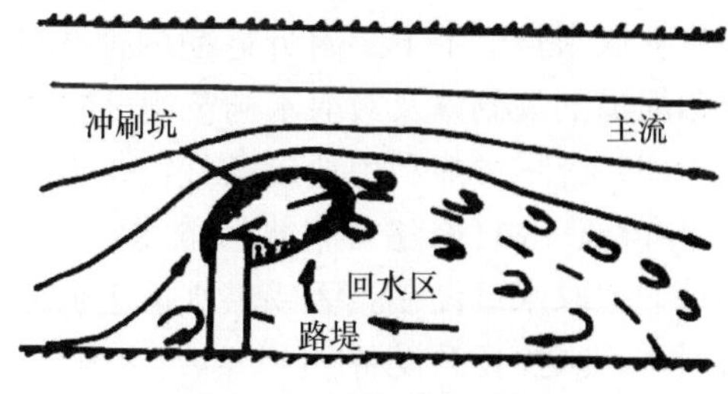

图 8-4　路堤类似丁坝

③ 码头。突出河岸的码头如同丁坝一样，会阻滞水流，引起淤积；同时码头附近卫生条件较差，水质易受污染。因此，应将取水口设在距码头边缘至少 100m 处，并应

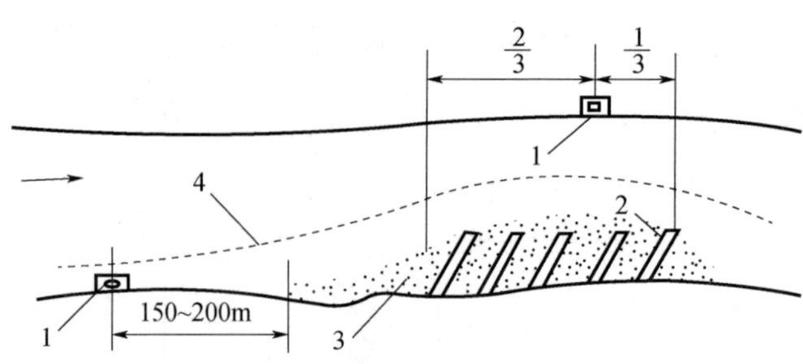

图 8-5 有丁坝河道上取水口的位置

1—取水口；2—丁坝；3—泥沙淤积区；4—主流

征求航运部门的意见。

④ 拦河闸坝。闸坝上游流速减缓，泥沙易于淤积，当取水口设在上游时，应选在闸坝附近、距坝底防渗铺砌起点 100～200m 处。当取水口设在闸坝下游时，由于水量、水位和水质都受到闸坝调节的影响，并且闸坝泄洪或排沙时，下游可能产生冲刷和泥沙涌入，因此取水口不宜与闸坝靠得太近，应设在其影响范围以外。

⑤ 陡崖、石嘴。突出河岸的陡崖、石嘴对河流的影响类似于丁坝，在其上下游附近易出现泥沙沉积区，因此在此区内不宜设置取水口。

(6) 取水点应尽可能不受泥沙、漂浮物、冰凌、冰絮、支流和咸潮等影响。

取水口应设在不受冰凌直接冲击的河段，并应使冰凌能顺畅地顺流而下。在冰冻严重的地区，取水口应选在急流、冰穴、冰洞及支流入口的上游河段。有流冰的河道，应避免将取水口设在流冰易于堆积的浅滩、沙洲、回流区和桥孔的上游附近。在流冰较多的河流中取水，取水口宜设在冰水分层的河段，从冰层下取水。

冰水分层的河段当取水量大，河水含沙量高，主河道游荡，冰情严重时，可设置两个取水口。

在沿海地区的内河水系取水，应避免咸潮影响。当在咸潮河段取水时，应根据咸潮特点，采用在咸潮河段影响范围以外的上游河段取水，经技术经济比较确定。

(7) 取水点的位置应与河流的综合利用相适应，不妨碍航运和排洪，并符合河道、湖泊、水库整治规划的要求。

选择取水地点时，应注意河流的综合利用，如航运、灌溉、排灌等。同时，还应了解在取水点的上下游附近近期内拟建的各种水工构筑物（堤坝、丁坝及码头等）和整治河道的规划以及对取水构筑物可能产生的影响。

(8) 应尽可能利用地形条件，将取水口位置选在能够自流输水处。对农灌区的引水渠渠首、农村修建自来水厂取水，从经济上、从电力及能源常常间断的特点考虑，尽可能把取水口设在灌区或供水区上游地势较高、地形优越的地点，以靠水头高差自流引水，减少扬升设备。

8.4　地表水取水工程建筑物

8.4.1　固定式取水构筑物

在河流水资源开发利用中，习惯上把不经过筑坝拦蓄河水、在岸边或河床上直接修建的固定的取水设施称为固定式取水构筑物，这是相对于活动式取水构筑物而言的。事实上，后面将要介绍的山区浅水河流中的取水构筑物也都是固定不动的，不过这些构筑物都是在拦蓄河水的条件下取水的，故习惯上不把它们包括在固定式取水构筑物中。

固定式取水构筑物是各种类型的地表水取水构筑物中应用最广泛的一种，具有取水安全可靠、维修管理方便、适应范围较广等优点。其主要缺点是当河水水位变化较大时，构筑物的高度需相应增加，因而工程投资较高，水下工程量较大，施工期长，扩建困难。因此设计固定式取水构筑物时，应考虑发展的需要。

固定式取水构筑物按取水点的位置和特点，可分为岸边式、河床式及斗槽式。不同的构筑物形式，适用于不同的取水量和水质要求、不同的河床地形及地质条件，以及不同的河床变化、水深及水位变幅、冰冻及航运情况、施工条件施工方法、投资及设备供应等情况。

以下介绍固定式取水构筑物的基本形式和主要构造，详细结构尺寸及设计参数可参见《室外给水设计标准》(GB 50013—2018) 及有关设计手册。

固定式取水构筑物包括取水设施和泵房两部分，取水设施将河流中的水引入吸水间，泵房作为给水系统的一级提升泵房，通过水泵将水提升进入输水管线送至给水处理厂或用户。取水设施和泵房都建在岸边，直接从岸边取水的固定式取水构筑物，称为岸边式取水构筑物。在河心设置进水孔，从河心取水的构筑物，称为河床式取水构筑物。

岸边式取水构筑物由集水井和泵房两部分组成，其基本构造如图 8-6～图 8-9 所示。

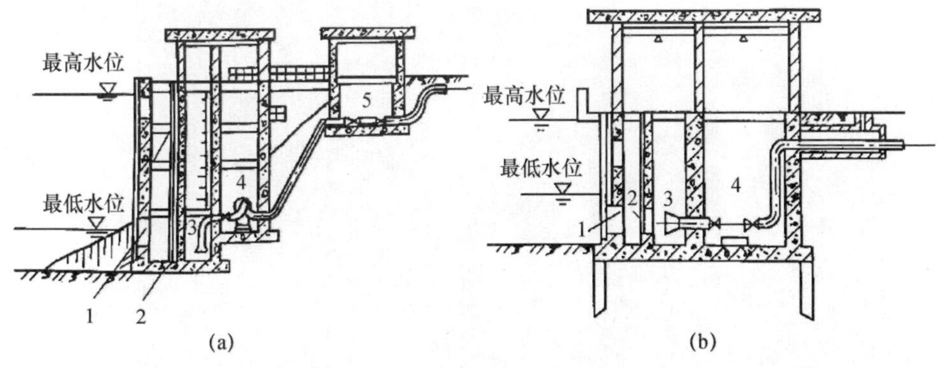

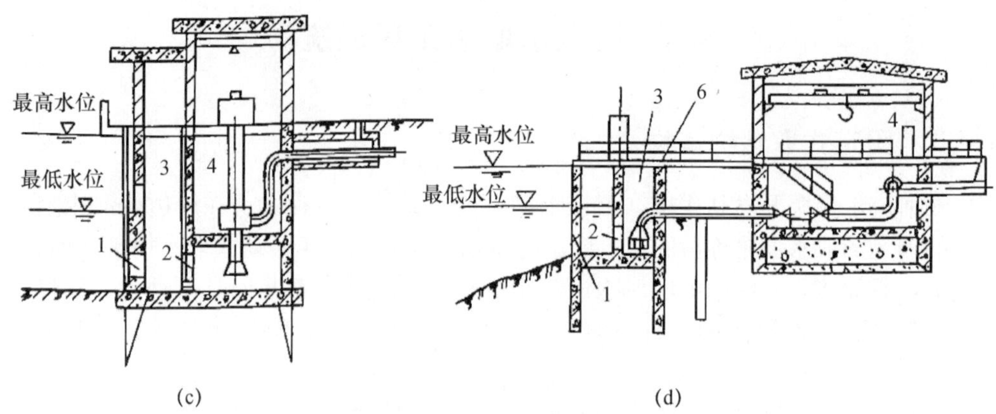

图 8-6　岸边式取水构筑物

(a) 底板呈阶梯布置；(b) 底板呈水平布置（采用卧式泵）

(c) 底板呈水平布置（采用立式泵）；(d) 分建式

1—进水孔；2—格网；3—集水井；4—泵房；5—阀门井；6—引桥

图 8-7　岸边式取水构筑物实景（一）

图 8-8　岸边式取水构筑物实景（二）

图 8-9　岸边式取水构筑物实景（三）

集水井是岸边式取水构筑物的取水设施，一般由进水间、格网和吸水间三部分组成，集水井顶部设操作平台，安装格栅、格网、闸门等设备的起吊装置。进水间前壁设有进水孔，孔上设有格栅及闸门槽，格栅用来拦截水中粗大的漂浮物及鱼类等。进水间和吸水间用纵向隔墙分开，在分隔墙上可以设置平板格网，用以拦截水中细小的漂浮物。当采用旋转格网时，应在进水间和吸水间之间设置格网室。水流经过装有格栅的进水孔进入集水井的进水间，再经过格网进入吸水间，然后由水泵抽走。

河床式取水构筑物，其取水设施包括取水头部、进水管和集水井，其基本结构如图 8-10 所示。河水经取水头部上带有格栅的进水孔，沿进水管流入集水井的进水间，

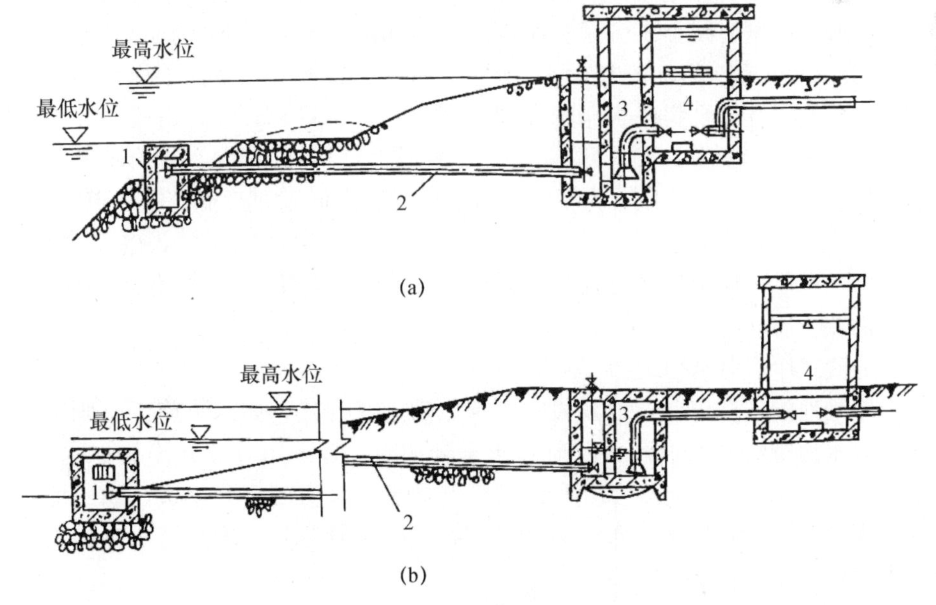

图 8-10　河床式取水构筑物
(a) 合建式；(b) 分建式
1—取水头部；2—进水管；3—集水井；4—泵房

然后经格网进入集水井的吸水间，最后由水泵抽走。河床式取水构筑物的集水井构造与岸边式取水构筑物的集水井基本相同，其差别只是岸边式取水构筑物集水井的进水间前壁不设进水孔或只设高水位进水孔，代之以进水管。河床式取水构筑物的特点是集水井和泵房建在河岸上，可不受水流冲击和冰凌碰击，也不影响河道水流。当河床变迁之后，进水管可相应地伸长或缩短，冬季保温、防冻条件比岸边式好。但取水头部和进水管经常淹没在水下，清洗和检修不方便。

岸边式取水构筑物适用于河岸较陡，主流靠近河岸，岸边有一定的取水深度，水位变化幅度不太大，水质及地质条件较好的情况。当河岸较平缓，主流离岸较远、岸边缺乏必要的取水深度或水质不好时，宜采用河床式取水构筑物。

当河流含沙量大、冰凌严重时，宜在岸边式取水构筑物取水处的河流岸边用堤坝围成斗槽，利用斗槽中流速较小、水中泥沙易于沉淀、潜冰易于上浮的特点，减少进入取水口的泥沙和冰凌，从而进一步改善水质。这种取水构筑物称为斗槽式取水构筑物。斗槽式取水构筑物由进水斗槽和岸边式取水构筑物组成。

1）岸边式取水构筑物的形式

按照集水井和泵房的相对位置，岸边式取水构筑物可分为合建式和分建式两类。

(1) 合建式岸边取水构筑物

合建式岸边取水构筑物将集水井和泵房合建在一起，如图 8-6 (a)、(b)、(c) 所示。其特点是布置紧凑，总建筑面积小，吸水管路短，运行安全，维护方便；但土建结构复杂，施工较困难。适用于河岸坡度较陡、岸边水流较深且地质条件较好、水位变幅和流速较大的河流。在取水量大、安全性要求较高时，多采用此种形式。

合建式取水构筑物根据具体情况，可布置成三种形式。图 8-6 (a) 所示的构筑物，集水井与泵房底板呈阶梯布置。当具有岩石基础或其他较好的地质条件时，这样布置可利用水泵吸水高度，减小泵房深度，利于施工和减少投资。但此时泵房需设真空泵，而且启动时间较长。在地基条件较差、不宜按阶梯形布置或安全性要求较高、取水量较大时，应将集水井与泵房底板布置在同一高程上，如图 8-6 (b) 所示。底板水平布置可避免产生不均匀沉降，水泵可自灌式启动；但由于泵房较深，造价较大，且通风防潮条件较差，操作管理不便。为了缩小泵房面积，降低基建投资，在河道水位较低、泵房深度较大时，可采用立式泵（或轴流泵）取水。也可将吸水间设在泵房的下面，如图 8-6 (c) 所示。这种布置可将电气设备置于泵房的上层，操作方便，通风条件好，但检修条件差。

(2) 分建式岸边取水构筑物

当河岸处地质条件较差，以及集水井与泵房不宜合建，如水下施工有困难，或建造合建式取水构筑物对河道断面及航道影响较大时，宜采用分建式岸边取水构筑物，如图 8-6 (d) 所示。由于将集水井和泵房分开建造，泵房可离开岸边，建于地质条件较好处，因此可使土建结构简单，易于施工；但吸水管较长，增加了水头损失，维护管理不太方便，运行安全性较差。

2）河床式取水构筑物的形式

与岸边式取水构筑物一样，河床式取水构筑物的集水井和泵房可以合建，也可以分建。图 8-10 (a) 为合建的河床式取水构筑物，图 8-10 (b) 为分建的河床式取水构筑物。

无论是合建或分建的河床式取水构筑物，按照进水管的形式，又可以分为自流管式、虹吸管式、水泵直接吸水式、桥墩式；按照取水泵房的结构和特点，可分为湿式竖井泵房和淹没式泵房。

(1) 自流管式

河水进入取水头部后经自流管靠重力流入集水井，这种取水构筑物称为自流管式取水构筑物。图 8-11 所示为自流管式取水构筑物，这种形式由于自流管淹没在水中，河水靠重力自流，工作较为可靠。但敷设自流管的土方量较大，故宜在自流管埋深不大或河岸可以开挖时采用。

在水位变幅较大、洪水期历时较长、水中含沙量较高的河流取水时，集水井中常沉积大量的泥沙，不易清除，影响取水水质，因此可在集水井进水间前壁上开设高位进水孔。在非洪水期，利用自流管取得河心水质较好的水，而在洪水期则利用高位进水孔取得上层含沙量较少的水。这种形式比单用自流管进水安全、可靠。也可以通过设置高位自流管实现分层取水。

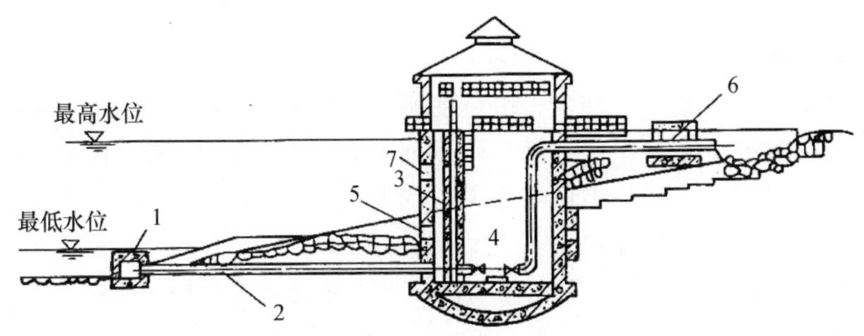

图 8-11　自留管式取水构筑物

1—取水头部；2—自流管；3—集水井；4—泵房；5—进水孔；6—阀门井；7—高位进水孔

(2) 虹吸管式

河水进入取水头部后经虹吸管流入集水井的取水构筑物称虹吸管式取水构筑物如图 8-12、图 8-13 所示。当河滩宽阔、河岸高、自流管埋深很大或河岸为坚硬岩石以及管道需穿越防洪堤时，宜采用虹吸管式取水构筑物。由于虹吸高度最大可达 7m，故可大大减少水下施工工作量和土石方量，缩短工期，节约投资。但是虹吸管必须保证严

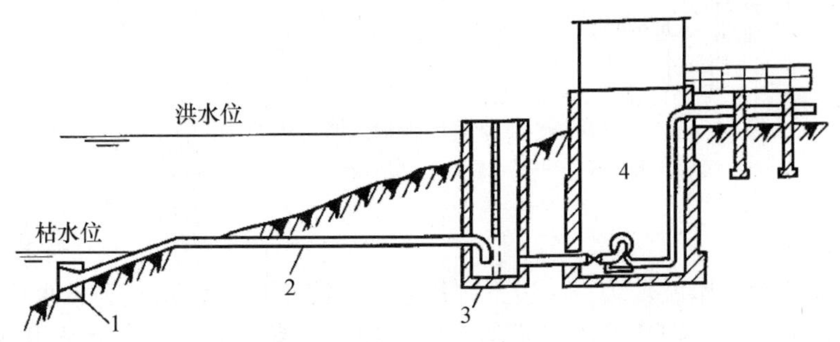

图 8-12　虹吸式取水构筑物（一）

1—取水头部；2—虹吸管；3—集水井；4—泵房

密、不漏气，因此对管材及施工质量要求较高。另外，由于需要设一套真空管路系统和设备，当虹吸管管径较大、管路较长时，启动时间长，运行不方便。由此可见，虹吸管式取水构筑物工作的可靠性比自流管式差。

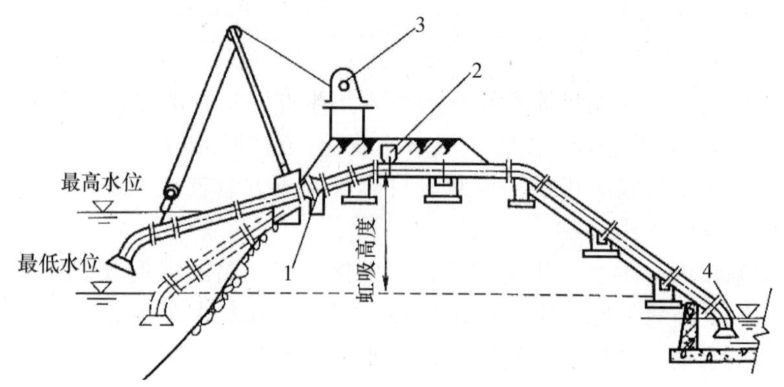

图 8-13　虹吸式取水构筑物

1—活动接头；2—真空系统；3—卷扬机；4—集水井

（3）水泵直接吸水式

在取水量小、河中漂浮物较少、水位变幅不大时，可不设集水井，利用水泵吸水管直接伸入河中取水，如图 8-14、图 8-15 所示。这种形式的构筑物利用了水泵的吸水高度，使泵房的埋深减小，且不设集水井，因此施工简单，造价低，可在中小型取水工程中采用。但要求施工质量高，不允许吸水管漏气；在河流泥沙颗粒粒径较大时，水泵叶轮磨损较快；且由于没有集水井和格网，漂浮物易堵塞取水头部和水泵。

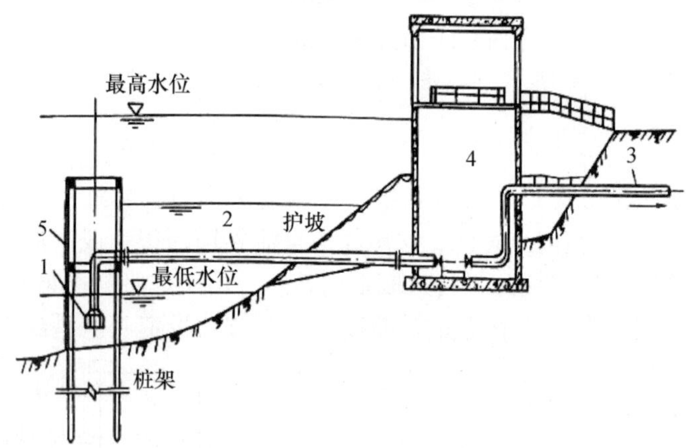

图 8-14　水泵直接吸水式取水构筑物

1—取水头部；2—吸水管；3—出水管；4—泵房；5—栅条

（4）桥墩式

在取水量较大、岸坡较缓、岸边不宜建泵房、河道内含沙量较高、水位变幅较大、河床地质条件较好等个别情况下，将整个取水构筑物建在江心，在集水井进水间的井壁上开设进水孔，从江心取水，构筑物与岸之间架设引桥，如图 8-16 和图 8-17 所示。这种形式的构筑物由于缩小了水流断面，造成附近河床冲刷，故基础埋设较深，施工复杂，造价高，维护管理不便，且影响航运。

图 8-15　水泵直接吸水式取水构筑物实景

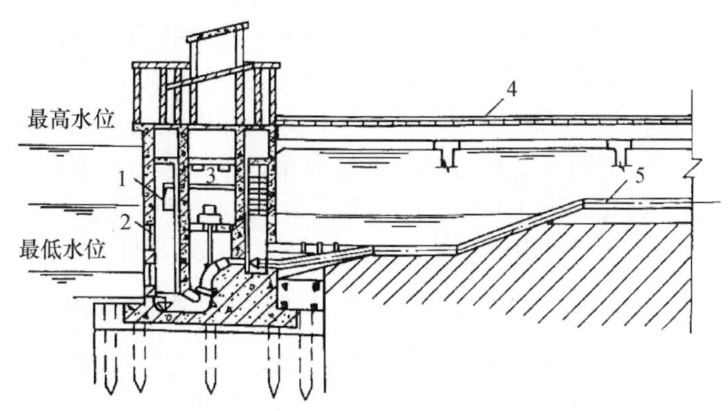

图 8-16　桥墩式取水构筑物

1—集水井；2—进水孔；3—泵房；4—引桥；5—出水管

图 8-17　桥墩式取水构筑物实景

(5) 湿式竖井泵房

湿式竖井泵房的泵房下部为集水井，上部（洪水位以上）为电动机操作室，采用防沙深井泵取水，如图 8-18 所示。

这种形式的泵房适用于水位变幅大于 10m，尤其是骤涨骤落（水位变幅大于 2m/h）、水流流速较大的情况。这种泵房取水的特点是采用深井泵，泵房面积小，对集水井防渗、抗浮的要求低，可降低基建成本；电动机和操作室的通风及防潮条件较好，运行管理方便。但是水泵检修时需要吊装全部泵管，拆卸安装工作量较大。

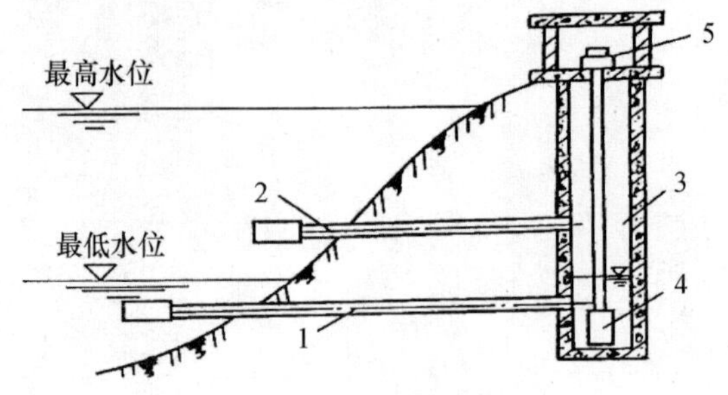

图 8-18　湿式竖井泵房

1—低位自流管；2—高位自流管；3—集水井；4—深井泵；5—水泵电动机

（6）淹没式泵房

集水井、泵房位于常年洪水位以下，洪水期处于淹没状态，称为淹没式泵房，如图 8-19 所示。这种形式适用于在河岸地基较稳定、水位变幅较大、洪水期历时较短、长时期为枯水期水位、含沙量较少的河流取水，如长江中上游地区。其特点是泵房高度小，土石方量小，构筑物所受浮力小，结构简单，造价较低；但泵房的通风和采光条件差，泵房潮湿，对电机运行不利，且噪声大，操作管理及设备检修、运输不方便，结构防渗要求高，洪水期格栅难以起吊、冲洗。

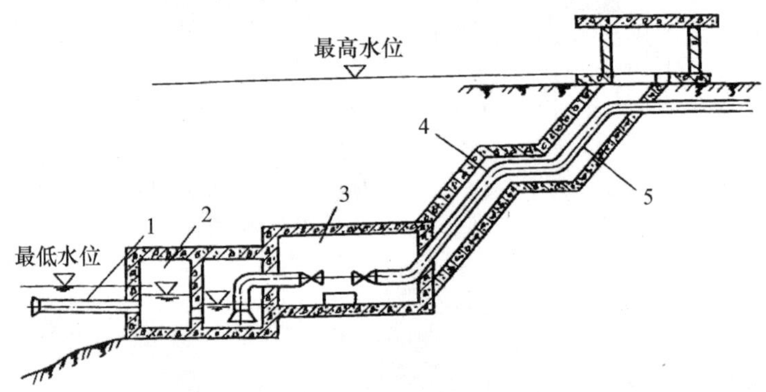

图 8-19　淹没式泵房

1—自流管；2—集水井；3—泵房；4—交通廊道；5—出水管

3）斗槽的形式

斗槽的类型按其水流补给的方向可分为顺流式斗槽、逆流式斗槽、侧坝进水逆流式斗槽和双向式斗槽，如图 8-20 所示。

（1）顺流式斗槽

斗槽中水流方向与河流流向基本一致，称为顺流式斗槽，如图 8-20（a）所示。由于斗槽中流速小于河水的流速，当河水正面流入斗槽时，其动能迅速转化为位能，在斗槽进口处形成壅水和横向环流，使大量的表层水进入斗槽，大部分悬移质泥沙由于流速减小而下沉，河底推移质泥沙随底层水流出斗槽，故进入斗槽的泥沙较少，但潜

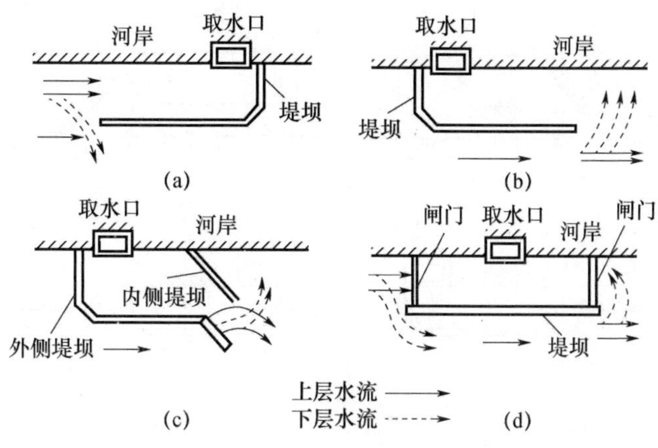

图 8-20　斗槽的形式

(a) 顺流式；(b) 逆流式；(c) 侧坝进水逆流式；(d) 双向式

冰较多。因此，顺流式斗槽适用于含沙量较高但冰凌不严重的河流。

(2) 逆流式斗槽

逆流式斗槽中水流方向与河流流向相反，如图 8-20 (b) 所示。当水流顺着堤坝流过时，由于水流的惯性，在斗槽进水口处产生抽吸作用，使斗槽进口处水位低于河流水位，于是河流的底层水大量进入斗槽，故能防止漂浮物及冰凌进入槽内，并能使进入斗槽中的泥沙下沉、潜冰上浮。这种形式的斗槽适用于冰凌情况严重、含沙量较少的河流。

(3) 侧坝进水逆流式斗槽

此种斗槽是在逆流式斗槽渠道的进口端建两个斜向的堤坝，伸向河心，如图 8-20 (c) 所示。斜向外侧堤坝能被洪水淹没，内侧堤坝不能被洪水淹没。在有洪水时，洪水流过外侧堤坝，在斗槽内产生顺时针方向旋转的环流，将淤积于斗槽内的泥沙带出槽外，另一部分河水顺着斗槽流向取水构筑物。这种形式的斗槽适用于含沙量较高的河流。

(4) 双向式斗槽

双向式斗槽是顺流式和逆流式的组合，兼有二者的特点，如图 8-20 (d) 所示。当汛期河水含沙量大时，可打开上游端闸门，利用顺沉式斗槽进水；当冬春季冰凌严重时可打开下游端闸门，利用逆流式斗槽进水。这种形式的斗槽适用于冰凌严重且泥沙含量高的河流。

按照斗槽伸入河岸的程度，可分为以下几种：

① 斗槽全部设置在河床内。适用于河岸较陡或主流离岸较远以及岸边水深不足的河流。图 8-21 所示为此种形式。

② 斗槽全部设置在河岸内，如图 8-21 (a) 所示。这种形式适用于河岸平缓、河床宽度不大、主流近岸或岸边水深较大的河流。

③ 斗槽部分伸入河床，如图 8-21 (b) 所示。其适用特点和水流条件介于上述两者之间。

斗槽工作室的大小，应根据在河流最低水位时能保证取水构筑物正常工作、使潜冰上浮、泥沙沉淀、水流在槽中有足够的停留时间及清洗方便等要求进行设计。

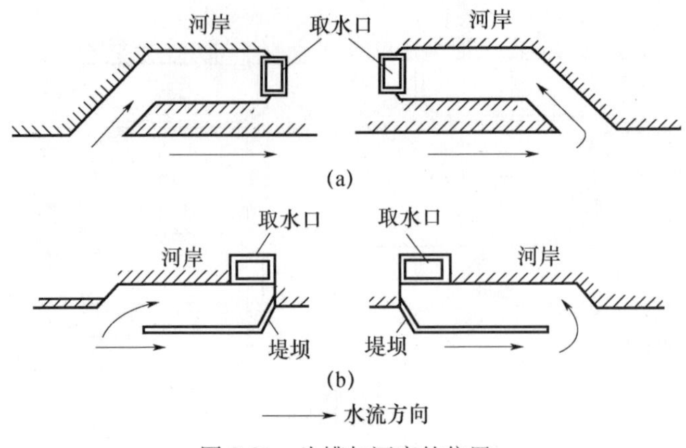

图 8-21　斗槽与河床的位置

8.4.2　活动式取水构筑物

在水位变幅较大的河流上取水，为了节约投资，减少水下工程量，或者供水要求甚急时，可采用活动式取水构筑物。活动式取水构筑物主要有浮船式和缆车式，还有用浮吸式和井架式的等等。

1）浮船式取水构筑物

浮船式取水构筑物具有投资少、建设快、易于施工（无复杂的水下工程）、有较大的适应性与灵活性（能适应快速供水需要，可灵活调动）、能经常取得含沙量较少的表层水等优点。因此，在我国西南和中南地区水位变幅大的河流上广泛采用，目前每只浮船的取水能力已达每日 18 万 m^3。但它也存在缺点，例如，河流水位涨落时，需要移动船位（阶梯式连接时，尚需换接头和短期停止取水），故操作管理较麻烦，浮船要受到水流、风浪、航运等的影响，故取水的安全可靠性较差。

（1）浮船取水位置选择

除按地表水取水构筑物位置选择的基本要求外，尚须注意以下几点。

① 河岸有适宜的坡度。岸坡过于平缓，不仅联络管增长，且移船不方便，并易搁浅。采用阶梯式连接时，岸坡以 20°～30°为宜，采用摇臂式连接时，岸坡宜陡些（可达 60°）。

② 设在水流平缓、风浪小的地方，以利于浮船的固锚和减少颠簸。在水流湍急的河流上，浮船位置应避开急流和大回流区，并与航道保持一定距离。

③ 尽量避开河漫滩和浅滩地段。

（2）浮船与水泵布置

浮船的数目应根据供水规模、安全程度等因素确定。当允许间断供水或有足够容量的调节水池时，或者采用摇臂式连接时，可设置一只浮船。在不允许间断供水时，船数不宜少于两只。

浮船有木船、钢板船、钢丝网水泥船等多种。钢丝网水泥船造价较低，能节约钢材，使用年限长，维修简单，是一种较好的船体，但怕搁浅、碰撞和震动。

浮船一般要做成平底形式，平面为矩形，断面为梯形或矩形。浮船的尺寸应根据设备及管路布置、操作及检修要求、浮船的稳定性等因素决定。浮船上水泵布置除应紧凑、操作检修方便外，还应特别注意浮船的平衡与稳定。

(3) 浮船的平衡与稳定

为了保证运行安全，浮船应在各种情况下（正常运转、风浪作用、移船、设备装运时）均能保持平衡与稳定。首先应通过设备布置使浮船在正常运转时接近平衡。为保证操作安全，在移船和风浪作用时，浮船的最大横倾角不超过7°～8°为宜，浮船的稳定性与船宽关系很大。

为了防止沉船，应在船舱中设立水密隔舱。

(4) 联络管与输水斜管

浮船需随河水涨落而升降，随风浪而摇摆，因此船上的水泵压水管与岸边的输水管相连接的联络管应当转动灵活。常用的联接方式有阶梯式和摇臂式两种。

① 阶梯式连接。

a. 柔性联络管连接。如图 8-22 所示，采用两端带有法兰接口的橡胶软管作联络管。

b. 刚性联络管连接。如图 8-23 所示，采用两端各有一个球形方向接头的焊接钢管作联络管。钢管承压高，使用年限长，故采用较多。其连接可采用球形万向接头。

阶梯式连接，由于受联络管长度和球形接头转角的限制，在水位涨落超过一定范围时，就需要移船和换接头。每换一次接头需 4～6 人，费时 0.5～2.0h，故操作管理麻烦，并需短期停止取水。但船靠岸较近，连接比较可靠，主要在水位变幅大的河流上采用。

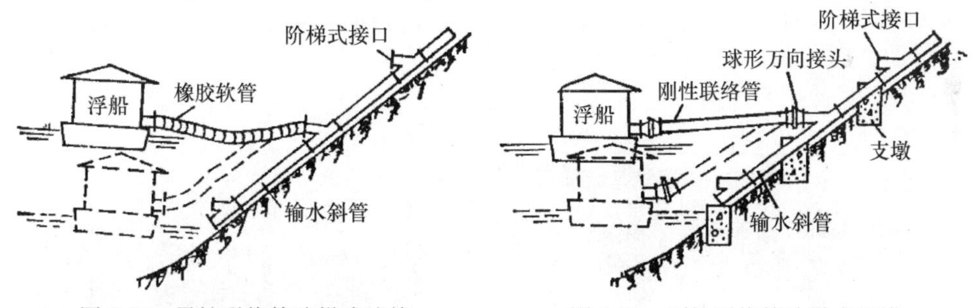

图 8-22　柔性联络管阶梯式连接　　图 8-23　刚性联络管阶梯式连接

② 摇臂式连接。

a. 套筒接头摇臂式连接。连接管由钢管和几个套筒旋转接头组成。水位涨落时，联络管可以围绕岸边支墩上的固定接口转动。这种连接的优点是不拆换接头，管理方便，不中断取水，能适应河流水位的猛涨猛落，因此采用较广泛。目前已用于水位变幅达 20m 以上的河流。但洪水时船距岸较远，上下交通不便。

由于一个套筒接头只能在一个平面上转动，因此一根联络管上需设多个套筒接头，才能适应浮船上下、左右和摇摆运动。

因 8-24 所示为由多个套筒接头组成的摇臂式联络管。由于联络管偏心，致使两端套筒接头受到较大的扭力，接头填料易磨损漏水，从而降低了接头转动的灵活性和严密性，故这种连接只适合在水压较低，联络管质量不大时采用（图 8-25、图 8-26）。

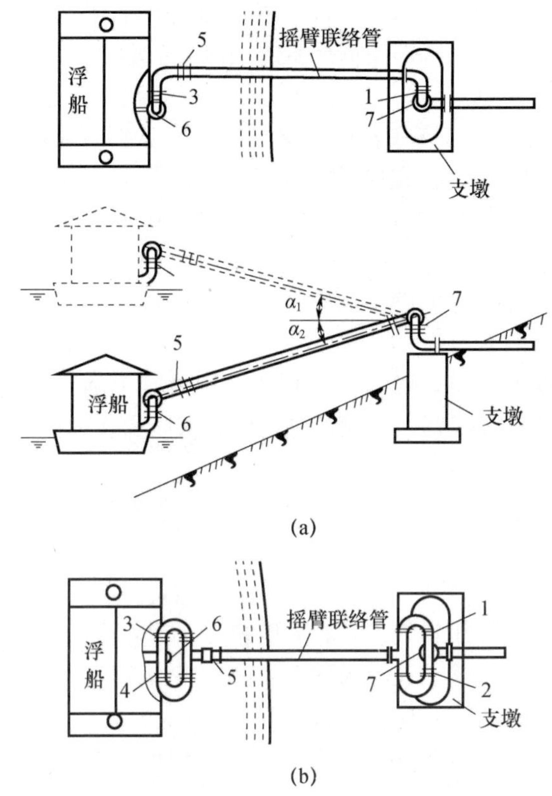

图 8-24　摇臂式套筒连接

（a）单摇臂联络管连接；（b）双摇臂联络管连接

图 8-25　套筒接头摇臂式连接实景（一）

图 8-26　套筒接头摇臂式连接实景（二）

b. 钢桁架摇臂式连接。如图 8-27 所示，刚性联络管两端用铠装法兰橡胶管连接，钢桁架一端固定在中高水位的支墩或框架上，另一端固定于浮船的支座上，两端设滚轮支座，支座上有轨道和一定的调节距离，能适应浮船的位移和颠簸。

这种连接适用于江面宽阔、水位涨落幅度大的河流，在长江中游采用较多。随着大口径铠装法兰橡胶管的生产和管道耐压力的提高，该种取水构筑物已作为永久性取水的一种形式。和套筒接头摇臂式连接相比，其操作更方便，运行更安全；但结构较复杂，且对航运有一定影响（图 8-28、图 8-29）。

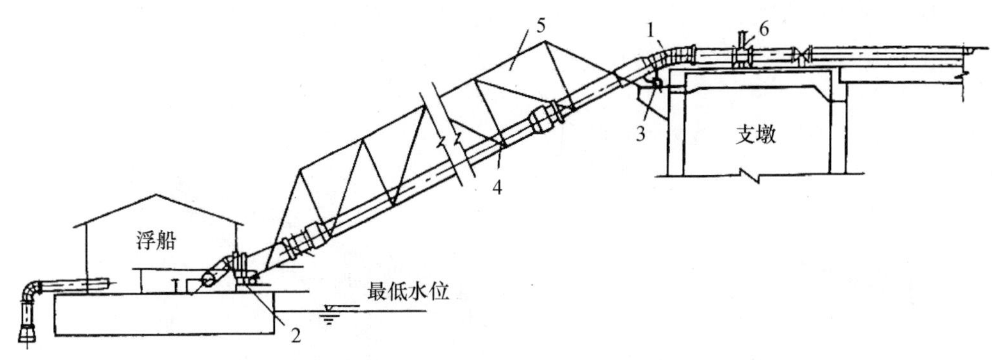

图 8-27　钢桁架式铠装法兰橡胶管连接的浮船取水构筑物

1—铠装法兰橡胶管；2—船端滚轮铰接支座；3—岸端滚轮支座；4—联络管；5—钢桁架；6—双口排气阀

图 8-28　钢桁架摇臂式连接实景（一）

图 8-29　钢桁架摇臂式连接实景（二）

③ 输水斜管。

输水斜管一般沿岸坡敷设。岸坡变化大且有泥沙淤积时，可隔一定距离设支墩，将管道固定在支墩上。输水斜管上端设排气阀，在适当部位设止回阀。

采用阶梯式连接时，输水斜管上每隔一定距离需设置叉管。在河水水位涨落速度快、河岸坡度陡、联络管短、拆换接头需要较长时间、接头有效转角大等情况下，叉管的间距应较大；反之则较小。根据重庆市的经验，叉管高差在洪水期、平水期和枯水期分别为 1.0m、1.0～2.0m 和 2.0～3.0m。通常应先在常年低水位处布置第一个叉管，然后按高差布置其余叉管。当有两条以上输水斜管时，叉管位置应错开。叉管接头处的法兰盘孔可做成椭圆孔，便于拆装。采用摇臂式连接且水泵扬程小于 25m 时，输水斜管上可不设止回阀。

2）缆车式取水构筑物

缆车式取水构筑物由泵车、坡道、输水斜管和牵引设备等四个主要部分组成，其布置如图 8-30～图 8-32 所示。当河流水位涨落时，泵车由牵引设备带动，沿坡道上的轨道上下移动。

缆车式取水构筑物的优点与浮船取水构筑物基本相同，但缆车移动比浮船方便，缆车受风浪的影响较小，比浮船稳定，故较广泛采用。但缆车取水的水下工程量和基建投资则较浮船取水大。缆车式取水构筑物适宜在水位变幅大，但涨落速度不大（不超过 2m/h 时），无冰凌和漂浮物较少的河流上采用。

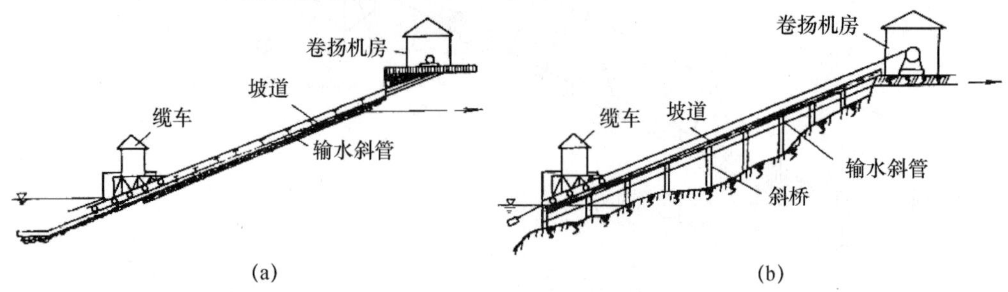

图 8-30 缆车式取水构筑物

(a) 斜坡式；(b) 斜桥式

图 8-31 缆车式取水构筑物实景（一）

图 8-32 缆车式取水构筑物实景（二）

选择缆车式取水构筑物位置时，河岸的地质条件要好，且有适宜的岸坡。岸坡一般以 10°～28°为宜。河岸太陡，则所需牵引设备过大，移车较困难。河岸太缓，则吸水管架太长，容易发生事故。

3）井架式取水构筑物

井架式取水构筑物主要由井架、取水平台、抽水系统和牵引系统等组成，适用于河岸直立、江中水急浪险的山区江河。

抽水系统包括吸水管、抽水机组、出水管、连接管和岸边输水管等部件，如图 8-33所示。井架取水的特点是：平台可随水位涨落而升降，抽水机组运行时，吸水管和出水管也一起升降。吸水管从井架一侧置于河内，出水管和岸边输水管接通，由岔管或分段式连接管来实现。

岔管设在井架的一侧，当平台升降时，其位置和长短均固定不变。岔管有正三通和斜三通两种。斜三通通过一个弯头与出水管横向连接，正三通直接与出水管横向连接或在正三通上加一段胶管再与出水管连接。分段式连接管由一列短管组成，直立在平台上，随着平台升降，并从连接管的顶部增减短管以便和岸边输水管相接。

岔管不占用平台位置，不增加平台负荷，操作部位随平台升降而改变。分段式连接管操作部位是固定的，除了会增加平台的负荷，还需要随平台的升降拆卸管段。

井架式取水构筑物工程量少，施工周期短，常用作临时取水设施，也可作为永久性取水设施建设。

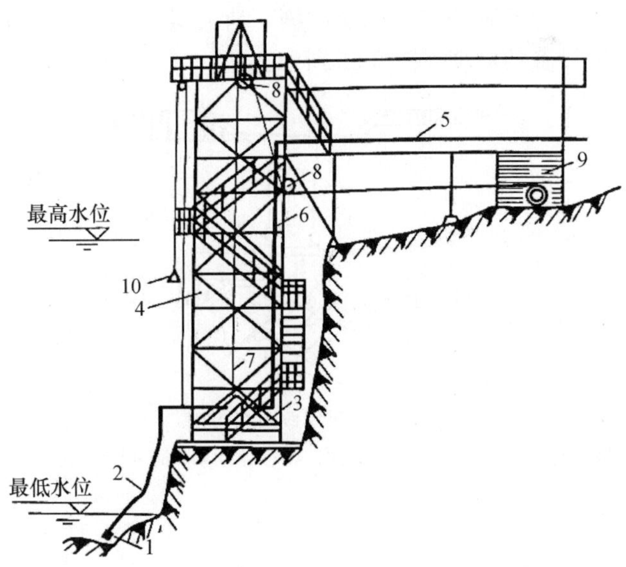

图 8-33　井架式取水构筑物

1—底阀；2—胶管；3—平台；4—井架；5—岸边输水管；6—连接管；7—钢绳；8—滑轮；9—绞车室；10—重物

8.4.3　山区浅水河流取水构筑物

山区浅水河流也称为山溪，取水构筑物分为低坝式和底栏栅式。低坝式取水构筑物又分为固定式和活动式，底栏栅式取水构筑物为固定式。

8.4.3.1　低坝式取水构筑物

低坝式取水构筑物一般适用于推移质不多的山区浅水河流。当山溪河流枯水期流量很小，水深不大，取水量占河流枯水量的百分比较大（30%～50%），且推移质泥沙不多时，可在河流上修筑低坝抬高水位以拦截足够的水量。

修筑低坝的目的是抬高枯水期水位，改善取水条件，提高取水率。低坝位置应选择在稳定河段上，其设置不应影响原河床的稳定性。取水口宜布置在坝前河床凹岸处。

1. 低坝式取水构筑物的型式

低坝式取水构筑物既有固定式低坝，也有活动式低坝。

1）固定式低坝

固定式低坝取水是由拦河低坝、冲沙闸、进水闸或取水泵站等部分组成，其布置如图 8-34 所示。

拦河坝坝高应能满足取水要求。固定式挡河坝一般用混凝土或浆砌块石建造，坝高 1～2m，做成溢流坝型式。

要在靠近取水口处设置冲沙孔或冲沙闸，以确保取水构筑物附近不淤积。闸门开启度随洪水量而变，一般当开启较频繁时，采用电动及手动两用启闭机操纵闸门。根据河床地质条件，为确保坝基安全稳定，必要时在溢流坝、冲沙闸下游设消力墩、护坦、海漫等来消能，使坝下游处河床免受冲刷。消力墩、护坦一般用混凝土或浆砌块石铺筑。有辅助消能设置的低坝如图 8-35 所示。

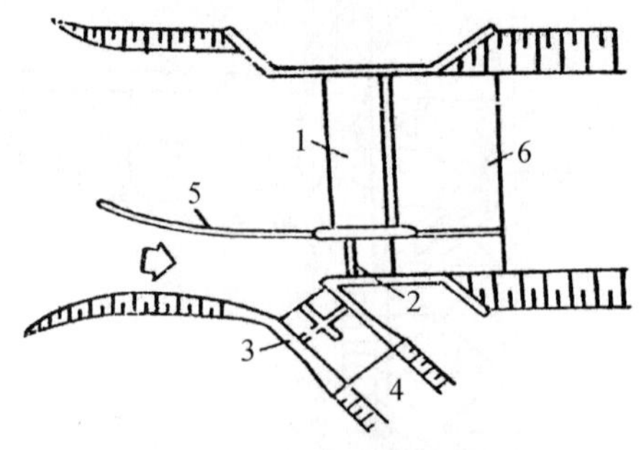

图 8-34 低坝取水布置图

1—溢流坝；2—冲沙闸；3—进水闸；4—引水明渠；5—导流堤；6—护坦

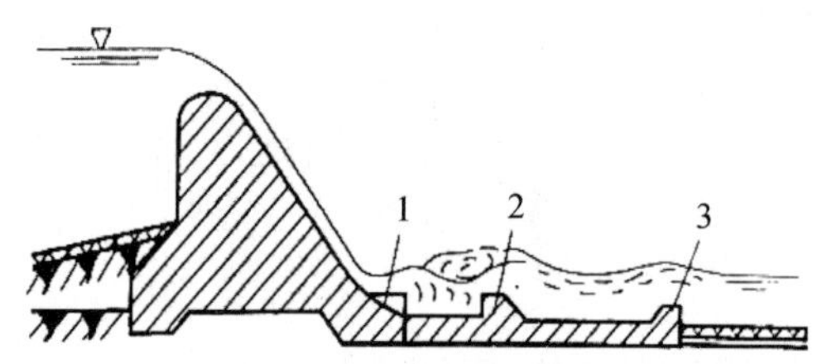

图 8-35 有辅助消能设置的低坝

1—滑力齿；2—消力墩；3—消力槛

冲沙闸的位置及过水能力，按主槽稳定在取水口前，并能冲走淤积泥沙的要求确定。一般设在溢流坝的一侧，与进水闸或取水口连接，其主要作用是依靠坝上下游的水位差，将坝上游沉积的泥沙排至下游。可在坝上安装移动式卷扬机来提升活动闸板。进水闸的轴线与冲沙闸轴线的夹角为 30°～60°，以便在取水的同时进行排沙，使含沙较少的表层水从正面进入进水闸，而含沙较多的底层水则从侧面由冲砂闸泄至下游。冲沙闸的冲沙时间约 20 分钟，冲沙时需将取水闸关闭，同时将输水管线起端阀门关闭，以防止空气进入管道。

2）活动式低坝

固定式低坝取水，在坝前容易淤积泥沙，而活动式低坝能够避免这个问题，因此经常被采用。活动式低坝在洪水期可以开启，从而减少上游淹没面积，并且便于冲走坝前沉积的泥沙，但其维护管理较固定坝复杂。低水头活动坝种类较多，有活动闸门、合页活动坝、橡胶坝、水力自动翻板闸、浮体闸、气盾坝等多种型式。

（1）合页活动坝

合页活动坝是将自卸汽车力学原理与水工结构型式相结合的新型活动坝，具备挡水和泄水双重功能，液压系统简便，维护管理费用低。坝面采用钢筋混凝土结构，基础上部的宽度只要求与活动坝高度相等，不在河中设置支撑墩等任何阻水物体，活动坝面放倒后，坝体只高出原坝顶 250mm，达到无坝一样的泄洪效果。行洪过水、冲沙、排漂浮物效果都好。丰水期河床上看不见任何物体，既不影响防洪，也不影响航运（图 8-36）。

图 8-36　合页活动坝实景

（2）橡胶坝

橡胶坝主要由坝袋、锚固结构和控制系统组成。其受力骨架多采用纤维织物，并用合成橡胶作为隔水层和保护层，可节省大量建筑材料。

袋形橡胶坝如图 8-37、图 8-38、图 8-39 所示，它是用合成纤维织成的帆布，表面涂以橡胶隔水层，粘合成一个坝袋，锚固在坝基和边墙上，然后用介质充胀，形成坝体挡水。坝袋按充胀介质类型可分为充水式、充气式。当水和空气排除后，坝袋塌落便能泄水，相当于一个活动闸门。其优点是止水效果和抗振性能好，并且可以在工厂加工预制，质量轻，施工安装方便，可大大缩短工期；另外，还能节约材料，操作灵活，坝高可以调节，但坝袋的寿命短，坚固性差。

图 8-37　袋形橡胶坝实景（一）

图 8-38　袋形橡胶坝实景（二）

（3）水力自动翻板闸

水力自动翻板闸如图 8-40 所示，它既能挡水，也可引水和泄水。其原理是根据水压力对支承铰点的力矩与闸门自重对支承铰点力矩的差异而启闭。当水压力对支承铰的力矩大于闸门自重对支承铰的力矩与支撑铰的摩擦阻力力矩之和时，闸门自动开启，当闸门自重对支承铰的力矩大于水压力对支承铰的力矩与支承铰的摩擦阻力力矩之和时，闸门自动关闭。

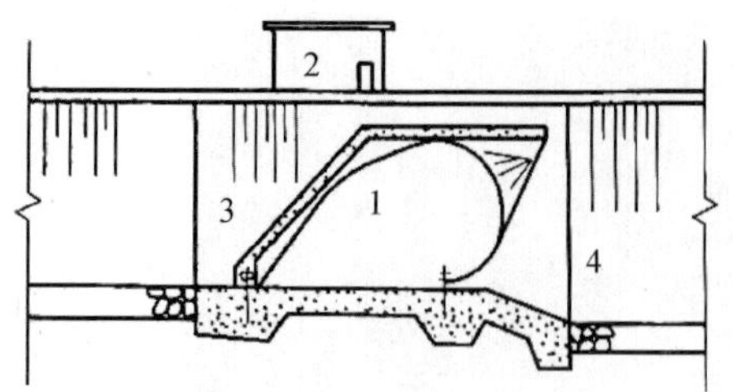

图 8-39　袋形橡胶坝断面

1—坝袋；2—充（排）气（水）泵房；3—闸墙；4—消力池

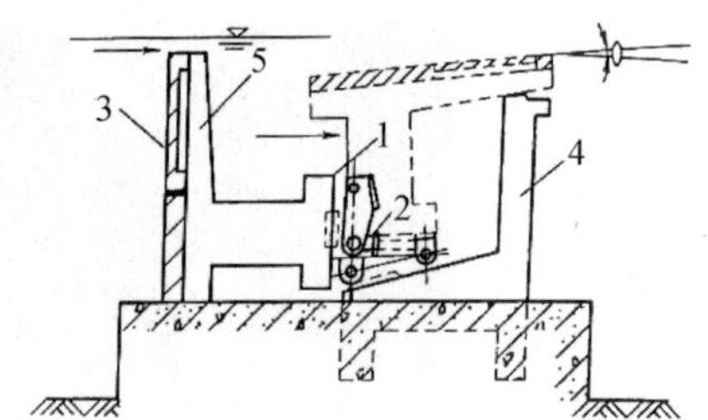

图 8-40　水力自动翻板闸示意图

1—固定座；2—铰座；3—面板；4—支墩；5—支腿

闸门面板上设置梳齿，或在闸坡上设置通气孔，可防止闸门启闭过于频繁。具有自动启闭功能的水力自动翻板闸与一般钢平板闸门相比，无需机电设备及专人操纵泄流，且泄洪准确、及时，能节省人力、物力。它完全借助水位的升高，随着水压力的逐渐增大而逐渐自行开启闸门过流，且保持蓄水位不变；当闸门全部打开时，河床泄流状况与天然河床相差无几，当水位降低时，闸门逐渐关闭进行蓄水。当水位升高，动水压力对支点的力矩大于闸门自重与摩阻力对支点的力矩时，闸门自动开启到一定倾角，直到在该倾角下动水压力对支点的力矩等于闸门自重对支点的力矩，达到该流量下的新的平衡。流量不变时，开启角度也不变。而当上游流量减少到一定程度，闸门自重对支点的力矩大于动水压力与摩擦阻力对支点的力矩时，水力自控翻板闸门可自行回关到一定倾角，达到该流量下新的平衡。水力自控翻板闸门平常几乎不需要维护，且建造工期短，造价低（图 8-41、图 8-42）。

图 8-41　水力自动翻板闸实景（一）

图 8-42　水力自动翻板闸实景（二）

（4）浮体闸

浮体闸和橡胶坝的作用相同，上升时可挡水，放落时可过水，但比橡胶坝的寿命长，适用于通航和放筏的山区浅水河流的取水。浮体闸门一般由闸室（可充放水的箱体）、闸坞、转动中枢、坝槛、推进装置、基础部分、控制系统等组成。它主要利用水的浮力和重力作用启闭，如图 8-43 所示。当需要闸门挡水时，可操纵上游输水设备向闸门腔体充水，借助水压力不断增长促使卧倒的闸门体升起，从而促使上游水位也不断抬高，直至折叠的副闸门被拉直，上游水位升至最高水位为止。如需闸门下降时，可操纵下游排水设备将腔体内的水排入下游，闸门便逐渐下降，直至平卧于底板上。通过门顶溢流可向下游泄水。

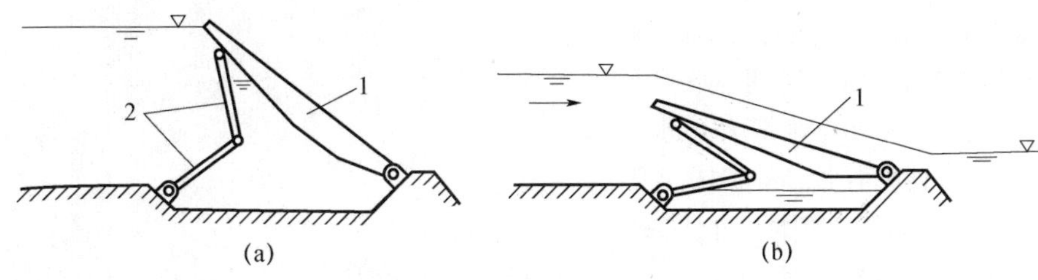

图 8-43　浮体闸启闭示意图

(a) 上升；(b) 下降

1—主闸板；2—副负闸板

浮体闸由于具有中空闸室，闸门的质量相对较轻。由于本身的结构特点，浮体闸的过水和泄洪不需要其他辅助设施，但不能在动水中操作，应用范围受到一定限制，而且需要有一定的吃水深度闸门才能运转，启闭操作比较费时，工程的整体造价偏高。

(5) 钢坝闸

钢坝闸（大跨度底轴驱动翻板闸）是一种新型可调控溢流闸门。它由土建结构、带固定轴的钢闸门门体、启闭设备等组成，适合于闸孔较宽（10～100m）而水位差比较小（17m）的工况。由于它可以设计得比较宽，可以省掉数孔闸墩，因此节省土建投资。钢坝闸可以立门蓄水，卧门行洪排涝，适当开启调节水位，还可以利用闸门门顶过水，形成人工瀑布的景观效果。缺点是全跨闸门由底轴支撑并旋转，对闸门基础要求较高，适应地基不均匀沉降能力较差（图 8-44 和图 8-45）。

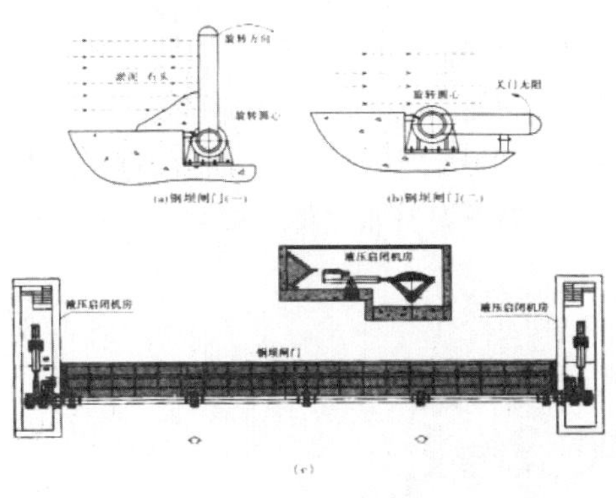

图 8-44　钢坝闸

图 8-45　钢坝闸实景图

(6) 液压升降坝

液压升降坝是近些年来发展推广起来的新型闸型。它由弧形（或直线）坝面液压杆、支撑杆、液压缸和液压泵站组成。液压升降坝采用液压杆升降以底部为轴的活动拦水坝面，达到升坝拦水、降坝行洪的目的；其三角形的支撑结构力学结构科学、不阻水、不怕泥沙淤积；不受漂浮物影响；放坝快速，不影响防洪安全；结构坚固可靠，抗洪水冲击能力强。它在充分考虑传统的活动坝型缺陷基础上，保留了平板闸、橡胶坝、翻板闸三种坝型的基本优点（图 8-46）。

（7）气盾坝

图 8-46　液压升降坝

气盾坝，也被称作气动盾形闸坝，是一种新型的挡水结构，其兼具橡胶坝和钢闸门的优点，刚柔并济，该结构由美国 OHI 公司于 20 世纪 90 年代研制而成．其结构主要由盾板、充气气囊及控制系统等组成。利用充气气囊支撑盾板挡水，气囊排气后塌坝，气囊卧于盾板下，可避免河道砂石、冰凌等对坝袋的破坏；气囊内填充介质为气体，塌坝迅速，各个部件均为预制部件，安装工期短；盾板及气囊模块化，便于修复（图 8-47）。

图 8-47　气盾坝

山东泗河上的龙湾店气盾坝现为山东省规模最大的气盾坝工程。气盾坝共 3 孔，每孔净宽 70m，总净宽 210m，中边墩厚度为 1m，挡水高度 3.5m，底板顶高程 51.5m，边墩顶高程 56m，设计蓄水位 55m。汛期气盾坝塌坝，闸门开启泄洪，非汛期气盾坝充坝，闸门关闭挡水。非汛期生态用水通过调节闸门挡水高度向下游补水（图 8-48）。

图 8-48　山东泗河龙湾店桥上游的气盾坝放平时实景图

8.4.3.2　底栏栅式取水构筑物

通过坝顶带栏栅的引水廊道取水，称为底栏栅式取水构筑物。它适宜在水浅、大粒径推移质较多的山区河流、取水百分比较大时采用。

底栏栅式取水构筑物由拦河低坝、底栏栅、引水廊道、沉沙池、取水泵站等组成。如图 8-48 所示。在拦河坝上设有进水底栏栅及引水廊道。河水经坝顶时，一部分通过栏栅流入引水廊道，经过沉沙池除去粗颗粒泥沙后，再由水泵抽走；其余的河水经坝顶溢流，并将大粒径推移质、漂浮物及冰凌带至下游。

当取水量大、推移质甚多时，可在底栏栅一侧设置冲沙室和进水闸（或岸边进水口）。冲沙室用以排泄上游沉积的泥沙；进水闸用以在栏栅及引水廊道检修时，或冬季河水较清时进水（图 8-49）。

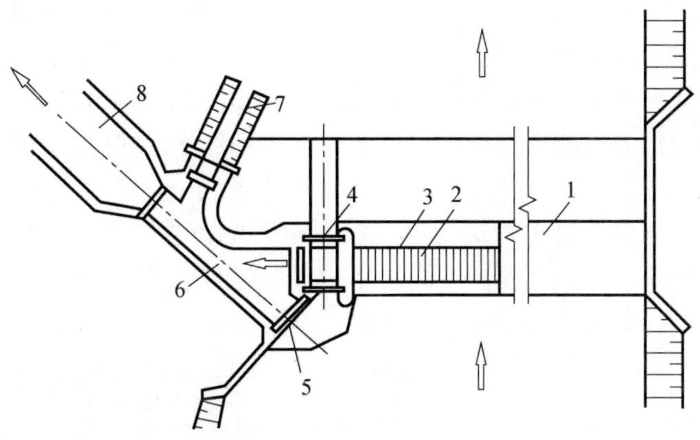

图 8-49 底栏栅式取水构筑物平面布置

1—溢流堰；2—引水廊道；3—底栏栅；4—冲沙室；5—侧面进水闸；6—第二冲沙室；7—排沙渠；8—沉沙池

8.4.4 库湖取水构筑物

以下为湖泊、水库常用的取水构筑物类型，具体选用何种类型，应根据不同的水文特征和地形、地貌、气象、地质、施工等条件进行技术经济比较后确定。

1. 隧洞式取水

隧洞式取水构筑物一般适用于取水量大且水深 10m 以上的大型水库和湖泊取水，要求地质条件较好，岩体比较完整，山坡坡度适宜，易于开挖平洞和竖井。其结构比较简单，不受风浪和冰冻的影响，但竖井之前的隧洞段检修不便，竖井开挖也较困难。隧洞式取水如图 8-50 所示。一般是在选定的取水隧洞的下游一端，先行挖掘修建引水隧洞，并在隧洞进口附近的岩体中开挖竖井，然后将闸门安置在竖井中。竖井井壁一般要进行衬砌，顶部布置启闭机及操纵室，渐变段之后接隧洞洞身（图 8-50）。

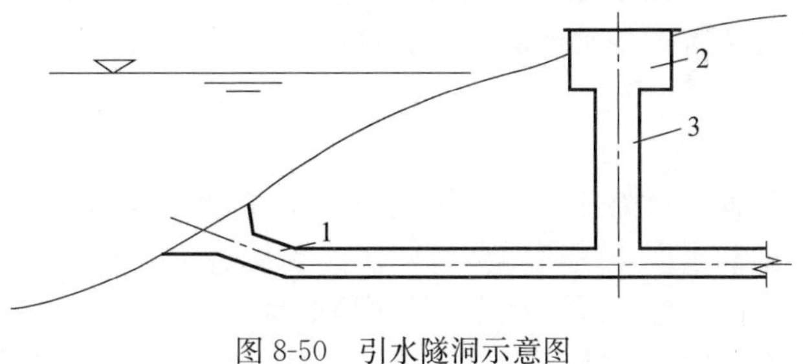

图 8-50 引水隧洞示意图

1—引水隧洞；2—闸门室；3—竖井

2. 引水明渠取水

水库水深较浅时，常采用引水明渠取水。一般是在水库一侧取水处建取水涵闸，通过明渠将水引入取水泵站集水井。明渠岸边无坝侧向取水是一种常见的取水形式。渠道与库岸的夹角越小，水流经过取水口时的水头损失也越小，越有利于减少推移质底沙进入取水泵站。

渠道内水流设计速度要小于不冲刷流速而大于不淤流速。渠道中长草会增大水头损失，降低过水能力。在易长草季节，维持渠道中的水深大于 1.5m，同时流速大于 0.6m/s，可抑制水草的生长。北方在严寒季节，水流中的冰凌会堵塞进水口的格栅，用暂时降低出流量，使渠道流速小于 0.45～0.6m/s，以迅速形成冰盖的方法可防止冰凌的生成。为了保护冰盖，渠内流速应限制在 1.25m/s 以下，并防止水位变动过大。

对渠道应加设护面，减小粗糙度、防渗、防冲、防草、维护边坡稳定。

3. 桥墩式取水

桥墩式取水是把整个取水构筑物建造在库湖之中，适用于岸坡平缓、深水线离岸较远、高低水位相差不大、含沙量不高、岸边无建造泵房条件的湖泊，也可用于条件类似、河面宽阔不会影响航运的江河，如图 8-51、图 8-52 所示。

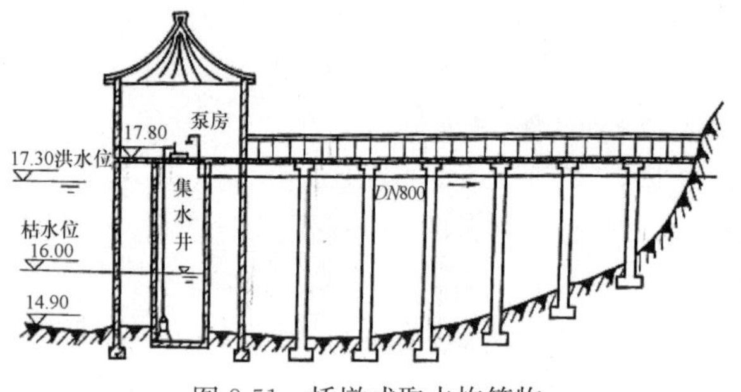

图 8-51　桥墩式取水构筑物

图 8-52　桥墩式取水构筑物实景

桥墩式取水构筑物一般由取水头部、进水管、集水井和取水泵房组成。集水井可与泵房分建或合建。当取水量小时，可以不建集水井而由水泵直接吸水。取水头部外壁进水口上装有格栅，集水井内装有滤网以防止原水中的大块漂浮物进入水泵，阻塞通道或损坏叶轮。

当在深水湖泊和水库中取水时，可同时设置几排不同水深的取水窗口，以便随季节变化从不同的水深处取到优质原水。

小型取水构筑物的集水井可建在湖心中，泵房盖在集水井之上，泵房外观及其与岸边的通道可以结合水景设计。

该种型式的取水构筑物基础埋深较大，且需要设置较长的引桥和岸边连接，施工复杂，造价较高。

4. 分层取水

由于夏季近岸生长的藻类数量常比湖心多，浅水区比深水区多，而且暴雨过后会有大量泥沙进入湖泊和水库，越接近湖底，泥沙含量越大，可通过在不同深度设置进水孔，根据水质的不同取得不同深度处较好水质的水。

位于湖泊或水库边的取水构筑物最底层进水孔下缘距水体底部的高度，应根据水体底部泥沙沉积和变迁情况等因素确定，一般不宜小于 1.0m，当水深较浅、水质较清，且取水量不大时，其高度可减至 0.5m。

取水构筑物有与坝体合建和分建两种型式的固定式取水塔。这两种取水构筑物型式多适用于取水塔与水库同时施工时。与坝体合建式取水塔更有利于防止在取水口处产生泥沙淤积。图 8-53 所示为与坝体分建式水库取水塔，塔体为圆形竖井结构，设四层取水口，间距为 5m。

图 8-54 所示为与坝体合建的库坝式取水构筑物，适用于水库水深较大的情况。在取水范围内不同高度设置多个孔口，每个孔口分别由闸门控制开关。此种取水方式安全可靠，且不受风浪的侵袭。

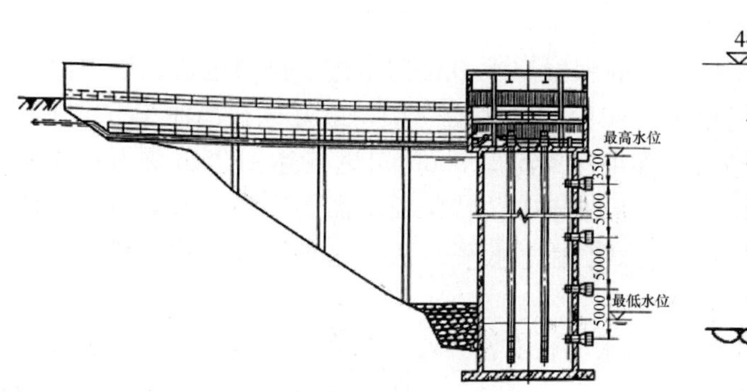

图 8-53　水库分层取水示意图

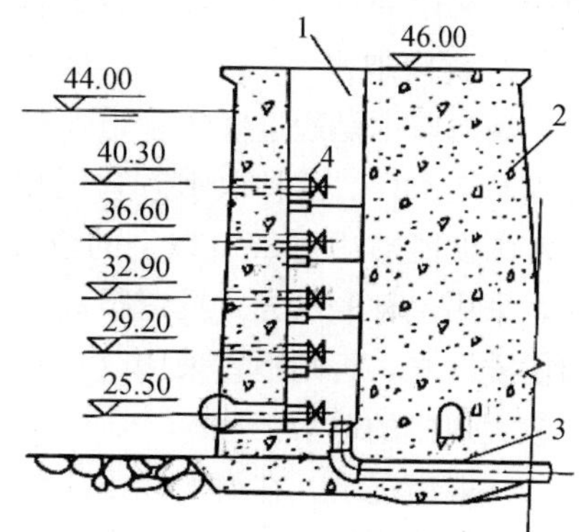

图 8-54　库坝式取水构筑物

1—吸水间；2—坝体；3—吸水管

5. 浅水库湖取水

对于水位较低的浅水湖泊和水库，在枯水期采用水泵吸水管直接取水较为困难。可以采用自流管或虹吸管把湖水引入湖岸上深挖的吸水间内，然后由水泵直接从吸水间内抽吸提升。泵房和吸水间既可合建，也可分建，与江河固定式取水方式相似。图 8-55 所示为自流管合建式取水构筑物，图 8-56 所示为虹吸管分建式取水构筑物。

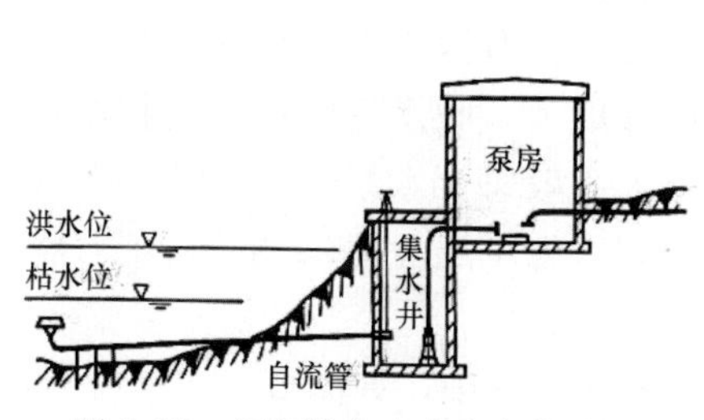

图 8-55　自流管合建式取水构筑物

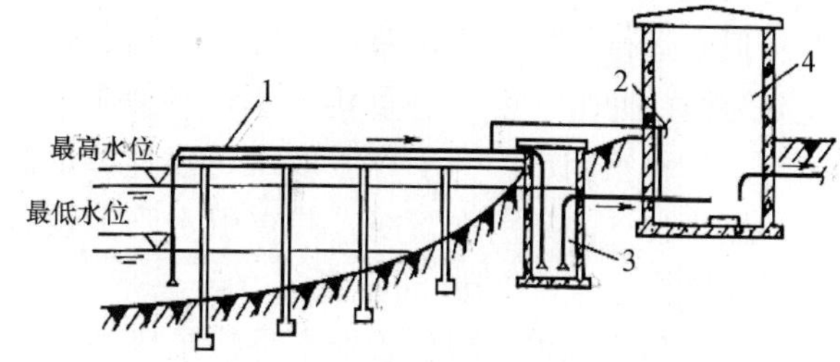

图 8-56　虹吸管分建式取水构筑物

1—虹吸管；2—抽真空管；3—集水井；4—泵房

6. 浮筒式表层取水

水库有时水深较浅，水质较清，可采用浮筒式取水构筑物。它由浮于水面的浮筒和铰接式连接管臂组成，水从水面流入管臂，浮筒随水库水位升降，可连续地取得表层水，但取水量不大，一般均在 $2m^3/s$ 以下。

8.4.5 海水取水构筑物

1. 海滩井取水

海滩井取水是在海岸线上建设取水井，从井里取出经海床渗滤过的海水作为原水，适用于渗水性好、沉积物厚度不低于15m的沙质海岸。通过这种方式取得的原水由于经过了天然海滩的过滤，海水中的颗粒物被海滩截留，浊度低，水质好。

海滩井取水的不足之处主要在于占地面积较大、所取原水中可能含有铁锰以及溶解氧较低等问题。此外，利用海滩井取水还要考虑到取水系统是否会污染地下水或被地下水污染，海水对海岸的腐蚀作用是否会对取水构筑物的寿命造成影响，取水井的建设对海岸的自然生态环境的影响等。

2. 深海取水

深海取水是通过修建管道，将外海的深层海水引导到岸边，再通过建在岸边的泵房提升至水厂。这种取水方式适用于海床比较陡峭的海岸，最好选在离海岸50m内、海水深度能够达到35m以上的位置。如果在离海岸500m外才能达到35m深海水的地区，采用这种取水方式投资很高，除非是由于工艺特殊要求需要取到浅海取不到的低温优质海水，否则不宜采用这种取水方式。由于投资巨大，这种取水方式一般不适用于较大规模的取水工程。

一般情况下，在海面以下1～6m取水会含有沙、小鱼、水草、海藻、水母及其他微生物，水质较差，而当取水位在海面以下35m时，这些物质的含量会大大减少，水质较好，可以大幅度减少预处理的费用。

3. 浅海取水

浅海取水是最常见的海水淡化取水方式，虽然水质较差，但由于投资少、适应范围广，而被广泛采用。一般常见的浅海取水形式有：岸边式、海岛式、海床式、引水渠式、斗槽式、潮汐式等。

(1) 岸边式取水。岸边式取水多用于海岸陡、海水含泥沙量少、淤积不严重、高低潮位差值不大、低潮位时近岸水深度大于1.0m，且取水量较少的情况。这种取水构筑物与河流的岸边式取水构筑物构造相同，水泵直接从海边取水，其构造简单，工程投资较低，运行管理方便，缺点是易受海潮影响，也会受到海洋生物的侵害，泵房还会受到海浪的冲击。由于是直接取水，一般泵房下卧深度大，吸水管内海洋生物堵塞时清理工作相当困难。为了克服取水可靠性差的缺点，一般每台水泵单独设置一条吸水管，至少设计两条引水管线，并在引水管上设置闸阀。为了避免海浪的冲击，可将泵房设在距海岸10～20m的位置。

(2) 海岛式取水。海岛式取水是将泵房建在离岸较远的海中，如图8-57所示。其适用于海滩平缓，低潮位离海岸很远，且周围低潮位时水深不小于1.5～2.0m的情况。要求建设海岛取水构筑物处海底为石质或沙质，且有天然或港湾的人工防波堤保护，受潮水袭击可能性小。可修建长堤或栈桥将取水构筑物与海岸联系起来。这种取水方式的供水系统比较简单，管理比较方便，而且取水量大，在海滩地形不利的情况下可保证供水。缺点是施工有一定难度，取水构筑物如果受到潮汐突变威胁，供水安全性较差。

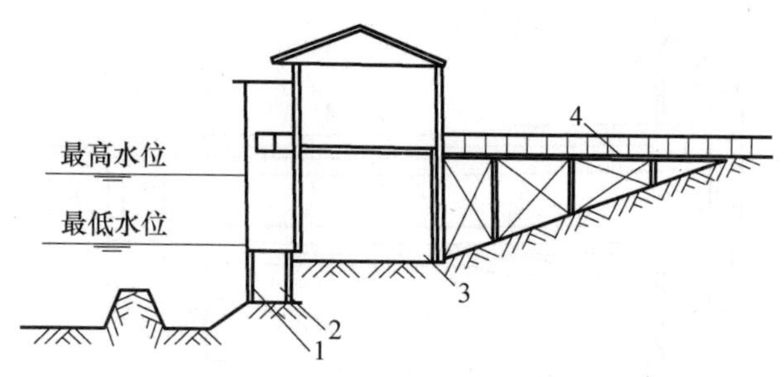

图 8-57　海岛式取水泵房

1—格栅；2—集水井；3—泵房；4—栈桥

（3）海床式取水。海床式取水适用于取水量较大、海岸较为平坦、深水区离海岸较远或者潮差大、低潮位离海岸远以及海湾条件恶劣，如风大、浪高、流急的地区。这种取水方式将取水管道埋入海底，而泵房与集水井建于海岸，可使泵房免受海浪的冲击，取水比较安全，且能够取到水质变化幅度小的低温海水。缺点是自流管容易积聚海洋生物或泥沙，清除比较困难，施工技术要求较高，造价昂贵。海床式取水构筑物如图 8-58 所示。

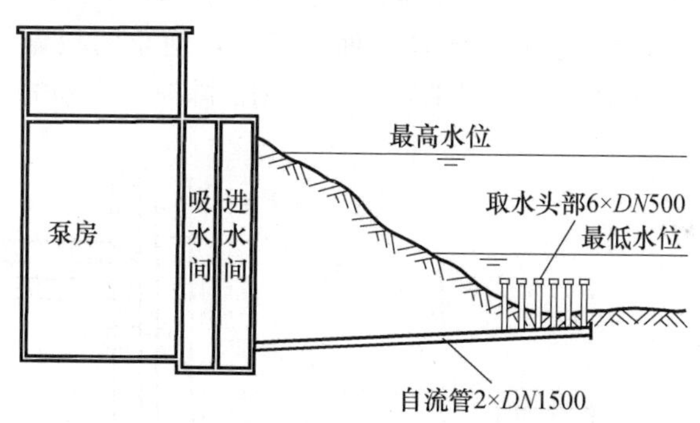

图 8-58　海床式取水构筑物

（4）引水渠式取水。引水渠式取水如图 8-59 所示，适用于海岸陡峭，引水口处海水较深，高低潮位差值较小，淤积不严重的石质海岸或港口、码头地区。这种取水方式一般自深水区开挖引水渠至泵房取水，在进水端设防浪堤，并在引水渠两侧修筑堤坝，以阻挡进渠风浪，从而避免对泵房产生过大的冲击。其特点是取水量不受限制，引水渠有一定的沉淀澄清作用，引水渠内设置的格栅、滤网等能截留较大的水生物。

设计时，引水渠入口必须低于工程所要求的保证率潮位以下至少 0.5m，取水量需按照引水渠一定的淤积速度和清理周期选择恰当的安全系数进行计算。

自流明渠高程低，施工困难且工程量大，易受海潮变化的影响，在一些条件较差的地方，淤积往往十分严重，渠内沉沙量大，宜配备清淤机械清理。明渠在岸上部分宜加盖板。提升泵可采用立式水泵。

（5）斗槽式取水。斗槽式取水构筑物如图 8-60 所示。斗槽可以使海水中的泥沙沉淀，并使泵房免受波浪的影响。该方法不适合风大、浪高、流急的海湾。

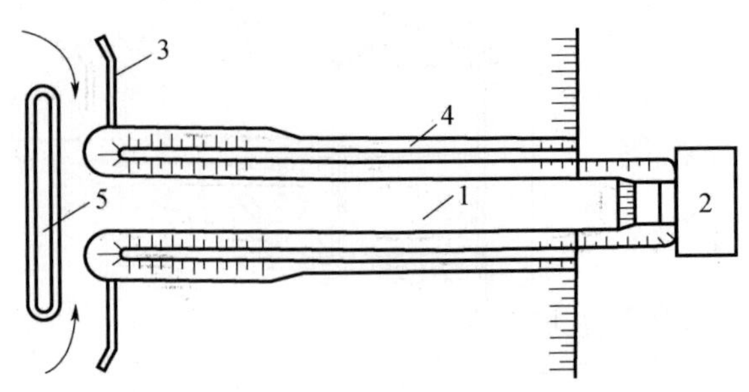

图 8-59 引水渠式取水构筑物平面布置

1—引水渠；2—泵房；3—导流墙；4—堤坝；5—防浪堤

（6）潮汐式取水。潮汐式取水构筑物适用于海岸较平坦、深水区较远、岸边可建造调节水池的地区，如图 8-61 所示。在潮汐调节水池上安装自动逆止闸板门，高潮时闸板门开启，海水流入水池蓄水，低潮时闸板门关闭，取用池水。这种取水方式利用了潮涨潮落的规律，供水安全可靠，泵房可远离海岸，不受海潮威胁，而且调节池本身具有一定的沉淀作用，取得的水质较好，尤其适用于潮位涨落差很大，可利用天然的洼地、海滩修建调节池的地区。如果部分冷却水需要循环使用时，调节池还可兼作冷却池。这种取水方式的主要不足是退潮停止进水的时间较长，池容大，占地多，投资高，池中沉淀的泥沙较难清除，管理不便。另外，逆止闸板处会有海洋生物滋生，导致闸门关闭不严，造成渗漏，设计时需考虑使用清除海洋生物的机械。

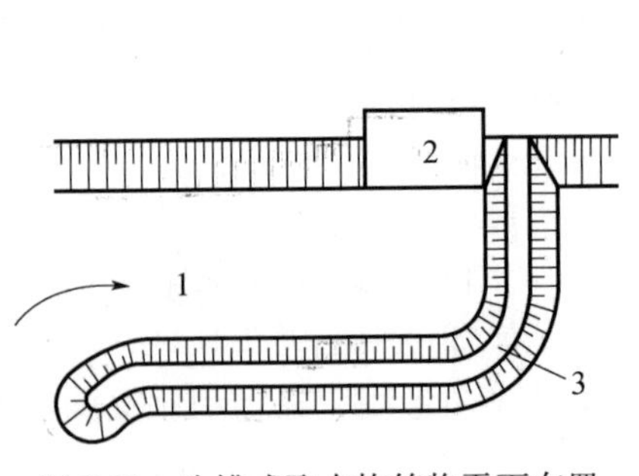

图 8-60 斗槽式取水构筑物平面布置

1—斗槽；2—泵房；3—导流堤

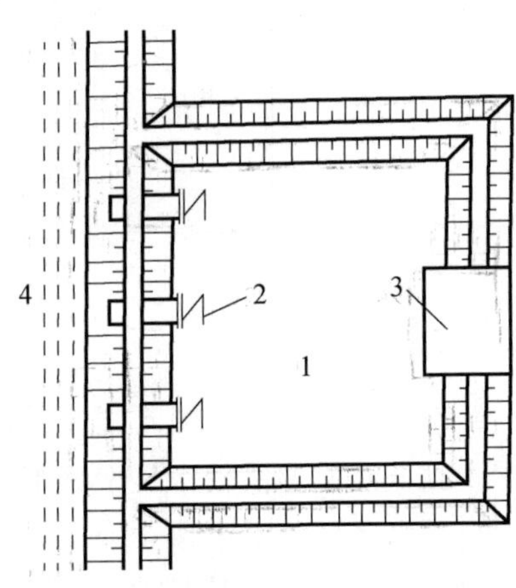

图 8-61 潮汐式取水构筑物平面布置

1—调节池；2—逆止闸板；3—泵房；4—海岸

（7）综合方式取水。当条件适宜时，也可以采用引水渠和潮汐调节水池综合取水方式，如图 8-62 所示。高潮位时调节水池的逆止闸门自动开启蓄水，调节水池由引水渠通往取水泵房的闸门关闭，海水直接由引水渠通往取水泵房；低潮位时关闭引水渠进水闸门，开启调节池与引水渠相通的闸门，由调节池供水。这种取水方式可扬长避短，兼具引水渠式和潮汐式两种取水方式的优点，同时避免了两者的缺点，但投资较大，运行管理麻烦。

调节池池容、引水渠进口高程以及调节池进水闸门高程，应根据当地的潮汐规律、海岸形状、泥沙淤积情况、清淤设备与清淤周期、取水量大小等因素，经全面技术经济比较后确定。

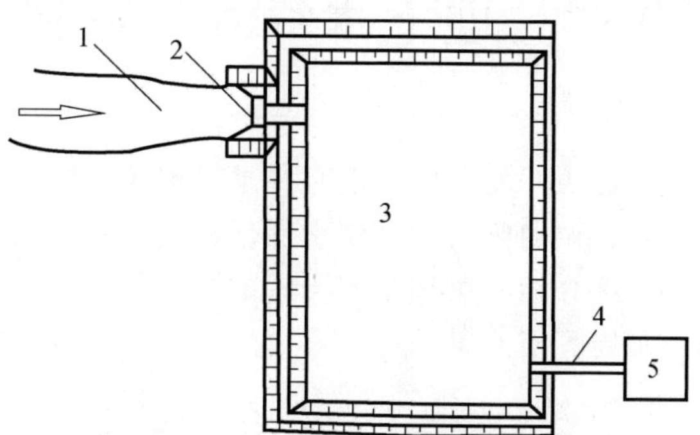

图8-62　引水渠与潮汐调节水池综合取水

1—海湾深槽；2—闸门；3—调节池；4—取水管；5—泵房

第 9 章　地下水资源开发利用

地下水资源在我国水资源开发利用中占有举足轻重的地位。由于地下水具有分布广、水质好、不易被污染、调蓄能力强、供水保证程度高等特点，目前已被全国各地广泛开发利用。本章将详细介绍有关地下水资源的开发利用途径、水源地的选择、取水构筑物分类、选择及布局等相关知识。

9.1　地下水资源的开发利用及工程形式

合理开发利用地下水，对满足人类生活与生产需求以及维持生态平衡具有重要意义，特别是对于某些干旱半干旱地区，地下水更是其主要的甚至是唯一的水源。据统计，目前在我国的大中型城市中，北方 70%、南方 20%的地区以地下水作为主要供水水源。此外，许多大中型能源基地、石化企业、重化工企业和轻工企业以地下水作为供水水源。

9.1.1　地下水资源开发利用途径

地下水的开发利用需要借助一定的取水工程来实现。取水工程的任务是从地下水水源地中取水，送至水厂处理后供给用户使用，它包括水源、取水构筑物、输配水管道、水厂和水处理设施。但是，地下水取水构筑物与地表水取水构筑物差异较大，而输配水管道、水厂和水处理设施基本上与地表水供水设施一致。

地下水取水构筑物的形式多种多样，综合归纳可概括为垂直系统、水平系统、联合系统和引泉工程四大类型。当地下水取水构筑物的延伸方向基本与地表面垂直时，称为垂直系统，如管井、筒井、大口井、轻型井等各种类型的水井；当取水构筑物的延伸方向基本与地表面平行时，称为水平系统，如截潜流工程、坎儿井、卧管井等；将垂直系统与水平系统结合在一起，或将同系统中的几种联合成一整体，便可称为联合系统，如辐射井、复合井等。

在修建取水工程之前，首先要对开采区开展水文地质调查，明确地下水水源地的特性，如是潜水还是承压水，是孔隙水、裂隙水还是岩溶水，进而选择经济合理、技术可行的取水构筑物（类型结构与布置等）来开采地下水。

9.1.2　地下水开发利用的优点

同地表水相比，地下水的开发利用有其独特优势。

(1) 分布广泛，容易就地取水。我国地下水开发利用主要以孔隙水、岩溶水、裂隙水三类为主，其中以孔隙水分布最广，岩溶水在分布数量和开发上均居其次，而裂隙水则最小。据调查，松散岩类孔隙水分布面积约占全国面积的 1/3，我国许多缺水地区，如位于西北干旱区的石羊河流域、黑河流域山前平原处都有较多的孔隙水分布。此外，孔隙水存在于松散沉积层中，富水性强且地下水分布比较均匀，打井取水比较容易。

（2）水质稳定可靠。一般情况下，未受人类活动影响的地下水是优质供水水源，水质良好、不易被污染，可作为工农业生产和居民生活用水的首选。地下水资源的这种优势在我国北方干旱半干旱地区尤为明显，因为当地地表水资源极其贫乏，因此不得不大量开采地下水来维持生活和生产用水。此外，地下水含水层受包气带的过滤作用和地下微生物的净化作用，使其产生了天然的屏障，不易被污染。地下水在接受补给和运移过程中，含水层的溶滤作用使地下水中含有多种矿物质和微量元素，成为优质的饮用水源。我国的高寿命地区大多与饮用优质地下水有关。

（3）具有时间上的调节作用。地下水和地表水产汇流机制的不同，导致其接受补给的途径和时间存在一定的差别。地表水的补给受降水影响显著，降水在地面经过汇流后可迅速在河道形成洪水，随时间的变化比较剧烈。地下水的补给则受降水入渗补给、地表水入渗补给、灌溉水入渗补给等多方面的影响，且由于其在地下的储存流动通道与地表水有很大的差异，因此地下水资源随着时间的变化相对稳定，在枯水期也能保证有一定数量的地下水供应。

（4）减轻或避免了土地盐碱化。在一些低洼地区开采地下水，降低了地下水位，减少了潜水的无效蒸发，进而可改良盐碱地，并取得良好的社会效益和环境效益。如黄淮海平原，自从 20 世纪 50 年代后期大规模开采浅层地下水以来，盐碱地减少了 1/2，粮食产量增加了 1.5 倍。

（5）具备某些特殊功效。由于地下水一年四季的温差要大大小于地表水，因此常常成为一些特殊工业用水的首选。此外，由于多数地下水含有特定的化学成分，因此还有其他重要的作用。例如，含有对人体生长和健康有益元素的地下水可作为矿泉水、洗浴水；富含某些元素的高矿化水，可提取某些化工产品；高温地下热水，可作为洁净的能源用于发电或取暖；富含硝态氮的地下水可用于农田灌溉，有良好的肥效作用等。

9.1.3　地下水资源的合理开发模式

不合理地开发利用地下水资源会引发地质生态、环境等方面的负面效应。因此，在地下水开发利用之前，首先要查清地下水资源及其分布特点，进而选择适当的地下水资源开发模式，以促使地下水开采利用与经济社会发展相互协调。下面将介绍几种常见的地下水资源开发模式。

1. 地下水库开发模式

地下水库开发模式主要分布在含水层厚度大、颗粒粗，地下水与地表水之间有紧密水力联系，且地表水源补给充分的地区，或具有良好的人工调蓄条件的地段，如冲洪积扇顶部和中部。冲洪积扇的中上游区通常为单一潜水区，含水层分布范围广、厚度大，有巨大的储存和调蓄空间，且地下水位埋深浅、补给条件好，而扇体下游区受岩相的影响，颗粒变细并构成潜伏式的天然截流坝，因此极易形成地下水库。地下水库的结构特征，决定了其具有易蓄易采的特点以及良好的调蓄功能和多年调节能力，有利于“以丰补歉”，充分利用洪水资源。目前，不少国家和地区都采用地下水库式开发模式，山东省多个地方也建设了地下水库。

2. 傍河取水开发模式

我国北方许多城市，如西安、兰州、西宁、太原、哈尔滨、郑州等，其地下水开发模式大多是傍河取水型的。实践证明，傍河取水是保证长期稳定供水的有效途径，特别是利用地层的天然过滤和净化作用，使难以利用的多泥沙河水转化为水质良好的地下水，从而为沿岸城镇生活、工农业用水提供优质水源。在选择傍河水源地时，应遵循以下原则：①在分析地表水、地下水开发利用现状的基础上，优先选择开发程度低的地区；②充分考虑地表水、地下水富水程度及水质；③为减少新建厂矿所排废水对大中城市供水水源地的污染，新建水源地尽可能选择在大中城镇上游河段；④尽可能不在河流两岸相对布设水源地，避免长期开采条件下两岸水源地对水量、水位的相互削减。

3. 井渠结合开发模式

农灌区一般采用井渠结合开发模式，特别是在我国北方地区，由于降水与河流径流量在年内分配不均匀，与农田灌溉需水过程不协调，易形成“春夏旱”。为解决这一问题，发展井渠结合的灌溉，可以起到井渠互补、余缺相济和采补结合的作用。实现井渠统一调度，可提高灌溉保证程度和水资源利用效率，不仅是一项见效快的水利措施，而且也是调控潜水位，防治灌区土壤盐渍化和改善农业耕作环境的有效途径。经内陆灌区多年实践证明，井渠结合灌溉模式具有如下效果：一是提高灌溉保证程度，缓解或解决了春夏旱的缺水问题；二是减少了地表水引水量，有利于保障河流在非汛期的生态基流；三是可通过井灌控制地下水位，改良盐渍化。

4. 排供结合开发模式

在采矿过程中，地下水大量涌入矿山坑道，往往使施工复杂化和采矿成本增高，严重时甚至威胁矿山工程和人身安全，因此需要采取相应的排水措施。例如，我国湖南某煤矿，平均每采 1t 煤，需要抽出地下水 $130m^3$ 左右。矿坑排水不仅增加了采矿的成本，而且还造成地下水资源的浪费，如果矿坑排水能与当地城市供水结合起来，则可起到一举两得的效果，目前在我国已有部分城市（如郑州、济宁、邯郸等），将矿坑排水用于工业生产农田灌溉，甚至是生活用水等。

5. 引泉模式

在一些岩溶大泉及山丘区的地下水溢出带可直接采用引泉模式，为工农业生产提供水源。大泉一般出水量稳定，水中泥沙含量低，适宜直接在泉口取水使用，或在水沟修建堤坝，拦蓄泉水，再通过管道引水，以解决城镇生活用水或农田灌溉用水。这种方式取水经济，一般不会引发生态环境问题。

以上是几种主要地下水开发模式，实际中远不止上述几种，可根据开采区的水文地质条件来选择合适的开发模式，使地下水资源开发与经济社会发展、生态环境保护相协调。

9.1.4 地下水取水工程形式及取水构筑物种类

因水文地质条件的差异，开发地下水的形式有很大不同。总结国内外经验，开发地下水的形式大致可分为垂直集水系统、水平集水系统、联合集水系统和引泉工程等四种类型。常讲的地下水取水构筑物若按构造情况可分为管井、大口井、坎儿井、渗渠、辐射井等多种类型（表 9-1）。应选用何种类型，要依据含水层埋深、厚度、富水性以及地下水位埋深等因素并结合技术经济条件具体确定。

表 9-1　地下水取水构筑物的种类

取水建筑物类型	名称	图示	结构特点	适用条件
筒井	土井、砖井、石井	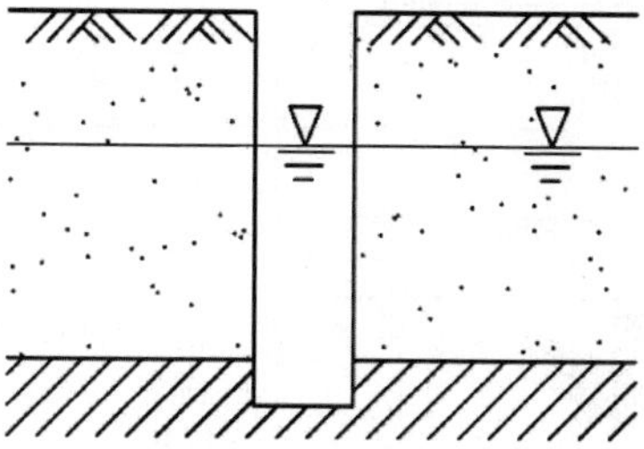	直径在 0.5m 以上的潜水井，多用砖石衬砌	潜水比较丰富，上层为淡水的地区
沉井	座管井、沉泉井、沉箱	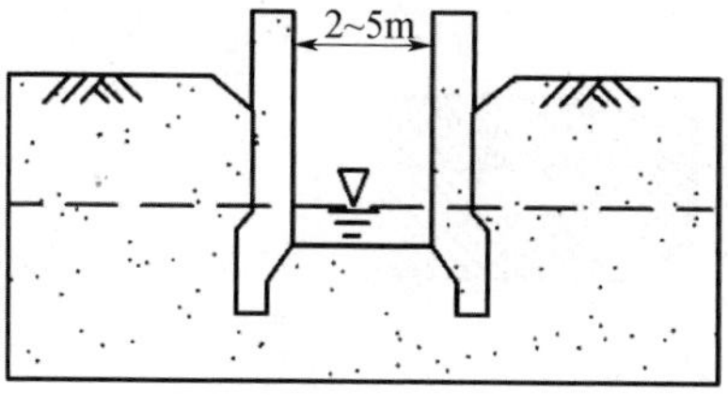 2~5m	一般直径为 2～5m，井深 6～10m，在自重或加压下，边挖边沉而成的井	含水层埋藏浅，涌水量大，明挖易塌方的砂砾卵石层或严重流砂地区
管井	机井、深井	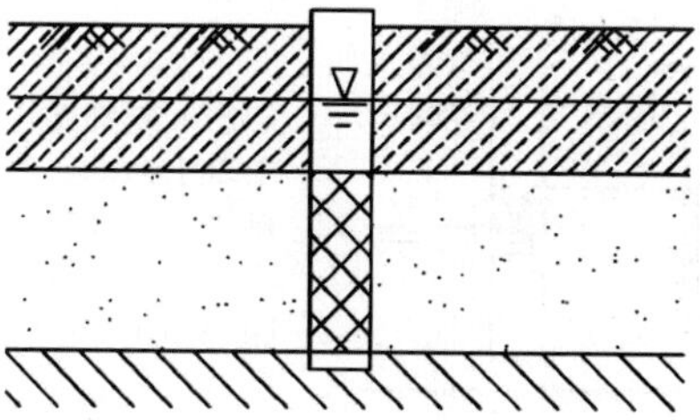	一般直径小于 0.5m，用各种管子加固井壁的井	平原或其他地区，可以深潜水和承压水
真空井	对口抽井	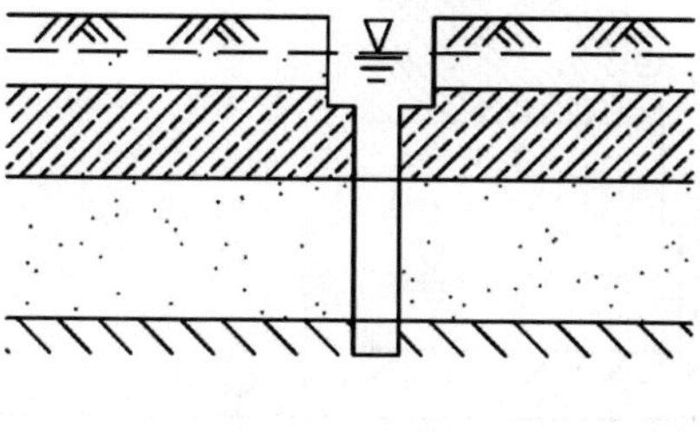	将水泵与进水管和井管密封连接	动水位需在水泵允许吸程以内

续表

取水建筑物类型	名称	图示	结构特点	适用条件
下泉井	筒管井、联合井、三吊井、改良井	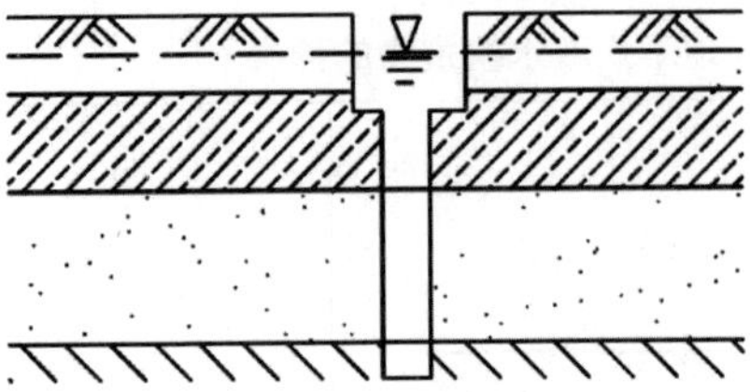	在井筒底部下泉管	潜水贫乏，承压含水层埋藏较浅，水头较高
横管填砾井	横管井、卧管井、辐射井	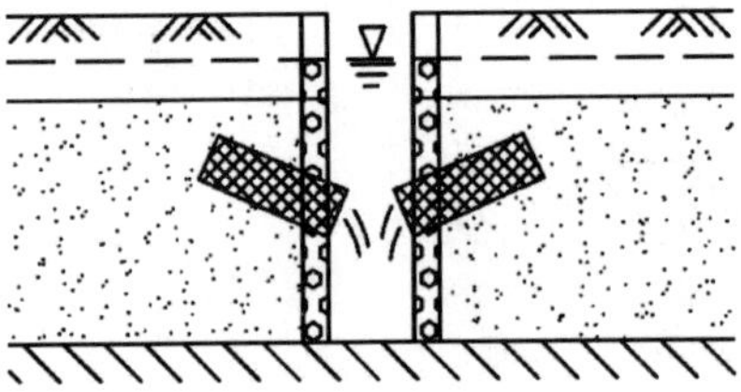	在井筒中向四周打横管，井管外围填砾料	为增大井的出水量时多采用此法
无管井	地下蓄水池、地下水库、大底井	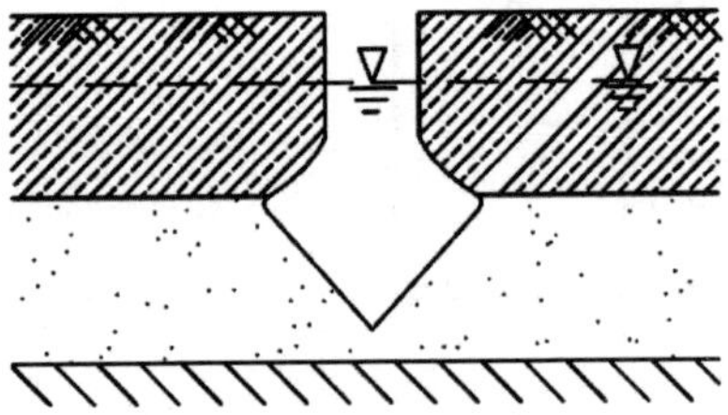	在井筒底部打洞或开巷道	用在潜水不丰富、岩层较牢固的地区
联井	井组、井群、梅花井、连珠井、虹吸联井、子母井	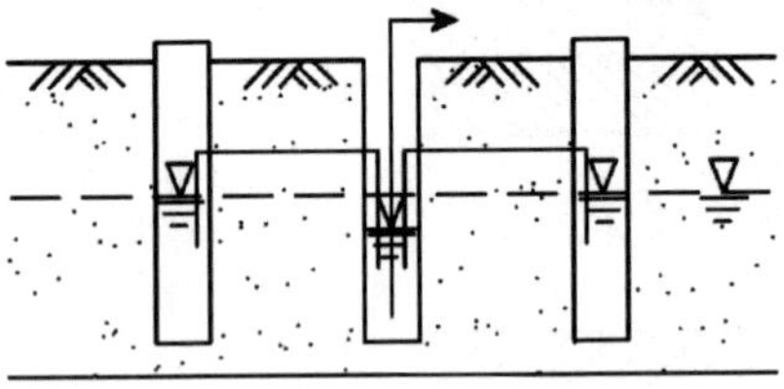	用虹吸管连接两个以上的井，抽水机可与虹吸管相连（吸水式）或不连（虹吸式）	以利用潜水为主的地区
接力井	梯级井、深井带窖	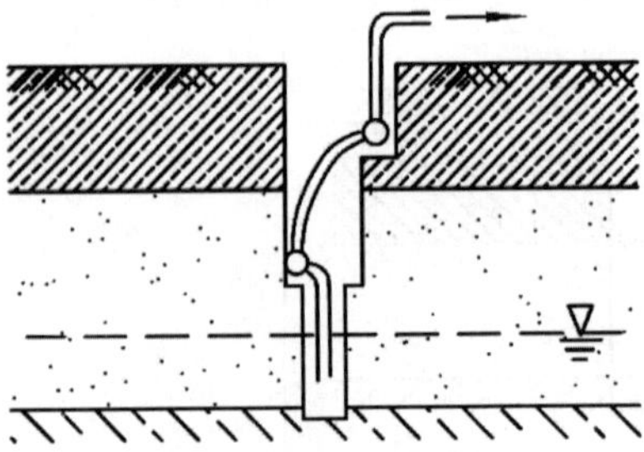	二级以上接力提水的筒井，井旁多有水窖以储水	山区、高原等地下水位较深的地区

续表

取水建筑物类型	名称	图示	结构特点	适用条件
搬倒井	搬倒塘	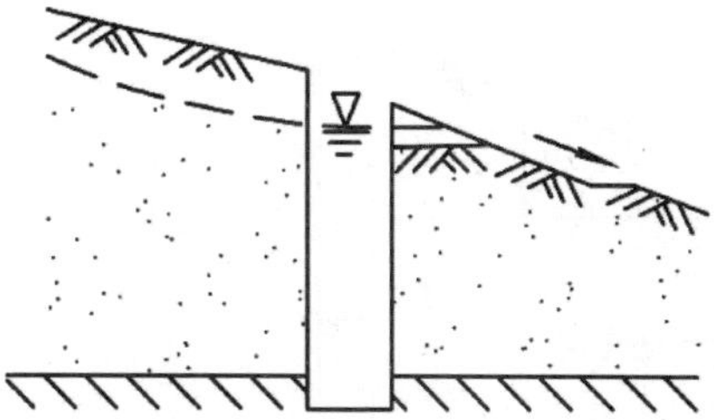	井、塘侧面开口将水引至下游	山区、丘陵地区
斜井				地下水位深，水量较丰富的基岩山区、丘陵区
方塘	泉水湖、大井、水潭、水柜	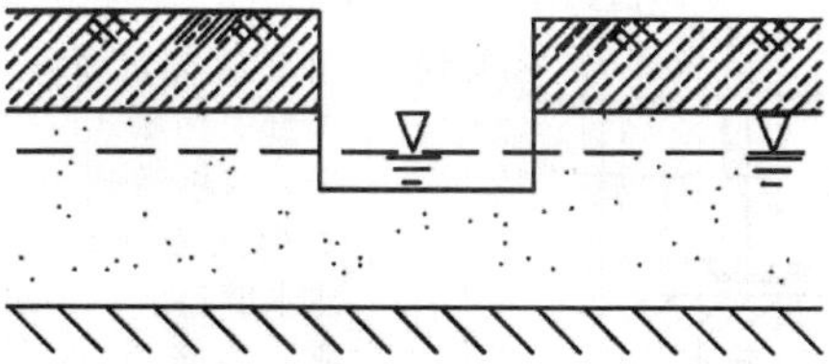	直径疏密至数十米圆形的潜水井（储水塘）	潜水较贫乏而埋藏较浅的地区
坎儿井	串井、水巷	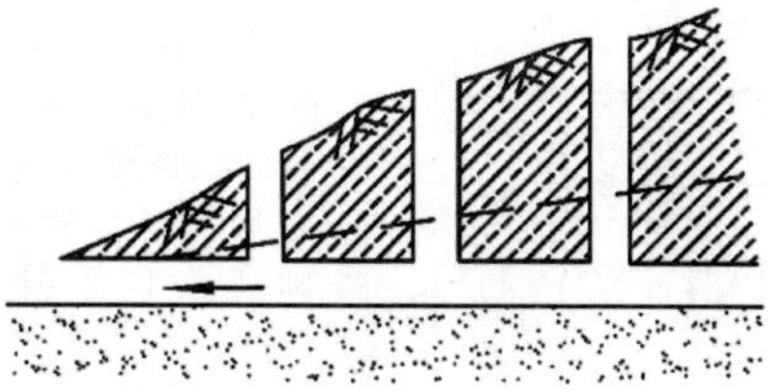	由一系列的筒井和坑道（暗渠）组合而成	地下水坡度较大的洪积扇，水位埋深在 50m 以内
透河井		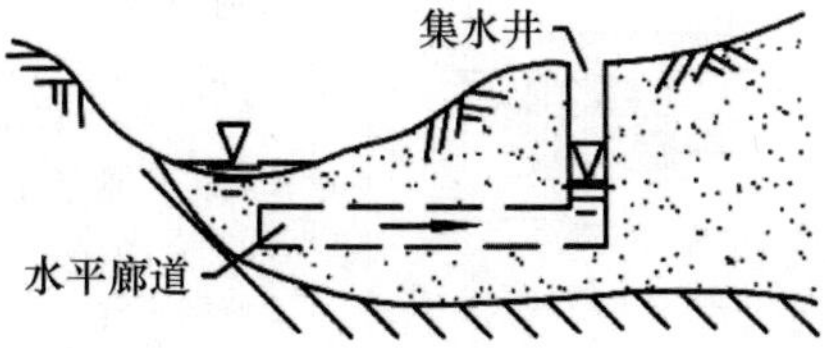 集水井 水平廊道	河床下的水平集水廊道与岸边的集水井联结而成的联合集水建筑	具有一定集水面积的河谷中

续表

取水建筑物类型	名称	图示	结构特点	适用条件
通河井		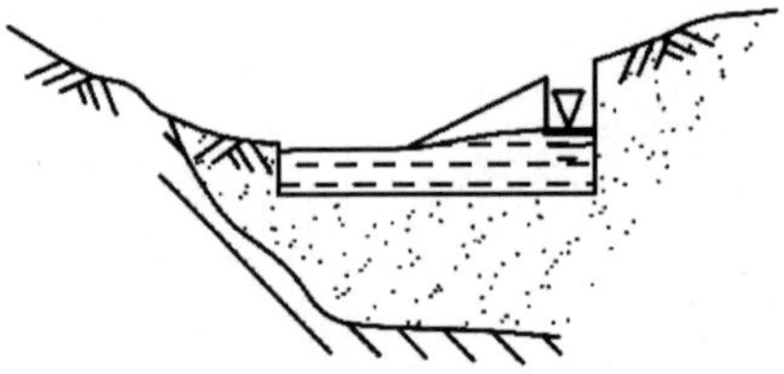	通河明渠与岸边的集水井组成集水系统	具有一定汇水面积、水量较丰富的河谷中
爆破连通井		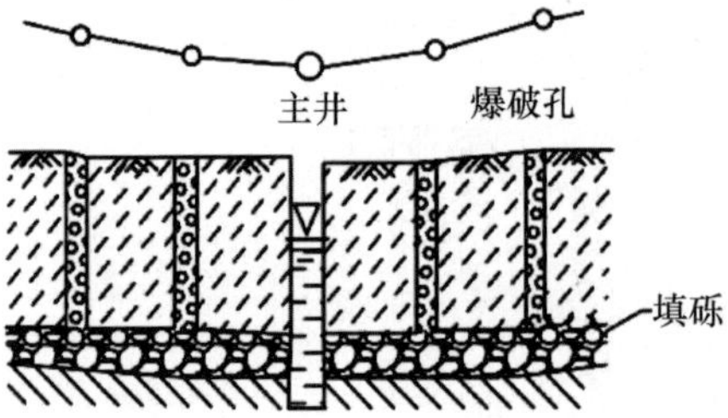	从主井向四周呈辐射状爆破孔，与一定深度爆破孔连通，后填砾石而组成的集水系统	透水性、富水性较差的胶结、半胶结的岩层中
水平集水廊道	渗渠	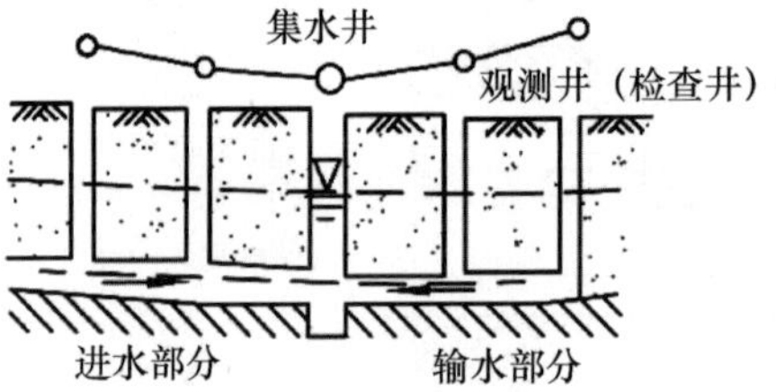	由水平集水廊道与观测井、集水井组成的集水系统。可分明沟壕式（渗渠）与坑道式，前者由块石、壕沟、滤水管道或暗渠组成，后者为水平坑道	地下水埋藏较浅，补给条件较好的地区
截潜流	地下拦河坝	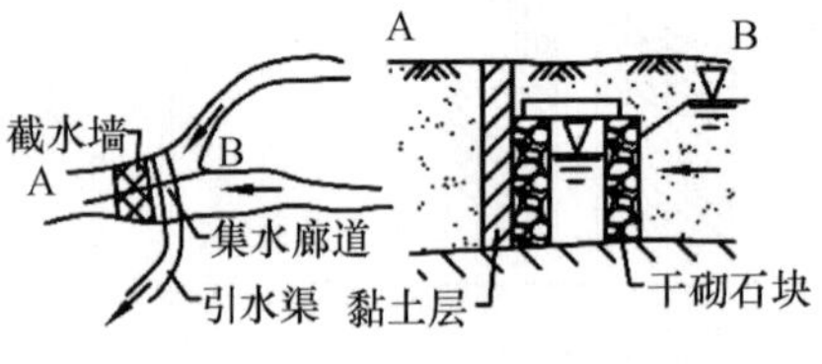	横截河谷修建水坝，拦截地下水流。据暗坝修建方式分心墙式、反滤式、廊道式和低坝混合式	具有一定汇水面积的间歇性河谷狭窄地段
引潜	集潜流、漏水道、地垄（滇西地区）	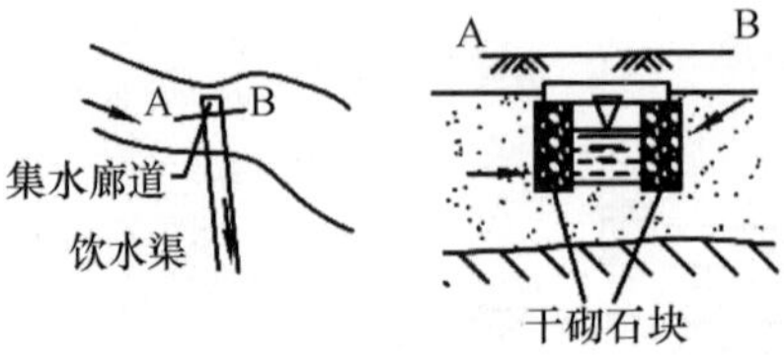	在河床或河岸下修筑地下廊道（或埋设滤水管、挖截水沟）汇集地下水，它没有截水墙，区别于截潜工程	具有一定汇水面积的河谷

续表

取水建筑物类型	名称	图示	结构特点	适用条件
引泉	上升泉引泉工程	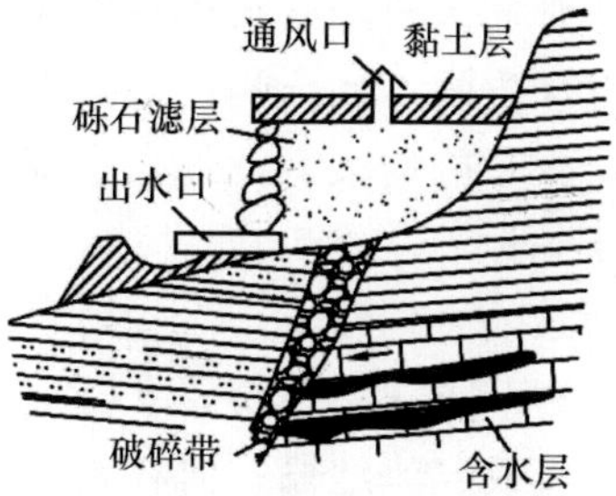	在泉口周围筑桩墙或以石块加护坑底或边坡，将泉眼围起，清理后，铺设砾石滤层，其上铺黏土防渗层，并留通风口	有上升泉出露的地区
	下降泉引泉工程	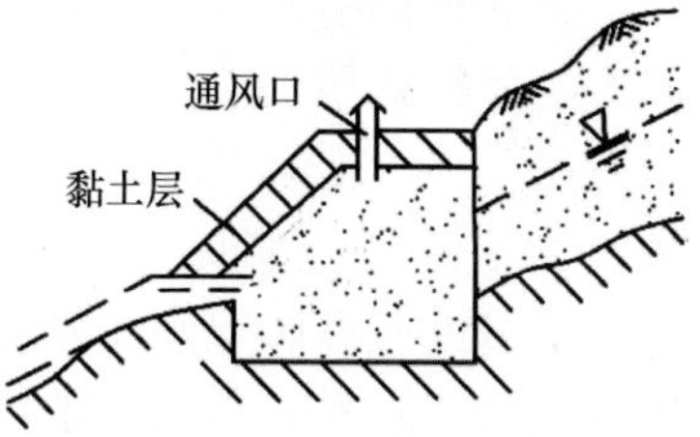	在泉口清理到基岩或不透水层后，铺设块石和反滤层，其上铺黏土防渗层，并留通风口	在下降泉出露的地区

9.2　地下水供水水源地的选择

地下水资源的开发利用首先要选择好合适的地下水水源地，因为水源地位置选择的正确与否，不仅关系到对水源地建设的投资，而且关系到是否能保证其长期经济和安全的运转，以及避免由此产生各种不良的地质环境问题。对于大中型集中供水方式，水源地选择的关键是确定取水地段的位置与范围；对于小型分散供水方式，则是确定水井的井位。

9.2.1　集中式供水水源地的选择

在选择集中供水水源地的位置时，既要充分考虑其能否满足长期持续稳定开采的需水要求，也要考虑其地质环境和利用条件。

1. 水源地的水文地质条件

取水地段含水层的富水性与补给条件，是地下水水源地的首选条件。首先从富水性角度考虑，水源地应选在含水层透水性强、厚度大、层数多、分布面积广的地段上。例如冲洪积扇中、上游的砂砾石带和轴部；河流的冲积阶地和高漫滩；冲积平原的古河床；裂隙或岩溶发育、厚度较大的层状或似层状基岩含水层；规模较大的含水断裂构造及其他脉状基岩含水带。在此基础上，进一步考虑其补给条件。取水地段应有良好的汇水条件，可以最大限度地拦截、汇集区域地下径流，或接近地下水的集中补给、排泄区。例如，区域性阻水界面的迎水一侧；基岩蓄水构造的背斜倾末端、浅埋向斜的核部；松散岩层分布区的沿河岸边地段；岩溶地区和地下水主径流带；毗邻排泄区上游的汇水地段等。

2. 水源地的环境影响因素

新建水源地应远离原有的取水点或排水点，减少相互干扰。为保证地下水的水质，水源地应选在远离城市或工矿排污区的上游；远离已污染（或天然水质不良）的地表水体或含水层的地段；避开易于使水井淤塞、涌沙或水质长期浑浊的沉砂层和岩溶充填带；在滨海地区，应考虑海水入侵对水质的不良影响；为减少垂向污水入渗的可能性，最好选在含水层上部有稳定隔水层分布的地段。此外，水源地应选在不易引发地面沉降、塌陷、地裂等有害地质作用的地段。

3. 水源地的经济、安全性和扩建前景

在满足水量、水质要求的前提下，为节省建设投资，水源地应靠近用户、少占耕地；为降低取水成本，应选在地下水浅埋或自流地段；河谷水源地要考虑水井的淹没问题；人工开挖的大口井取水工程，要考虑井壁的稳固性。当有多个水源地方案可供比较时，未来扩大开采的前景条件，也是必须考虑的因素。

9.2.2　小型分散式水源地的选择

集中式供水水源地的选择原则，对于基岩山区裂隙水小型水源地的选择也是适合的。但在基岩山区，由于地下水分布极不均匀，水井布置还要取决于强含水裂隙带及强岩溶发育带的分布位置。此外，布井地段的地下水水位埋深及上游有无较大的汇水补给面积，也是必须考虑的条件。在这种情况下，如果不适宜选择集中式供水方式，可以考虑选择小型分散式水源地。

9.3　地下水主要取水构筑物的构造

9.3.1　管井

9.3.1.1　概述

管井又名机井，通常是指用凿井机械开凿至含水层中，用井管保护井壁的垂直于地面的直井，由于主要取水建筑物与取水方向垂直于地面，所以又称为垂直集水系统。若按其过滤器是否贯穿整个含水层，还可以分为完整式管井和非完整式管井，如图 9-1 所示。

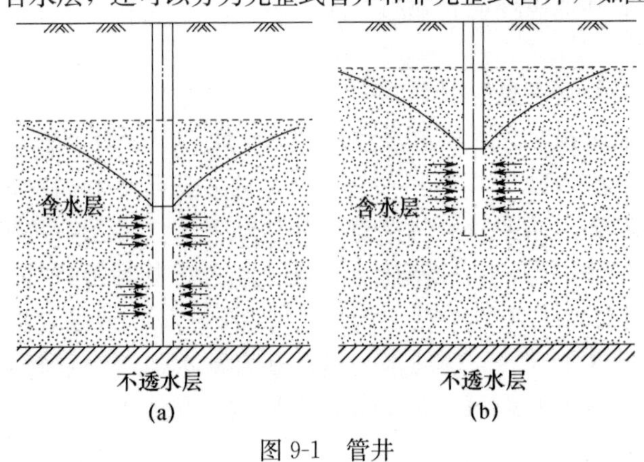

图 9-1　管井

(a) 完整式管井；(b) 非完整式管井

管井是地下水取水构筑物中采用最广泛的一种型式。在城镇和工业企业中多用管井取集地下水。

管井的直径为50～1000mm，井深可达1000m以上。通常所见的管井直径多小于500mm，井深多小于200m。

管井施工方便，能建造于任何岩层的地层中，适用于埋藏在各种深度和厚度大、层数多的含水层。

随着凿井技术的发展，直径在100mm以上或井深在1000m以上的管井不断被使用，这对扩大地下水开采利用范围、提高单井出水量，提供有利条件。

采用管井时，还应充分考虑含水层的颗粒组成和地下水水质特点，在细粉砂地层中管井易堵塞或漏砂，在水质不稳定或含有铁的含水层中，管井易发生化学沉积、铁质堵塞或腐蚀。

9.3.1.2　管井的型式和构造

管井的一般构造如图9-2（a）所示。它由井室、井管、过滤器、沉淀管、人工填砾等组成。此种人工填砾的单过滤器管井为我国应用最广泛的管井型式之一。凡是只开采一个含水层时，均可采用此种型式。当地层存在两个以上含水层，且各含水层水头相差不大时，则可采用图9-2（b）所示之多过滤器管井，同时从各含水层取水（又称混合取水）。

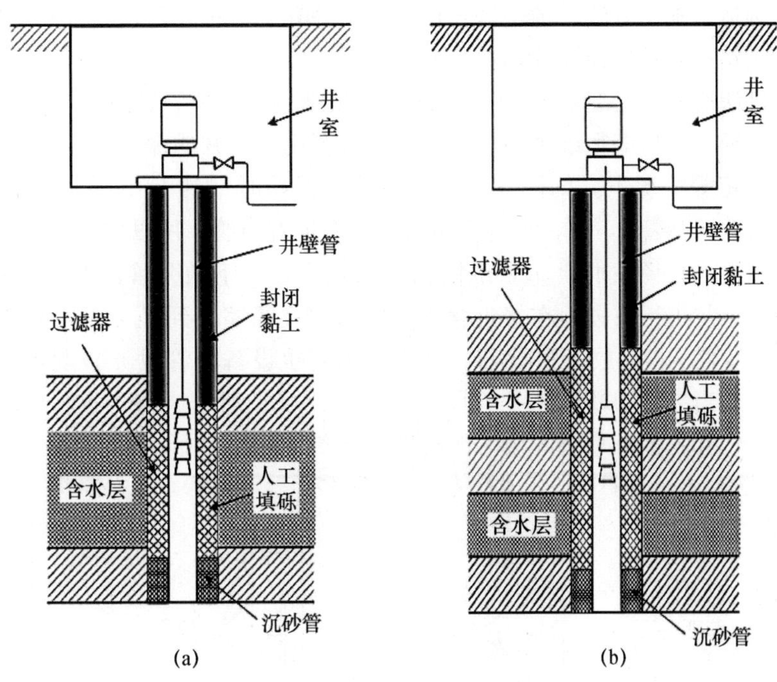

图9-2　管井的一般构造

（a）单过滤器管井；（b）双过滤器管井

现将管井各主要构造部分分述如下：

1. 井室

井室通常是用以保护井口免受污染，安放各种设备（如水泵机组或其他技术设备）

以及进行维护管理的场所，因此，对于有抽水设备的井室，应有一定的采光、采暖、通风、防水、防潮设施。井室还要合乎卫生防护要求，为此对于地下式井室须用黏土填塞井室外壁的底部，以防地层被污染，井头部分的构造应严密并应使其高出井室地面0.3～0.5m，以防积水流入井内。

抽水设备是影响井室型式的主要因素。抽水设备类型很多，应根据井的出水量、井的静水位和动水位、井的结构（井深、井径）、给水系统布置方式、水质等因素来确定。除抽水设备外，各种设备管理条件、气候、水文地质条件及水源地的卫生状况也在不同程度上影响井室的型式与构造。

2. 井管

井管也称井壁管，是为了保护井壁不受冲刷、防止不稳定岩层的塌落、隔绝水质不良的含水层而设的。由于受到地层及人工填砾的侧压力作用，故要求井管应有足够的强度，并保持不弯曲，内壁平滑、圆整，以利于安装抽水设备和井的清洗、维修。井管可以是钢管、铸铁管、钢筋混凝土管、石棉水泥管、塑料管等。一般情况下，钢管适用的井深范围不受限制，但随着井深的增加应相应增大壁厚。铸铁管一般适用于井深小于250m的范围，它们均可用管箍、丝扣或法兰连接。钢筋混凝土管一般井深不大于150m，常用管顶预埋钢板圈焊接连接。井管直径应按水泵类型、吸水管外形尺寸等确定。当采用深井泵或潜水泵时，井管内径应大于水泵井下部分最大外径100mm。

井管的构造与施工方法、地层岩石稳定程度等有关，通常有如下两种情况。

（1）分段钻进时的异径井管构造

分段钻进法通常称套管钻进法，即根据地质结构的需要，钻进到一定深度后，下入套管保护井壁，然后缩径继续钻进，这种方法多用于管井的深度大、岩性结构复杂、井壁岩石不稳定等情况下。如图9-3（a）所示，开始时钻到h_1的深度，此时孔径为d_1，然后下入井壁套管1，这一段井管也称导向管或井口管，用以保持垂直钻进和防止井口坍塌；然后将孔径缩小到d_2，继续钻进到h_2深度，下入井管段2。上述操作程序可视地层厚度重复进行下去。在接近含水层时可将孔径缩小到d_n，然后钻进到含水层底板，下入井管段n，并放入过滤器。最后，用起重设备将管段n拔起，使过滤器露出，并分别在适当部位切断上述井管段，如图9-3（b）所示。为防止污染，相邻两井管段应重叠3～5m，其环形空间用水泥封填，如图9-3（c）所示。

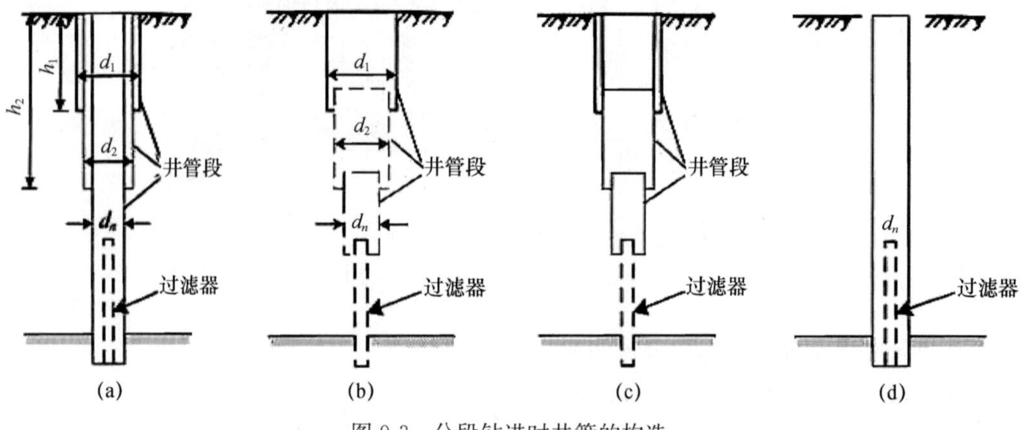

图9-3　分段钻进时井管的构造

（2）不分段钻进时的同径井管构造

在地层比较稳定、井深不大的情况下，都不进行分段钻进，而采用一次钻进的方法。在钻进过程中，利用泥浆或清水对井壁的压力和泥浆对松散颗粒的胶结以保持井的稳定，这种凿井方法也称泥浆钻进法或清水钻进法。当钻到设计深度后，将井管过滤器和沉沙管一次下入井孔内，然后在过滤器与井壁之间填入砾石，并用黏土或水泥封闭井口管与井壁之间的空隙。当井内地层不稳定时，则在钻进的同时下入套管，以防坍塌，至设计深度后在套管内下入井管、填砾，最后拔出套管，并封闭井口，此种方法称为套管护壁钻进法。

3. 过滤器

过滤器又称滤水管，安装于含水层中，用以集水和保持填砾石与含水层的稳定性。过滤器是管井的重要组成部分，它的型式和构造对管井的出水量和使用年限有很大影响，所以在工程实践中，过滤器型式的选择非常重要。对过滤器的基本要求是，应有足够的强度和抗蚀性，且有良好的透水性并能保持人工填砾石和含水层的渗透稳定性。

过滤器的型式和种类很多，常用的有钢筋骨架过滤器、圆孔过滤器、条孔过滤器、缠丝过滤器、包网过滤器、填砾石过滤器、砾石水泥过滤器等（图9-4），近几年发展起来的还有贴砾滤水管等新型过滤器。对不同的过滤器都要在井管与井壁之间填砾，以在井管周围形成滤层。第四纪粉细沙含水层下过滤器后，填砾石的规格、滤层的厚度对井石的涌水量有很大影响，甚至还会导致涌沙和缩短井的寿命。

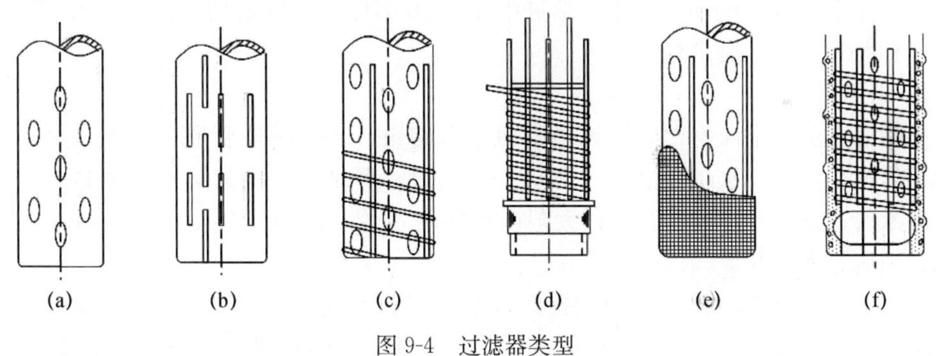

图9-4　过滤器类型

（a）圆孔；（b）缝隙；（c）缠丝；（d）钢筋骨架；（e）包网；（f）填砾石

4. 沉淀管

井的下部与过滤器相接的部件是沉淀管，用以沉淀进入井内的细小砂粒和自水中析出的沉淀物，其长度为一般4～8m。如采用空气扬水装置、当管井深度不够时，也常用加大沉淀管长度来提高空气扬水装置的效率。

应该提及，基岩井在稳定的裂隙和岩溶含水层中，也可以采用不设过滤器的管井，通常称为裸眼成井。

9.3.1.3　管井的建造及成井工艺

管井的构造型式与其施工方法有密切联系。管井的建造一般应包括地面地质调查、物探以确定孔位、钻凿井孔、测井（电测剖面、测井径井斜等）、下管、填砾石、封井、固井、洗井、抽水试验和水质检验等工艺流程。

1. 钻凿井孔

钻凿井孔过去常用的方法是冲击钻进和回转钻进。前者主要依靠钻头对地层的冲击作用，后者主要依靠钻头对地层的切削、挤压作用。以上两类方法多数情况下用于钻凿井深大于20m的管井。对于建造20m以内的浅管井，还可用挖掘法、击入法、水冲法等。

（1）冲击钻进：松散的冲洪积地层可采用冲击式钻机凿井。钻机型号可根据地层情况、管井口径、深度，以及施工地点的运输和动力条件，结合钻机性能选定。这在凿井工程设计中就要明确给定。应用冲击钻，随钻头反复向下冲击可逐渐凿出所需的井孔。在钻进过程中，必须采用护壁措施，常用的有泥浆护壁钻进和套管护壁钻进。随着冲洗井技术的进步，泥浆钻进有了广泛应用，提高了成井效率。清水水压钻进，一是由于水静压力的作用，有助于井壁的稳定，二是钻进过程中自然造浆，增加护壁性能。因此，在水源充分、覆盖层地层密实的地方多采用此法。

（2）回转钻进：在基岩地层凿井多采用回转钻进。其主要方法有一般回转钻进（又称正循环回转钻进）、反循环回转钻进和岩芯回转钻进。有时在松散冲积层也可采用锅锥钻进。可根据对管井深度、井径的要求和凿井地的水文地质条件，选择适宜的钻机类型。岩心回转钻机在钻进基岩地层时，可用硬合金钻头钻进、钢粒钻进、合金与钻粒混合钻进和牙轮钻进等，以环面破碎岩层甚至取出岩芯。近几年，我国在钻孔灌注桩和水井施工中，推广采用了气举反循环钻进和泵吸反循环钻进，在松散土层砂砾和粒径小于50mm的卵石层中，钻进中能将10多厘米长的石块、钢板、木棒从孔内吸出，钻井效率高，质量好。

2. 成井

钻凿井孔到预定深度，要对地层资料进行编录，必要时还要通过物探测井准确确定地层岩性剖面和取水层，然后按照管井构造设计要求，依据实际地层资料，对井壁管、滤水管、沉淀管进行排管，最大限度地使滤水管对准取水层，然后及时进行下管安装、填砾石和封井等，以造成水井。

（1）下管：下管前首先要用试孔器直至能顺利下到井底，然后扫孔、换浆，做好下管准备工作，排好管、准备好井管底托，检查管扣或焊接机具，并对黏土球、砾料、封井等材料、器具进行严格的质量检验和数量核对，不合格不得施用，准确测量孔深后即可下管。下管可采用直接提吊法、提吊加浮板（浮塞）法、钢丝绳托盘法、钻杆托盘法等。井管下完后，钻机仍需提吊部分重量，确使井管上部固定于井口。

（2）填砾石止水及封闭：填砾要按设计要求粒径进行筛选，并以圆或椭圆形砾石（又称豆石）为主，在井内换浆后，把砾料由孔口均匀连续填入，随时测量填砾石深度，核对填料数量，达到要求深度为止。除抽水试验孔要用止水器进行临时性管内管外止水外（如胶囊止水、橡胶止水等），为保证成井后水质合格，隔止上部被污染或下部咸水层，水质坏的水层要进行永久性止水。永久性止水采用黏土回填（黏土球）止水及压力灌浆止水（厚度按不含水层段上下各5m），对基岩可以用水泥固井止断上部浅层水。管井成井并洗井结束后，井口应做管外封闭。管外封闭一般采用球径25mm的黏土球（用优质黏土制成）或灌注水泥浆至井口。高压含水层井孔，为隔断地表污染因素的影响，井口段应做永久性严密封闭。最后应做好井口保护，严防遭受破坏。

（3）洗井：安装井管、填砾、止水与管外封闭工作完成并用抽筒清理井内泥浆后，要立即进行洗井。洗井方法有活塞洗井、压缩空气洗井、水泵抽水或压水洗井、液态 CO_2洗井、酸化 CO_2井喷洗井等。要根据含水层特性、井孔结构、井管质量、井孔水力特征及沉沙情况决定和选择适用的洗井方法。有时适当选择几种方法联合洗井，可以提高洗井效果，既能按要求达到水清砂净，又能增大井的出水量。

3. 抽水试验

抽水试验是管井建造的最后阶段，目的在于测定井的出水量、出水量与水位下降的关系，采取水样进行化学、细菌检验和水质评价，并进行简易水文地质观测（如观测静、动、恢复水位），为管井计算涌水量提供参数，为设计、安装抽水设备提供依据。因此，成井后进行抽水试验是必不可少的最后一道工作。

抽水试验一般为三个降深，即三次，至少也得两次，每次都应保持一定的水位降和稳定出水量延续时间，且必须有一次的抽水量至少应不小于设计出水量的 75%。为取得水文地质参数的抽水试验，也可按非稳定流抽水的要求组织和进行。

在抽水试验进行过程中，除按要求认真观测记录水位、水量、水温外，还应在现场及时进行资料整理，包括绘制水量与水位下降关系曲线、出水量与时间关系曲线以及绘制水位恢复曲线等，以便发现问题并及时处理。

4. 井孔综合成果图

井孔综合成果图是管井工程竣工后，进行验收时必须提交的管井工程结构及有关水量、水质、水位等实际材料记实，它要作为管井技术档案资料保存，是以后进行检修、复苏的主要技术依据。因此，施工方必须准确完美地提供井孔综合成果图供管井拥有者使用。

井孔综合成果图应包括地质剖面及钻孔结构图、岩层岩性（包括名称）及主要特征、抽水试验成果（成果数据、曲线图）、测井资料图表（如电测剖面、井径井斜测量记录）、水质检验分析综合报告表、简易水文地质观测以及有关施工（开工、完工）日期、施工者等记实资料。

9.3.1.4　管井的出水量计算

管井出水量计算方法通常有两类，即理论公式和经验公式计算方法。理论公式可以根据水文地质初步勘察阶段的资料进行计算，其精确程度较差，适用于水源选择、供水方案编制或初步设计阶段。经验公式是在水文地质详勘和抽水试验基础上进行计算，能反映实际情况，适用于施工设计阶段确定井的型式、构造、井数和井群布置方式。

1. 利用理论公式计算井出水量

井的实际工作情况十分复杂，因而其计算情况也是多种多样的。例如，根据地下水流动情况，可以分为稳定流与非稳定流、平面流与空间流、层流与紊流或混合流；根据不同水文地质条件，可以分为承压与无压、有无表面下渗及相邻含水层渗透、均质与非均质、各向同性与各向异性，根据含水层的情况，又可分为完整井与非完整井等。实际计算中都是以上各种情况的组合。管井出水量计算的理论公式繁多，以下仅介绍几种基本公式。

1）稳定流情况下的管井出水量计算（Dupuit 公式）

（1）承压水完整井（图 9-5）

可以把在无限含水层中的抽水情况设想为一半径为 R 的圆形岛状含水层的情况。岛边界上的水头（H_0）保持不变。如从井中定流量抽水，地下水经过一定时间的非稳定运动后，降落漏斗扩展到岛的边界，周围的补给量等于抽水量，则地下水运动出现稳定状态，并符合上一节的假设条件。此时，水流有如下特征：①水流为水平径向流，即流线为指向井轴的径向直线，等水头面为以井为共轴的圆柱面，并和过水断面一致；②通过各过水断面的流量处处相等，并等于井的流量。

上述径向流的水头分布满足 Laplace 方程。把它转换成柱坐标形式，并考虑水流是水平对称的，此时 z 方向分速度为 0，且轴对称，与角无关，因而式中的 $\partial^2 H/\partial\theta^2$ 和 $\partial^2 H/\partial z^2$ 都等于 0，于是有

$$\frac{\mathrm{d}}{\mathrm{d}r}\left(r\frac{\mathrm{d}H}{\mathrm{d}r}\right)=0 \tag{9-1}$$

其边界条件是 $H=H_0$，当 $r=R$ 时；$H=h_w$，当 $r=r_w$ 时。

对式（9-1）积分，有

$$r\frac{\mathrm{d}H}{\mathrm{d}r}=C$$

因为不同过水断面的流量相等，再等于井的流量，即 $Q_r=2\pi KMr\frac{\mathrm{d}H}{\mathrm{d}r}=Q$，故可得积分常数为

$$C=\frac{Q}{2\pi KM}$$

代入前式得

$$r\frac{\mathrm{d}H}{\mathrm{d}r}=\frac{Q}{2\pi KM} \tag{9-2}$$

分离变量，再按给出的边界条件取出积分：

$$\int_{h_w}^{H_0}\mathrm{d}H=\frac{Q}{2\pi KM}\int_{h}^{H}\frac{\mathrm{d}r}{r}$$

得

$$H_0-h_0=s_w=\frac{Q}{2\pi KM}\ln\frac{R}{r_w} \tag{9-3}$$

或

$$Q=2.73\frac{KMs_w}{\lg\frac{R}{r_w}} \tag{9-4}$$

式中 s_w——井中水位降深；

Q——抽水井流量；

M——含水层厚度；

K——渗透系数；

r_w——井的半径；

R——影响半径。

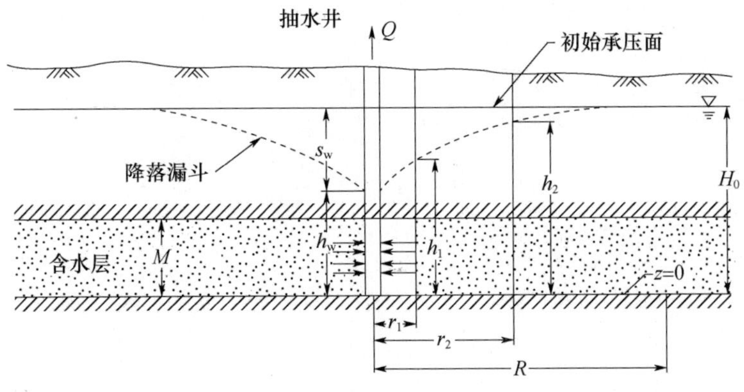

图 9-5　承压含水层完整井

（2）潜水完整井（图 9-6）

图 9-6 表示在无限潜水含水层中有一口完整井。经过长时间定流量抽水后，在井附近形成相对稳定的降落漏斗。因降落漏斗是在潜水含水层中发展，存在着垂向分速度，等水头面不是圆柱面，而是共轴的旋转曲面，为空间径向流，所以和承压井流不同。这类问题很难求得它的解析解。

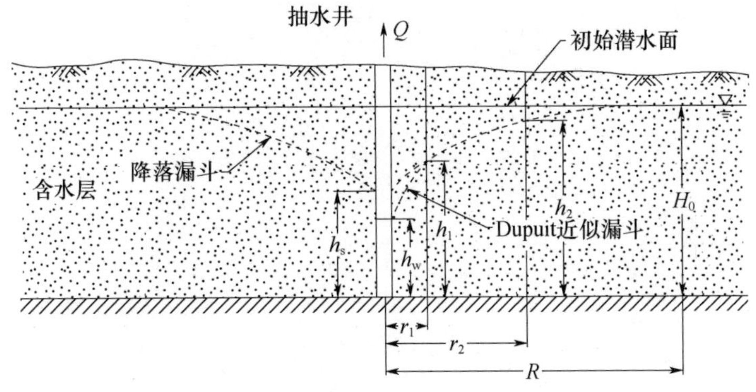

图 9-6　潜水含水层完整井

为实用目的，对上述潜水井应用 Dupuit 假设：认为流向井的潜水流是近似水平的，因而等水头面仍是共轴的圆柱面，并和过水断面一致。这一假设，在距抽水井 $r>1.50H_0$ 的区域是足够准确的。同时认为，通过不同过水断面的流量处处相等，并等于井的流量。以潜水含水层的底板作基准面，$h=H$，并用柱坐标形式表示，则方程简化为

$$\frac{\mathrm{d}}{\mathrm{d}r}\left(r\frac{\mathrm{d}h^2}{\mathrm{d}r}\right)=0 \tag{9-5}$$

其边界条件和承压水井相似，为 $h=h_w$，当 $r=r_w$ 时；$h=H_0$，当 $r=R$ 时。

对式（9-5）进行积分，得

$$r\frac{\mathrm{d}\ (h^2)}{\mathrm{d}r}=C$$

因各断面流量相等，根据通过任意断面的流量 $Q=2\pi rhK\frac{\mathrm{d}h}{\mathrm{d}r}=\pi rk\frac{\mathrm{d}\ (h^2)}{\mathrm{d}r}$，可得

积分常数

$$C=\frac{Q}{\pi K}$$

故有

$$r\frac{\mathrm{d}(h^2)}{\mathrm{d}r}=\frac{Q}{\pi K}$$

分离变量，按给出的边界条件对上式积分得

$$H_0^2-h_w^2=(2H_0-s_w)s_w=\frac{Q}{\pi K}\ln\frac{R}{r_w} \tag{9-6}$$

或

$$Q=1.366K\frac{(2H_0-s_w)s_w}{\lg\frac{R}{r_w}} \tag{9-7}$$

式中　R——潜水井的影响半径，其含义和承压水井的相同。

(3) 承压水不完整井

① 半无限厚含水层中的不完整井

a. 井底进水的承压水不完整井（图 9-7）

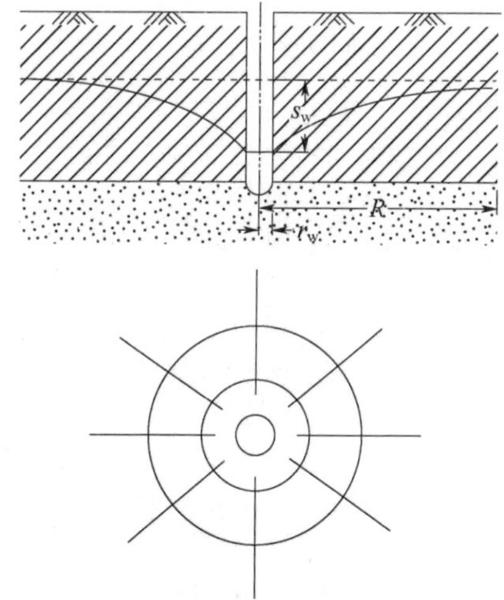

图 9-7　井底进水的承压水不完整井

在均质含水层中，如果渗流以一定强度从各个方面沿径向流向一点，并被该点吸收，则称该点为汇点。反之，渗流由一点沿径向流出，则称该点为源点。空间汇点，可以理解为直径无限小的球形过滤器，渗流沿半径方向流入球形过滤器而被吸收掉。

设离汇点距离为 ρ 的任意点 A 的降深为 s，球形过水断面面积为 $4\pi\rho^2$。按 Darcy 定律，流向汇点的流量（Q'）为

$$Q'=-K\frac{\mathrm{d}s}{\mathrm{d}\rho}\cdot 4\pi\rho^2$$

分离变量后，在 ρ 和影响半径（R）的区间内积分上式，得

$$s=\frac{Q'}{4\pi K}\left(\frac{1}{\rho}-\frac{1}{R}\right)$$

通常，$R>\rho$，$1/R$ 很小，可以忽略不计，故有

$$s=\frac{Q'}{4\pi K\rho} \tag{9-8}$$

上式为空间汇点的降深表达式，即在空间汇点作用下任意点的降深。

设想在井轴和含水层顶板交界处放一空间汇点来代替井的作用，则空间汇点流量的 Q' 相当于井的流量，即 $Q'=2Q$；半径为 r 的半球形等水头面可视为进水的井底，即令 $r=r_w$，$s=s_w$，将这些条件代入式（9-8），即得井底进水的承压水不完整井公式：

$$Q=2\pi Kr_w s_w \tag{9-9}$$

式中　$s_w=H_0-h_w$——井中水位降深；

H_0——抽水前的初始水头；

h_w——抽水井中的动水位。

b. 井壁进水的承压水不完整井（图 9-8）

井壁进水的圆柱状过滤器不是一个点，不能直接用空间汇点代替。但是，可用无数个空间汇点组成的空间汇线来近似代替过滤器的作用，如图 9-8 所示。

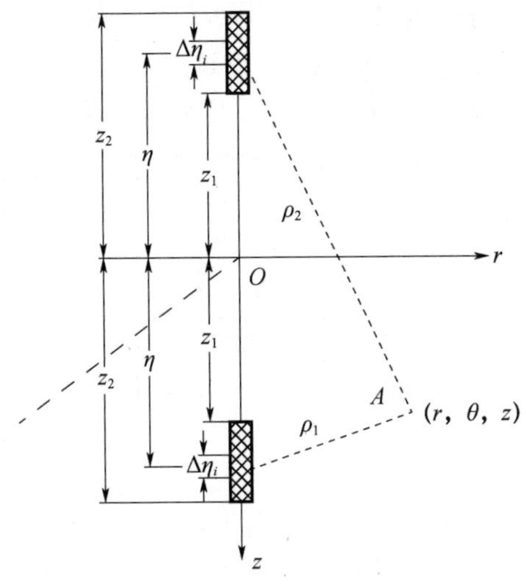

图 9-8　空间汇线

假设流量（Q）沿长度为 l 的汇线均匀分布。在汇线上取一微小的汇线段 $\Delta\eta$，视为空间的汇点，流向该点的流量（ΔQ_i）可用下式来表示：

$$\Delta Q_i=\frac{Q}{z_2-z_1}\Delta\eta_i$$

在此汇点作用下，相距 ρ_1 的 A 点所产生的降深为 Δs_i，按式（9-8）有

$$\Delta s_i=\frac{\Delta Q_i}{4\pi K\rho_1}=\frac{Q}{4\pi K\rho_1\ (z_2-z_1)}\Delta\eta_i$$

对于隔水顶板附近的汇点，为了考虑隔水顶板对汇点的影响，可用镜像法在顶板上方的对称位置上映出一个等强度的虚汇点（图 9-8）。这时，A 点的降深（Δs_i）应等于实汇点和虚汇点分别产生的降深的叠加，即

$$\Delta s_i=\frac{Q}{4\pi K\ (z_2-z_1)}\left(\frac{1}{\rho_1}+\frac{1}{\rho_2}\right)\Delta\eta_1$$

将 ρ_1 和 ρ_2 换成柱坐标表示：

$$\rho_1=\sqrt{(z-\eta)^2+r^2}\text{，}\rho_2=\sqrt{(z+\eta)^2+r^2}$$

代入上式，即得距隔水边界为 η 的汇点在 A 点产生的降深

$$\Delta s_i=\frac{Q}{4\pi K\ (z_2-z_1)}\left[\frac{1}{\sqrt{(z-\eta)^2+r^2}}+\frac{1}{\sqrt{(z+\eta)^2+r^2}}\right]\Delta\eta_i$$

汇线是由无数个汇点组成的，所以汇线对 A 点产生的总降深（s）显然等于上式无限次叠加的结果。由于汇点沿汇线是均匀连续分布的，故无限叠加可用沿汇线长度的积分来代替，得

$$s=\frac{Q}{4\pi K(z_2-z_1)}\int_{z_1}^{z_2}\left[\frac{1}{\sqrt{(z-\eta)^2+r^2}}+\frac{1}{\sqrt{(z+\eta)^2+r^2}}\right]\mathrm{d}\eta$$

当过滤器和隔水顶板相接时（图 9-9），相当于汇线两端坐标在 $z_1=0$，$z_2=l$，代入上式有

$$s=\frac{Q}{4\pi Kl}\left(\operatorname{arcsinh}\frac{z+l}{r}+\operatorname{arcsinh}\frac{l-z}{r}\right) \tag{9-10}$$

这是半无限承压含水层中流量为 Q 的与隔水顶板相接的空间汇线作用于任意点的降深。在选择假想过滤器时，使它的水头与真实井壁的动水位相等，把它同不完整井真实过滤器套在一起时，将在坐标（r_w，z_0）处相交，则由式（9-10）可得

$$s_w=\frac{Q}{4\pi Kl}\left(\operatorname{arcsinh}\frac{l+z_0}{r_w}+\operatorname{arcsinh}\frac{l-z_0}{r_{\mathrm{w}}}\right) \tag{9-11}$$

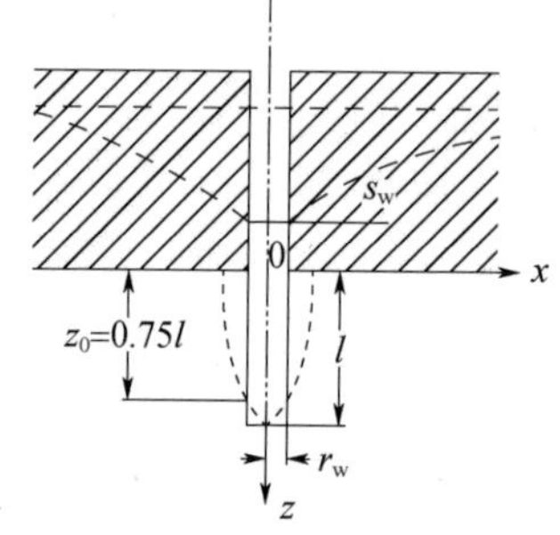

图 9-9　井壁进水的不完整井

当 $z=0.75l$ 时，按式（9-11）计算出的流量才与真实不完整井的流量相等。将这个条件代入式（9-11），最后得井壁进水不完整井的流量为

$$Q=\frac{2\pi Kls_{\mathrm{w}}}{\ln\dfrac{1.32l}{r_{\mathrm{w}}}} \tag{9-12}$$

导出上述结果时，利用了下列关系式，即 $x\gg1$ 时，$\operatorname{arcsinh}x=\ln\left[\sqrt{x^2+1}+x\right]\approx\ln2x$。因此，应用式（9-12）时，应满足上述假设。通常要求是 $l/r_{\mathrm{w}}>5$。

② 有限厚含水层中的不完整井

当含水层厚度有限时，不仅要考虑隔水顶板对水流的影响，还要考虑隔水底板的影响。Muskat 研究了有限厚含水层中井过滤器和隔水顶板相接时稳定流的水头分布，采用汇线无限次映像得承压水不完整井的流量为

$$Q=\frac{2\pi KMs_{\mathrm{w}}}{\dfrac{1}{2\alpha}\left(2\ln\dfrac{4M}{r_{\mathrm{w}}}-2.3A\right)-\ln\dfrac{4M}{R}} \tag{9-13}$$

式中，$\alpha=\dfrac{l}{M}$；

$A=f\ (a)\ =\lg\dfrac{\Gamma\ (0.875a)\ \Gamma\ (0.125a)}{\Gamma\ (1-0.875a)\ \Gamma\ (1-0.125a)}$，其中，$\Gamma$ 为伽马函数；R 为影响半径。

（4）潜水不完整井

① 半无限厚含水层中井壁进水的不完整井

潜水向不完整井的运动，流线有明显的对称弯曲。在过滤器上下两端流线的弯曲程度较大，当从两端移向过滤器中线时，流线弯曲逐渐变缓，流线与过滤器中线 N—N 近似重合，流面几乎是水平面，如图 9-10 所示。

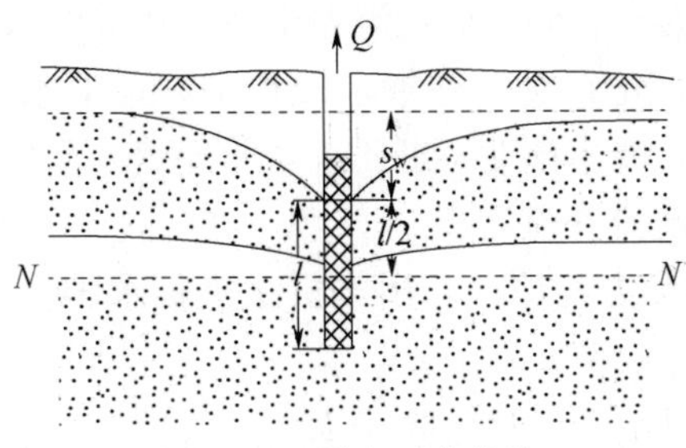

图 9-10　潜水不完整井

根据流面上水头的法向导数为零的特点，N—N 流面可视为不透水面。它把过滤器未淹没的潜水不完整井分成上下两段。上段可视为潜水完整井，下段看成是半无限厚含水层中承压水不完整井。而潜水不完整井的流量，应等于上下两段流量之和。这样计算所得的上段流量偏大些，下段流量偏小些，但两段流量之和可以抵消部分误差。

上段按潜水完整井计算，根据 Dupuit 公式有

$$Q_1=\frac{\pi K\left[(s_w+0.5l)^2-(0.5l)^2\right]}{\ln\dfrac{R}{r_w}}=\frac{\pi K(s_w+l)s_w}{\ln\dfrac{R}{r_w}}$$

下段，当 $l/2<0.3m_0$ 时（m_0 为 N—N 中线到隔水底板的距离），可以认为含水层厚度是无限的。按式（9-12）有

$$Q_2=\frac{2\pi K(0.5l)s_w}{\ln\dfrac{1.32(0.5l)}{r_w}}=\frac{\pi K(s_w+l)s_w}{\ln\dfrac{0.66l}{r_w}}$$

于是，当过滤器埋藏相对较浅，$l/2<0.3m_0$ 时，潜水不完整井流量有

$$Q=Q_1+Q_2=\pi Ks_w\left(\frac{l+s_w}{\ln\dfrac{R}{r_w}}+\frac{l}{\ln\dfrac{0.66l}{r_w}}\right) \tag{9-14}$$

② 有限厚含水层中的不完整井

对于有限厚含水层中的潜水不完整井，当过滤器埋藏相对较浅，$l/2<0.3m_0$ 时，可用式（9-14）计算；当过滤器埋藏较深时，$l/2>0.3m_0$ 时，必须考虑隔水底板的影响。为此，采用分段法计算时，下段宜用式（9-13），上段则仍按潜水完整井计算，于是有

$$Q=\pi Ks_w\left[\frac{l+s_w}{\ln\dfrac{R}{r_w}}+\frac{2m_0}{\dfrac{1}{2\alpha}\left(2\ln\dfrac{4m_0}{r_w}-2.3A\right)-\ln\dfrac{4m_0}{R}}\right] \tag{9-15}$$

式中　m_0——过滤器中部至隔水底板的距离。

2）非稳定流情况下管井出水量的计算

随着工农业生产的不断发展以及人口数量的不断增加，工业、农业及生活用水的需求量不断增大，地下水作为重要的供水水源，其开采量及开采规模迅速扩大，大多数地区普遍出现区域地下水位的持续下降，而稳定流理论及其水量计算公式无法解决和预测这一现象以及未来地下水的动态变化。在 20 世纪 30 年代中期开始形成的以美国人泰斯（C. U. Theis）为代表的非稳定流理论及其相关的水量运算公式发挥着越来越大的作用。泰斯非稳定流理论认为，在抽水过程中，地下水的运动状态是随时间而变化的，即动水位不断下降，降落漏斗不断扩大，直至含水层的边缘或补给水体。

（1）承压完整井非稳定流井流计算

1935 年泰斯借用热传导方程原理，用解析法进行求解。于是承压完整井非稳定井流定解问题为

$$\frac{\partial^2 H}{\partial r^2}+\frac{1}{r}\frac{\partial H}{\partial r}=\frac{\mu^*}{T}\frac{\partial H}{\partial t}\ (r_0<r<\infty,\ t>0) \tag{9-16a}$$

$$H(r,\ 0)=H_0\ (\text{初始条件：}r_0<r<\infty,\ t=0) \tag{9-16b}$$

$$H(\infty,\ t)=H_0\ (\text{定水头边界条件：}t>0) \tag{9-16c}$$

$$\lim_{r\to 0}\left(r\frac{\partial H}{\partial r}\right)=\frac{Q}{2\pi t}=\text{const}\ (t>0) \tag{9-16d}$$

按照上述初始条件及边界条件，结合完整井微分方程，通过积分变换可求得承压完整井非稳定井流的基本方程式泰斯公式为（微分方程求解过程省略）：

$$s=\frac{Q}{4\pi T}W(u) \tag{9-17}$$

式中　$W(u)=\int_{\mu}^{\infty}\frac{e^{-u}}{u}du=-E_i(u)$——负指数积分函数或水井函数，展开后为一收敛级数，即 $W(u)=-0.5772-\ln u+\sum_{n=1}^{\infty}(-1)^{n+1}\times\frac{u^n}{n\cdot n!}$；

$u=\frac{r^2\mu^*}{4Tt}=\frac{r^2}{4\alpha t}$——井函数自变量；

s——当以定流量 Q 抽水时，在距井远处经过 t 时刻后的水位下降值，m；

其余符号意义同前。

泰斯公式推导示意图如图 9-11 所示。

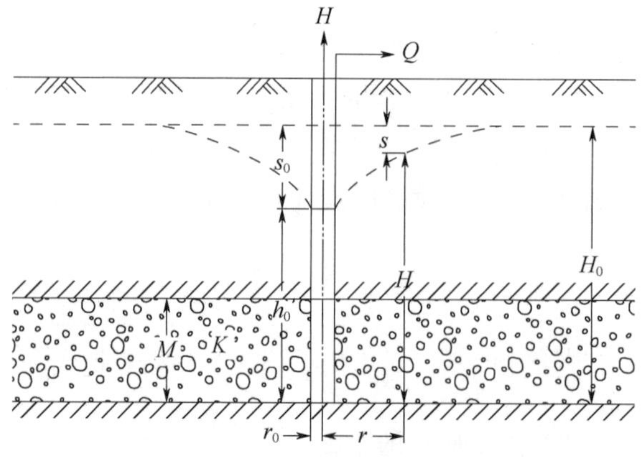

图 9-11　泰斯公式推导示意图

（2）潜水完整井非稳定井流计算

潜水完整井单井抽水非稳定流运算模型可参照承压水完整井的方式进行一系列代换导出仿泰斯公式为

$$s=H-\sqrt{H^2-\frac{Q}{2\pi K}W(u)} \tag{9-18}$$

公式中的符号意义同承压完整井非稳定井流计算公式。

当抽水时间较长、$u\leqslant 0.01$ 时，其指数积分函数的表达式中，从第二项以后的各项绝对值很小，可以忽略不计。于是可取级数的前两项进行简化得

$$W(u)\approx -0.5772-\ln u=-0.5772-\ln\frac{r^2}{4\alpha t}$$

$$=\ln\frac{4at}{r^2}-\ln 1.78t$$

$$=2.3\lg\frac{2.25\alpha t}{r^2}$$

将此值代入式（9-17）及式（9-18）后得到简化的雅柯布公式：

承压完整井：

$$s=\frac{2.3Q}{4\pi T}\lg\frac{2.25\alpha t}{r^2} \tag{9-19}$$

潜水完整井：

$$s=H-\sqrt{H^2-\frac{2.3Q}{2\pi K}\lg\frac{2.25\alpha t}{r^2}} \tag{9-20}$$

用普通的代数方法解上述各式是困难的，实际应用中，用图解法可取得满意的结果。利用抽水试验资料（出水量不变条件下的 $S-t$ 资料）通过图解法可求出 α、K 值，同时，可以算出在任意时间、任意点的水位下降值。

应该指出，上述泰斯公式是在以下假设的基础上推导而得，即含水层为均质、各向同性，水平分布广阔，含水层的导水系数 T（对于承压含水层 $T=KM$，对于无压含水层 $T=KH$）在所处含水层中为常数；当水位下降时，含水层中的排水瞬时发生，含水层顶、底板不透水等。完全符合上述假设条件，在实际上并不存在，而是在不同程度上偏离上述条件。然而，在非稳定流理论进一步发展过程中，已有不少新的公式适应不同的条件，如有越流含水层公式、有延迟给水的无压含水层公式、非完整井公式等。

2. 利用经验公式计算井出水量

前已提到，在评价小型水源地或勘探开采井的单井出水量时，可用理论公式进行流量预报。但因水文地质条件的差异性、水流状态和井损的影响，实际抽水中的流量和降深关系，并非完全像理论公式：

$$Q=2.73\frac{KM}{\lg\dfrac{R}{r_w}}=qs_w\text{，}q\text{ 为单位流量（对于承压水井）}$$

$$Q=1.366K\frac{(2H_0-s_w)\ s_w}{\lg\dfrac{R}{r_w}}=1.366\frac{2KH_0}{\lg\dfrac{R}{r_w}}-\frac{1.366K}{\lg\dfrac{R}{r_w}}s_w^2\text{（对于潜水井）}$$

所显示的那样为一过原点的直线（承压水井）和二次抛物线（潜水井），而常常表现为各种各样的曲线。因此，为使预报的流量符合实际情况，常根据多次降深（或落程）抽水试验得出的 Q-s_w 关系建立经验公式，进行流量预报。

大量抽水井的实测资料证明，常见的几种 Q-s_w 曲线类型有直线型、抛物线型、幂函数曲线型和对数曲线型。下面分别对这几种曲线类型的经验公式、判别方法、确定系数和应用范围加以讨论。

（1）直线型

反映直线型关系的表达式为

$$Q = q s_w \tag{9-21}$$

它和承压水井 Dupuit 公式一致。其中，q 为待定系数。

首先，用图解法判别抽水试验得出的 Q-s_w 关系曲线的类型。将不同落程的 Q 和 s_w 资料点绘在坐标纸上。如果这些点分布在一条直线上，并通过坐标原点时，即可判定为直线型，符合式（9-21）。

然后确定系数 q。当资料不多，且资料点基本分布在同一直线上时，可直接取直线的斜率确定 q 值；当资料较多，且点沿直线两侧分布较分散时，可采用最小二乘法确定 q 值，即使残差平方和为最小，则有

$$\frac{\mathrm{d}}{\mathrm{d}q}\left[\sum_{i=1}^{n}(Q_i - q s_w)^2\right] = 0$$

或

$$\sum_{i=1}^{n} Q_i s_{wi} - q\sum_{i=1}^{n} s_{wi}^2 = 0$$

由此求得待定系数：

$$q = \frac{\sum_{i=1}^{n} Q_i s_{wi}}{\sum_{i=1}^{n} s_{wi}^2} \tag{9-22}$$

式中　n——抽水试验降深的次数。

将所求 q 值代回式（9-21），给出井中设计降深（s_e），即可预报流量。

（2）抛物线型

反映这种曲线的经验公式为

$$s_w = aQ + bQ^2 \tag{9-23}$$

式中　a、b——待定系数。

如将公式两边除以 Q，则得代表抛物线关系的方程：

$$\frac{s_w}{Q} = a + bQ$$

由此可见，当用图解法判别抽水试验的关系类型时，只要以 s_w/Q 为纵坐标，以 Q 为横坐标作图为一直线，即可判定为抛物线型，符合经验公式（9-23）。在 Q 轴上的截距为 a，直线斜率为 b。当有 n 个抽水落程时，也可按最小二乘法求待定系数 a 和 b。此时

$$b=\frac{n\sum_{i=1}^{n}s_{wi}-\sum_{i=1}^{n}Q_i\sum_{i=1}^{n}\frac{s_{wi}}{Q}}{n\sum_{i=1}^{n}Q_i^2-(\sum_{i=1}^{n}Q_i)^2} \tag{9-24}$$

$$a=\frac{\sum_{i=1}^{n}\frac{s_{wi}}{Q}-b\sum_{i=1}^{n}Q_i}{n} \tag{9-25}$$

（3）幂函数曲线型

反映这种曲线的经验公式为

$$Q=q_0 s_w^{1/m} \tag{9-26}$$

式中　q、m——待定系数。

对上式两边取对数，得

$$\lg Q=\lg q_0+\frac{1}{m}\lg s_w$$

由此可见，如在双对数坐标纸上绘出 Q-s_w 关系曲线为一直线，则可判定其为幂函数曲线型，符合经验公式（9-26）。直线在 $\lg Q$ 轴上的截距为 q，直线斜率的倒数为 m 值。当有 n 个落程资料时，同样可用最小二乘法求待定系数，有

$$m=\frac{n\sum_{i=1}^{n}(\lg s_{wi})^2-(\sum_{i=1}^{n}\lg s_{wi})^2}{n\sum_{i=1}^{n}(\lg s_{wi}\lg Q_i)-\sum_{i=1}^{n}\lg s_{wi}\sum_{i=1}^{n}\lg Q_i} \tag{9-27}$$

$$\lg q_0=\frac{\sum_{i=1}^{n}\lg Q_i-\frac{1}{m}\sum_{i=1}^{n}\lg s_{wi}}{n} \tag{9-28}$$

（4）对数曲线型

反映这种曲线的经验公式为

$$Q=a+b\lg s_w \tag{9-29}$$

式中　a、b——待定系数。

当用图解法判别抽水试验关系类型时，可在单对数坐标纸上，Q 取普通坐标，s_w 取对数坐标，绘出 Q-$\lg s_w$ 关系曲线。若为直线，则可判定为对数曲线型，符合公式（9-29）。Q 轴的截距为 a，直线的斜率为 b。当有 n 个落程资料时，同样可用最小二乘法确定系数，有

$$b=\frac{n\sum_{i=1}^{n}(Q_i\lg s_{wi})-\sum_{i=1}^{n}Q_i\sum_{i=1}^{n}\lg s_{wi}}{n\sum_{i=1}^{n}(\lg s_{wi})^2-(\sum_{i=1}^{n}\lg s_{wi})^2} \tag{9-30}$$

$$a=\frac{\sum_{i=1}^{n}Q_i-b\sum_{i=1}^{n}\lg s_{wi}}{n} \tag{9-31}$$

将上述四种经验公式及其图解归纳为表 9-2。当然，在实际抽水试验中，还可能遇到其他类型的曲线，均可用类似的方法处理。建立经验公式的目的就是为了预报流量。

通常预报的设计降深往往大于抽水试验降深，因而希望对经验公式进行外推。一些苏联学者曾指出，对直线型经验公式，外推降深的最大范围不能超过抽水试验时最大降深的 15 倍，对抛物线型、幂函数曲线型和对数曲线型方程，不能超过 1.75～3.0 倍。必须指出，经验公式是根据实测数据找出变量之间函数近似表达式的。因此，经验公式只能说明在观测数据范围以内的自变量和因变量之间的关系。严格来说，它是不能外推的。因为这种关系不一定就是变量之间真正的函数关系。即使要外推，外推范围也不能过大。考虑到经验公式的上述性质和统计学的有关理论，上述苏联学者的意见虽然在我国流传很广，但由于允许外推范围过大，又缺乏理论依据，仍有待商榷。应用时，必须慎之又慎，特别是当外推范围较大时。

表 9-2　流量与水位降深关系式及图示

经验公式和图形		变形后的公式和图形	
经验公式	Q-s 关系曲线	变形公式	变形的关系曲线
直线 $Q=qs_w$	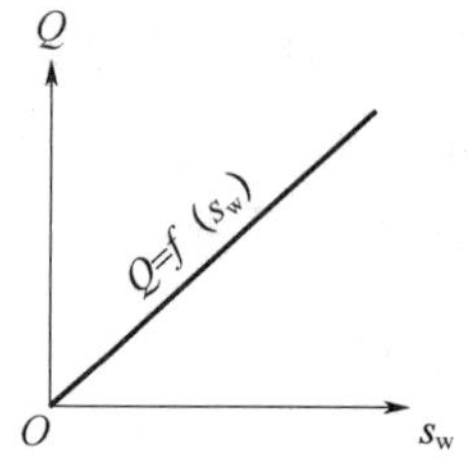 Q；O；s_w；$Q=f(s_w)$		抽水试验的资料点连线为直线，并通过坐标原点的，为直线型；不通过原点的，为曲线型
抛物线 $s_w=aQ+bQ^2$	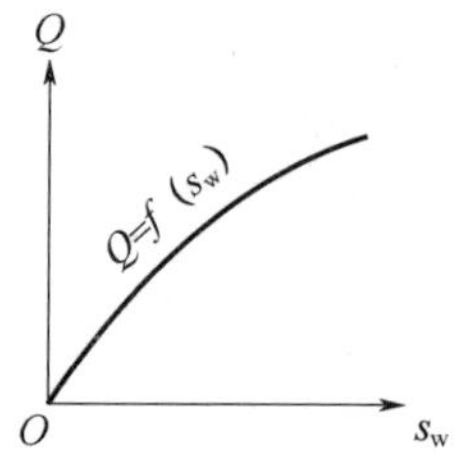 Q；O；s_w；$Q=f(s_w)$	方程两端除以 Q $\frac{s_w}{Q}=a+bQ$	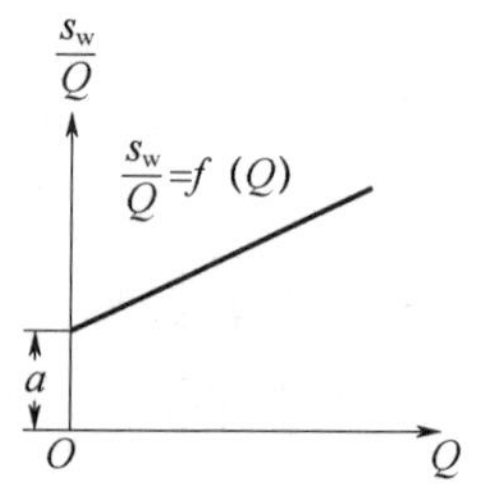 $\frac{s_w}{Q}$；$\frac{s_w}{Q}=f(Q)$；a；O；Q
幂函数曲线 $Q=q_0 s_w^{1/m}$	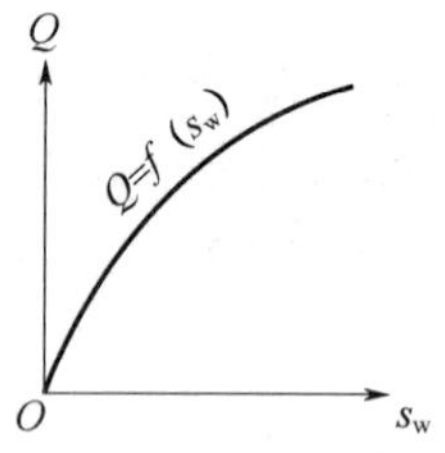 Q；O；s_w；$Q=f(s_w)$	幂函数曲线 $\lg Q=\lg q_0+\frac{1}{m}\lg s_w$	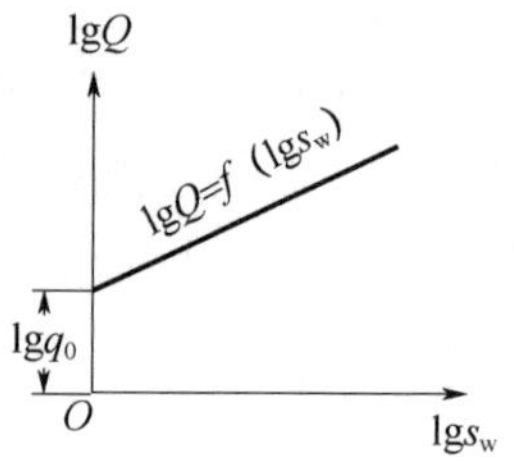 $\lg Q$；$\lg Q=f(\lg s_w)$；$\lg q_0$；O；$\lg s_w$
对数曲线 $Q=a+b\lg s_w$	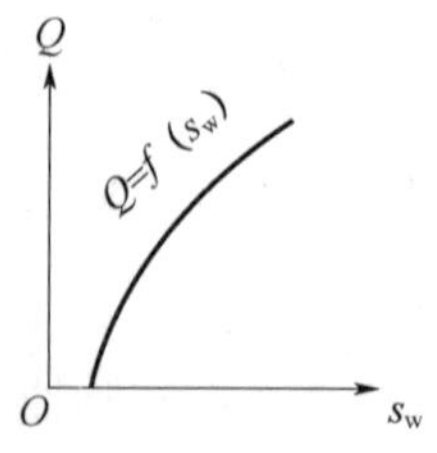 Q；O；s_w；$Q=f(s_w)$	仍用原式 $Q=a+b\lg s_w$	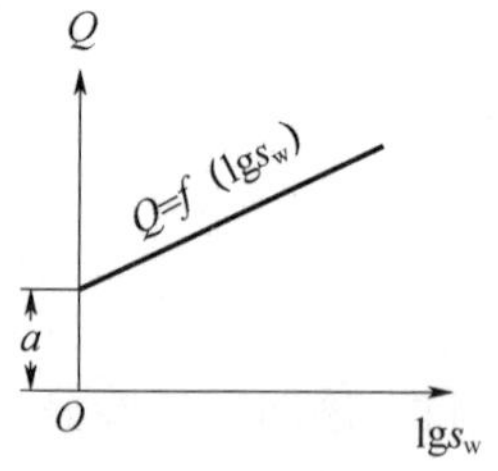 Q；$Q=f(\lg s_w)$；a；O；$\lg s_w$

9.3.2 渗渠

1. 概述

渗渠即水平铺设在含水层中的集水管（渠）。渗渠可用于集取浅层地下水（图 9-12），也可铺在河流、水库下或旁边，集取河床地下水或地表渗透水（图 9-13）。由于集水管是水平铺设的，所以也称水平式取水构筑物。集取浅层地下水的渗渠，我国应用较少，常见的都是铺设在地表水下或岸边的渗渠。

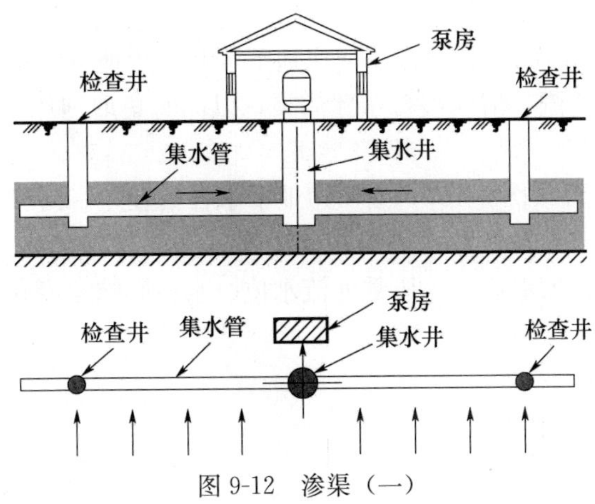

图 9-12　渗渠（一）

渗渠的集水管（渠）直径或断面尺寸一般为 500～1500mm，常用为 600～1000mm，长度为数十米至数百米。受施工条件限制，集水管（渠）埋深一般在 4～7m，最大不超过 10m。因此，渗渠一般适用于厚度小于 6m，埋藏较浅的含水层。渗渠也有完整式和非完整式之分。集水管（渠）敷设于含水层下面的不透水层上的称为完整式渗渠，敷设于不透水层以上某一高度的称为非完整式渗渠。非完整式渗渠可用于埋深与厚度较大的含水层，但常不能充分集取地下水。

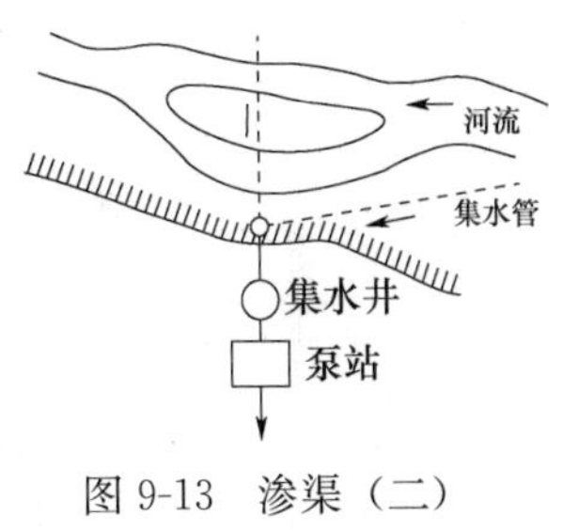

图 9-13　渗渠（二）

我国东北、西北的一些山区及山前区的间歇性河流，其水位、流量、流速及泥沙含量变化较大，河床稳定性较差，冬季冰冻情况较严重，不适于采用地面水取水构筑物。但是，这些河流的冲积层中常有较丰富的地下水，因此可采用渗渠取水。

渗渠集取经渗滤的地表水，兼有地下水水质的优点，但常由于泥沙淤积河床和淤塞含水层与渗渠周围的填砾石层而发生出水量衰减现象，严重时甚至不能继续使用。此外，在一般情况下，渗渠的造价在各类地下取水构筑物中也是较高的。上述问题在选用和设计渗渠时应予以足够重视。

2. 渗渠位置的选择和布置方式

渗渠位置的选择是渗渠设计中一个重要和复杂的问题，不仅要考虑水文地质条件，还要考虑河流的水文条件，对集取河床渗透水的渗渠更是如此。

（1）渗渠位置选择的原则

① 渗渠应选在河床冲积层较厚的河段，并且应避免有不透水的夹层（如淤泥夹层

之类）；

② 渗渠应该选择在水力条件良好的河段，如靠近主流、流速较急、有一定冲刷力的凹岸，以避免河床淤积影响其渗透能力；

③ 渗渠应设在河床稳定的河段，因河床变迁、水流摆离渗渠，影响渗渠之补给，将导致出水量的降低。

（2）渗渠的布置方式

渗渠的布置应根据补给水来源、河段地形与水文、施工条件等而定，一般有以下几种布置方式。

① 平行于河流布置（图 9-14）。当河床地下水和岸边地下水均较充沛，且河床较稳定时，可采用平行于河流，沿河漫滩布置渗渠，以同时集取河床地下水和岸边地下水，施工和检修均较方便。

② 垂直于河流布置（图 9-15）。当岸边地下水补给较差，河床含水层较薄，河床地下水补给也较差，且河水较浅，可以采用此种布置方式渗取地表水。此种布置方式施工和检修均较困难，且出水量、水质受河流水位、水质影响，变化较大，易于淤塞。

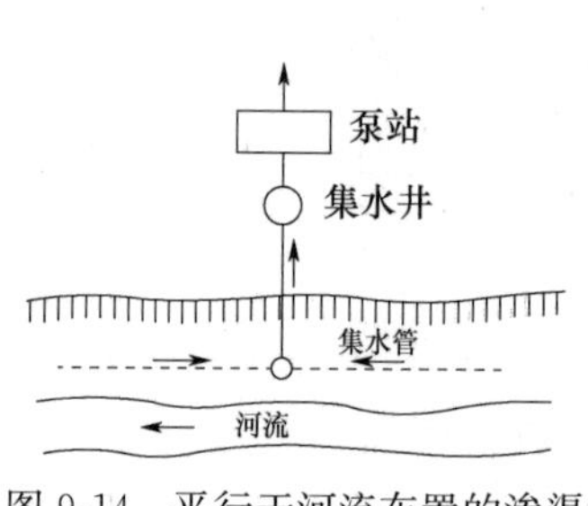

图 9-14　平行于河流布置的渗渠

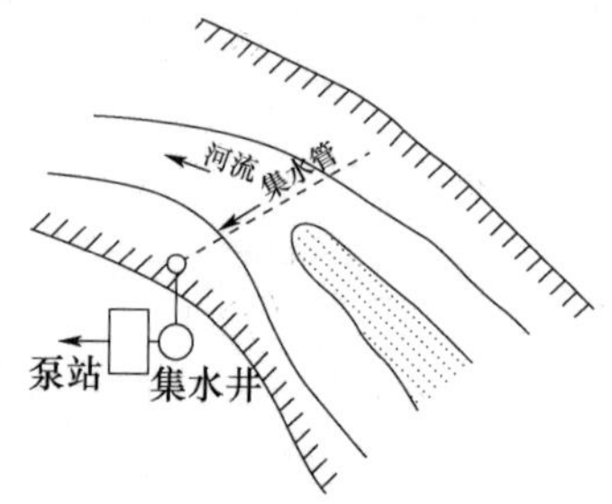

图 9-15　垂直于河流布置的渗渠

③ 平行和垂直组合布置。平行和垂直组合布置的渗渠能充分截取岸边地下水和河床渗透水，出水量比较稳定，如在冬期枯水期可以得到岸边地下水的补给。

应该指出，对于截取地下水的渗渠而言，应尽量使渗渠垂直于地下水流向布置。

3. 渗渠的型式和构造

渗渠的基本组成部分是水平集水管、集水井、检查井和泵站。集水管一般为穿孔钢筋混凝土管、混凝土管；水量较小时，可用铸铁管、陶土管；也可采用浆砌石或装配式混凝土暗渠。

钢筋混凝土或混凝土管每节长 1～2m，内径不小于 200mm；若需要进入清理，内径不应小于 600mm，管径尺寸应根据水力计算确定。管上的进水孔有圆孔和条孔两种。圆孔直径为 20～30mm，孔眼内大外小，梅花状布置。孔眼净距按结构强度要求，一般为孔眼直径的 2～2.5 倍。条形进水孔宽度 20mm，长度 60～100mm，条孔间距纵向为 50～100mm，环向为 20～50mm。进水孔一般沿管渠上部 1/2～2/3 圆周布置。进水孔总面积一般为管壁开孔部分总面积的 5%～10%。

在集水管外须设置人工反滤层，以防止含水层中细小沙粒堵塞进水孔或使集水管产生淤积。人工反滤层对于渗渠十分重要，它的质量将影响渗渠的出水量、水质和使用年限。

铺设在河滩和河床下的渗渠构造如图 9-16 所示。人工反滤层一般为 3～4 层，各层级配，最上一层（第一层即紧邻河床或河滩的一层）填料粒径是含水层或河砂颗粒粒径的 8～10 倍，第二层（邻近第一层）填料粒径是第一层的 2～4 倍，余此类推，但最下一层填料的粒径应比进水孔略大。

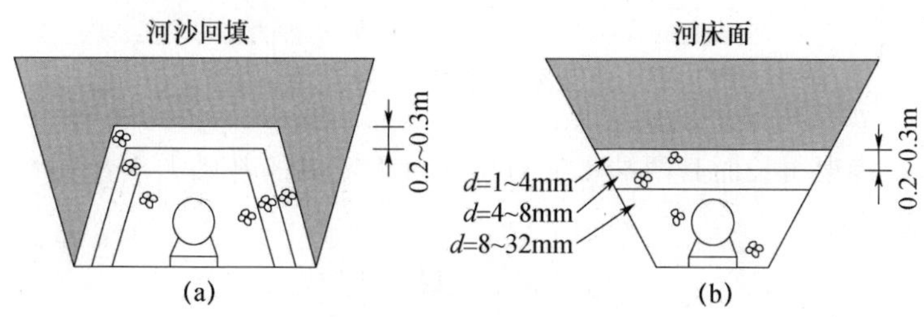

图 9-16　渗渠人工反滤层构造

（a）铺设在河滩下的渗渠；（b）铺设在河床下的渗渠

为了避免各层中颗粒出现分层现象，填料颗粒不均匀系数$\left(\frac{D_{60}}{d_{10}}\right)\leqslant 10$（其中，$D_{60}$、$d_{10}$——填料颗粒中按质量计算有 60%、10%的粒径小于这一粒径）。各层填料厚度原则上应大于（4～5）d_{max}（d_{max}——填料中最大颗粒的粒径），为安全起见，可取 200～300mm。

为便于检修，在集水管直线段每隔 50～150m 及端部、转角处、断面变换处设检查井。洪水期能被淹没的检查井井盖应密封，并用螺栓固定，以防洪水冲开井盖，涌入泥沙，淤塞渗渠。

4. 渗渠的出水量

通常讲渗渠计算是要决定其出水量和输水能力。因此，它包括出水量的计算和渗渠水力计算，渗渠水力计算是校核渗渠的输水能力，确定管径、管内流速（一般采用 0.5～0.8m/s）、水深（管内充满度一般采用 0.4～0.8）和管底坡度（最小坡度不小于 2°）等。这里主要介绍渗渠出水量的计算。

渗渠通常都建造于无压含水层中，在承压含水层采用较少。以下仅介绍无压含水层中几种基本情况的计算公式。应该指出，渗渠出水量计算公式很多，但计算结果常与实际情况不符合，因此，在引用公式时，必须了解公式的适用条件。

1）集取地下水的渗渠

（1）完整式渗渠（图 9-17）

无压含水层中两侧进水的完整式渗渠出水量计算公式：

$$Q=\frac{KL(H^2-h_0^2)}{R} \tag{9-32}$$

式中　Q——渗渠出水量，m^3/d；

K——渗透系数，m/d；

R——影响半径，m；

L——渗渠长度，m；

H——含水层厚度，m；

h_0——渗渠内水位到不透水层高度，m。

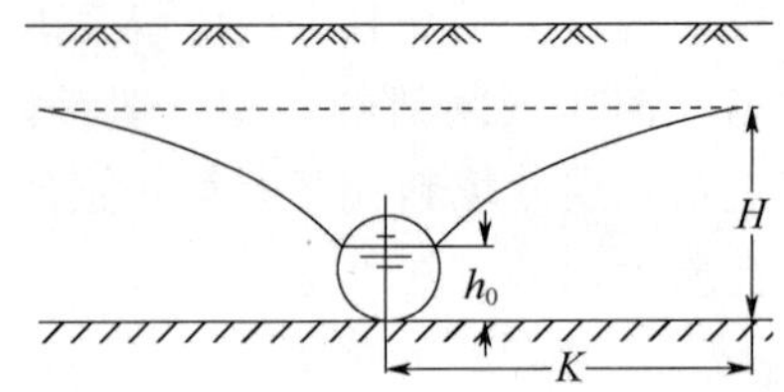

图 9-17　无压含水层完整式渗渠计算简图

上式在假定渗渠很长而其两端水流对出水量无影响的基础上求出，否则，（当 $L<50$m）应按下式计算：

$$Q=\frac{1.37K(H^2-h_0^2)}{\lg\dfrac{R}{0.25L}} \tag{9-33}$$

上式表明，由于两端水流影响，长度为 L 的渗渠出水量相当于同一地层中半径为 $0.25L$ 取水井的出水量。

（2）非完整式渗渠（图 9-18）

自两侧进水的无压含水层非完整式渗渠出水量计算公式：

$$Q=\frac{KL(H^2-h_0^2)}{R}\cdot\sqrt{\frac{t+0.5r_0}{h_0}}\cdot\sqrt{\frac{2h_0-t}{h_0}} \tag{9-34}$$

式中　t——渗渠内水深，m；

r_0——渗渠半径，m。

其余符号与前相同。

式（9-34）适用于渠底和不透水层的距离不大时。

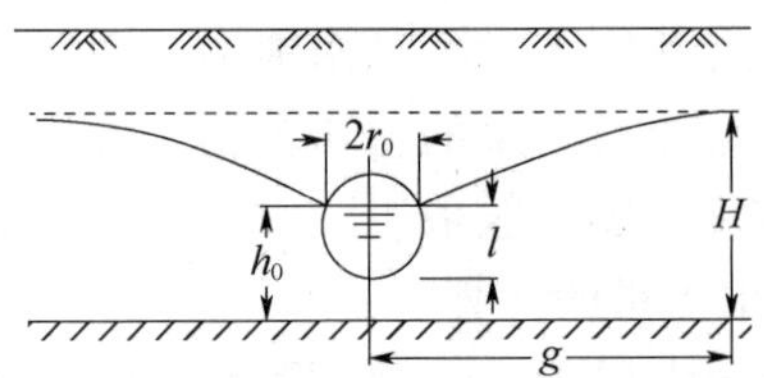

图 9-18　无压含水层非完整式渗渠计算简图

2）同时集取岸边和河床地下水的渗渠

建于河滩下、平行于河流的完整式渗渠（图 9-19）的出水量计算公式如下：

$$Q=\frac{KL}{2l}(H_1^2-h_0^2)+\frac{KL}{2R}(H_2^2-h_0^2) \tag{9-35}$$

式中　H_1——河水位距不透水层的高度，m；

H_2——岸边地下水静水位距不透水层高，m；

l——渗渠中心到河水边线的距离，m。

其余符号与前相同。

显然，式（9-35）为河床地下水和岸边地下水的水量之和。

非完整式渗渠，应按其他相应公式计算。

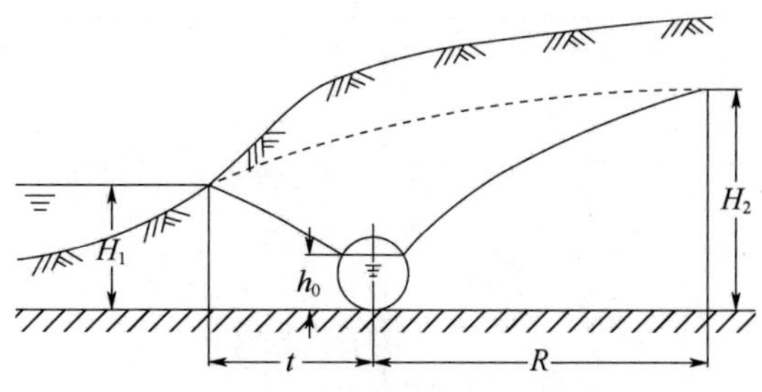

图 9-19　河滩下渗渠计算简图

3）集取河流渗透水的渗渠

（1）河床下非完整式渗渠（图 9-20）

河床下的非完整式渗渠出水量计算公式如下：

$$Q=\alpha LK\frac{H_1-H_0}{A} \tag{9-36}$$

$$A=0.37\lg\left[\tan\left(\frac{\pi}{8}\cdot\frac{4h-d}{T}\right)\cot\left(\frac{\pi}{8}\cdot\frac{d}{T}\right)\right] \tag{9-37}$$

式中　α——淤塞系数，根据河水浑浊度情况确定，当河水浑浊度低时，采用 0.8，浑浊度很高时，采用 0.35；

H_1——河水位至渗渠顶的距离，m；

H_0——渗渠的剩余水头（m），当渗渠内为自由水面时，$H_0=0$，一般采用 $H_0=0.5\sim1.0$m；

T——含水层厚度，m；

h——河床至渠底高度，m；

d——渗渠直径，m；

Q、L、K 与前同。

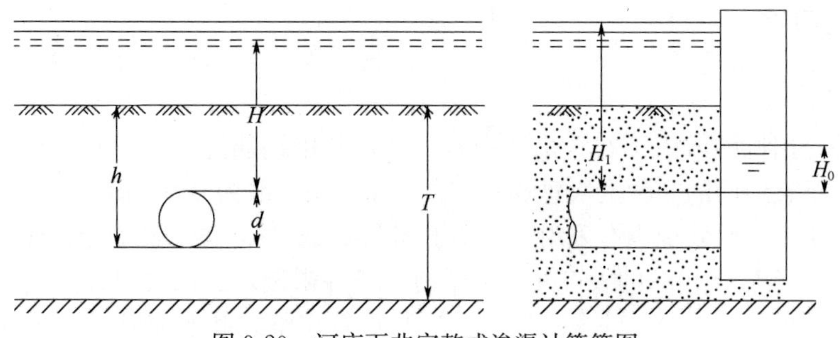

图 9-20　河床下非完整式渗渠计算简图

（2）河床下完整式渗渠（图 9-21）

集取河流渗透水的完整式渗渠出水量计算公式与式（9-36）相同，式中 A 值见下式：

$$A=0.37\lg\cot\left(\frac{\pi}{8}\cdot\frac{d}{H}\right) \tag{9-38}$$

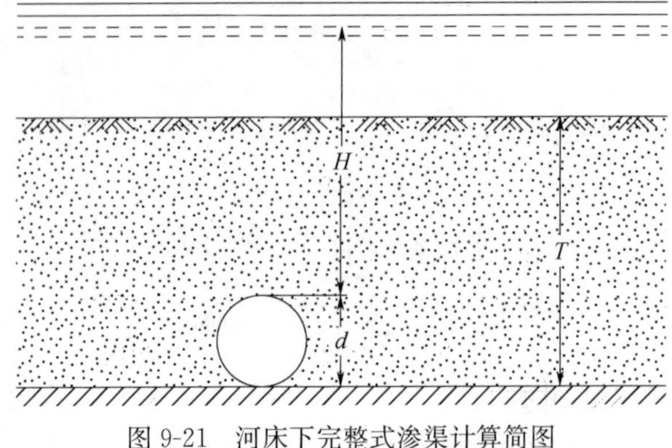

图 9-21　河床下完整式渗渠计算简图

渗渠在运行中常存在不同程度的出水量衰减问题。渗渠出水量衰减通常有渗渠本身和水源两方面原因。

属于渗渠本身的原因，主要是渗渠反滤层和周围含水层被地表水中泥沙杂质淤塞的结果。对于以渗取地表水为主的渗渠，这种淤塞现象是比较普遍的，而且也比较严重，往往使投产不久的渗渠出水量大幅度下降。对于防止渗渠淤塞目前尚缺乏有效的措施，一般仅从下列几个方面考虑：①选择适当河段，合理布置渗渠；②控制取水量，降低水流渗透速度：③保证滤层施工质量。

属于水源的原因是渗渠所在地段的河流水文和水文地质情况发生变化。诸如，地下水位发生区域性下降；河流水量减少；尤其是枯水期流量的减少；河床变迁，主流摆离渗渠等。为防止此类问题的发生，在设计时应全面掌握有关水文和水文地质资料，做到对开发地区地下水资源有正确评价，对河流变迁趋势有足够估计。选择适当河段，如以渗取地表水为主的渗渠，其开发的水量，应纳入河流综合利用规划之中。有条件和必要时，应进行一定的河道整治措施，以稳定水源所在河段的河床或在渗渠所在地段地下水流向的下游修建地下水截水潜坝，可取得较好的效果。

9.3.3　大口井

9.3.3.1　概述

大口井是用机械或人工在含水层中开挖的，并用钢筋混凝土、砖、石或其他材料衬砌井壁且垂直地面的一种集水建筑物。大口井井径一般为 3～10m，井深一般在 30m 以内。农村小型给水系统也有采用直径小于 3m 的大口井，城市或工业企业大型给水系统也有采用直径大于 10m 的大口井。由于施工条件限制，我国大口井多用于开采深度小于 20m，厚度在 5～20m 的含水层。大口井也有完整式和非完整式之分（图 9-22）。完整式大口井贯穿全部含水层，只能从井壁进水，采用较少。非完整式大口井未穿透全部含水层，井壁井底均可进水，采用较多。非完整式大口井集水范围大，水力条件好，适用于开采较厚的含水层。

9.3.3.2　大口井的型式和构造

大口井是广泛应用于开采浅层地下水的取水构筑物，一般构造如图 9-23 所示，它主要由井筒、井口及进水部分组成。

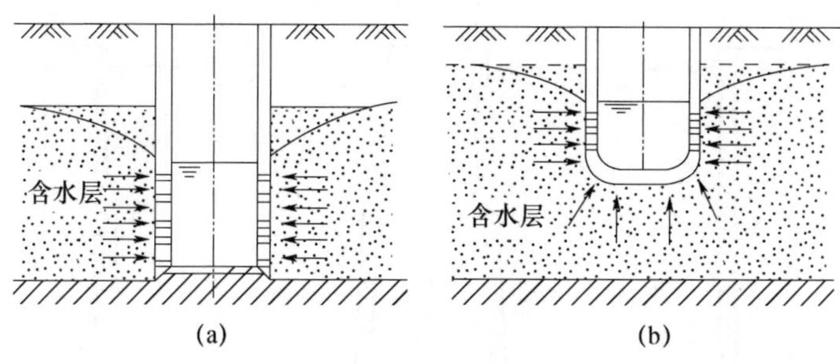

图 9-22　大口井
(a) 完整式；(b) 非完整式

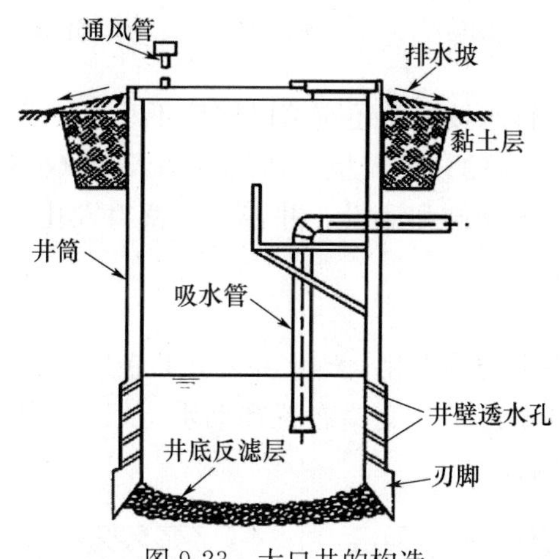

图 9-23　大口井的构造

1. 井筒

井筒通常用钢筋混凝土浇筑或用砖、石、预制混凝土块、预制钢筋混凝土圈砌筑而成，用以加固井壁、防止井壁坍塌及隔离水质不良的含水层。

用沉井法施工的大口井，在井筒的最下端应设有刃脚，刃脚一般由钢筋混凝土构成，施工时用以切削地层，便于井筒下沉。为减少下沉的摩擦力和防止井筒在下沉过程中受障碍物的破坏，刃脚要比井筒大 10cm 左右。

大口井的外形通常有圆筒形、截头圆锥形、阶梯圆筒形等，如图 9-24 所示。圆筒形井筒的优点是：在施工中易于保证垂直下沉，受力条件好，节省材料，对周围土层扰动程度较轻，有利于进水。但圆筒形井筒紧贴土层，下沉摩擦力较大。截头圆锥形井筒的优点是，下沉摩擦力小，井底面积大，进水条件好。但截头圆锥形井筒存在较大缺点，在下沉过程中易于倾斜，由于井筒倾斜及周围土层塌陷对井壁产生不均匀侧压力，故受力条件差，费材料，对周围土层扰动较严重，影响井壁进水，井筒施工不甚方便。阶梯圆筒形井筒兼有上述两种形式之优点，并在不同程度上克服了两者之缺点。

2. 井口

井口为大口井露出地表的部分。为避免地面上污水从井口或沿井外壁侵入含水层而污染地下水，井口应高出地表 0.5m 以上，并在井口周围修筑宽度为 1.5m 的排水

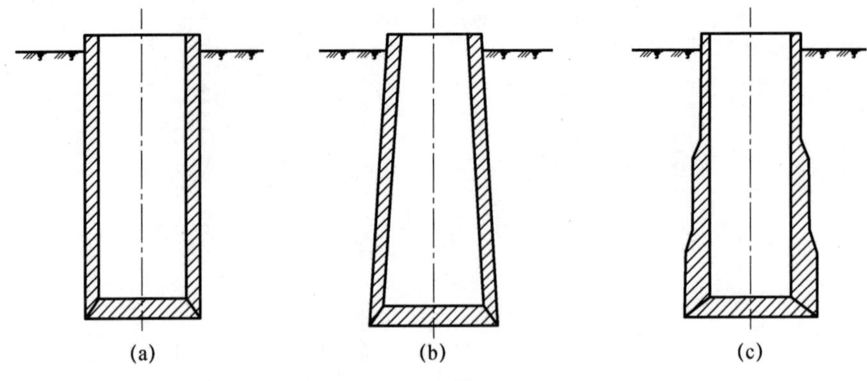

图 9-24 大口井井筒外形

(a) 圆筒形；(b) 截头圆锥形；(c) 阶梯圆筒形

坡。如在渗透性土壤处，排水坡下面还应填以厚度不小于 1.5m 的黏土层。在井口上，有的设有泵站（合建式），有的只设盖板、通气管和人孔（分建式）。在低洼地区及河滩上的大口井，为防止洪水冲刷和淹没，井盖应设密封入孔及有防止洪水自通风管倒灌的措施。

3. 进水部分

进水部分包括井壁进水的进水孔、透水井壁和井底进水的反滤层等。

(1) 井壁进水孔。井壁进水孔交错布置在动水位以下的井筒部分。常用的井壁进水孔有如图 9-25 所示的两种型式。

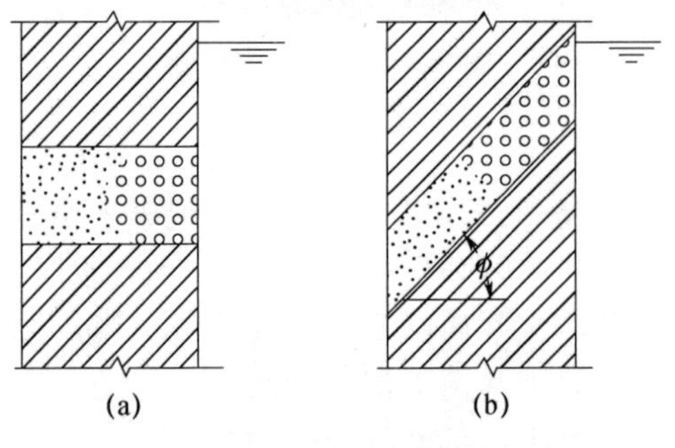

图 9-25 大口井井筒进水孔形式

(a) 水平孔；(b) 斜形孔

① 水平孔。一般做成直径为 100～200mm 的圆孔或 100×150～200×250mm 的矩形孔。为保持含水层的渗透稳定性，孔中装填一定级配的滤料层。为防止滤料层的漏失，孔的两侧应放置格网。水平进水孔施工方便，采用较多。为改善滤料分层装填的困难，可应用盛装砾石滤料的铁丝笼装填进水孔。

② 斜形孔。多做成圆形，孔径 100～150mm，外侧设有格网。斜形孔为一种重力滤料层的进水孔，滤料层稳定，且易于装填、更换、清洗，是一种较好的进水孔型式。

进水孔中滤料一般采用 1～3 层，总厚度不应小于 25cm，与含水层相邻一层的滤料粒径可按含水层计算粒径的 7～8 倍确定，紧挨着的滤料层粒径可按与含水层相邻层滤料粒径的 2～4 倍确定，依次推到最外层（第三层）。

(2) 透水井壁。透水井壁由无砂混凝土制成。由于水文地质条件及井径等不同，透水井壁的构造有多种形式，如有以50×50×20cm无砂混凝土砌块砌筑的井壁；也有以无砂混凝土整体浇制的井壁，如井壁高度较大，可在中间适当部位设置钢筋混凝土圈梁，以加强井筒的强度。

无砂混凝土大口井制作方便，结构简单，造价较低，农业灌溉工程中应用较多，近年在给水工程上也有应用，效果良好。

(3) 井底反滤层。除大颗粒岩石及裂隙含水层以外，在一般砂质含水层中，为了防止含水层中的细小砂粒随水流进入井内，保持含水层渗透稳定性，应在井底铺设反滤层。反滤层一般为3～4层，并宜做成锅底形，粒径自下而上逐渐变大，每层厚度一般为200～300mm，如图9-26所示。当含水层为细、粉砂时，应增至4～5层，总厚度为0.7～1.2m；当含水层为粗颗粒时，可设两层，总厚度为0.4～0.6m。由于刃脚处渗透压力较大，易涌沙，靠刃脚处可加厚20%～30%。

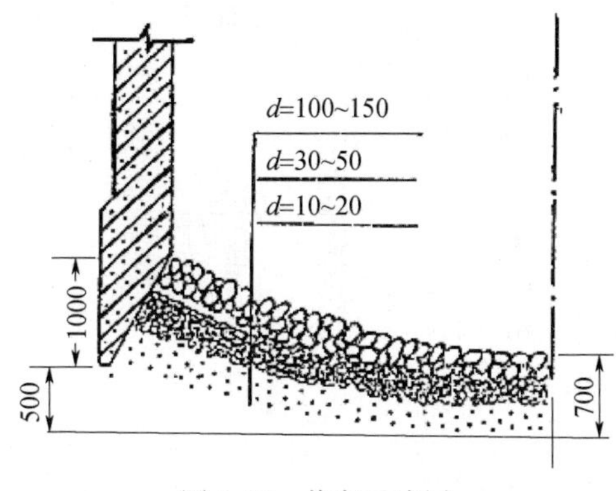

图9-26　井底反滤层

9.3.3.3　大口井的施工与建造

大口井的施工方法有大开槽法和沉井法。

1. 大开槽施工法

大开槽施工法是在开挖的基槽中进行井筒的砌筑或浇制以及铺设反滤层等。大开槽施工法的优点是，井壁比用沉井法施工的井壁薄，且可用砖、石砌筑，可就地取材，便于井底反滤层施工，井外壁可回填滤料层，便于进水。然而大口井一般深度较深、水位高，因此用此法施工土方量大、排水费用高。一般情况下，此法只适用于口径小($D<4$m)、深度浅($H<9$m)或地质条件不宜于采用沉井法施工的大口井。

2. 沉井施工法

沉井施工法是在拟建的井位上开挖基坑，然后在基坑上浇筑带有刃脚的井筒。待井筒达到一定强度后，即可在井筒内挖土，这时井筒即以自重或靠外加重量切土下沉。随着井内继续挖土，井筒不断下沉，直至设计井深为止。

井筒下沉有排水下沉和不排水下沉两种方法。

(1) 排水下沉。即在井筒下沉时进行施工排水，使井筒内在施工过程中保持干燥的空间，便于在井内挖土及其他施工操作。此法优点是，施工方法简单，操作方便，可直接观察地层变化情况，便于发现问题及时排除故障，易于保证垂直下沉，能保证反滤层铺设的质量。但是此法排水费用较高，在细粉砂地层易于发生流沙现象，使一般排水方法难于奏效，须用设备较复杂的井点排水施工。

(2) 不排水下沉。即井筒下沉时不进行施工排水，利用机械（如抓斗、水力机械）进行水下取土使井筒下沉。其优点是，能节省大量施工排水费用，施工安全，井内外不存在水位差，可以避免流沙现象的发生。在透水性好、水量丰富或细粉砂地层，应采用不排水下沉施工法。但此法不能及时发现问题，排除故障比较困难，不易保证反滤层施工质量。

9.3.3.4 大口井的出水量

大口井的出水量是供水能力指标。大口井常因水位下降或进水孔壁淤塞等造成水量衰减，在超采严重地区，甚至因水位区域下降和地下水降落漏斗的发展而井干燥的情况也屡见不鲜。

大口井出水量计算有理论公式和经验公式等，取不同含水层地下水的大口井出水量计算理论公式如下：

1. 取河床渗透水的大口井出水量

取河床渗透水的大口井（图 9-27），出水量可按下式计算：

$$Q=\frac{4.29Kr_0S_0}{0.0625+\lg\frac{H}{T}} \tag{9-39}$$

式中 Q——大口井出水量，m^3/d；

S_0——水位降深，m；

r_0——井半径，m；

K——含水层渗透系数，m/d；

H——含水层厚度，m；

T——井底至含水层底板距离，m。

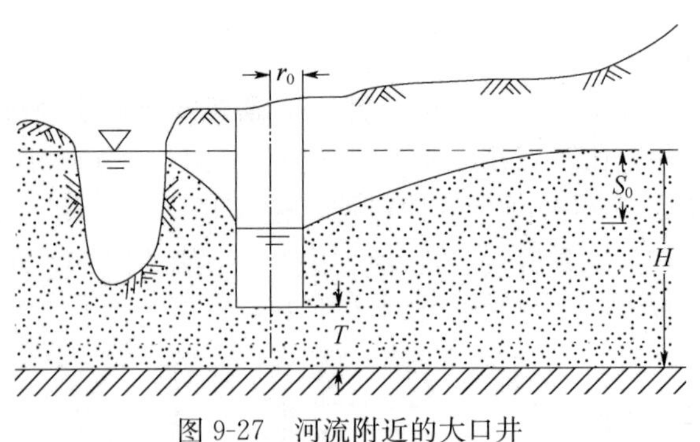

图 9-27 河流附近的大口井

取河床渗透水时，要求河流枯水期河水保持一定水深。在计算时，应根据河水浊度考虑适当的淤塞系数。

2. 取远离河床的地下水的大口井出水量

1）完整式大口井出水量计算

完整式大口井自井壁进水，可按照完整式管井出水量计算。

2）非完整式大口井出水量计算

（1）无压含水层非完整式大口井出水量。

无压含水层非完整式大口井出水量计算简图如图 9-28 所示。

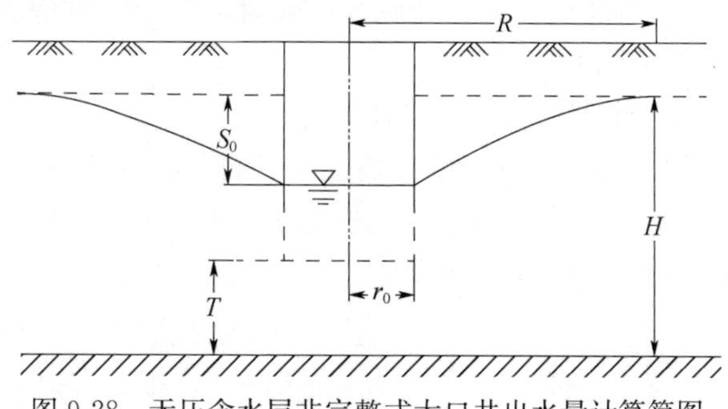

图 9-28　无压含水层非完整式大口井出水量计算简图

开采潜水的非完整式大口井，当含水层很薄（$r_0<T<2r_0$）时，计算公式为

$$Q=\frac{2\pi KS_0r_0}{\frac{\pi}{2}+2\arcsin\frac{r_0}{T+\sqrt{T^2+r_0^2}}+1.185\frac{r_0}{T}\ln\frac{R}{4H}} \tag{9-40}$$

当含水层较薄（$T>2r_0$）时，计算公式为

$$Q=\frac{2\pi KS_0r_0}{\frac{\pi}{2}+\frac{r_0}{T}\left(1+1.185\lg\frac{R}{4H}\right)} \tag{9-41}$$

当含水层较厚时［$T>(8\sim10)r_0$］时，计算公式为

$$Q=4KS_0r_0 \tag{9-42}$$

式中　Q——单井出水量，m^3/d；

S_0——与 Q 相对应的井内水位降落值，m；

T——含水层底板到井底的距离，m；

H——无压含水层厚度，m；

r_0——大口井半径，m；

其余符号含义同前。

（2）承压含水层非完整大口井出水量

承压水层（$M<2r_0$）中由井底进水的大口井出水量可按下式计算：

$$Q=\frac{2\pi KS_0r_0}{\frac{\pi}{2}+2\arcsin\frac{r_0}{M+\sqrt{M^2+{r_0}^2}}+1.185\frac{r_0}{M}\lg\frac{R}{4M}} \tag{9-43}$$

式中　M——承压含水层厚度，m；

其余符号含义同前。

当 $8r_0>M\geqslant2r_0$ 时，承压含水层井底进水的大口井出水量可按下式计算：

$$Q=\frac{2\pi KS_0r_0}{\frac{\pi}{2}+\frac{r_0}{M}\left(1+1.185\lg\frac{R}{4M}\right)} \tag{9-44}$$

当含水层很厚，井底至含水层底板距离 T 大于或等于大口井半径 r_0 的 8 倍以上

（即 $T \geqslant 8r_0$）时，可用福尔希海默（Forchheimer P.）公式计算：

$$Q = AKS_0 r_0 \tag{9-45}$$

式中 Q——单井出水量，m^3/d；

A——与井底形状有关的系数，井底为平底时，$A=4$；井底为球形时，$A=2\pi$；

其余符号含义同式（9-44）。

（3）井壁井底同时进水大口井出水量计算

井壁井底同时进水的大口井出水量用叠加方法计算。对于无压含水层非完整大口井（图 9-29），出水量等于无压含水层井壁进水的大口井和承压水含水层井底进水的大口井出水量之和。在含水层较薄的情况下：

$$Q = \pi K S_0 \left[\frac{2h - S_0}{2.3\lg \dfrac{R}{r_0}} + \frac{2r_0}{\dfrac{\pi}{2} + \dfrac{r_0}{T}\left(1 + 1.185\lg \dfrac{R}{4H}\right)} \right] \tag{9-46}$$

式中符号含义如图 9-29 所示，其余符号含义同前。

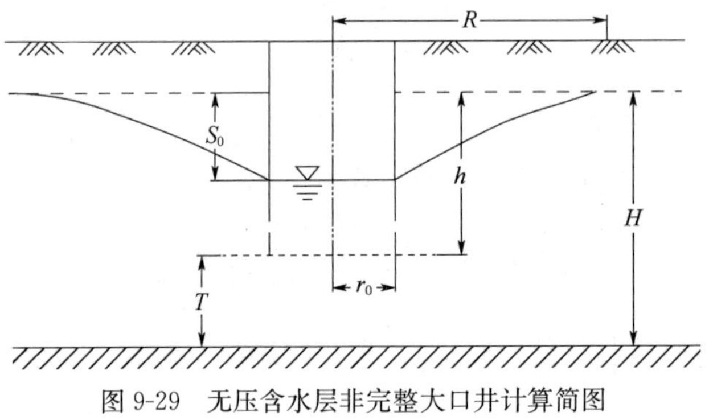

图 9-29 无压含水层非完整大口井计算简图

9.3.4 辐射井

9.3.4.1 概述

辐射井是由大口径竖井做集水井与若干辐射状的水平或倾斜的集水管（辐射管）两部分组成。其集水管可以一层或多层地向任意方向呈辐射状，如图 9-30 所示。

辐射井也是由垂直与水平集水系统联合组成的一种典型的联合集水系统。水平集水管又叫辐射管。辐射管管径一般为 100～250mm，管长一般为 10～30m。当辐射管用人工锤击施工时，则管径不超过 100mm，管长在 10m 以内集水井井深一般 20～30m。国外有长达 100m 以上的辐射管和井深超过 60m 的集水井。

辐射井适用于补给条件良好，厚度较薄，埋深较大，颗粒粗且不含漂石的含水层。辐射井近代国外采用较多，其单井出水量一般在 2 万～4 万 m^3/日，高者可达 10 万 m^3/日。辐射井有以下优点：管理集中、占地少、便于卫生防护；和管井相比，辐射井进水面积大，可以采用较小的进水流速，以减轻因进水流速过高引起周围含水层阻塞及化学沉积的现象；与渗渠相比，辐射井对地层适应性强，如改进施工技术，增加井的深度，则辐射井的适用范围将更广泛。此外，辐射井对开发咸水上部之淡水透镜体，较其他取水构筑物有利。

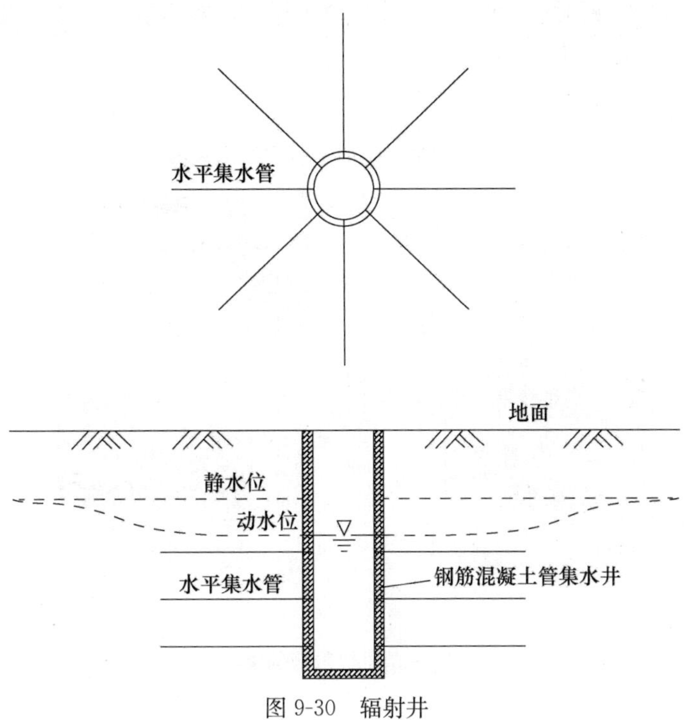

图 9-30　辐射井

9.3.4.2　辐射井的型式和构造

1. 辐射井型式

(1) 按补给条件分

辐射井的型式较多，按补给条件及所处位置可分为以下几种型式：

① 集取地下水的辐射井，如图 9-31 (a) 所示；

② 集取河流或其他地表水体渗透水的辐射井，如图 9-31 (b)、(c) 所示；

③ 集取岸边和河床地下水的辐射井，如图 9-31 (d) 所示。

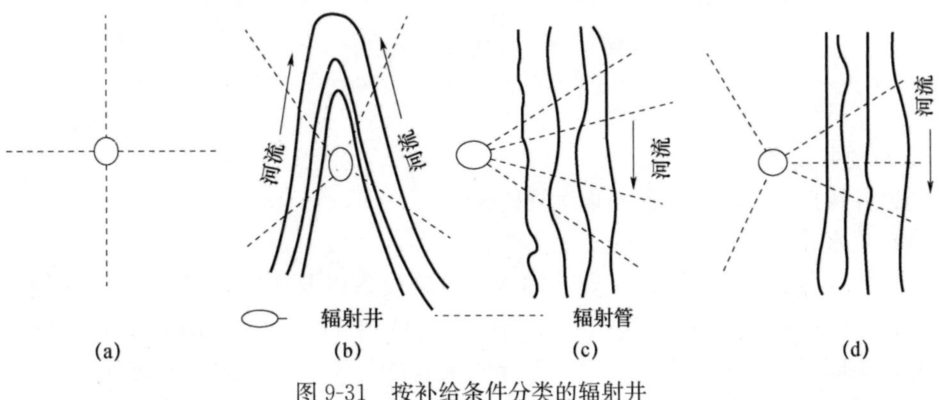

图 9-31　按补给条件分类的辐射井

2. 按辐射管铺设方式

按辐射管铺设方式将辐射井分为两种。

① 单层辐射管的辐射井（图 9-32），在只开采一个含水层时采用；

② 多层辐射管的辐射井（图 9-33），当含水层较厚或存在两个以上含水层，且各含水层水头相差不大时采用。

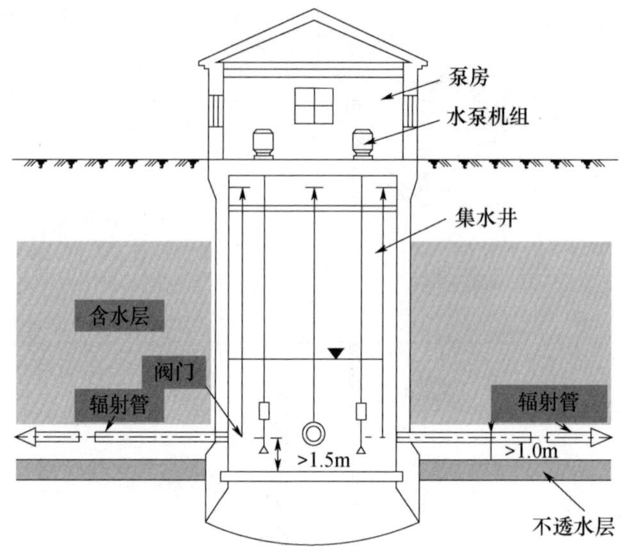

图 9-32 单层辐射管的辐射井

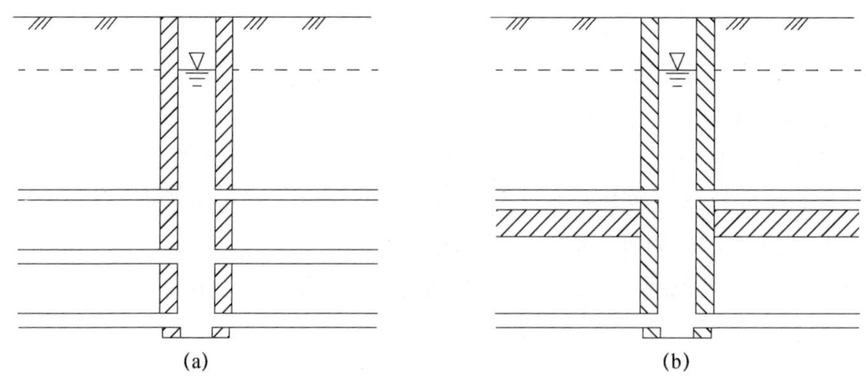

图 9-33 多层辐射管的辐射井

（a）含水层深厚；（b）间有隔水层

3. 辐射井构造

辐射井构造主要由集水井和集水管构成。

（1）集水井

它是集合各辐射管之来水，安装抽水和控制设备以及作为辐射管施工之场所。根据上述目的，集水井井径不应小于 3m，并且井底应予以封固。我国多数辐射井井底是不封的，用以扩大井的进水量，但是对于辐射管的施工及维修均不甚方便。集水井通常都采用圆形钢筋混凝土的井筒，其深度由含水层埋藏深度和深井施工条件决定，一般情况下，井深可达 30m。

（2）辐射管

它可为单层或多层，每层根据补给情况采用 4～8 根。最下层距不透水层应不小于

1.0m，利于进水。最下层辐射管还应高于井底 1.5m，利于顶管施工。为减少干扰，各层应有一定间距，当辐射管直径为 100～150mm 时，层间距采用 1.5～3.0m。

辐射管的直径和长度，视水文地质条件和施工条件而定。辐射管直径一般为 75～300mm，当地层补给好、透水性强，宜采用大管径。辐射管长度一般在 30m 以内，当在无压含水层时，迎地下水方向的辐射管宜长一些。

为利于集水和排沙，辐射管应有一定坡度向井内倾斜。

辐射管一般采用厚壁钢管（壁厚 6～9mm），以便直接顶管施工。当采用套管施工时，亦可采用薄壁钢管、铸铁管及其他非金属管。辐射管进水孔一般采用条形孔和圆形孔两种，其孔径（孔宽）应按含水层颗粒组成确定，与井管过滤器相同。圆孔按梅花状布置，条形孔沿管轴方向错开排列。孔隙率一般为 15%～20%。为了防止地表水沿集水井外壁下渗，除在井头采用黏土封填措施外，在靠近井壁 2～3m 辐射管管段范围内应为不穿孔眼的实管。

一般情况下，辐射管的末端应设阀门，以便于施工、维修和控制水量。

9.3.4.3　辐射管的施工简介

当集水井下沉到设计标高并封底后，即可开始辐射管施工。

辐射管施工方法很多，但其基本的施工方法为 1934 年美国工程师雷诺所创的顶进施工法，其他方法大都是在此种方法基础上改进、发展而成。

雷诺顶进施工法基本过程如图 9-34 所示。带顶管帽的厚壁钢质辐射管借助于油压千斤顶从集水井向外顶向含水层。顶管帽为带孔眼的金属装置，它与安装在辐射管内的排砂管连接。在顶进过程中，含水层中的细颗粒砂在地下水压力作用下，经顶管帽的孔眼进入排砂管排至集水井。由于细颗粒砂不断自含水层排走，辐射管得以借助于顶力不断穿入含水层之中，此外，由于含水层中排走细颗粒砂，使辐射管周围形成透水性良好的天然反滤层（图 9-35）。

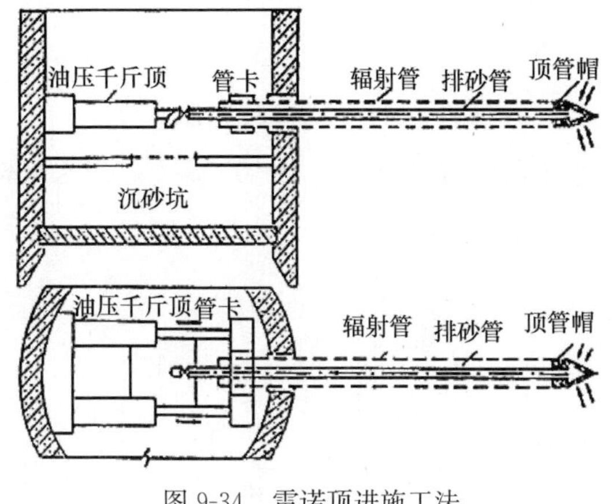

图 9-34　雷诺顶进施工法

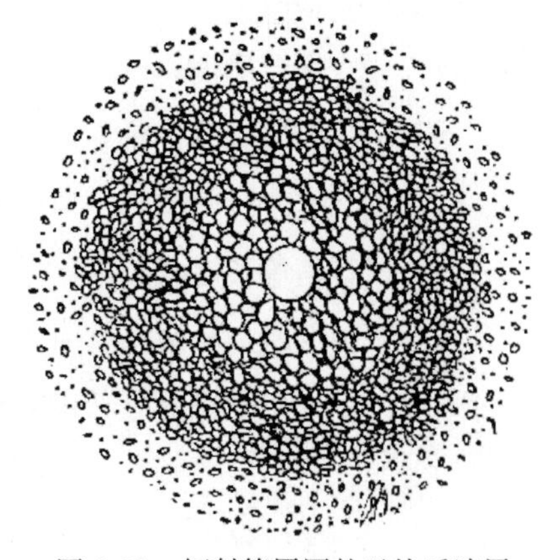
图 9-35　辐射管周围的天然反滤层

9.3.4.4　辐射井出水量计算

辐射井的水平集水管呈辐射状分布，辐射井的渗流运动与普通井完全不同，根据辐射井取水时含水层释水补给方式，辐射状的集水过程大致可分为两个阶段：第一阶段以上以释水为主，抽水初期，在集水管控制范围内的含水层中的水，在水头差的作用下，从上到下，再由两侧进入集水管。第二阶段以侧向补给为主。降落漏斗形成以后，水量主要来自集水管控制范围外的含水层。水从四周流向中心，再由各个方向汇入集水管。因此，辐射井的渗流运动是典型的多孔介质中的三维运动。多孔介质中的渗流运动遵循质量守恒和能量守恒的基本原理。由此而得的椭圆方程（稳定问题）和抛物线方程（非稳定问题）可描述多孔介质中的渗流运动基本规律。在通常情况下，三维的空间渗流运动的求解是非常困难的，但在某些条件下，可将三维空间的三维问题简化为平面问题来处理，对于一些简单的边界条件，用数学分析方法可以得到圆满的结果。

到目前为止，国内外已经提出很多计算方法和公式，大体可归纳为以下几种类型：①建立在一元流和经验系数上的水力学计算方法；②简化为二维径向运动，建立在裘布依理论基础上的等效大口井公式；③采用排水计算理论的渗水管法计算出水量公式；④从三维出发，用稳定源汇势叠加原理推求的理论、半理论公式；⑤非稳定源汇势叠加原理推求三维非稳定渗流解析解；⑥数值模拟法求解三维非稳定渗流计算。

国内外的学者对辐射井出水量的研究做了大量的工作，取得了一定的成果，从现有的资料看，关于辐射井涌水量的计算公式已有二十多个，大致可分为两类：一是经验公式，二是半理论半经验公式。根据目前的施工情况和当地的条件，在设计中可选择经验公式中的“等效大口井法”计算辐射井涌水量。

1. 潜水完整井

$$Q=\frac{1.366KS_0\ (2H-S_0)}{\lg\dfrac{R}{r_f}} \tag{9-47}$$

式中 Q——辐射井出水量，m^3/d；

K——渗透系数，m/d；

S_0——水位降深，m；

H——含水层厚度，m；

R——辐射井影响半径，m，按经验公式计算，$R=10S_0\sqrt{K}+L$；

r_f——等效大口井半径，m，当水平辐射管等长度时，$r_f=0.25^{\frac{1}{n}}L$，当水平辐射管不等长度时，$r_f=\dfrac{2\sum L}{3n}$；

n——水平辐射管根数；

L——单根水平辐射管长度，m。

2. 潜水非完整井

$$Q=\frac{2\pi KS_wr_f}{\dfrac{\pi}{2}+2\arcsin\dfrac{r_f}{m+\sqrt{m^2+r_f^2}}+0.515\dfrac{r_f}{m}\lg\dfrac{R}{4H}} \tag{9-48}$$

式中 m——水平辐射管距不透水顶部的距离，m；

其余符号意义同前。

当$\dfrac{r_f}{m}\leqslant\dfrac{1}{2}$时，可简化为

$$Q=\frac{2\pi KS_w r_f}{\frac{\pi}{2}+\frac{r_f}{m}\left(1+1.185\lg\frac{R}{4H}\right)} \tag{9-49}$$

式中　各项符号意义同前。

3. 集取地下水的辐射井涌水量计算

当辐射井远离水体或河流，主要集取地下水时潜水辐射井涌水量 Q 的计算公式为

$$Q=\alpha qn \tag{9-50}$$

式中　n——辐射管的根数；

q——单根辐射管的涌水量；

α——辐射管涌水量干扰系数。

q 按下述两式计算：

当辐射管的位置 h_f 小于大井中的动水位高度 h_0 时：

$$q=\frac{1.366K\ (H^2-h_0^2)}{\lg\frac{R}{0.75L}} \tag{9-51}$$

当 $h_f>h_0$ 时：

$$q=\frac{1.366K\ (H^2-h_0^2)}{\lg\frac{R}{0.25L}} \tag{9-52}$$

在辐射管根数较少时，α 的经验数一般为 0.6～0.7。

4. 集取河床渗透水的辐射井涌水量计算

当大口井布置在岸边，辐射管位于河床下时，辐射井涌水量 Q 按下式计算：

$$Q=\alpha qn$$

单根辐射管涌水量 q 按下式计算：

$$q=\frac{KSL}{0.37\lg N_0} \tag{9-53}$$

$$N_0=\frac{4Mh'_fL}{b\ (M-h'_r)\ (\sqrt{L^2+16h'_r}+L)}\cdot\frac{\sqrt{L^2+16\ (M-h'_r)^2}+L}{\sqrt{L^2+16M^2}+L}$$

$$b=0.6125d$$

式中　d——辐射管的外径。

其余符号意义同前。

9.3.5　坎儿井

1. 坎儿井及其基本原理

坎儿井的同类名称叫串井水巷，是一种水平集水的地下水取水构筑物，一般适用于埋藏不深和含水层厚度比较薄的潜水含水层。坎儿井一般应建在不透水含水层之上，最好与地下水流方向垂直。因此，在冲洪积扇上部、丘陵地区或地形有较大地面坡度地区开发浅层孔隙潜水，常常是经济适用的。在地下水的上游地带设置坎儿井，以截取部分地下水，因地制宜地建造该类取水构筑物，在农田灌溉、城镇供水、矿区供水中发挥了作用。特别是在矿区用坎儿井取水既解决了矿区供水问题，又为矿井巷道起

到了疏干作用。

早在百余年前，新疆哈密、吐鲁番等地人民，用坎儿井集取地下水，而不用任何动力就可引地下水于地面灌溉农田，解决了人畜饮水。

坎儿井取水原理，主要是在松散的第四砂砾石含水层内人工挖掘一条带有一定斜度的集水廊道，聚集地下水，使水沿廊道自动流出地表以供使用。这种方法在水文地质条件简单时，容易施工，不用复杂机械设备和定期维护，可据需水量多少进行施工，有条件的地方都可使用。

根据这个原理设置坎儿井，采用各种不同类型的管子，管壁上有进水孔，管外填滤料起滤水作用；管安装时有一定坡度，以供地下水能聚集并自动流到输水管中，把水引到输水系统，或直接自流式灌溉农田，或直接进入清水池（集水池）供生活饮用。

2. 坎儿井的构造与建造

(1) 坎儿井的构造与组成

坎儿井主要由竖井、暗渠、明渠和涝坝（小型蓄水池）组成（图 9-36）。

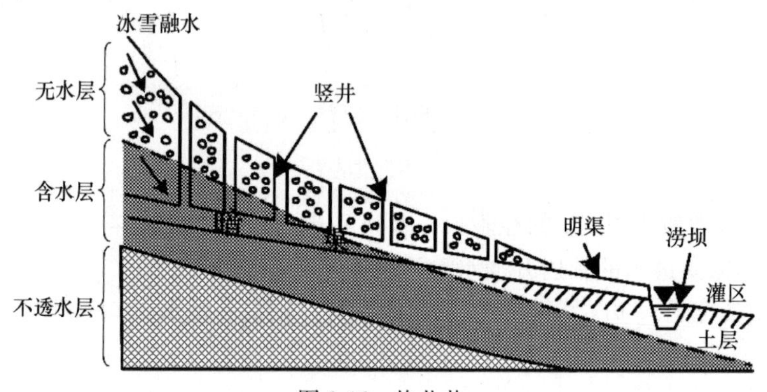

图 9-36　坎儿井

(2) 坎儿井的建造与施工

① 竖井，是开挖暗渠时供定位、进入、出土和通风之用，并为整个工程完成后检查维修之用的人工开挖竖井。开挖时所取的土，堆积在竖井周围，形成环形小土堆，可以防止一般地表水入侵。竖井的间距，一般上游段为 60～100m，中游段为 30～60m，下游段为 10～30m。竖井深度，上游段为 40～70m，最深可达 100m；中游段为 20～40m；下游段为 3～15m。其断面一般为矩形，长边顺暗渠方向。

② 暗渠，也称集水廊道或输水廊道。首部为集水段，在潜水位下开挖，引取地下潜流，每段长为 5～100m。位于冲积扇上部的坎儿井，因土层多砂砾石，含水层较丰富，其集水段较短；而冲积扇中部以下的坎儿井，集水段较长。集水段以下的暗渠为输水部分，一般在潜水位上干土层内开挖。暗渠的纵坡，比当地潜水位的纵坡要平缓，所以在集水段延伸一定距离后，可高出潜水位。暗渠的总长度，视潜水位埋藏深度、暗渠纵坡和地面坡降而定，一般 3～5km，最长的超过 10km。暗渠断面，除满足引水流量的需要外，主要根据开挖操作的要求来设计，通常采用窄深式，宽为 0.5～0.8m，高为 1.4～1.7m。

③ 明渠，明渠与一般渠道设计基本相同，横断面多为梯形，坡度小，流速慢，暗渠与明渠相接处称龙口，龙口以下接明渠。

④ 涝坝，又称蓄水池，用以调节灌溉水量，缩短灌溉时间，减少输水损失。涝坝面积不等，通常为 600～1300m^2，水深 1.5～2m。

9.3.6　复合井

1. 复合井适用条件与构造

（1）复合井适用条件。复合井适用于地下水位较高，厚度较大的含水层，它比大口井更能充分利用厚度较大的含水层。当含水层厚度和大口井半径之比等于 3～6 时或者含水层透水性能较差时，可采用复合井以提高出水量。

复合井常用于同时取集上部孔隙潜水和下部承压水，含水层上部和下部的地下水分别为大口井及过滤器所取集，并同时汇集于大口井井筒。由于大口井井筒内的空间可以兼做“调节水池”，因此复合井也适用于间歇供水的给水系统，从而被广泛地用于需水量不大的小城镇、工业企业自备水源、铁路沿线给水站及农业水源。此外，在保证取水量的前提下复合井可以减小管井的开凿深度，有时采用复合井也可以作为大口井的一种挖潜措施。当单独采用大口井或管井（“分层取水”的管井系统除外）都不能充分利用含水层时，可采用由大口井和管井或过滤器组成的复合井分层取水系统。

（2）复合井的构造。复合井组是由大口井和一至数根滤管上下重合组成的分层或分段取水系统，如图 9-37 所示。

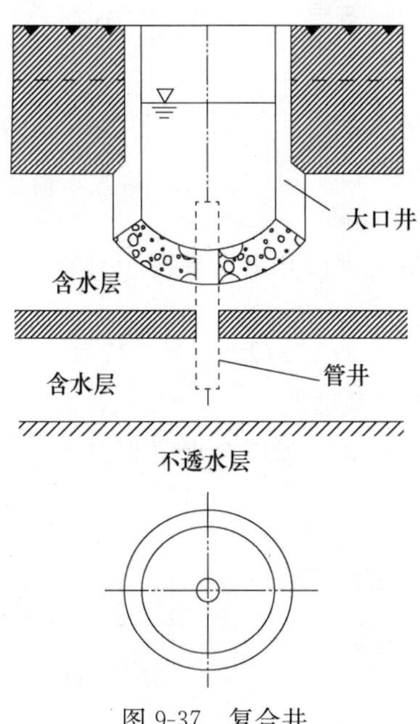

图 9-37　复合井

复合井上部的大口井部分的构造同一般大口井构造。由于含水层非复合井下部的管井进水和大口井井底进水相互干扰，因此管井过滤器直径一般取 200～300mm。考虑到过滤器上部与大口井的互相干扰较大，其有效长度可比一般管井的有效长度稍大，并且不大于含水层厚度的 75%；过滤器数量不宜超过 3 根。

2. 复合井出水量计算

复合井的各种渗流均属轴对称二维流动，出水量计算公式以均质各向同性含水层的稳定滤流为基础，可在上述各类取水井计算公式的基础上用势流叠加法求解。对于从井壁与井底同时进水的大口井，其井壁进水口的进水量可以根据分段解法原理求得。一般均采用大口井和管井两者单独工作条件下的出水量之和，并乘以干扰系数。其计算公式一般表示为

$$Q=\xi\left(Q_1+Q_2\right) \tag{9-54}$$

式中 Q——复合井出水量，m^3/d；

Q_1、Q_2——同一条件下大口井、管井单独工作时的出水量，m^3/d；

ξ——干扰系数，也称为互相影响系数。

按照含水层的水力状况（承压或无压）和滤管的完整程度（完整或非完整），可将复合井出水量的计算分成以下 4 种情况考虑。

（1）承压含水层完整复合井。承压含水层完整复合井如图 9-38 所示，是由井底进水的大口井与单一完整垂直滤管组合而成。出水量计算公式如下

$$Q=\xi_1\left[\frac{2\pi K r_0 S_0}{\frac{\pi}{2}+2\arcsin\frac{r_0}{M+\sqrt{M^2+r_0^2}}+0.515\frac{r_0}{M}\ln\frac{R}{4M}}+\frac{2\pi K S_0 M}{\ln\frac{R}{r_0{}'}}\right] \tag{9-55a}$$

其中，ξ_1 为

$$\xi_1=\frac{1}{1+\left(\ln\frac{R}{r_0}/\ln\frac{R}{r'_0}\right)} \tag{9-55b}$$

式中 r_0——大口井内径（m）；

$r_0{}'$——过滤器内径（m）。

符号含义如图 9-38 所示或同前。

同一条件下复合井出水量比大口井出水量增加率为

$$\eta\,(\%)=\left[\xi_1\frac{Q_2}{Q_1}-(1-\xi_1)\right]\times100\% \tag{9-56}$$

式中 ξ_1——各种条件下的干扰系数。

（2）承压含水层非完整复合井。承压含水层非完整复合井计算简图如图 9-39 所示，出水量计算公式如下：

$$Q=\xi_2\left(\frac{2\pi K r_0 S_0}{\frac{\pi}{2}+2\arcsin\frac{r_0}{M+\sqrt{M^2+r_0^2}+0.515\frac{r_0}{M}\ln\frac{R}{4M}}}+\frac{2\pi K M S_0}{\frac{M}{2l}\left(2\ln\frac{4M}{r'_0}-A\right)-\ln\frac{4M}{R}}\right) \tag{9-57a}$$

$$\xi_2=\frac{1}{1+\frac{\ln\frac{R}{r_0}}{\frac{M}{2l}\left(2\ln\frac{4M}{r'_0}-A\right)-\ln\frac{4M}{R}}} \tag{9-57b}$$

式中符号含义如图 9-39 所示或同前。

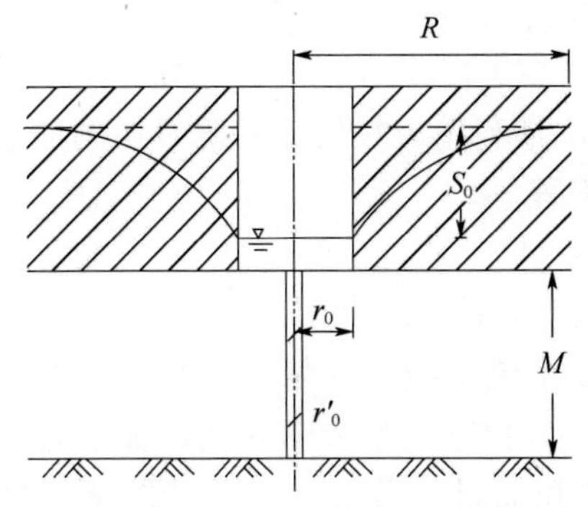

图 9-38　承压含水层完整复合井计算简图

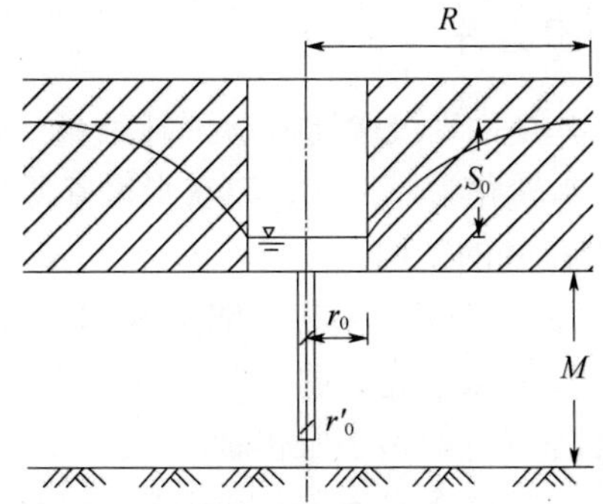

图 9-39　承压含水层非完整复合井计算简图

（3）无压含水层完整复合井。无压含水层完整复合井计算简图如图 9-40 所示，出水量计算公式如下：

$$Q=\xi_3\left(\frac{2\pi K r_0 S_0}{\frac{\pi}{2}+2\arcsin\frac{r_0}{T+\sqrt{T^2+r_0^2}}+0.515\frac{r_0}{T}\ln\frac{R}{4H}}+\frac{2\pi KTS_0}{\ln\frac{R}{r'_0}}\right) \tag{9-58a}$$

$$\xi_3=\frac{1}{1+\left(\ln\frac{R}{r_0}/\ln\frac{R}{r'_0}\right)} \tag{9-58b}$$

符号含义如图 9-40 所示或同前。

（4）无压含水层非完整复合井。无压含水层非完整复合井计算简图如图 9-41 所示，计算公式如下：

$$Q=\xi_4\left(\frac{2\pi K r_0 S_0}{\frac{\pi}{2}+2\arcsin\frac{r_0}{T+\sqrt{T^2+r_0^2}}+0.515\frac{r_0}{T}\ln\frac{R}{4H}}+\frac{2\pi KTS_0}{\frac{T}{2l}\left(2\ln\frac{4T}{r'_0}-A\right)-\ln\frac{4T}{R}}\right) \tag{9-59a}$$

$$\xi_4=\frac{1}{1+\frac{\ln\frac{R}{r_0}}{\frac{T}{2l}\left(2\ln\frac{4T}{r'_0}-A\right)-\ln\frac{4T}{R}}} \tag{9-59a}$$

符号含义如图 9-41 所示或同前。

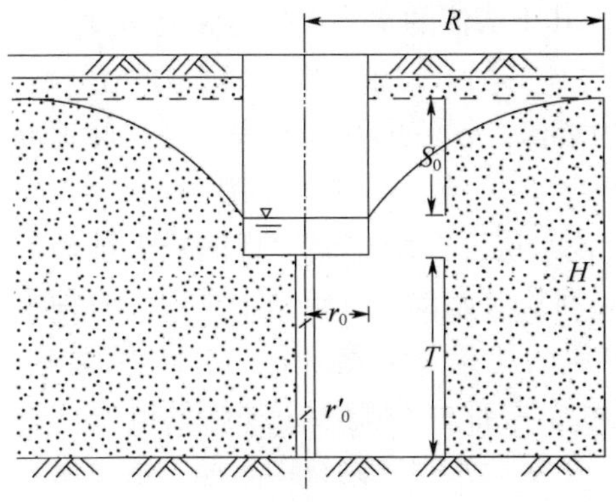

图 9-40　无压含水层完整复合井计算简图

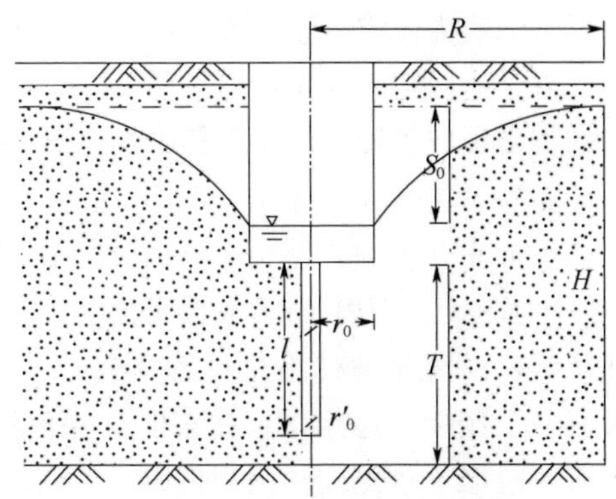

图 9-41　无压含水层非完整复合井计算简图

9.3.7 渗流井

渗流井是一种汲取河流渗漏补给量的新技术，是利用天然河床砂砾石层的净化作用，将河水转化为地下水，以获得水资源的取水工程。

1. 渗流井的结构

渗流井由竖井、平巷、硐室和辐射孔（渗流孔）四部分组成，是一种结构较为复杂的地下水取水建筑物，如图 9-42 所示。每个渗流井视具体情况一般包含若干个硐室，在各硐室的顶部及侧面一般向上或侧上方向上施工若干辐射孔，辐射孔伸入到河谷区的主要含水段内；硐室间距约 50m，之间通过平巷连接，平巷断面尺寸一般为 2m×2.5m；整个平巷-硐室-辐射孔结构体系位于河床之下的地层之中，而竖井则位于河岸边，竖井一般净径 3～5m，通过平巷与该结构体系相连，竖井即为渗流井的取水点。

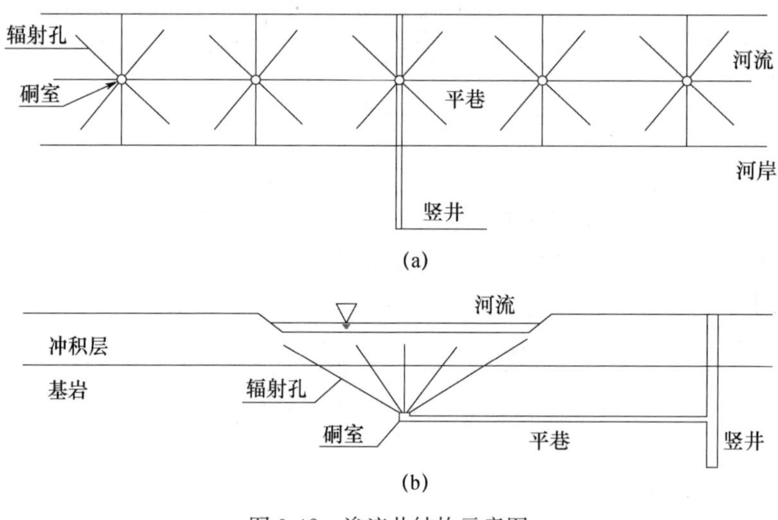

图 9-42 渗流井结构示意图

(a) 平面；(b) 剖面

2. 渗流井的井流特征

渗流井工作时，在“井-含水层”系统中为多种流态并存，在含水层介质中地下水流动形态一般为低雷诺数（*Re*<1～10）的层流，其中渗流的水头损失与渗流速度呈线性关系，符合达西定律。而在“平巷-硐室-辐射管”（“井管”）系统中，其水力半径较大，水流的雷诺数一般较大，因而其中的水流一般为紊流。水流的水头损失与平均流速间的关系可能为 1 次方（层流区）、1.75 次方（光滑紊流区）或 2 次方（紊流区）。

在抽水初期时，渗流井取水主要由“井-含水层”系统中储存量的减少量组成。当“井-含水层”系统中的水头低于河流水位时，河流开始渗漏补给地下水，随着抽水时间的延续，河流渗漏补给量在渗流井取水量中占的比重逐渐增加；当抽水强度不太大、渗流井工作能力达到稳定状态时，渗流井取水量全部由河流渗漏补给量组成（不考虑渗流井对地下水侧向径流量的截取）。在整个“井-含水层”系统中，地下水由渗流井周围向渗流井径流，水流具有显著的三维流特征。由于在“井管”中有水的流动，存在水头损失，则这些部位不是等水头边界条件；同时由于渗流井的出口在竖井处，这里水头最低，且在辐射孔、平巷、硐室内也不是等强度分布，其水力条件复杂。

渗流井的优点是既可以充分截取地下水的潜流，激发地表水的补给，又不用增设人工滤层，而且水质好，维护方便，运行成本低；采用天然滤床渗流井开采地下水，不会产生大面积“降落漏斗”。

9.3.8 泉室

泉室是取集泉水的构筑物，适用于有泉水露头、流量稳定且覆盖层厚度小于 5m 的地域。当泉水水质良好、水量充沛时，可选择泉室取集泉水。泉室应根据地形、泉水类型和补给条件进行布置，尽可能利于集水和出水，且不破坏原有地质构造。

1. 泉室形式

按照补给来源，泉水可分为上升泉和下降泉，相应地，泉室也可分为上升泉泉室和下降泉泉室；按照出流方式，泉水可分为集中出流和分散出流，相应地，泉室分为集中泉泉室和分散泉泉室。泉室还可以根据泉水水质、周围环境设为封闭式或敞开式。

(1) 集中上升泉泉室。对于由下而上涌出地面的自流泉，可用底部进水的泉室，其构造类似大口井，如图 9-43 所示。泉水由泉室底部进水，出流集中，泉水从地下或从河床中向上涌出。这种类型的泉室主要适用于取集集中上升泉泉水或主要水量从一到两个主泉眼涌出的分散上升泉泉水。

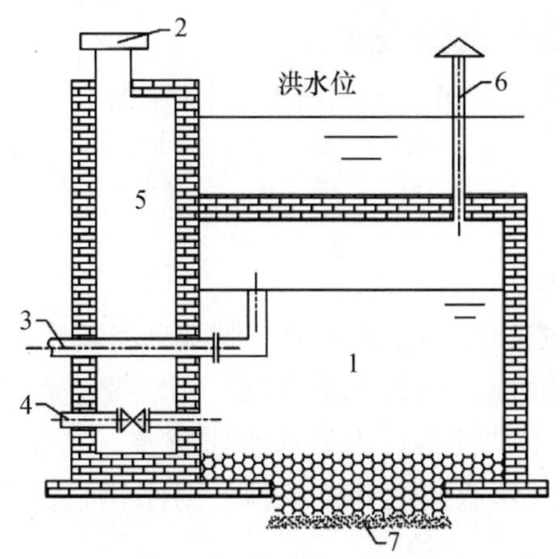

图 9-43　集中上升泉泉室示意图

1—泉池；2—人孔；3—溢流管；4—排污管；5—检修室；6—通气管；7—反滤层

(2) 集中下降泉泉室。对于从倾斜的山坡、岩石或河谷流出的潜水泉，可采用侧壁进水的泉室，如图 9-44 所示。该类型的泉室主要适用于取集集中下降泉泉水或主要水量从一到两个主泉眼流出的分散下降泉泉水。

(3) 分散泉泉室。若泉眼分散，需在取水时用穿孔管埋入泉眼区，先将水收集于管中，再集于泉室中，如图 9-45 所示。该类泉室主要适用于取集分散泉泉水。

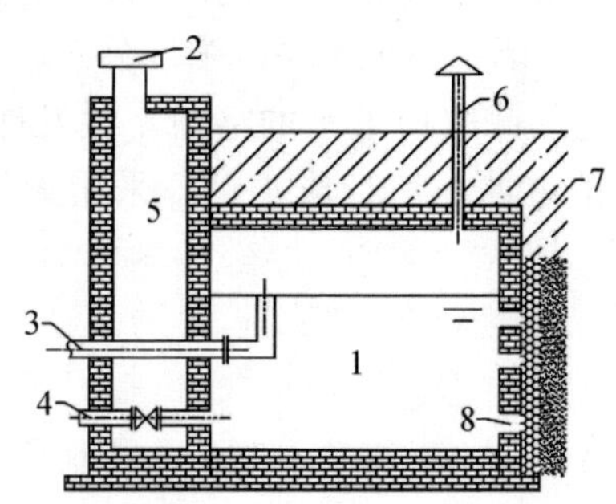

图 9-44　集中下降泉泉室示意图

1—泉池；2—人孔；3—溢流管；4—排污管；5—检修室；
6—通气管；7—黏土层；8—进水孔

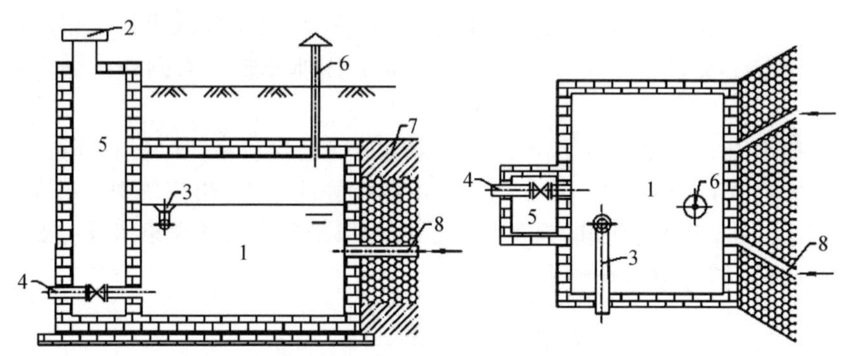

图 9-45　分散泉泉室示意图

1—泉池；2—人孔；3—溢流管；4—排污管；5—检修室；
6—通气管；7—黏土层；8—穿孔集水管

2. 泉室构造

(1) 泉池可以是矩形或圆形，通常用钢筋混凝土浇筑或用砖、石、预制混凝土块、预制钢筋混凝土圈梁砌筑而成。当泉水水质好，不需要进行水质处理时，一般都要建造成封闭式泉池，以防泉水被污染；当泉水水质较差，或泉眼较分散，范围较大，不宜建造成封闭泉池时，也可建造成敞开式泉池。封闭式泉池设有顶盖、通气管、溢流管、排空管和检修孔。

根据泉室不同的类型，泉池进水部分主要有池底进水的人工反滤层或池壁进水的水平进水孔和透水池壁。

泉池周围地面应有防冲和排水措施，防止雨水的污染。在低洼地区、河滩上的泉室，要有防止洪水冲刷和淹没的措施。为避免地面污水从池口或沿池外壁侵入泉池而污染泉水，敞开式泉池池壁上沿应高出地面 0.5m 以上，泉池周围要修建 1.5m 以上的散水坡。透水性土壤处与散水坡下面还应填一定厚度黏土层或做薄薄的一层混凝土。另外，泉池结构还应有良好的防渗措施。

(2) 人工反滤层布置在泉眼处的泉室，进水侧设反滤层，其他侧封闭。侧向进水的泉室，进水侧要设齿墙，基础不可透水。

池底进水的泉池底部，除了大颗粒碎石、卵石及裂隙岩出水层以外，一般砂质含水层中，为防止细小砂粒随水流进入泉池中，并保持含水层的稳定性，应在池底铺设人工反滤层。人工反滤层是防止池底涌砂、安全供水的重要措施。反滤层一般为 3～4 层，每层厚 200～400mm，底部进水的上升泉反滤层总厚度不小于 600m；侧向进水的下降泉反滤层总宽度不小于 1000m。与泉眼相邻的反滤层滤料的粒径可参照大口井反滤层计算方法进行计算，两相邻反滤层的粒径比宜为 2～4。碎石、卵石及裂隙岩，不设人工反滤层。

(3) 水平进水孔和透水池壁与大口井相似，泉室池壁进水形式主要有水平进水孔和透水池壁两种。

水平进水孔由于容易施工而采用较多。在孔内滤料级配合适的情况下，堵塞较轻。一般做成直径 100～200mm 的圆孔或 100mm×150mm～200mm×250mm 的矩形孔。进水孔内的填料有 2～3 层，一般为 2 层，其级配按泉眼处含水层颗粒组成确定，具体做法同大口井反滤层。当泉眼周围含水层为砂砾或卵石时，可采用直径为 25～50mm 不填滤料层的圆形进水孔。进水孔应布置在动水位以下，在进水侧池壁上交错排列，其总面积可达池壁面积的 15%～20%。

透水池壁具有进水面积大、进水均匀、施工简单和效果好等特点。透水池壁布置在动水位以下，采用无砂混凝土，孔隙率一般为 15%～25%。砾石水泥透水池壁每高 1～2m 设一道钢筋混凝土圈梁，梁高为 0.1～0.2m。

3. 泉池水位与容积的确定

(1) 泉池水位

在泉室设计中，泉池水位的设计非常重要。池中水位设计过低，不能充分利用水头，造成能量浪费，也会使泉池开挖过深，施工困难；水位设计过高，则会使泉路改道，造成取水量不能满足要求或取不到水，甚至造成泉室报废。泉室中的设计水位一般以略低于测定泉眼枯流量时的水位 300～500mm 为宜，这样可保证泉水向泉池内汇集，取到所需的水量，保证供水安全。

泉池中有效水深为 1.5～4.0m，可根据泉池容积大小确定。若泉水涌水量太大而施工不便，或泉眼处为基岩而难以开挖，泉池水深可适当减小，但也要保证出水管管顶淹没在水中不小于 1m 水深，以避免空气进入出水管。

(2) 泉池容积

泉池容积根据泉室功能、泉水流量和最高日用水量等条件确定。泉室与清水池合建时，泉池容积可按最高日用水量的 25%～50%计算；与清水池分建时，可按最高日用水量的 10%～15%计算。

当泉水量很大，任何时候均大于最高日最高时用水量时，则泉池容积可设置小些；如果泉水量不是很大，泉池要起到调节水量的作用时，则泉池设计容积要大些。通常可按如下几种情况考虑：

① 泉池起取水和集水作用。泉水量很大，泉室之后设有调节设施。这时泉室在供水系统中只起取水、集水作用，其容积就不需要很大，泉室能罩住主泉眼，满足检修清掏时人能进入池内操作即可，一般为 30～100m^3。如果是日用水量较大的供水系统，泉池容积可按 10～30min 的停留时间来计算。

② 泉池起预沉池作用。泉室之后设有调节设施，泉水中大颗粒泥砂含量较高，经自然沉淀后可以去除。这时泉池既起到取集泉水，又起到预沉池的作用。其容积除了要保证能罩住主泉眼，满足检修、清淤时人能进入池内操作外，还要满足不小于2h的停留时间。对于供水量较大的供水系统，泉池容积可按2h停留时间计算或按试验确定的停留时间计算。

③ 泉池起调节作用。如果泉水水质好，不需要净化处理，泉水水位高，能满足重力供水，消毒后可直接供给用户，同时泉水量稳定，泉眼处工程地质条件好，施工方便，但不能在任何时候均满足大于最高日最高时用水量。在这种情况下，可适当加大泉池容积，使泉池起调节水量作用，而给水系统中可不再设置清水池、水塔或高位水池。泉池的容积根据泉水出流水量和用水量变化曲线来确定。缺乏资料时，中、小型供水系统可按日用水量的20%～40%确定，对于极小型供水系统，泉池容积可取日用水量的50%以上。

9.4 地下水取水构筑物的选择及布局

在地下水水源地选择的基础上，还要正确选择和设计地下水取水构筑物，以最大限度地截取补给量，提高出水量，改善水质，降低工程总造价。

9.4.1 地下水取水构筑物的选择

常见的地下水取水构筑物有管井、大口井等构成的垂直集水系统，渗渠、坎儿井、渗流井等构成的水平集水系统，辐射井、复合井等构成的复合集水系统，以及引泉工程。由于类型不同，其适用条件具有较大的差异性。其中，管井适用于开采深层地下水，井深一般在500m以内，最大开采深度可达1000m以上；大口井广泛用于集取井深20m以内的浅层地下水；渗渠主要用于集取地下水埋深小于2m的浅层地下水，或集取河床地下水；辐射井一般用于集取地下水埋藏较深、含水层较薄的浅层地下水，它由集水井和若干从集水井周边向外铺设的辐射形集水管组成，可以克服上述条件下大口井效率低、渗渠施工困难等不足；复合井常用于同时集取上部孔隙潜水和下部厚层高水位承压水，以增加出水量和改良水质；渗流井是近年来才发展起来的新技术，一般用于集取河床底部具有排列有序的砂砾石层，并达到一定厚度（4～5m），地下水埋深较浅的浅层地下水。

我国地域辽阔，水资源状况差异悬殊，地下水类型、埋藏深度、含水层性质等取水条件以及取材、施工条件和供水要求各不相同，开采地下水的方法和取水构筑物的选择必须因地制宜。管井具有对含水层的适应能力强，施工机械化程度高、效率高、成本低等优点，在我国应用最广；其次是大口井；辐射井的适应性虽强，但施工难度大；复合井在一些水资源不很充裕的中小城镇和不连续供水的铁路供水站中被较多地应用；渗渠在东北、西北一些季节性河流的山区及山前地区应用较多。此外，在我国一些严重缺水的山区，为了解决水源问题，当地人们创造了很多特殊而有效的开采和集取地下水的方法，如在岩溶缺水山区修建规模巨大、探采结合的取水斜井等。

9.4.2　地下水取水构筑物的合理布局

取水构筑物的合理布局，首先应确定水源地的允许开采量和取水范围，进而明确在采取何种工程技术和经济承受能力下的取水构筑物布置方案，才能最有效地开采地下水并尽可能地减少工程所带来的负面作用。一般所说的取水构筑物合理布局，主要包括取水井的平面布局、垂向布局，以及井数和井间距离的确定等问题。

9.4.2.1　水井的平面布局

水井的平面布局主要取决于地下水的运动形式和可开采量的组成性质。

在地下径流条件良好的地区，为充分拦截地下径流，水井应布置成垂直地下水流向的并排形式或扇形，视断面地下径流量的多少，可布置 1 至数个井排。例如，在我国许多山前冲洪积扇上，其水源地主要是靠上游地下径流补给的河谷水源地、一些巨大阻水界面所形成的裂隙岩溶水源地，则多采用此种水井布置形式。在某些情况下，如预计某种地表水体将构成水源地的主要补给源，则开采井应按线性平行于这些水体的延长方向分布；当含水层四周被环形透水边界包围时，开采井也可以布置成环形、三角形、矩形等布局形式。

在地下径流滞缓的平原区，当开采量以含水层的储存量（或垂向渗入补给量）为主时，则开采井群一般应布置成网格状、梅花形或圆形的平面布局形式。在以大气降水或河流季节补给为主、纵向坡度很缓的河谷潜水区，其开采井则应沿着河谷方向布置，视河谷宽度布置 1 到数个纵向井排。

在岩层导储水性能分布极不均匀的基岩裂隙水分布区，水井的平面布局主要受富水带分布位置的控制，应该把水井布置在补给条件最好的强含水裂隙带上，而不必拘束于规则的布置形式。

9.4.2.2　水井的垂向布局

对于厚度不大（小于 30m）的孔隙含水层和多数的基岩含水层（主要含水裂隙段的厚度亦不大），一般均采用完整井形式取水，因此不存在水井在垂向上的多种布局问题。而对于大厚度（大于 30m）的含水层或多层含水组，是采用完整井取水，还是采用非完整井组分段取水，两者在技术和经济上的合理性则需要深入讨论。相关试验结果表明，在大厚度含水层中取水时，可以采用非完整井形式，对出水量无大的影响；同时试验结果还表明，为了充分吸取大厚度含水层整个厚度上的水资源，可以在含水层不同深度上采取分段（或分层）取水的方式。

大厚度含水层中的分段取水一般是采用井组形式，每个井组的井数取决于分段（或分层）取水数目。一般由 2～3 口水井组成，水井可布置成直线形或三角形。由于分段取水时在水平方向的井间干扰作用甚微，所以其井间距离一般采用 3～5m 即可；当含水层颗粒较细，或水井封填质量不好时，为防止出现深、浅水井间的水流串通，可把孔距增大到 5～10m（图 9-46）。

分段取水设计时，应正确给定相邻取水段之间的垂向间距（图 9-46 中的 a 段），其取值原则是：既要减少垂向上的干扰强度，又能充分汲取整个含水层厚度上的地下水资源。表 9-3 列出了在不同水文地质条件下分段取水时，垂向间距 a 的经验数据。如果

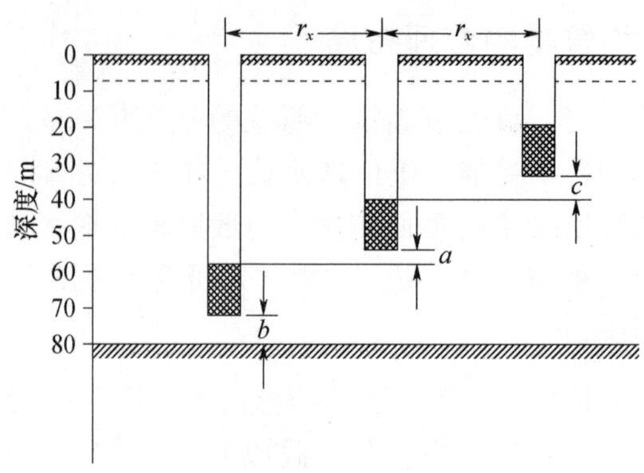

图 9-46　分段取水井组布置示意

要确定 a 的可靠值，则应通过井组分段（层）取水干扰抽水试验确定。许多分段取水的工程实践表明，上、下滤水管的垂向间距 a 在 5～10m 的情况下，其垂向水量干扰系数一般都小于 25%，完全可以满足供水管井设计的要求。

表 9-3　分段（层）取水井组配置参考资料

序号	含水层厚度（m）	井组配置数据			
		管井数（个）	滤水管长度（m）	水平间距（m）	垂直间距（m）
1	30～40	1	20～30	—	—
2	40～60	1～2	20～30	5～10	＞5
3	60～100	2～3	20～25	5～10	≥5
4	＞100	3	20～25	5～10	≥5

大量事实说明，在透水性较好（中砂以上）的大厚度含水层中分段（层）取水，既可有效开发地下水资源，提高单位面积产水量，又可节省建井投资（不用扩建或新建水源地）并减轻浅部含水层开采强度。据北京、西安、兰州、淄博等市 20 多个水源地统计，由于采用了井组分段（层）取水方法，水源地的开采量都获得了成倍增加。当然，井组分段（层）取水也是有一定条件的。如果采用分段取水，又不相应地加大井组之间的距离，将会大大增加单位面积上的取水强度，从而加大含水层的水位降深或加剧区域地下水位的下降速度。因此，对补给条件不太好的水源地要慎重采用分段取水方法。

9.4.2.3　井数和井间距离的确定

在明确了水井平面和垂向布局之后，取水构筑物合理布局所要解决的最后一个问题是：如何在满足设计需水量的前提下，本着技术可行且经济合理的原则，来确定水井的数量与井距。由于集中式供水和分散式农田灌溉供水在水井布局上有很大差别，故其井数与井距确定的方法也不同，下面分别进行叙述。

1. 集中式供水井数与井距的确定

集中式供水井数与井距，一般是通过解析法井流公式和数值法计算而确定的。解析法仅仅适用于均质各向同性且边界条件规则的情况下。为了更好地逼近实际，在勘探的基础上，最好采用数值模拟技术来确定井数与井间距离。一般工作程序为：首先，在勘探基础上，概化水文地质概念模型，建立地下水流数学模型（必要时要建立水质模型），对所建的数学模型进行参数率定与验证；其次，根据水源地的水文地质条件、井群的平面布局形式、需水量的大小、设计的允许水位降深等已给定条件，拟订出几个不同井数和井间距离的开采方案；再次，分别计算每一布井方案下的水井总出水量和指定点或指定时刻的水位降深；最后，选出出水量和指定点（时刻）水位降深均满足设计要求、井数最少、井间干扰强度不超过要求建设投资和开采成本最低的布井方案，即为技术经济上最合理的井数与井距方案。

对于水井呈面状分布（多个井排或在平面上按其他几何形式排列）的水源地，因各井同时工作时，将在井群分布的中心部位产生最大的干扰水位降深，故在确定此类水源地的井数时，除考虑所选用的布井方案能否满足设计需水量外，主要是考虑中心点（或其他预计的强干扰点）的水位是否超过设计上允许的降深值。

2. 分散式灌溉供水的井数与井距的确定

为灌溉目的开发地下水，一般要求对开采井采取分散式布局，如均匀布井、棋盘格式布井。对灌溉水井的布局，主要是确定合理的井距。因某一灌区内应布置的井数，主要取决于单井灌溉面积，即取决于井距。确定井距时，涉及的因素较多，除与单井出水量和影响半径有关外，还与灌溉定额、灌溉制度、每日浇地时间长短、土地利用情况、土质、灌溉技术等有关。确定灌溉水井的合理间距时，应以单位面积上的灌溉需水量与该范围内地下水的可采量相平衡为原则。下面介绍几种常用灌溉水井井数与井距的确定方法。

(1) 单井灌溉面积法

当地下水补给充足且地下水资源能满足土地灌溉需求时，则可简单地根据需水量来确定井数与井距。

首先计算出单井可控制的灌溉面积 F：

$$F=\frac{QTt\eta}{W}$$

式中　F——单井控制的灌溉面积，亩；

Q——单井的稳定出水量，m^3/h；

T——每次灌溉所需的天数，d；

t——每天抽水时间，h；

W——灌水定额，m^3/亩；

η——渠系水有效利用系数。

如果水井按正方形网状布置，则水井间的距离 D 为

$$D=\sqrt{667F}=\sqrt{\frac{667QTt\eta}{W}}$$

如果水井按等边三角形排列，则水井间的距离 D 为

$$D=\sqrt{\frac{2\times 666.7F}{\sqrt{3}}}=\sqrt{\frac{1333QTt\eta}{\sqrt{3}W}}$$

整个灌区内应布置的水井数 n 为

$$n=\frac{S\beta}{F}$$

式中 S——灌区的总面积，亩；

β——土地利用率，%。

从以上各式可知，在灌区面积一定的条件下，井数主要取决于单井可控制的灌溉面积；而单井所控制的灌溉面积（或井距），在单井出水量一定条件下，又主要取决于灌水定额。因此，应从平整土地减少渠道渗漏、采用先进灌溉技术等方面来降低灌水定额，以达到加大井距、减少井数、提高灌溉效益的目的。

（2）考虑井间干扰时的井距确定方法

严格地说，均匀分布的灌溉水井同时工作时，井间的干扰作用是不可避免的。当井距比较小时，这种干扰作用使单井出水量削减更是不可忽略。因此，考虑井间干扰作用的井距计算方法比前一种方法可靠，但比较复杂。这种计算方法的大致思路是：首先提出几种可能的设计水位降深和井距方案，分别计算出不同降深、不同井距条件下的单井干扰出水量，最后通过干扰水井的实际可灌溉面积与理论上应控制灌溉面积的对比试算确定出合理的井距。因为这种计算方法比较复杂，在此就不再详细介绍，可参见《地下水动力学》教材。

（3）根据允许开采模数确定井数和井间距离

该种方法的前提条件是计划的开采量应等于地下水的允许开采量，以保持灌区内地下水量的收支平衡。

首先按下式计算每平方千米范围内的井数：

$$N=\frac{M_b}{QtT}$$

式中 N——每平方千米面积上的平均井数；

M_b——含水层的允许开采模数，$m^3/(km^2 \cdot a)$，该值可根据区内地下水补给量与含水层面积之比，或类似井灌区开采量与稳定的开采水位降落漏斗面积之比确定。

当允许开采模数已知时，亦可按下式求得合理的井距：

$$D=\frac{100}{\sqrt{N}}=100\sqrt{\frac{QtT}{M_b}}$$

按这种方法计算出的井距，可以保证地下水收支平衡，但不能保证满足全部土地灌溉需水量的要求，不足部分只有通过其他方法解决。

第 10 章　非常规水利用

我国是一个水资源短缺的国家，人均占有水资源量不足世界平均水平的三分之一，黄、淮、海流域更低。近些年来，我国水资源开发利用战略开始向“开源”和“节流”两大方向转变。在开辟新的水源方面，随着科技发展和市场机制的建立，除了对传统水资源进行合理开发外，人们开始将目光转向非常规水源利用。非常规水源以雨洪资源、海水和城市再生水为主要代表，并涵盖了苦咸水、矿井疏干水乃至空中水资源等多种形式。

10.1　雨洪资源化利用

10.1.1　雨洪资源利用概念

众所周知，洪水具有利害双重性，利是为我们提供社会可持续发展所必需的水土资源、生物多样性环境以及生态环境资源，害是指洪水往往危害人民群众生命及造成巨额财产损失。在人类对自然改造能力较低下的时期，洪水基本不受人类的干预，往往形成自然泛滥，携带大量泥沙和养分广泛淤积于流域的中下游地区，常形成大量的肥沃土地，从而形成大江大河流域的中下游平原和生物多样性的大面积沿河湿地。因此，人类及人类文明得以发展，从该角度来讲，洪水为人类带来的利益要大于其造成的危害。

近年来，随着人们对洪水利害双重性认识的不断深入，治水思想和实践逐步被赋予新的内容。李仪祉、姚汉源等提出了“利用洪水与蓄水地下”的设想及概念，总结出要给洪水以空间和出路、人水和谐相处等新观念。进入 21 世纪以来，极端天气现象不断发生，我国北方干旱缺水、水生态环境不断恶化，而南方洪水内涝接连发生。我国广大水利学者和水利管理者，结合我国实际情况，提出了“雨洪资源利用”的概念，并广泛达成共识，成为体现水利行业新治水思路中的一项重要工作内容。

雨洪资源利用是指在保障现有防洪工程有一定安全度，并满足上下游生产、生活、生态用水的前提下，利用水库、河道、洼地等工程措施和经济、管理、调度等非工程措施拦蓄洪水，延长洪水在地表及地下的停留时间，以用于经济社会用水和生态环境保护，回补地下水，改善河湖及洼地的水面景观，改善人类生态和居住环境的行为。

雨洪资源利用的对象是：在现有水利工程正常运用和正常调度的情况下，处于排泄入大海及泛滥的洪涝水，包括水利工程防洪标准内及超过标准的江河洪水、防洪工程正常调度所不能蓄用的洪水，以及河道洪水泛滥和城市内涝水等。

另外，雨洪资源利用必须遵循安全、经济、可行和社会公平等原则，雨洪资源利用的目的是获取整体上更大的综合利益。在雨洪资源利用时，要避免盲目强调洪水利益而忽视工程安全、经济效益和社会风险等，必须保障工程安全和人民群众生命安全。而且，根据洪水具有利害双重性，在雨洪资源利用过程中，常会伴随着利益和风险的重新分配，因此，政府部门应通过政策法规手段对这一重新分配加以规范，使雨洪资源利用的行为有法可依，让利益受损者得到相应的经济补偿。

10.1.2 雨洪资源利用条件及方式

由于地理位置、地形条件和气候等因素影响，我国长江、黄河、淮河、海河等流域降水时空分布很不平衡，特别是黄河、海河等流域，年际降水差别大，丰枯交替特征明显，年内主要分布在汛期的几次集中的降水，极可能出现汛期洪涝灾害，而枯水期又多发生严重的干旱缺水现象。

雨洪资源利用方式主要有：

（1）在保证湖泊、水库等防洪安全的前提下，适当调整水库的汛限水位，可以尽量多蓄洪水；也可在汛前将蓄水放于下游河道，利于提高平原区的地下水位；或利用洪水前峰清洗污染河道、改善水环境。

（2）完善和建设洪水利用的平原水库、蓄水闸、挡潮闸等工程体系，有控制地引洪水于河道、蓄滞洪区、湿地等低洼地区，改善水生态环境，并有效地回补地下水。

（3）利用遇到较大洪水进行蓄滞洪区蓄水的时机，有意识延长蓄滞洪水的时间，回补地下水。

（4）建设或完善流域、水系、河渠的水流沟通系统，综合利用水库、河网、渠系、湿地和蓄滞洪区等，优化调度，调洪互济，蓄洪或回补地下水；并适当建设和完善城镇雨洪利用工程体系，兼顾防洪、治涝和雨洪资源利用等多项效益。

10.1.3 雨洪资源化利用应用与实践

20世纪80年代，德国、日本、澳大利亚等发达国家即开启了雨水资源循环利用的规划和管理研究及实践。近十年来，新的可持续的雨水管理措施相继被提出，如美国的BMPs最佳雨洪管理措施、加拿大的低影响开发理论（LID）、英国的可持续排水系统（SUDs）、澳大利亚的水敏感性城市设计（water sensitive urban design，WSUD）、新西兰的低影响城市设计与发展方法（low impact urban design and development，LI-UDD）、德国NDS自然开放式排水系统、欧盟EUWFD水框架指令及日本的“雨水渗透计划”等。

2001年9月，我国政府和德国政府间的科技合作项目“城市水资源可持续利用——雨洪控制和地下水回灌”，以共同建立城市雨洪管理及可持续利用的相关产业。可见，以城乡绿地和低影响开发技术为依托，模仿自然雨水径流，从源头控制雨水的排放路径，通过雨水的过滤、净化、蓄、滞的海绵城市理念，再利用为生活、景观及灌溉用水，促进雨水自然回灌，是我国实现可持续的雨水管理及利用的重要途径。

2012年11月，党的十八大把生态文明建设摆上了中国特色社会主义“五位一体”总体布局的战略位置。在2013年12月中央城镇化工作会议上，习近平总书记要求“建设自然积存、自然渗透、自然净化的海绵城市”。海绵城市是国家生态文明战略的重要组成部分，目的是实现“三个自然”。

2014 年住房城乡建设部出台了《海绵城市建设技术指南——低影响开发雨水系统构建（试行）》，落实涉及雨水渗、滞、蓄、净、用、排等用途的低影响开发设施技术标准，为各地的海绵城市建设提供了技术指南。

10.1.4　雨洪资源利用案例

10.1.4.1　基于东平湖、南水北调东线等工程的大汶河雨洪资源利用技术研究

1. 研究背景

随着人类的发展，在洪水泛滥成灾的同时，世界水资源也日趋紧张，水资源问题将成为贯穿整个 21 世纪人类生存与可持续发展的首要问题。尤其是我国北方地区，缺水更加严重。洪水虽给人类社会带来灾害，但其本质具有淡水资源的属性，是自然生态赖以生存的水资源主要来源。因此，正确认识洪水在自然循环中的作用，充分利用洪水的淡水资源属性，对于水资源可持续利用具有十分重要的意义。

大汶河，古称汶水，发源于山东沂源县境内，自东向西汇入东平湖。大汶口以上为上游，大汶口至戴村坝为中游，戴村坝以下为下游（即俗称大清河）。流域东西长 176.6km，南北宽 102km，总流域面积 9069km^2。大汶河流域水系复杂，支流众多，主要有瀛汶河、柴汶河、漕浊河、海子河、苗河、汇河等。大汶口以上上游流域面积 5655km^2，占总流域面积的 62.4%，是大汶河的主要集水区。戴村坝以下大汶河下游河道多变，多次改道、治理后形成目前的大清河。大汶河是山东省境内的一条重要河流，来水量季节性明显，在丰水期常有大量弃水。

东平湖水库（以下简称东平湖）位于山东省东平、梁山、汶上三县交界处，上距桃花峪 357km，下距入海口 429km，是防御黄河下游大洪水的重要分滞洪工程，担负着调蓄黄河、大汶河洪水的重任，是确保黄河下游防洪安全的“王牌”工程。1951 年国家批准建设东平湖滞洪区，1958 年东平湖滞洪区改建为东平湖水库，总面积 627km^2，其中老湖区 209km^2，常年积水面积 124km^2，蓄量约 1.65 亿 m^3，多年平均水位 40.25m。大汶河是东平湖老湖区地表水源的主要来源。东平湖作为黄河下游的重要蓄滞洪区，也是山东省的第二大淡水湖泊，地理位置优越，具有强大的蓄水能力。

南水北调东线工程是解决黄淮海地区东部和山东半岛水资源严重短缺的国家重点战略工程。按先通后畅、分期实施的原则，拟定分 3 期实施。南水北调东线工程穿越东平湖新、老湖区，且利用老湖区调蓄水量。南水北调东线第一期工程已于 2013 年全线通水。

南水北调东线工程建成运行以前，东平湖的功能只是单纯的防洪运用，用以调蓄黄河以及大汶河的洪水。南水北调东线工程建成运行之后，东平湖老湖区的功能发生了巨大变化，它不仅负担分滞黄河、大汶河洪峰的重要防洪任务，也是南水北调东线工程线上一个重要的调蓄水库，在南水北调东线工程中具有重要地位和作用。因此，目前的东平湖老湖区已变为一个以防洪为主要目的，集调水、灌溉、航运、旅游等为一体的综合型水库，它已是一个汇聚长江，蓄滞黄河、汶河之水，控制两路送水的关键性枢纽工程，将发挥防洪调蓄、合理分配水量、保证防洪安全、调水供水的重要作用。由于南水北调东线工程的运行及东平湖老湖区这一功能的变化，为大汶河雨洪资源的利用提供了契机。为此，开展“基于东平湖、南水北调东线等工程的大汶河雨洪

资源利用技术研究”必要而迫切，它对提高大汶河及东平湖水资源利用率具有十分重要的意义。

2. 研究内容

研究当黄河来水量较少，大汶河流域来水量较多，同时鲁北、鲁东地区遇到较干旱年时，通过现有或规划工程如东平湖、南水北调东线等工程，将大汶河雨洪水调入鲁北地区、鲁东地区的调控技术。研究具体内容包括：

（1）大汶河流域降雨、径流特性分析研究及计算资料系列的分析与选择；

（2）大汶河进入东平湖地表水资源量计算；

（3）东平湖需水量分析与计算；

（4）基于南水北调东线工程的大汶河—东平湖水资源调度边界水位的确定；

（5）东平湖可外调水量分析与计算；

（6）东平湖水资源调度方案研究。

3. 技术路线

（1）搜集大汶河—东平湖区域代表站的水、雨情资料，实地调研搜集相应的用水量、蒸发和渗漏资料等。

（2）分析降雨、径流特性，采用数理统计法对大汶河—东平湖水、雨情资料进行一致性、代表性审查。

（3）采用水文统计法并根据东平湖的防汛调度原则对其地表水资源量进行计算，计算出不同频率的大汶河进入东平湖地表水资源量。

（4）通过计算湖内生态环境与景观需水量、湖内生产需水量、湖外生产需水量，得出东平湖老湖区总需水量。

（5）根据大汶河来水量、东平湖老湖区需水量确定其不同频率的地表水资源富余量。

（6）在保证东平湖防汛安全和不损害原有用水利益的基础上确定大汶河雨洪水进入到东平湖后可外调水的利用边界水位。

（7）采用情景分析法及系统工程理论建立优化调度模型，确定大汶河—东平湖不同情景下的调度方案及可外调水量。

（8）在把南水北调第一期工程及调水情景与东平湖不同情景下的可外调水量过程概化并综合的基础上，提出可操作的大汶河—东平湖调水边界水位及水资源调度方案。

（9）通过现有南水北调东线工程及东平湖将大汶河雨洪水调入鲁北地区、鲁东地区的成果分析。

4. 东平湖的主要防洪工程

东平湖滞洪区的防洪工程主要有大湖围坝、二级湖堤、进湖闸、出湖闸、退水闸等。

1）堤防

东平湖现有各类堤防 126.81km，主要包括大湖围坝 100.08km（含黄湖两用堤和山口隔堤）、二级湖堤 26.73km。

东平湖围坝为一级堤防，全长 100.08km，由新湖围坝、黄湖两用堤、山口隔堤三部分组成。新湖围坝全长 77.83km，设计堤顶高程 48.5m，顶宽 10m，坝高 8～10m，临背湖边坡 1∶3，临水侧砌有防浪石护坡；黄湖两用堤 13.71km，包括国十堤、徐十堤、班清堤、两闸隔堤、青龙堤等；山口隔堤位于老湖区北侧，长 8.54km，包括玉班堤、卧牛堤、西旺堤等。

二级湖堤为四级堤防，西起临黄堤林辛闸南侧，东至东平县解河口，全长 26.73km，将东平湖分为新、老两个湖区。二级湖堤设计堤顶高程 48.0m，顶宽 6m，临背边坡皆为 1∶2.5，临老湖侧修有砌石护坡，堤顶全部修建了沥青柏油路面。

2）主要进、出湖闸

（1）主要进湖闸

目前，东平湖滞洪区主要进湖（分洪）闸有三座，分别为石洼、林辛、十里堡分洪闸，设计总分洪流量为 8500m³/s，其中石洼进湖闸是黄河向新湖分洪的进湖闸，位于东平县石洼村附近（黄河大堤桩号 337＋795～338＋192），设计分洪能力 5000m³/s。该闸于 1967 年 3 月 5 日开工，1969 年 9 月建成，1976 年 10 月至 1979 年 6 月改建。该闸为钢筋混凝土灌注桩基开敞式水闸，闸室总宽 342m，净宽 294m，共 49 孔，每孔净宽 6m，孔高 4m。林辛和十里堡闸是黄河向老湖区分洪的进湖闸。林辛进湖闸位于东平县林辛村附近的黄河十里堡险工 44～47 号坝之间（桩号 338＋886～339＋020），设计分洪能力 1500m³/s。十里堡进湖闸位于东平县十里堡村附近的黄河十里堡险工 53～56 号坝之间（桩号 6＋823～6＋968），设计分洪流量 2000m³/s。向老湖分洪的最大流量由林辛、十里堡两闸分洪能力决定。在设计情况下，向老湖最大分洪流量为 3500m³/s，校核情况下最大可以达到 3800m³/s。

（2）主要出湖闸

三座主要出湖（泄洪）闸分别为陈山口、清河门和司垓闸，设计总泄水能力 3500m³/s。其中陈山口、清河门两座出湖闸向黄河泄水。陈山口出湖闸位于东平湖北端陈山口附近，1958 年 11 月开工建设，1959 年 7 月建成，1998 年 2 月至 11 月改建。设计泄洪流量 1200m³/s，为开敞式闸，共 7 孔，每孔净宽 9m，孔高 5.5m。清河门出湖闸位于陈山口出湖闸以西 625m 处，1968 年 3 月开工建设，1996 年 12 月至 1997 年 9 月改建。设计泄洪流量为 1300m³/s，为桩基开敞式闸，共 15 孔，每孔净宽 6m，孔高 5.5m。司垓退水闸建设在大湖围堰上（围坝桩号 42＋694～42＋805），1987 年 10 月至 1989 年 10 月修建，共 9 孔，每孔净宽 8m，为桩基开敞式闸，设计泄洪流量 1000m³/s。该闸主要是在新湖运用时通过梁济运河向南四湖相机泄水。

3）其他工程

在陈山口、清河门两座出湖闸与黄河河道之间，有 5.5km 长的入黄河水道，常称之为“出湖河道”。为了防止黄河水倒灌淤积出湖河道，2003 年在原有的出湖河道入黄口挡水围堰处修建了庞口防倒灌闸。该闸共 9 孔，每孔净宽 6.0m，为桩基开敞式闸，设计泄洪流量 450m³/s。

为了消除防洪险点，并结合东平湖防洪调度的需要，2002 年 10 月至 2003 年 6 月，拆除了 1966 年修建在二级湖堤上的八里湾排灌闸，新修了八里湾泄洪闸。该闸为桩基开敞式闸，共 7 孔，每孔净宽 8.0m，设计流量 450m³/s，加大流量 800m³/s，并保留了灌溉引水和排涝的功能。通过该闸可以实现由老湖向新湖泄水，实现新、老湖区的联合运用。

为发展滞洪区农业生产，保障群众生产生活，在大湖围坝、二级湖堤、大清河堤、山口隔堤等堤防上还建有14座排灌闸（站），其中建在围坝上的码头、流长河泄水闸，设计排水流量均为50m^3/s，除平时排泄湖区的内涝水外，当东平湖新湖运用时，也可向梁济运河排泄底水。

5. 东平湖的主要作用、运用指标及运用原则

东平湖滞洪区的主要作用：一是分滞黄河洪水，即当黄河发生大洪水时（孙口站洪峰流量大于10000m^3/s），为了保证其下游的防洪安全，需要向东平湖分洪，以控制黄河艾山站下泄流量不超过10000m^3/s。2000年小浪底水库建成后，黄河运用东平湖分洪的机遇约为30年一遇。二是接纳汶河来水，即汶河流域发生降雨过程，径流通过大清河首先进入东平湖，再由东平湖进入黄河，东平湖起到蓄洪滞洪的作用。三是东平湖老湖区常年蓄水，今后将是南水北调东线工程的调蓄水库，可以为经济社会发展提供一定的水资源。因此，东平湖滞洪区是黄河下游防洪工程体系的重要组成部分，在黄河下游防洪和水资源利用战略布局中具有十分重要的地位。

运用指标：目前，东平湖老湖设计防洪运用水位为46.0m；相应库容11.94亿m^3；汛限水位7—9月为42.0m，10月份及以后可以抬高至42.5m；二级湖堤的警戒水位为43.0m。东平湖新湖防洪运用水位45.0m，相应库容23.67亿m^3；全湖运用水位45.0m，相应库容33.54亿m^3。

多年来，已经确定的东平湖滞洪区蓄滞洪的运用原则是：根据黄河和汶河洪水的峰、量情况，充分发挥老湖滞洪能力，尽量不用新湖。当老湖确不能满足分滞洪要求，需新、老湖并用时，应先用新湖分滞黄河洪水，以减少老湖淤积。东平湖滞洪区的运用，由黄河防汛总指挥部商山东省人民政府确定，山东省防指负责组织实施。当需要运用司垓闸向南四湖排水时，由黄河防总提出运用意见，报请国家防总批准后，通知山东省防指组织实施。

6. 东平湖老湖区水量平衡示意图

东平湖老湖区水量平衡示意图如图10-1所示。

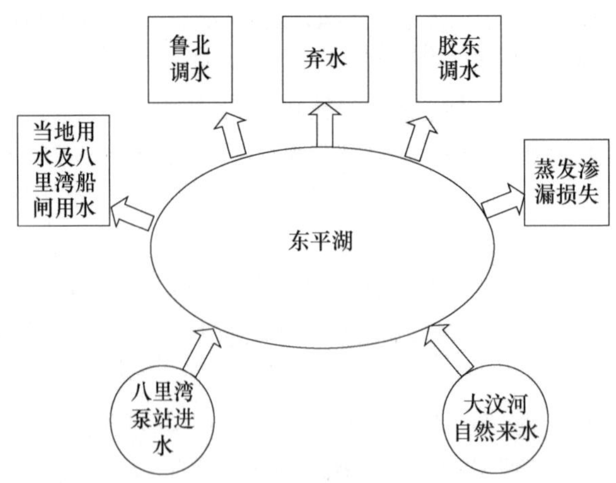

图10-1　东平湖老湖区水量平衡示意图

7. 东平湖老湖区雨洪资源调度原则

（1）科学调度，统筹兼顾，强化管理；

（2）水量调度服从防洪调度，保证防洪安全；

（3）水质达到地表水Ⅲ类标准；

（4）在不损害原有用水利益的基础上，合理利用东平湖雨洪资源。

8. 水量调度方案

东平湖水资源调度的具体方案采用情景分析法拟定。

（1）情景分析法

情景分析法（scenario analysis）是决策的一种基本方法。情景分析中的“情景”是指对事物可能的未来发展态势的描述，描述的内容既包括对各种态势基本特征的定性描述，也包括定量的描述。情景分析法首先需要创建一个根据事物现状，结合预期的或可能的规划而估计未来变化的基础情景。在此基础上设计出多个可能的情景方案，这些方案代表着对未来发展的各种不同假设，然后，对不同情景的后果进行分析。最后可以通过对各种情景结果的比较，对各种情景方案的优劣做出决策评价，提出水资源调度较佳方案。

（2）调度方案的拟定

根据东平湖老湖区的防洪要求，来水、用水、调水等具体情况确定的方案如下：

符合防洪安全要求，东平湖控制运用水位：汛限水位 7—9 月为 42.0m，非汛期（10 月—翌年 5 月）可以抬高到 42.5m，6 月份采用动态汛限水位 42.0～42.5m，具体根据大汶河雨、水情况而变；当湖区水位超过控制水位时，湖区多余水量以弃水形式排入黄河。

满足原有各类湖外、湖内及损失用水；满足湖内及湖外（八里湾船闸）航运需水。

基本符合国家南水北调原规划调度时间：

调水入东平湖时间为 10 月—翌年 5 月。

调水到胶东的主要时间为 10 月—翌年 5 月，6—9 月视胶东调水线路需水及防汛情况择机利用东平湖雨洪水参与调水。汛期（6—9 月）利用东平湖雨洪资源分三种情况：①东湖水库及双王城水库无库容限制，只有输水渠道 $100m^3/s$（胶东、鲁北各 $50m^3/s$）的限制，计算最大可北调的东平湖雨洪资源量；②东湖水库（5377 万 m^3）及双王城水库（6150 万 m^3）有库容限制，假设一月能利用一次；③有库容限制，假设汛期只利用一次。

调水过黄河的主要时间为 10 月—翌年 5 月，6—9 月视鲁北调水线路需水及防汛情况择机利用东平湖雨洪水参与调水。汛期（6—9 月）利用东平湖雨洪资源分三种情况：①大屯水库无库容限制，只有输水渠道 $100m^3/s$（胶东、鲁北各 $50m^3/s$）的限制，计算最大可利用的东平湖雨洪资源量；②大屯水库（5209 万 m^3）有库容限制，假设一月能利用一次；③有库容限制，假设汛期只利用一次。

按照山东半岛、鲁北段调水及航运用水要求输水。

东平湖水量调度：

① 10 月—翌年 5 月，东平湖老湖区水位低于 40.5m 且有调水要求时，八里湾泵站抽水补充东平湖老湖区，补湖水位按 40.5m 控制。

② 东平湖老湖区水位在 40.5～42.5m 之间时，10 月视黄河、大汶河雨水情，按山东半岛、鲁北段调水要求抽水入东平湖；11 月—翌年 5 月按山东半岛、鲁北段调水要求抽水入东平湖。

③ 东平湖老湖区水位高于 42.5m 或黄河花园口站流量大于 10000m^3/s 时，八里湾泵站停止抽水入东平湖。

④ 东平湖老湖区的水资源在 10 月—翌年 5 月作为水源参与调水，在此期间用于南水北调部分水源的东平湖控制水位为 41.5～40.8m，此水位以上的湖水及大汶河来水均可参与调水，具体见各月要求。

⑤ 汛期 6—9 月的雨洪资源根据胶东、鲁北需水及胶东、鲁北段的防汛情况适时参与，减少汶河弃水。在此期间用于南水北调水源的东平湖控制水位为 41.5m，水位大于 41.5m 的湖水及大汶河来水均可参与调水。水源优先次序为：根据大汶河来水情况确定先近后远或近远结合。

⑥ 出水方式：闸前恒水位或闸下等流量。

经分析计算，其结果如下：

汛期 6—9 月南水北调东线一期多年平均最大可调用东平湖的雨洪资源量为 35611.59 万 m^3，当汛期来水频率大于 75%时，可调用汛期的东平湖的水资源量基本上为零；对全年来讲，多年平均可以利用的东平湖水资源量最大为 41374.0 万 m^3，当来水频率大于 75%时，南水北调东线一期可调用的东平湖的雨洪资源量基本上为零；当受大屯水库、东湖水库、双王城水库库容限制时，南水北调东线一期工程可利用的东平湖水资源量将减少。

以上结果表明：东平湖雨洪资源可作为南水北调东线一期工程的调水水源参与北调至胶东及鲁北；东平湖可利用的雨洪资源量与东平湖汛限水位、当地用水、大汶河来水、北调输水渠道规模、南水北调东线一期工程山东境内的库容及调节方式有关。大汶河洪水可在东平湖老湖区与南水北调东线一期工程相互配合调度运行下部分转变为可利用的水资源。

10.1.4.2 山东大学兴隆山校区雨洪资源利用技术

1. 项目背景

山东大学兴隆山校区位于济南市二环东路南侧，兴隆山庄东侧，三面环山，占地面积 638209.17m^2，如图 10-2 所示。校区所处区域位于兴隆—土屋村强渗漏带，是下游泉水补给的重要区域；校区内部有较大规模的绿地，天工湖、河道贯穿校区东西向。

2. 下垫面及排水分析

校园绿地面积较大，绿地率达 48%。在教学楼周边，绿地结合地形形成台地景观，有效地对雨水进行了调蓄。但多数绿地做微地形处理，均高出道路标高，不利于道路雨水排入绿地内。

道路路缘石均为立沿石，不利于绿地收水。宿舍区建筑雨落管外排，部分直排道路。东侧宿舍区道路纵坡坡度较大，雨水外排速度快。教学区局部区域有积水现象。

3. 汇水区分析

根据校区汇水情况，划分为五个汇水区域，后期的设计分析和措施设计也依据这五个分区进行（图 10-3）。

图 10-2　校区位置

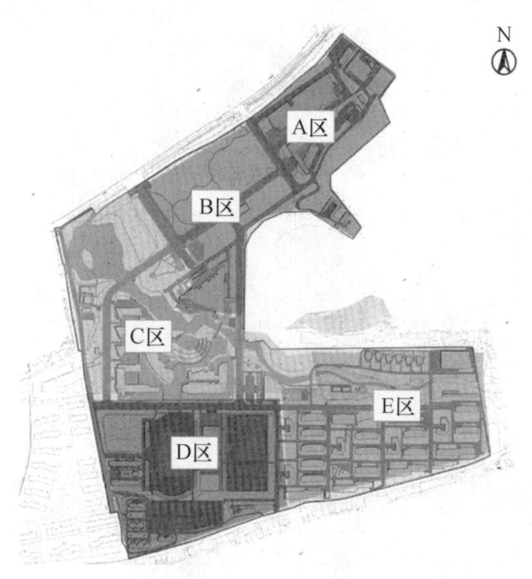

图 10-3　分区情况

A 区位于校区东北角，芙蓉路以东片区，汇水面积 83601m²，主要汇集山东大学供热中心、工程训练中心、建筑管理处的建筑屋面、道路、铺装径流雨水。

B 区位于校区北侧，先志大道与芙蓉路之间，包括图书馆区域，汇水面积 110349m²，主要汇集道路、铺装径流雨水。

C 区位于校区西北角，包括教学楼、讲学堂及中水站等主要建筑，汇水面积 157345m²，主要汇集建筑屋面、道路、铺装径流雨水。

D 区位于校区西南角，白玉兰路以南片区，汇水面积 132786m²，主要汇集运动场地、道路径流雨水。

E 区位于校区东南角，包括学生宿舍区及院士别墅区，汇水面积 154124m²，主要汇集建筑屋面、道路径流雨水。

4. 方案设计

总体设计思路：从现状出发，因地制宜，结合校区现有地形特色及雨水排放特点，充分利用现有绿地，通过设计下沉式绿地、路缘石开口、雨落管断接、设置蓄水池等多项措施，使绿地成为蓄渗雨水的“海绵”，减少外排雨量，达到雨水控制目的。

分区调蓄分析：

根据校区汇水情况，划分为五个汇水区域，调蓄分析和措施设计也依据这五个分区分别进行，将区内雨水进行区内调蓄，保证雨水调蓄的科学性和可实施性。

A 区应调蓄体积 1782.74m³，根据设计实际调蓄体积 1881.1m³。

主要技术措施：U 形排水沟、下沉式绿地、仿木路缘石、雨水花园、渗排管、减速带、路缘石开口、嵌锁式阻水路缘石、雨水桶（图 10-4）。

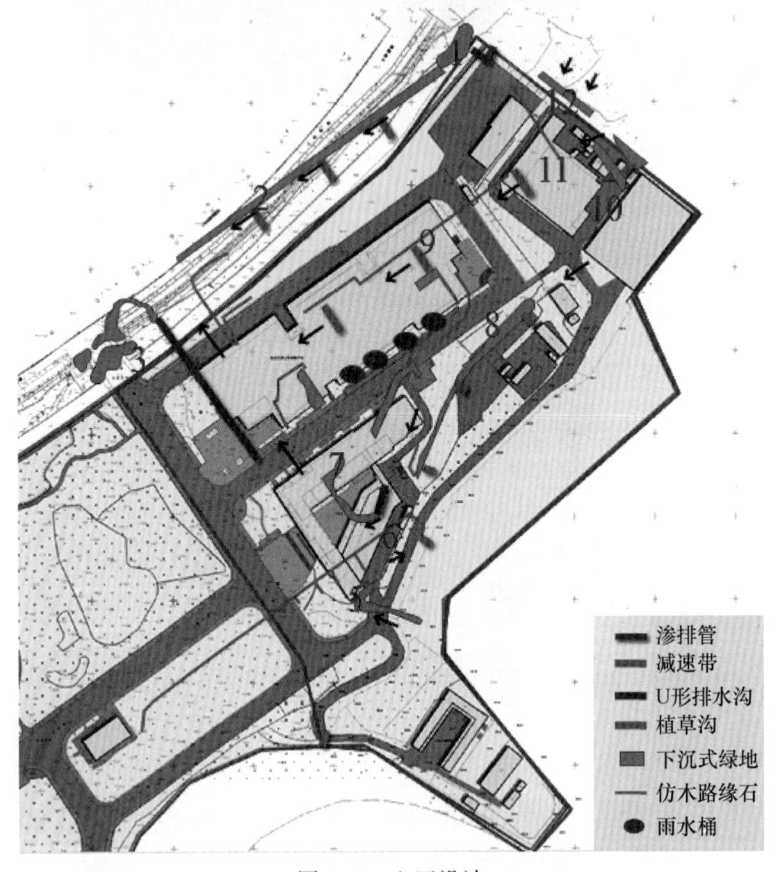

图 10-4　A 区设计

B 区应调蓄体积 1542.31m³，根据设计实际调蓄体积 1585m³。

主要措施：台地花坛、雨水口改造、下沉式绿地、蓄水池、雨水花园、渗排管、U 形排水沟、仿木路缘石、渗透式雨水口（图 10-5）。

C 区应调蓄体积 3272.07m³，根据设计实际调蓄体积 3945m³。

主要措施：渗透式雨水井、U 形排水沟、下沉式绿地、植草沟、蓄水池、阻水型路缘石、渗排管、碎石坑、仿木路缘石（图 10-6）。

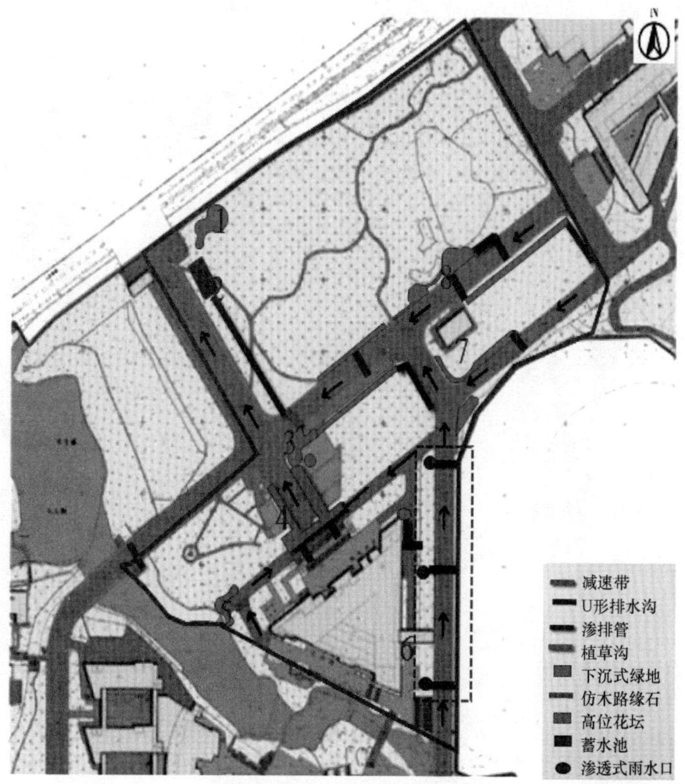

图 10-5　B区设计

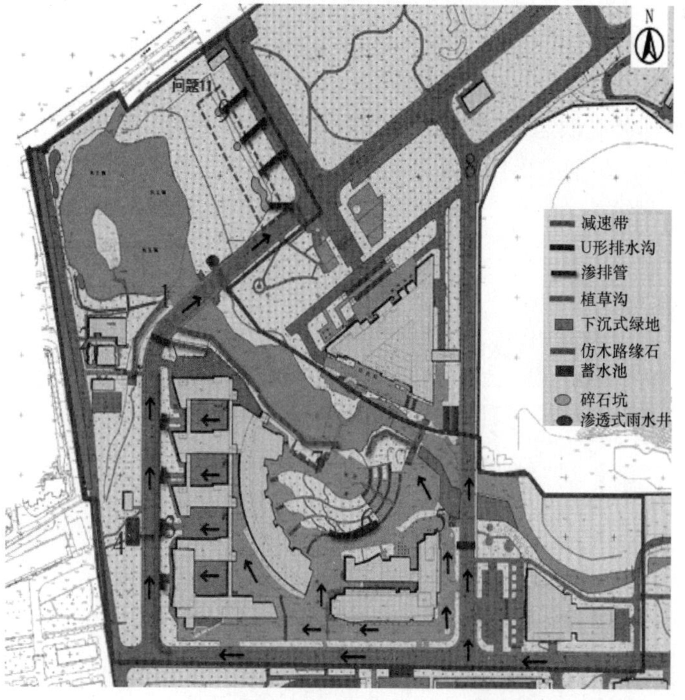

图 10-6　C区设计

D区应调蓄体积2103.42m^3，根据设计实际调蓄体积2123m^3。

主要措施：生态停车场、雨水罐、坡地阻水坎、蓄水池。

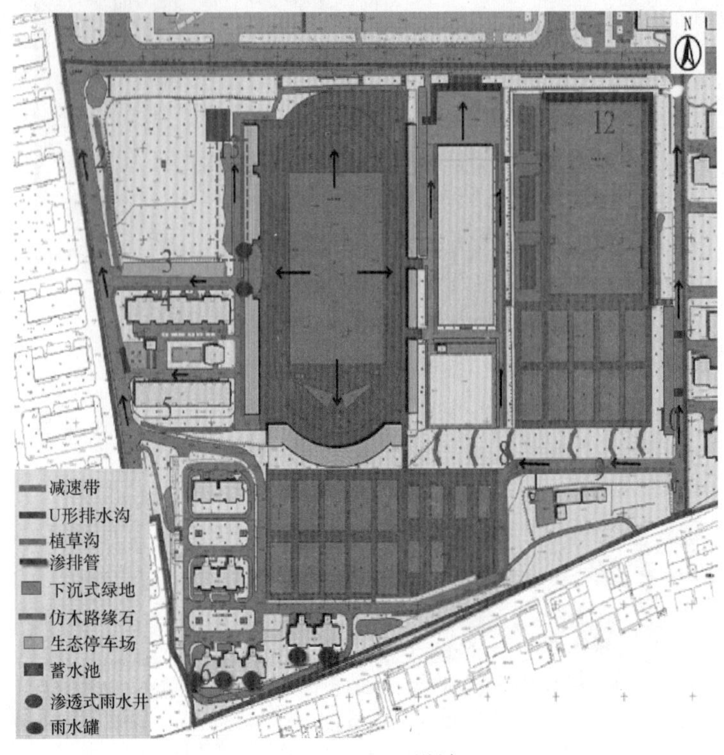

图10-7　D区设计

D区海绵工程措施：

(1) 生态停车场

现状停车场铺装破旧且不透水，设计改造为植草砖铺装形成透水地坪，增强铺装的透水性能（图10-8～图10-10）。

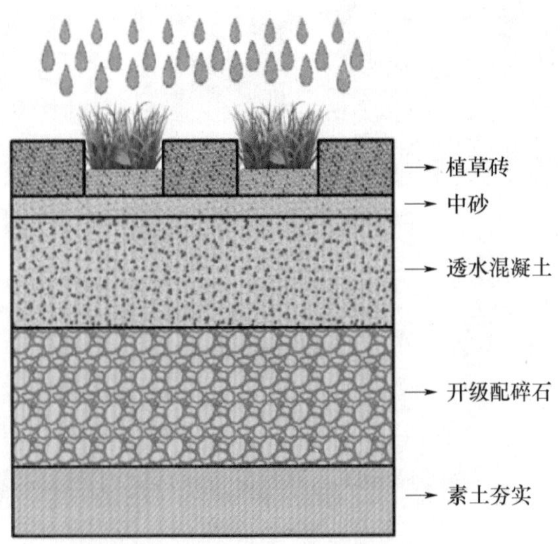

图10-8　植草砖铺装结构图

图 10-9　现状图

图 10-10 改造后示意图

（2）雨水罐

建筑雨落管雨水大多排放至周围铺装表面形成地表径流流失，设计将雨落管雨水收集至雨水罐内蓄存，并用于浇灌周围绿地（图 10-11、图 10-12）。

图 10-11　现状图

图 10-12　改造后示意图

（3）坡地阻水坎

足球场以南绿地整体坡度东高西低，设计将道路路面雨水引入绿地内，同时在绿地内由东至西设置多道阻水坎，逐级蓄水，增强绿地整体蓄渗能力（图 10-13）。

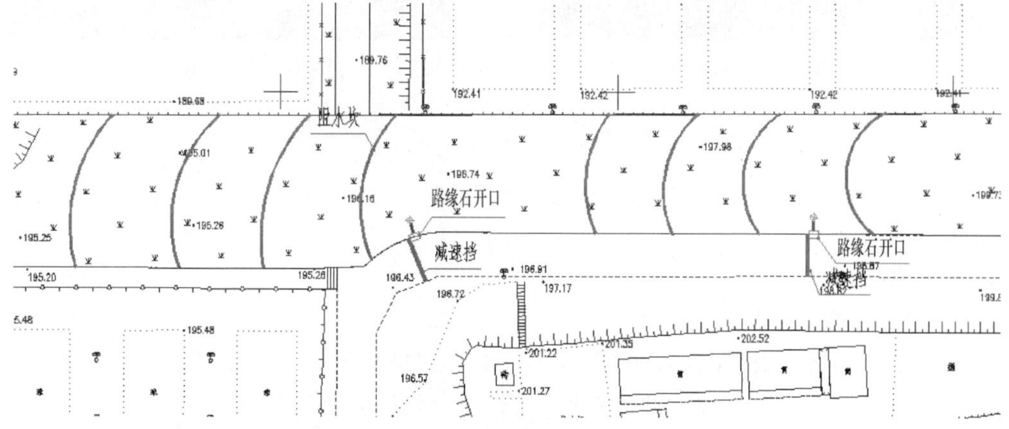

图 10-13　阻水坎布置平面图

E 区应调蓄体积 2887.33m³，根据设计实际调蓄体积 3173m³。

采取的主要措施：雨落管断接、透水铺装、蓄水池、旱溪等（图 10-14）。

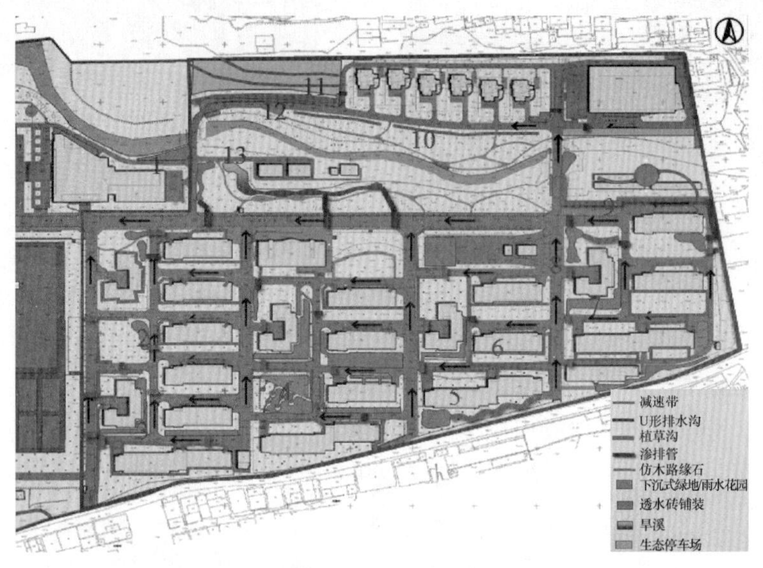

图 10-14　E 区设计

E 区海绵工程措施：

（1）雨落管断接

学生宿舍区雨落管雨水大多排放至周围铺装表面或排水沟流失，设计将雨落管雨水断接至建筑周围绿地内，利用绿地进行蓄渗（图 10-15、图 10-16）。

图 10-15　现状图

图 10-16　改造示意图

（2）透水砖铺装

现状健身场地为不透水混凝土地面，设计改造为透水砖铺装，增强地面雨水的渗透能力（图 10-17）。

5. 实施效果

（1）闻一多广场及其周边的改造工程

对广场北侧格栅进行改造，格栅是城市下水道排水的关键组成部分，格栅在雨污水处理中的作用原理是物理拦截。广场北侧为粗格栅，起到对雨污水中的漂浮物、较大悬浮物进行拦截处理。对栅格的改造主要是对栅格下面排污管道进行改造，管道底部进行处理，加大雨水渗透率，同时种植耐涝耐旱植物，在起到水土保持作用的同时对景观绿化效果起到一定的作用。改造前栅格如图 10-18（a）所示，改造后成果图如图 10-18（b）所示。

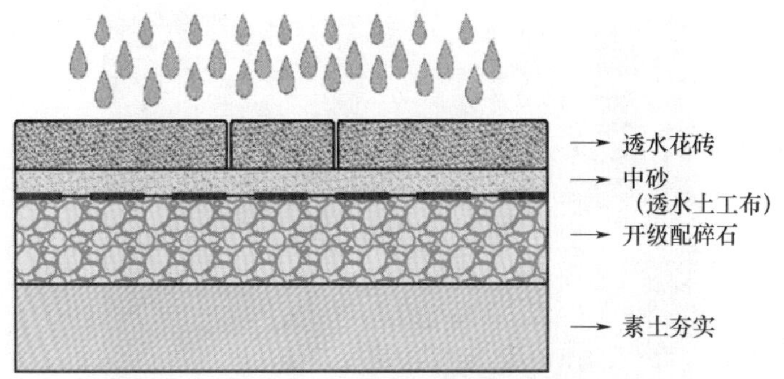

图 10-17　透水砖结构图

图 10-18　闻一多广场北侧改造工程实施成果图

闻一多广场位于教学楼北侧、实验楼西侧，其西侧为校园内河道，地势较低，周边边坡坡降较大，周边的汇水大部分通过广场汇入西侧的河道，雨水收集利用率较低。对广场四周的边坡进行整治，将边坡设置为阶梯状，并为逐阶梯向下的形式，每级边坡均预留一定高度的台阶，使其能够截留一部分的雨水，同时在上部台阶种植灌丛类植被，可以截留大部分较大的漂浮物，下面较低小的草类植物及景观树相结合种植，在满足景观的同时，很大程度上提高了雨水的利用率及植被覆盖率（图 10-19）。

如图 10-20 和图 10-21 所示为闻一多广场西侧雨后河道局部及整体图。河道在图书馆背侧存在一定的高度差，对其的改造为在高度差较大的位置建造塘坝，塘坝下游图如图 10-20 所示。其上游为具有一定集水面积的坑塘，可以形成较为宽阔的水面，主要起到景观作用，紧急条件下可以作为应急供水；其下游设置消力池，防止较大高差的高速水流对下游河道的冲刷破坏。同时对塘坝周围的边坡采取固土、植草绿化等措施，一方面有利于水土保持，另一方面对降雨过程中的污染物截留也起到一定作用。整体绿化经过园林设计，结合具体地势及河道走向使整体形成人水和谐的生态效应。

图 10-19 闻一多广场周边改造工程实施成果图

图 10-20 闻一多广场西侧河道的改造——雨后河道局部图

图 10-21 闻一多广场西侧河道的改造——雨后河道整体图

（2）河道治理改造工程

小岭河塘坝下游河道位于教学楼的西侧，其下游与天工湖相接，地势较为低洼，在夏季多雨期河道汇水经过塘坝溢流，较高速的水流经过消力池进入河道。因此，对河道的改造，一方面应充分考虑水流的冲刷，另一方面应考虑对河道生态环境的改善。对河道的改造措施主要包括对河岸进行绿色植被的覆盖，交叉种植不同种类的草本、木本植物，对河道的固土防冲刷起到一定作用，防止落石和松土造成河道的淤积。在河道下游设置拦河坎，如图 10-22（b）所示，较高速的水流通过拦河坎，得到消能，流速进一步减小，可以起到防止与天工湖相接的河道较软弱的表层土受到冲刷而引起的湖底淤泥的淤积，与此同时在河道上形成较宽阔的水面，与河岸边及河道内栽植的花草树木融为一体，进一步加强了绿色校园、生态校园的建设（图 10-23、图 10-24）。

(a)　　(b)

图 10-22　小岭河塘坝下游河道治理效果图

(a)　　(b)

图 10-23　河道内部拦河坎改造图（1）

河道为扳倒井渗漏区恢复工程，部分流域位于蓄渗补给地下示范区、水源涵养示范区，对城区区域地下水补给作用明显，同时该河道为兴济河上游支流，两侧为山体，承担城市防洪安全的重要作用。山东大学校园内小岭河为扳倒井南支支流，全长 1000m。工程主要包括拦蓄水、景观绿化等。为满足小岭河蓄渗及防汛要求，将原状 6m 宽河道改为 10m，并将现状两处管涵改造为箱涵。因此通过拦河坎可以在保持河道水面景观的同时，蓄存的雨水将作为渗漏区补给的重要来源。

图 10-24　河道内部拦河坎改造图（2）

图 10-25　阶梯式河岸改造图

对河岸的改造主要侧重于岸坡的固土及景观，依据现有地势进行改造，其中：

① 水面植物的配置充分考虑水面的景观效果和水体周围的环境状况，对清澈明净的水面，或在岸边有园林建筑，或植有树姿优美、色彩艳丽的观赏树木时，水面植物不应过分拥挤，一般不超过水面面积的 1/3，以便人们观赏水面和水中优美的倒影。

② 河岸的坡脚处植物的配置，也就是靠近岸边可被水淹没的区域，此处种植湿生植物如美人蕉、芦苇、水生鸢尾、香蒲等。

③ 河岸的斜坡处植物的配置，由于此处受到稳定性的制约，不可种植根系较发达的大型乔木、灌木，主要以地被搭配小灌木为主。斜坡较窄的地段可用简单的柳树和香樟搭配一些小灌木如杜鹃花、海桐、黄杨等。斜坡相对较宽的地段植物配置突出一定的层次变化、色彩变化和季节变化等，选用的植物有棕榈、合欢、八角金盘等。草本多为耐湿的草，如沿阶草、狗牙根、马尼拉等。

④ 河岸的坡顶处植物的配置，一是林冠线即植物群落配置后的主体轮廓线，能使河岸景观带的立面富有层次感；二是透视线，植物的配置需要有疏有密，在景观处应疏种，留出透视视线，其次还应考虑坡顶的尺度，尺度较大的坡顶植物配置时一般采用大手法，即高大的树成片成带的栽植方式，个别地点则栽植特殊树种作为点缀式标志（图 10-25、图 10-26）。

图 10-26　蓄渗植草沟的效果图

（3）天工湖治理改造工程

天工湖作为山东大学兴隆山校区的重要湿地及校区主要河流小岭河汇水口，是本次海绵城市示范工程的重点改造区域，湿地植物和所有进行光合自养的有机体一样，具有分解和转化有机物和其他物质的能力。植物通过吸收同化作用，能直接从污水中吸收可利用的营养物质，如水体中的氮和磷等。其次，植物的根系能吸附和富集重金属或有毒、有害物质。

其中漂浮植物的种植，主要选择水葫芦、水芹菜、浮萍、豆瓣菜等。此类植物具有生命力强、对环境适应性好、根系发达、生育周期短等优点。

挺水草本植物的种植，主要选择芦苇、茭草、香蒲等。这些植物的共同特性在于适应能力强或为本土优势品种，根系发达，生长量大，营养生长与生殖生长并存，能于无土环境生长。

其他类型的植物，一些如水生景观植物由于长时间的人工选择，使其对污染环境的适应能力比较弱，也只能作为最后的强化稳定植物或湿地系统的景观植物而应用。其中垂柳可布置在道旁、水边等，耐水湿，也能生于干旱处（图 10-27）。

图 10-27　天工湖景观区的改造升级

（4）储水箱雨水收集设备工程

海绵城市 PE 储水箱雨水收集设备位于高架桥底部或是地势较低洼的雨水汇集处。雨水通过上部汇水进入连接管道并经过滤水模块过滤掉较大的漂浮物。过滤模块内部的过滤网为可拆装部分，可以反复清洗使用，超过储水箱存储能力的雨水可以通过溢流口自动溢出，流入周围绿地等，储水箱下部开有排水口，可以通过排水口直接利用经过粗滤的水浇灌景观树木以及将其用于消防用水等。塑料储水箱的原材料采用进口食品级 LLDPE 粉料，通过国际先进水平的滚塑成型工艺成型，具有一体成型、抗老化、抗冲击、耐腐蚀、寿命长等优点，并且通过加强设计（加强筋结构），提高了箱体的抗变形能力和承压能力。塑料储水箱主要应用于雨水收集系统，安装快捷、方便，可安装于高架桥下、建筑小区、市政道路绿化带等（图 10-28）。

图 10-28　海绵城市塑料储水箱雨水收集设备

（5）渗蓄植草沟工程

渗蓄植草沟设置为表层下凹的湿地，便于周围雨水的汇集。在沟底预埋雨水模块，模块周围包裹碎石，覆盖植土，种植草坪及各种适宜的水生植物，形成有植被覆盖的地表沟渠，可收集、蓄渗和输送径流雨水。图 10-29 为兴隆山校区校医院前绿地进行的蓄渗植草沟的改造施工图，在有效蓄积雨水并输送雨水的同时减少暴雨行洪给行人及行车带来的安全隐患，降低排水系统的输水压力。

图 10-29　渗蓄植草沟效果图及施工图

(6) 渗透铺装、植草砖改造

对兴隆山校区内路面进行改造，将普通道路改为渗透铺装，将停车广场改造为植草砖铺装，其中渗透铺装的构造组成依次为透水土工织物、开级配碎石底基层、承重层、透水垫层、透水防滑面层等。其具体结构及作用如下：①透水土工织物：防止水分作用下土基颗粒反渗入基层，影响透水效果；②开级配碎石底基层：提供较高的结构承载能力，强化土基强度，连接地基与透水层，透水能力强；③承重层：起到渗水、疏水、承重作用的同时，防止雨水向表面层回流；④透水垫层：分散面层压力，起到透水、永久支撑的作用；⑤透水防滑面层：由特殊高分子聚合物与级配砂砾混合构成，成型后强度高，防滑，具有高透水性能和良好的降噪吸振效果。图 10-30 为图书馆前广场透水铺装改造及透水砖使用前后对比。透水铺装具有以下优点：透水铺装能够使雨

图 10-30　渗透铺装、植草砖改造

水迅速渗入地表，还原成地下水，使地下水资源得到及时补充，保持土壤湿度，改善地表植物和土壤微生物的生存条件；雨天路面无积水，避免轮胎与路面的水膜的形成，缩短刹车距离，提高行车安全性；透水铺装具有较大的孔隙并与土壤相通，能积蓄较多的热量和水分，有利于调节城市的生态环境，缓解热岛效应；当集中降雨时，能够减轻排水设施的负担，防止城市内涝，避免对公共水域的二次污染。

（7）阶梯式雨水花园改造

雨水花园是自然形成的或人工挖掘的浅凹绿地，被用于汇聚并吸收来自屋顶或地面的雨水，通过植物、沙土的综合作用使雨水得到净化，并使之逐渐渗入土壤，涵养地下水，或使之补给景观用水、厕所用水等城市用水。雨水花园是一种生态可持续的雨洪控制与雨水利用设施。兴隆山校区图书馆前阶梯式雨水花园改造效果图如图 10-31 所示，图书馆楼顶汇集的部分雨水直接流入雨水花园。阶梯式雨水花园为逐阶依次下降，阶梯式的改造为依地势而建，整体上有更大的雨水承接存储空间，从屋顶汇集的雨水可以得到充分利用，同时不同的植被配比与梯形景观成为海绵校区的重要组成部分。

图 10-31　阶梯式雨水花园改造效果图

10.2　再生水利用

随着人口的增长与社会经济的发展，用水量和污水排放量日益增加，水资源短缺和环境污染形势日趋严重，已成为制约我国社会经济发展的“瓶颈”，是我国当前急需解决的重大问题之一。开发非常规水资源是解决以上问题的重要途径。2011 年，中央 1 号文件提出要把城市污水作为重要的非常规水资源之一。城市再生水利用已经成为缓解水资源紧缺和生态环境恶化问题的一个重要且行之有效的手段。

再生水是指对生活污水、工业废水进行适当处理并达到一定的水质标准后，在限定的范围内再次利用的水资源。和海水淡化、跨流域调水相比，再生水具有明显的优势。从经济的角度看，再生水的成本最低；从环保的角度看，污水再生利用有助于改善生态环境，实现水生态的良性循环。

许多发达国家很早就开展了再生水利用的研究和应用工作，并有效缓解了水资源的短缺问题。在一些严重缺水的国家，如以色列、新加坡等，再生水利用已经被人们普遍接受，成为水资源利用的常规途径，支撑着国家经济社会的发展。

10.2.1　再生水利用类型

1. 再生水水源

再生水水源应以生活污水为主，尽量减少工业废水所占的比例。因为生活污水水质稳定，有可预见性，而工业废水排放时污染集中，会冲击再生处理系统。

进入城市排水系统的城市污水，一般情况下可作为再生水水源，但其水质必须保证对后续再生利用不产生危害。

2. 城市污水再生利用

城市污水水量大，但只含有 0.1%左右的污染物质，因此城市污水被作为可靠的第二水源。

城市污水再生利用的可行性表现在以下几个方面：

(1) 城市污水量大、集中，不受气候等自然条件的影响，水质、水量变化幅度小，是较稳定的供水水源。

(2) 城市污水处理厂一般建在城市附近，与跨流域调水、远距离输水相比可大大节省取水、输水的基建投资和运行费用。

(3) 污水处理厂因增加深度处理单元而增加的投资少于新建水厂的投资，故可节省部分新建给水处理厂的费用。

(4) 城市污水处理后回用减少了污水排放量，从而可以减轻对水体的污染，促进生态环境的改善。

(5) 城市污水再生利用开辟了第二水源，减少了城市新鲜水的取用量，减轻城市供水不足的压力。

3. 再生水利用方式

再生水利用有直接利用和间接利用两种方式。直接利用是指由再生水厂通过输水管道直接将再生水送给用户使用；间接利用就是将再生水排入天然水体或回灌到地下含水层，从进入水体到被取出利用的时间内，在自然系统中经过稀释、过滤、挥发、氧化等过程获得进一步净化，然后再取出供不同地区用户在不同时期使用。

《城市污水再生利用　分类》(GB/T 18919—2002) 中规定了城市污水经再生处理后，可以用作工业用水，农、林、牧、渔业用水，城市杂用水，环境用水，补充水源水等，详见表 10-1。

表 10-1　城市污水再生利用类型

序号	分类	范围	示　　例
1	农、林、牧、渔业用水	农田灌溉	种籽与育种、粮食与饲料作物、经济作物
		造林育苗	种籽、苗木、苗圃、观赏植物
		畜牧养殖	畜牧、家畜、家禽
		水产养殖	淡水养殖

续表

序号	分类	范围	示　　例
2	城市杂用水	城市绿化	公共绿地、住宅小区绿化
		冲厕	厕所便器冲洗
		道路清扫	城市道路的冲洗及喷洒
		车辆冲洗	各种车辆冲洗
		建筑施工	施工场地清扫、浇洒、灰尘抑制、混凝土制备与养护、施工中的混凝土构件和建筑物冲洗
		消防	消火栓、消防水炮
3	工业用水	冷却用水	直流式、循环式
		洗涤用水	冲渣、冲灰、消烟除尘、清洗
		锅炉用水	中压、低压锅炉
		工艺用水	溶料、水浴、蒸煮、漂洗、水力开采、水力输送、增湿、稀释、搅拌、选矿、油田回注
		产品用水	浆料、化工制剂、涂料
4	环境用水	娱乐性景观环境用水	娱乐性景观河道、景观湖泊及水景
		观赏性景观环境用水	观赏性景观河道、景观湖泊及水景
		湿地环境用水	恢复自然湿地、营造人工湿地
5	补充水源水	补充地表水	河流、湖泊
		补充地下水	水源补给、防止海水入侵、防止地面沉降

10.2.2 再生水利用案例

10.2.2.1 小清河流域再生水利用工程方案

1. 源头

济南市作为小清河的源头，再生水排放量占总排放量的29.8%，出水水质全部执行一级排放标准。因此，治理思路为尽量满足景观用水需求、工业需求，其次排入小清河；同时自源头利用长江、黄河水等为小清河补源，缓解小清河水质恶化，以满足景观和通航要求。

流域年内降水量分配不均，主要集中在汛期6—9月，占全年降水量的72.9%。为缓解小清河支流非汛期河流断流，在支流上游兴建补源水库，非汛期均匀下泄，杜绝再生水在河道内恶化的现象。

2. 中游

考虑汛期河道防洪的需要，且此时自净能力较强，故汛期再生水回用以工业类回用为主。非汛期河道天然径流减少，再生水回用以拦蓄人工湿地净化后满足农业灌溉要求为主，不足部分由其他水源作为补充。

3. 下游

小清河下游干支流有较多的天然湖泊及涝洼地，《小清河生态环境综合治理规划方案》中进行了修复治理，恢复了水域的自净能力。小清河下游的再生水回用主要以湿地的用水和净化后再利用为主。

10.2.2.2　小清河流域再生水回用模式

小清河流域人口密集、工业发达、灌区较多，且不同河流均有其各自特点，因此，可根据不同的回用方式组合，以期达到最好的效果。

小清河流域共分为13个控制子单元，分别是：小清河干流济南市子单元、小清河干流滨州子单元、小清河干流淄博子单元、小清河干流东营子单元、漯河子单元、杏花河子单元、孝妇河子单元、猪龙河子单元、淄河子单元、织女河子单元、阳河（青州段）子单元、阳河（广饶段）子单元、张僧河子单元。各控制单元利用模式及水量统计见表10-2。

表10-2　小清河再生水循环利用工程模式及水量统计表

单元名称	治理模式	再生水总量（万t）
小清河干流济南市子单元	景观、工业回用、湿地	28683
小清河干流滨州子单元	农业回用、湿地	3635.5
小清河干流淄博子单元	工业回用、农业回用、湿地	8824.6
小清河干流东营子单元	农业回用、湿地	3406
漯河子单元	农业回用、湿地	2810.5
杏花河子单元	农业回用、湿地	5074.3
孝妇河子单元	补源、工业回用、农业回用、湿地	11152.1
猪龙河子单元	工业回用、农业回用、湿地	13870
淄河子单元	工业回用、农业回用、湿地	2445.5
织女河子单元	农业回用、湿地	1881.2
阳河（青州段）子单元	农业回用、湿地	2518.5
阳河（广饶段）子单元	农业回用、湿地	949
张僧河子单元	农业回用、湿地	4891

10.3　矿井水利用

10.3.1　矿井水的分类及水质特征

矿井水的形成一般是巷道揭露和采空区塌陷波及水源所致，其水源主要是大气降水、地表水、断层水、含水层水和采空区水。

按照对环境的影响以及作为生活饮用水水源的可行性，习惯上将矿井水按水质类型特征分为洁净矿井水、含悬浮物矿井水、高矿化度矿井水、酸性矿井水和含有毒有害元素矿井水5类。

（1）洁净矿井水。一般是指奥灰水（即含水层所含的水）、砂岩裂隙水、第四纪冲积层水及老窑积水等，主要分布在我国的东北、华北等地。此类矿井水水质好，pH值为中性，不含有毒、有害离子（或者其含量低于生活饮用水标准值），浊度低，有的还含有多种有益微量元素。通过井下单独布置管道将其排出，经过消毒处理后，即可作为生活饮用水。

（2）含悬浮物矿井水。此类水分布较广，全国大多数矿井排水均属此类型。悬浮物含量高主要是因为地下水受开采影响而带入煤尘和岩粉，除悬浮物和细菌外，此类矿井水其他物理化学指标都符合我国生活饮用水的卫生标准。此类矿井水经井下水仓初沉后，排至地面，采用常规水处理工艺，即可得到合乎标准的生活和生产用水。

（3）高矿化度矿井水。高矿化度矿井水，又称矿井苦咸水，指的是溶解性总固体高于1000mg/L的矿井水，其中往往还含有较高的悬浮物、细菌，感观性状指标一般不能达到生活饮用水水质标准。其矿化度大多在1500～4000mg/L，最高者达15000mg/L。高矿化度是地下水与煤系地层中碳酸盐类及硫酸盐类岩层接触，该类矿物溶解于水的结果，使矿井水中Ca^{2+}、Mg^{2+}、$CO_3{}^{2-}$、$HCO_3{}^{-}$、$SO_4{}^{2-}$等离子增多，高矿化度矿井水pH值一般呈中性。

（4）酸性矿井水。指pH值小于6.5的矿井水，多介于3.0和6.5之间，个别的小于3.0，总酸度高。酸性水的形成，主要源于煤中硫铁矿，历经化学氧化特别是生物催化氧化作用生成硫酸，当煤系矿物碱性不足以中和硫酸酸性时，形成酸性。酸性矿井水含$SO_4{}^{2-}$、Fe^{2+}、Fe^{3+}、Mn^{2+}及其他金属离子，其矿化度与硬度也因酸性作用而增高。此类水通常采用化学中和方法处理。中和药剂一般用价格低廉而来源广泛的石灰石、石灰、电石渣等，处理设备有中和反应池、中和滚筒和升流式膨胀中和塔等，为了除去Fe^{2+}和反应中产生的CO_2，充分中和酸性水，要增设曝气和沉淀处理工艺设备。

（5）含有毒有害元素矿井水。主要有含氟水，含铁、锰及某些重金属离子（如铜、锌、铅）水以及含放射性元素水。处理含微量元素矿井水，要有针对性地经过试验，合理选用水处理技术，例如氟可用活性氧化铝吸附去除或在电渗析法除盐的同时除氟，含铁、锰可采用曝气充氧和锰矿过滤去除。含放射性元素矿井水是由于煤系地层含有放射性物质溶入地下水而形成，因为含放射性物质的煤矿开采受严格限制，其排放的矿井排水也谈不上治理与利用。

实际上矿井水的水质往往是复合型的，有的矿井水含有10多项超过饮用水标准和工业用水标准的成分，给矿井水的资源化带来了一定的困难。

10.3.2 矿井水利用技术

地下开采的矿井，为了确保井下安全生产，必须排出大量的矿井水。矿井水是一种具有行业特点的污染水源，同时也是一种宝贵的水资源。大量未经处理的矿井水直接排放，不仅污染了环境，而且浪费了宝贵的矿井水资源。对矿井水进行处理并加以利用，不但可以防止水资源流失，避免对水环境造成污染，而且对于缓解矿区供水不足、改善矿区生态环境、最大限度地满足生产和生活需要具有重要意义。

目前大量的矿山排水要走“排供结合”、综合利用、废水资源化的途径。

所谓“排供结合”，是指将矿山排水净化处理后，用于城市供水或其他行业的供水，实现矿井排水资源化。一方面，随着矿山开采深度和面积的扩大，排水量也会逐渐增大；另一方面，随着社会经济的发展，对水的需求量也会越来越大，水资源短缺、排水与供水的矛盾将日益突出。如果从系统论的观点出发，全面考虑排水和供水的矛盾，把排水与供水作为水资源的一个整体统一考虑，综合利用矿坑水，不但可以降低矿山排水费用和采矿成本，缓和供水矛盾，实现矿坑水资源的可持续利用，而且对生态环境的保护也具有积极的作用。“排供结合”，一方面要考虑矿山排水的水量和水质，另一方面要考虑用水部门对水量和水质的要求，以便有针对性地选择矿坑水净化工艺。排供结合的主要途径有：

(1) 排水和农田灌溉相结合，如矿坑水中不含特殊有毒物质，常常不经处理或简单处理后即可作为农业供水水源。许多矿区排水在农灌季节大多用于农田灌溉。

(2) 排水和工业用水相结合，如作为工业用水，则必须按照工业企业的用水标准，对矿坑水进行必要的处理。有的矿山将矿坑水用于钢铁企业工业用水。

(3) 利用矿井水资源优势，处理后作为电厂的冷却用水。

(4) 排水和景观、绿化用水相结合，矿山排水经处理后用于人工河流、湖泊、喷泉等景观，以及园林绿化用水。

10.4　海水利用

一般海水中含水 96.5%、盐分 3.5%。淡化海水具有洁净、高纯度和供给稳定的特点，是安全可靠的高品位水源。海水利用主要包括三个主要部分：①海水直接利用是指以海水为原水直接替代淡水，主要是作为工业用水和大生活用水。其中，在工业用水方面主要是用于冷却水；在大生活用水方面主要用于冲厕用水、杂用水及海水灌溉等方面；此外，海水还被直接利用于海洋牧场，海水农业，海水加工海产品，除尘消尘，作印染用水、洗涤用水、锅炉补充用水以及软化水方面；②海水淡化是指利用海水脱盐生产淡水的技术和过程；③海水资源的综合利用，即从海水中提取化学元素、化学品及深加工等。海洋资源综合利用与海水淡化、海水直接利用相互结合，能够有效地降低总体成本，提高总体效益。

我国是海洋大国，拥有约 18000km 的海岸线，海洋面积约为 300 万 km^2，沿海城市数量占全国城市总数量的 46%，在海水利用方面具有较大的优势，当前在海水利用方面已形成一定的基础和规模。当前，我国的海水利用主要集中在人口众多、经济发达的东部沿海地区。例如，淡水资源严重缺乏的沿海城市青岛。

在海水直接利用方面，我国已有近 70 年的应用历史，青岛、大连、天津、上海、宁波、厦门、深圳等沿海城市的近百家单位均有利用海水作为工业冷却用水的实践。利用海水作为大生活用水（海水冲厕）代替城市生活用淡水，是节约水资源的一项重要措施。我国香港地区从 20 世纪 50 年代末开始通过立法的形式推广海水冲厕技术，现已形成了一套完整的处理系统和管理体系。此外我国的天津、青岛、大连也有部分小区采用海水冲厕。

10.5　空中水利用

10.5.1　空中水资源总量及特性

空中水资源主要是指大气中的含水量，包括气体状态的水（汽）和固态、液态的水（云）。全球大气中的总含水量约为 12900km^3，其中大约 80%集中在离地面 2km 的大气层内。据气象观测资料和卫星遥感观测数据推算，全球大气云中的含水量大约是 $90km^3$，与大气中气体状态的水量相比，“云水”仅占 0.7%。人类生存、社会发展、生态维持需要的水主要来自大气降水。据粗略估计，海洋每年的蒸发量为 $425000km^3$，直接在海洋上形成的降水为 $385000km^3$，约有 $41000km^3$ 降水在地上形成径流。

我国多年平均降水总量为 61889 亿 m^3。其中 90%由境外输入的水汽形成，10%由内部蒸发的水汽形成。据专家测算，我国大陆上空多年平均水汽总输入量为 182154 亿 m^3，总输出量为 158397 亿 m^3，净输入量为 23757 亿 m^3，水汽利用率（净输入量与总输入量之比）为 13%。其中南界净输入量最大，西界和北界亦为正输入，只有东界为净输出，且输出量为输入量的 2.5 倍。

空中水资源是以各种形态存在并不断地循环变化和发展的。据研究，要维持每年的降水量，大气中的水汽需每年补充约 45 次，即大气中的水分平均 8d 循环一次。蒸发到大气中的水分以水汽形态存在 8d、以云形态存在 1.8h、以雨滴或雪花形态存在 13min，最后降落到地面或海洋。

10.5.2 空中水资源开发利用的主要途径

开发利用空中水资源的主要途径是人工增雨。人工增雨的主要原理是利用自然云的微物理不稳定性，在适当的云雨条件下，选择适当的时机和部位，针对不同的云，采用相应的人工干预和催化技术，给水汽或小水滴施加外力，促进重力碰并过程的进行，改变云滴谱分布的均匀性，使它有能力去吸引另外一些水汽或者小水滴，逐渐聚成大水滴或者冰晶和雪晶，从而形成降水的过程。

人工增雨的催化剂通常分为三类。第一类是产生大量凝结核或凝华核的碘化银等成核剂。通常用装置在飞机机身两侧的喷管喷射出高温燃烧的碘化银，进入冷云以后，通过冷却凝集成大量极为细微的粒子，它们的晶体结构与自然冰晶非常相似，从而起到“冰核”的作用，形成许许多多小冰晶。第二类是可以使云中水分形成大量冰晶的干冰、液氮等制冷剂。干冰是固体二氧化碳，白色晶体，在 1 个大气压下，温度为−78.5℃，撒入云中会产生大量冰晶。第三类是吸附云中水分变成较大水滴的盐粒等吸湿剂。碘化银、干冰等适用于冷云（温度低于 0℃）作催化剂；盐粒等适用于暖云（温度高于 0℃）作催化剂。

人工增雨作业常用的主要设备有高炮、飞机、增雨火箭、气球、无线电控空仪、气象雷达、卫星接收系统等。

具体操作时是通过飞机向云体顶部播洒装有碘化银、干冰、液氮等催化剂的溶液，或用高炮、增雨火箭、气球等，将装有催化剂的炮弹等发射到云中，并在云体中爆炸，对局部范围内的空中云层进行催化，增加云中的冰晶，或使云中的冰晶和水滴增大从而形成降水的过程。值得指出的是，不同的云在不同地区、不同季节、不同的催化条件下有不同的特点，因而不是所有的云都可进行人工增雨。一般来说，低云族中的雨层云和层积云，或中云族中的高层云较为适宜；少云或者晴空条件下，就不能进行人工增雨。

开发利用空中水资源除上述用催化剂技术人工增雨外，还有其他一些增雨的方法，如“造雨机”和“水力喷水机组”等。

第 11 章　水资源配置工程及净水工艺

11.1　水资源配置工程案例

世界上许多国家在现代化进程中都面临着水资源短缺的困扰，这一问题在我国尤为凸显，由于我国水资源人均拥有量较少且空间分布极不均衡，所以，调引水工程是水资源优化配置的工程措施之一，水资源配置工程在水利工作中具有重要地位。

11.1.1　南水北调工程

我国水资源分布不均，南方河流水多，北方河流水少。全国河川年径流总量为 2.71 亿 m^3，长江流域及其以南河川径流量占全国的 80%，耕地不足全国的 40%，亩均水量为全国平均值的 1.5～2.5 倍。黄、淮、海三大流域的河川径流量不到全国的 6.5%，耕地却占全国的 40%，亩均水量仅为全国平均值的 10%～20%。黄、淮、海平原人口密集，经济发达而水资源短缺，制约着国民经济发展。长江流域水资源丰富，长江每年流入大海的淡水，平均为 9616 亿 m^3，枯水年也有 7610 亿 m^3，占我国河川径流量的 38%，是黄河水量的 20 倍。在合理开发利用水资源条件下，长江中下游有富裕水可以北调，以解决北方缺水问题。

水资源不同于一般的生产投入要素，其在一定条件下是不能被其他要素替代的，因此，要想解决我国北方地区水资源短缺的问题就需要依靠大型调水工程的介入，南水北调工程的实施将有利于缓解这一约束问题。整个工程分为东、中、西三线工程，其中，中线工程的供水范围和目标是解决北京、天津、河南和河北的城市和工业用水，兼顾农业和其他用水。工程建设不仅对解决北方受水地区工农业缺水、建立全国水资源合理配置格局起到作用，其全局性的深远影响还包括对国家经济的增长、地区产业结构调整、社会的公平、生态环境效益等方面，整个工程对于上述方面都会产生巨大的促进作用（图 11-1）。

11.1.1.1　南水北调东线工程

南水北调东线工程是南水北调工程的重要组成部分。1990 年提出的《南水北调东线工程修订规划报告》，确定了南水北调东线工程的总体布局，内容包括：供水范围及供水目标、水源条件、调水路线、调水量及其分配、调水工程规划、污水治理规划、工程投资估算以及工程管理等。

1. 供水范围及供水目标

供水范围是黄淮海平原东部和胶东地区，分为黄河以南、胶东地区和黄河以北三片。主要供水目标是解决调水线路沿线和胶东地区的城市及工业用水，改善淮北地区的农业供水条件，并在北方需要时提供生态和农业用水。

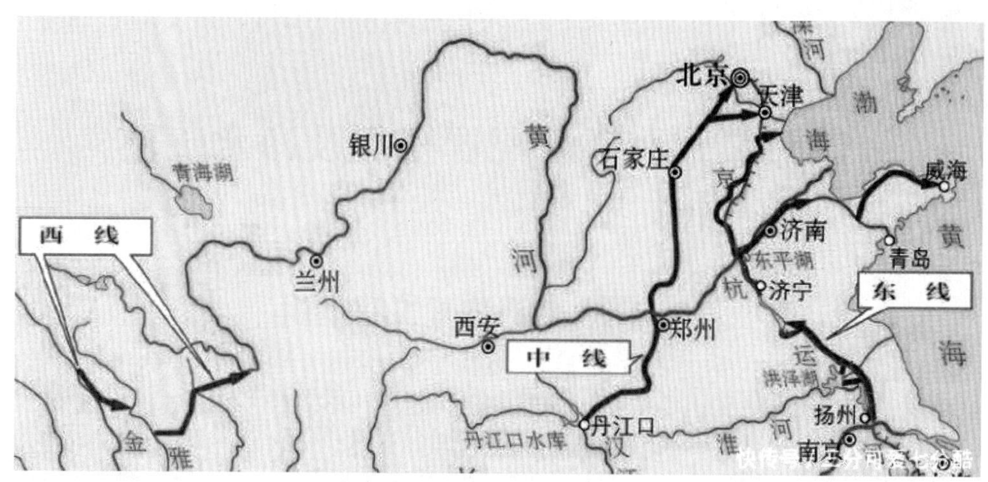

图 11-1 南水北调调水路线图

2. 水源条件

东线工程的主要水源是长江，水量丰沛，长江多年平均入海水量达 9000 亿 m^3，特枯年也有 6000 多亿 m^3，为东线工程提供了优越的水源条件。淮河和沂沭泗水系也是东线工程的水源之一。规划 2010 年和 2030 年水平多年平均来水量分别为 278.6 亿 m^3 和 254.5 亿 m^3。

3. 调水线路

东线工程利用江苏省境内的“江水北调工程”，扩大规模，向北延伸。规划从江苏省扬州附近的长江干流引水，利用京杭大运河以及与其平行的河道输水，连通洪泽湖、骆马湖、南四湖、东平湖，并作为调蓄水库，经泵站逐级提水进入东平湖后，分两路送水：一路向北穿黄河后自流到天津；另一路向东经新辟的胶东地区输水干线接引黄济青渠道，向胶东地区供水。从长江至东平湖设 13 个梯级抽水站，总扬程 65m。东线工程从长江引水，设有三江营和高港两个引水口门。三江营是主要引水口门；高港引水口门在冬春季节长江低潮位时，承担经三阳河向宝应站加压补水任务。从长江至洪泽湖，由三江营抽引江水，分运东和运西两线，分别利用里运河、三阳河、苏北灌溉总渠和淮河入江水道送水。洪泽湖至骆马湖，采用中运河和徐洪河双线输水。新开成子新河和利用两河从洪泽湖引水送入中运河。骆马湖至南四湖有三条输水线，即中运河—韩庄运河、中运河—不牢河和房亭河。南四湖内除利用湖西输水外，需在部分湖段开挖深槽，并在二级坝建泵站抽水入上级湖。南四湖以北至东平湖，利用梁济运河输水至邓楼，建泵站抽水入东平湖新湖区，沿柳长河输水送至八里湾，再由泵站抽水入东平湖老湖区。穿越黄河位置选在解山和位山之间，穿黄工程包括南岸输水渠、穿黄枢纽和北岸出口引黄渠 3 部分。穿黄隧洞设计流量 $200m^3/s$，需在黄河河底以下 70m 打通一条直径 9.3m 的倒虹隧洞。江水过黄河后，接小运河至临清，立交穿过卫运河，经临吴渠在吴桥城北入南运河送水到九宣闸，再由马厂减河送水到天津北大港。从长江到天津北大港水库输水主干线长约 1156km，其中黄河以南 646km，穿黄段 17km，黄河以北 493km。胶东地区输水干线工程西起东平湖，东至威海市米山水库，全长 701km。自西向东可分为西、中、东三段，西段即西水东调工程，中段利用引黄济青渠段，东段为引黄济青渠道以东至威海市米山水库。东线工程规划只包括兴建西段工程，即东平湖至引黄济青段 240km 河道，建成后与山东省胶东地区应急调水工程衔接，可替代部分引黄水量。

4. 调水量及其分配

（1）需调水量预测

根据东线工程供水范围内江苏省、山东省、河北省、天津市城市水资源规划成果和《海河流域水资源规划》、淮河流域有关规划，在考虑各项节水措施后，预测 2010 年水平供水范围需调水量为 45.57 亿 m^3，其中江苏 25.01 亿 m^3、安徽 3.07 亿 m^3、山东 16.99 亿 m^3；2030 年水平需调水量 93.18 亿 m^3，其中江苏 30.42 亿 m^3、安徽 5.42 亿 m^3、山东 37.34 亿 m^3、河北 10.0 亿 m^3、天津 10.0 亿 m^3。

（2）调水量规划

根据供水目标和预测的当地来水、需调水量，考虑各省市意见和东线治污进展，规划东线工程采取先通后畅、逐步扩大规模，分三期实施。

第一期工程：主要向江苏和山东两省供水。抽江流量 500m^3/s，多年平均抽江水量 89 亿 m^3，其中，新增抽水量 39 亿 m^3，过黄河 50m^3/s，向胶东地区供水 50m^3/s。

第二期工程：供水范围扩大至河北、天津。工程规模扩大到抽江流量 600m^3/s，过黄河 100m^3/s，到天津 50m^3/s，向胶东地区供水 50m^3/s。

第三期工程：增加北调水量，以满足供水范围内 2030 年水平国民经济发展对水的需求。工程规模扩大到抽江流量 800m^3/s，过黄河 200m^3/s，到天津 100m^3/s，向胶东地区供水 90m^3/s。

（3）调水量分配

第一期北调水量及分配：第一期工程多年平均（采用 1956 年 7 月—1998 年 6 月系列，下同）抽江水量 89.37 亿 m^3（比现状增抽江水 39.31 亿 m^3）；入南四湖下级湖水量为 31.17 亿 m^3，入南四湖上级湖水量为 19.64 亿 m^3；过黄河水量为 5.02 亿 m^3；到胶东地区水量为 8.76 亿 m^3。第一期工程多年平均毛增供水量 45.94 亿 m^3，其中增抽江水 39.31 亿 m^3，增加利用淮水 6.63 亿 m^3。扣除损失后的净增供水量为 39.32 亿 m^3，其中江苏 19.22 亿 m^3、安徽 3.29 亿 m^3、山东 16.81 亿 m^3。增供水量中非农业用水约占 68%。第一期工程完成后可满足受水区 2010 年水平的城镇需水要求。长江—洪泽湖段农业用水基本可以得到满足，其他各区农业供水保证率可达到 72%～81%，供水情况比现状有较大改善。

第二期北调水量及分配：第二期工程多年平均抽江水量达到 105.86 亿 m^3（比现状增抽江水 55.80 亿 m^3）；入南四湖下级湖水量为 47.18 亿 m^3，入南四湖上级湖水量为 35.10 亿 m^3；过黄河水量为 20.83 亿 m^3；到胶东地区水量为 8.76 亿 m^3。第二期工程多年平均毛增供水量 84.78 亿 m^3，其中增抽江水 55.80 亿 m^3，增加利用淮水 8.98 亿 m^3。扣除损失后的净增供水量为 54.41 亿 m^3，其中江苏 22.12 亿 m^3、安徽 3.43 亿 m^3、山东 16.86 亿 m^3、河北 7.00 亿 m^3、天津 5.00 亿 m^3。增供水量中非农业用水约占 71%。如北方需要，除上述供水量外，可向生态和农业供水 5 亿 m^3。第二期工程完成后可满足受水区 2010 年水平的城镇需水要求。长江—洪泽湖段农业用水基本可以得到满足，其他各区农业供水保证率可达到 76%～86%，供水情况比现状均有显著改善。

第三期北调水量及分配：第三期工程多年平均抽江水量达到148.17亿m^3（比现状增抽江水92.64亿m^3）；入南四湖下级湖水量为78.55亿m^3，入南四湖上级湖水量为66.12亿m^3；过黄河水量为37.68亿m^3；到胶东地区水量为21.29亿m^3。多年平均毛增供水量106.21亿m^3，其中增抽江水92.64亿m^3，增加利用淮水13.57亿m^3。扣除损失后的净增供水量为90.70亿m^3，其中江苏28.20亿m^3、安徽5.25亿m^3、山东37.25亿m^3、河北10.00亿m^3、天津10.00亿m^3。增供水量中非农业用水约占86%。如北方需要，除上述供水量外，可向生态和农业供水12亿m^3。第三期工程完成后可基本满足受水区2030年水平的用水需求。城镇需水可完全满足，除特枯年份外，也能满足区内苏、皖两省的农业用水。

5. 调水工程规划

东线工程主要利用京杭运河及淮河、海河流域现有河道、湖泊和建筑物，并密切结合防洪、除涝和航运等综合利用的要求进行布局。在现有工程基础上，拓浚河湖、增建泵站，分三期实施，逐步扩大调水规模。

（1）第一期工程

黄河以南，以京杭运河为输水主干线，并利用三阳河、淮河入江水道、徐洪河等分送。在现有工程基础上扩挖三阳河和潼河、金宝航道、淮安四站输水河、骆马湖以北中运河、梁济运河和柳长河6段河道；疏浚南四湖；安排徐洪河、骆马湖以南中运河影响处理工程；对江都站上的高水河、韩庄运河局部进行整治；抬高洪泽湖、南四湖下级湖蓄水位，治理东平湖并利用其蓄水，共增加调节库容13.4亿m^3；新建宝应（大汕子）一站、淮安四站、淮阴三站、金湖北一站、蒋坝一站、泗阳三站、刘老涧及皂河二站、泰山洼一站、沙集二站、土山西站、刘山二站、解台二站、蔺家坝、台儿庄、万年闸、韩庄、二级坝、长沟、邓楼及八里湾等共21座泵站，增加抽水能力2750m^3/s，新增装机容量20.66万kW。更新改造江都站及现有淮安、泗阳、皂河、刘山、解台泵站。穿越黄河工程采用倒虹隧洞，结合东线第二期工程，打通一条洞径9.3m、输水能力200m^3/s的倒虹隧洞。黄河以北，修建胶东地区输水干线，开挖胶东地区输水干线西段240km河道；修建鲁北输水干线，自穿黄隧洞出口至德州，扩建小运河和七一河、六五河两段河道。第一期工程还包括里下河水源调整、泵站供电、通信、截污导流、水土保持、水情水质管理信息自动化以及水量水质调度监测设施和管理设施等专项。

（2）第二期工程

第二期工程增加向河北、天津供水，需在第一期工程基础上扩大北调规模，并将输水工程向北延伸至天津北大港水库。黄河以南，工程布置与第一期工程相同，再次扩挖三阳河和潼河、金宝航道、骆马湖以北中运河、梁济运河和柳长河5段河道；疏浚南四湖；抬高骆马湖蓄水位；新建宝应（大汕子）、金湖北、蒋坝、泰山洼二站、沙集三站、土山东站、刘山及解台三站、蔺家坝、二级坝、长沟、邓楼及八里湾二站等13座泵站，增加抽水能力1540m^3/s，新增装机容量12.05万kW。黄河以北，扩挖小运河、临吴渠、南运河、马厂减河4段输水干线和张千渠分干线。

（3）第三期工程

黄河以南，长江—洪泽湖区间增加运西输水线；洪泽湖—骆马湖区间增加成子新河输水线，扩挖中运河；骆马湖—下级湖区间增加房亭河输水线；继续扩挖骆马湖以北中运河、韩庄运河、梁济运河、柳长河；进一步疏浚南四湖；新建滨江站、杨庄站、金湖东站、蒋坝三站、泗阳西站、刘老涧及皂河三站、台儿庄、万年闸及韩庄二站、单集站、大庙站、蔺家坝二站、二级坝、长沟、邓楼及八里湾三站等 17 座泵站，增加抽水能力 $2907m^3/s$，新增装机容量 20.22 万 kW。扩大胶东地区输水干线西段 240km 河道。黄河以北扩挖小运河、临吴渠、南运河、马厂减河和七一河、六五河，增加征地及移民安置补偿投资约 24 亿元。

6. 污水治理规划

东线工程治污规划划分为输水干线规划区、山东天津用水保证规划区和河南安徽水质改善规划区。主要治污措施为城市污水处理厂建设、截污导流、工业结构调整、工业综合治理、流域综合整治工程 5 类项目。根据水质和水污染治理的现状，黄河以南以治为主，重点解决工业结构性污染和生活废水的处理，结合主体工程和现有河道的水利工程，有条件的地方实施截污导流和污水资源化，有效削减入河排污量，控制石油类和农业污染；黄河以北以截污导流为主，实施清污分流，形成清水廊道。

7. 调水东线工程的实施

2013 年 11 月 15 日，东线一期工程全面通水，以扬州江都为起点，利用京杭大运河及与其平行的河道输水，以洪泽湖、骆马湖、南四湖、东平湖为调蓄水库，经由 13 个梯级的泵站，如同传递接力棒般将滔滔江水向北输运，解决了苏北、鲁北、胶东地区的用水之急。南水北调东线山东境内工程线路如图 11-2 所示。

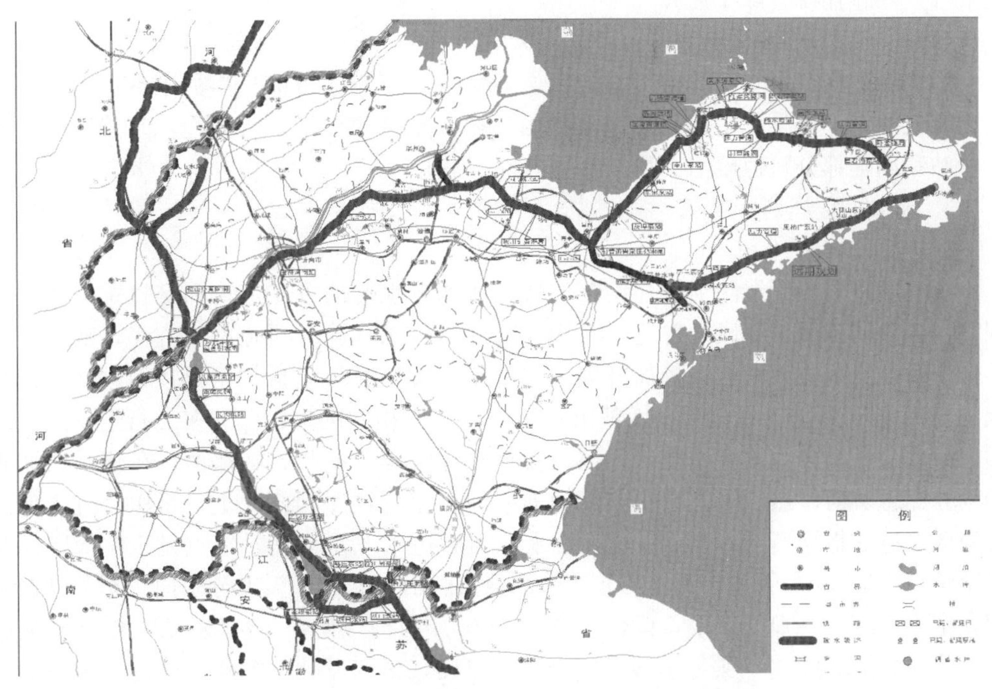

图 11-2　南水北调东线山东境内工程线路图

11.1.1.2 南水北调中线工程

近期从长江支流汉江上的丹江口水库引水，沿伏牛山和太行山山前平原开渠输水，终点北京。远景考虑从长江三峡水库或以下长江干流引水增加北调水量。中线工程具有水质好、覆盖面大、自流输水等优点，是解决华北水资源危机的一项重大基础设施。

1. 可调水量与供水范围

中线工程可调水量按丹江口水库后期规模完建，正常蓄水位 170m 条件下，考虑 2020 年发展水平，在汉江中下游适当做些补偿工程，保证调水区工农业发展、航运及环境用水后，多年平均可调出水量为 141.4 亿 m^3，一般枯水年（保证率 75%）可调出水量约 110 亿 m^3。供水范围主要是唐白河平原和黄淮海平原的西中部，供水区总面积约 15.5 万 km^2，因引汉水量有限，不能满足规划供水区内的需水要求，只能以供京、津、冀、豫、鄂 5 省（市）的城市生活和工业用水为主，兼顾部分地区农业及其他用水。

2. 水源区工程规划

南水北调中线主体工程由水源区工程和输水工程两大部分组成。水源区工程为丹江口水利枢纽续建和汉江中下游补偿工程，输水工程即引汉总干渠和天津干渠。

（1）丹江口水利枢纽续建工程

丹江口水库控制汉江 60%的流域面积，多年平均天然径流量 408.5 亿 m^3，考虑上游发展，预测 2020 年入库水量为 385.4 亿 m^3。丹江口水利枢纽在已建成初期规模的基础上，按原规划续建完成，坝顶高程从 162m 加高至 176.6m，设计蓄水位由 157m 提高到 170m，总库容达 290.5 亿 m^3，比初期增加库容 116 亿 m^3，增加有效调节库容 88 亿 m^3，增加防洪库容 33 亿 m^3。

（2）汉江中下游补偿工程

为免除近期调水对汉江中下游的工农业及航运等用水可能产生的不利影响，需兴建内容包括：干流渠化工程兴隆或碾盘山枢纽，东荆河引江补水工程，改建或扩建部分闸站和增建部分航道整治工程。

3. 输水工程规划

（1）总干渠

黄河以南总干渠线路受已建渠首位置、江淮分水岭的方城垭口和穿过黄河的范围限制，走向明确。黄河以北曾比较利用现有河道输水和新开渠道两类方案，从保证水质和全线自流两方面考虑选择新开渠道的高线方案。总干渠自陶岔渠首引水，沿已建成的 8km 渠道延伸，在伏牛山南麓山前岗垅与平原相间的地带，向东北行进，经南阳过白河后跨江淮分水岭方城垭口入淮河流域；经宝丰、禹州、新郑西，在郑州西北孤柏嘴处穿越黄河；然后沿太行山东麓山前平原、京广铁路西侧北上，至唐县进入低山丘陵区，过北拒马河进入北京市境，过永定河后进入北京市区，终点是玉渊潭。总干渠全长 1241.2km。天津干渠自河北省徐水县西黑山村北总干渠上分水向东至天津西河闸，全长 142km。总干渠渠首设计水位 147.2m. 黄河以南渠道纵坡 1/25000，黄河以北 1/30000～1/15000。渠道全线采用全断面衬砌，渠道设计水深随设计流量由南向北递减，由渠首 9.5m 到北京减为 3.5m，底宽由渠首 56m 到北京减为 7m。总干渠沟通长江、淮河、黄河、海河四大流域，需穿过黄河干流及其他小河流 219 条，跨越铁路

44 处，需建跨总干渠的公路桥 571 座。此外还有节制闸，分水、退水建筑物和隧洞、暗渠等，总干渠上各类建筑物共 936 座，其中最大的是穿黄工程。天津干渠穿越大小河流 48 条，有建筑物 119 座。

（2）穿黄工程

总干渠在黄河流域规划的桃花峪水库库区穿过黄河，穿黄工程规模大、问题复杂、投资多，是总干渠上最关键的建筑物。经多种方案综合研究比较认为，渡槽和隧道倒虹两种形式技术上均可行。为避免与黄河干扰，不与黄河规划矛盾，盾构法施工技术国内外都有成功经验可借鉴，因此结合两岸渠线布置，推荐采用孤柏嘴隧道方案。穿黄河隧道工程全长约 7.2km，设计输水能力 $500m^3/s$，采用 2 条内径 8.5m 圆形断面隧道。南水北调中线工程，是从黄河河底打隧道，穿过黄河，让长江水从黄河底下穿过黄河。穿黄工程担负着把湖北丹江口水库引出的水，通过位于黄河底 20 余米处的大型隧洞传输到北岸明渠中，经河南、河北引入京津。资料显示："穿黄"工程位于河南省郑州市以西约 30km 处，2 条隧洞是工程最重要的建筑物，每条隧洞长 3.45km，隧洞内径 7m，深达黄河河床底部 35～50m 处的砂层中，技术含量高、施工难度大。显然，穿黄工程是南水北调中线的"咽喉工程"，它的成功与否关系着整个南水北调工程的成败。

4. 调水工程的实施

2014 年 12 月 12 日下午 14 时 32 分，南水北调中线工程正式通水。截至 2018 年 12 月 12 日，南水北调东中线工程累计调水 222 亿 m^3，供水量持续快速增加，优化了我国水资源配置格局，有力支撑了受水区和水源区经济社会发展，促进了生态文明建设。

11.1.1.3　南水北调西线工程

早在 20 世纪 50 年代初，黄河水利委员会就组织考察队，勘测和规划从通天河调水入黄河的线路，这是我国第一次南水北调勘察。1958 年到 20 世纪 80 年代初，黄河水利委员会又组织多次西线调水勘察，涉及的调水河流有怒江、澜沧江、通天河、金沙江、雅砻江、大渡河等，勘察涉及国土范围 115 万 km^2。1987 年，根据国务院对南水北调西线工程提出的"由小到大、由近及远、由易到难"的总体布局思路，发展改革委决定在"七五""八五"期间开展南水北调西线工程超前期规划研究，论证从长江上游的通天河、雅砻江、大渡河调水入黄河上游的方案。1996 年，超前期规划研究工作终于结束。其间，大批水利专家共研究了 157 个方案。2001 年 5 月，水利部组织专家组审查通过了黄河水利委员会提出的《南水北调西线工程纲要及第一期工程规划》报告。报告的主要内容纳入《南水北调工程总体规划》后上报国务院。2002 年 12 月，国务院批复，原则上同意《南水北调工程总体规划》。推荐的南水北调西线工程分三期实施的调水方案，总调水量为 170 亿 m^3。

1. 供水目标

供水目标主要是解决青海、甘肃、宁夏、内蒙古、陕西、山西六省区黄河上中游地区和渭河关中平原缺水问题。结合兴建黄河干流上的骨干水利枢纽工程，还可向邻近黄河流域的甘肃河西走廊地区供水，必要时也可向黄河下游引水。

2. 调水路线及供水量

南水北调西线工程分期实施，由大渡河、雅砻江支流引水，逐步扩展到雅砻江干流和金沙江引水。第一期，由雅砻江支流达曲向黄河支流贾曲自流调水 40 亿 m^3；第二期，由雅砻江干流阿达向黄河支流贾曲自流调水 50 亿 m^3；第三期，由金沙江干流经雅砻江干流阿达向黄河支流贾曲自流调水 80 亿 m^3。

3. 调水工程规划

经综合比选，专家们推荐以长隧洞自流方案为主要引水方案。目前形成的方案由 6 座引水坝址和长隧洞组成。规划中的引水坝址位于大渡河的支流阿柯河、玛柯河、杜柯河、色曲和雅砻江支流泥曲、达曲，6 座大坝所在地分别为阿安、仁达、洛若、珠安达、贡杰、克柯、若曲。工程区主要位于四川省甘孜、色达、壤塘、阿坝县境内，以及青海省的班玛县境内。黄河与长江之间有巴颜喀拉山阻隔，黄河水系河底高于长江水系的河底 80～450m，必须修建高坝壅高水位，并开挖隧洞打通巴颜喀拉山才能将长江水引入黄河。南水北调西线工程推荐的长引水隧洞自流调水方案，调水工程由 6 座高坝和 7 条引水隧洞组成。引水隧洞的总长度在 100km 以上，最长的隧洞达到 26km。引水坝址位置海拔在 3500m 左右。输水工程采用隧洞，是为了适应青藏高原寒冷缺氧、人烟稀少的特点。

4. 南水北调西线工程存在的问题

从全局和长远角度看，西线调水是需要的，但南水北调西线工程的难度和投资远较东、中线大，涉及的技术、生态、环境和社会等问题也远较东、中线复杂。南水北调西线工程问题日益引起有关地区和社会各界的关注，不少人对西线方案提出质疑，致使南水北调西线工程推迟实施。南水北调西线工程存在的主要问题有：

(1) 现在提出的南水北调西线调水方案，实际上是“蜀水北调”，调水影响的区域主要是四川省。西线一期工程调水 40 亿 m^3，雅砻江、大渡河各引水枢纽的调水比为 60%～70%，坝址下游大支流汇入前的河段水量减少较多。只要在枯水期向下游放一定流量，对下游两岸地区生产和生活不会产生大的影响；但西线一期工程引水坝址以下河流已建电站 55 座，规模大的有龚嘴、铜街子、二滩、长江三峡、葛洲坝 5 座水电站，这 5 座水电站的年发电量将减少 13.7 亿 kW·h。

(2) 黄河与长江之间有巴颜喀拉山阻隔，黄河河床高于长江相应河床 80～450m。调水工程需筑高坝壅水或用泵站提水，并开挖长隧洞穿过巴颜喀拉山。引水方式采取自流，需要修建高 200m 左右的高坝和开挖 100km 以上的长隧洞，引水隧洞几乎都是在崇山峻岭中进行，其中最长的一个隧洞长达 26km。这里又是我国地质构造最复杂的地区之一，在此高寒地区建造 200m 左右的高坝和开凿埋深数百米、长达 100km 以上的长隧洞，工程技术复杂，施工困难。

目前南水北调西线工程还没有实施。

11.1.2 “红旗河”西部调水工程设想

我国西北的生态问题，是我国最大的生态问题。西北干旱缺水的生态环境，导致地区发展严重不平衡，严重制约了我国的可持续发展能力。

经过艰苦的探索研究，西线调水工程再一次有了全新的思路和方案：红旗河工程。由 6 位院士、12 个研究院所共同研究支持的红旗河工程，大胆而巧妙地绕过了莽莽高原、生态脆弱区域：先从雅鲁藏布江出发，进入怒江，再借助隧洞进入澜沧江，然后是金沙江、雅砻江、大渡河、岷江、渭河、大渡河，最后进入新疆，最远能延伸到吐哈盆地、和田、喀什……。这条“红旗河”将雅鲁藏布江、怒江、澜沧江、金沙江、雅砻江、大渡河、岷江、渭河、黄河（刘家峡水库）联系起来，逐级借补、全线自流，形成了统一的大水网，辐射影响全国 70%以上的国土面积，将西南地区丰沛的水源送到中国最干旱的的西北地域，包括哈密、和田、喀什、库尔勒、延安等地，线路全程长 6188km，预计年调水量可达 600 亿 m^3。这将有效解决西北、华北地区的干旱问题，一举改变中国的生态格局。

11.1.3　珠江三角洲水资源配置工程

东江是珠江流域三大水系之一，是广州东部、深圳、河源、惠州、东莞及香港特别行政区等地近 4000 万人的生产生活主要水源，支撑粤港澳大湾区的繁荣稳定和可持续发展。东江水以占全省 18%的水资源总量，支撑着 28%人口的用水和 48%的 GDP。专家指出，东江在为广东，特别是粤港澳大湾区经济社会发展做出重要贡献的同时，也让自身不堪重负。目前，东江水资源开发利用率达 38.3%，逼近国际公认的 40%警戒线。由于东江水资源的开发利用强度大，导致东江各种问题日益突出。枯水期流量锐减、咸潮上溯、生态恶化，严重影响流域供水安全和生态安全。

在珠三角西岸，GDP 占比小、拥有流量排全国第二的西江，其水资源开发利用程度只有 1.2%左右，水资源丰沛。如何破解水资源分布与生产力布局不匹配，实现水资源空间均衡，更好地为粤港澳大湾区建设提供安全可靠的水资源保障，是亟须研究解决的重大问题。西江水量是东江的近 10 倍，且开发利用程度相对较低，因此从西江调水，是解决粤港澳大湾区东部资源性缺水的最佳途径。

珠江三角洲水资源配置工程是目前世界上输水压力最高和盾构隧洞最长的调水工程，是提升粤港澳大湾区水安全保障的战略性工程。该工程输水线路穿越珠三角核心城市群，为了实现“少征地、少拆迁、少扰民”的目标，打造新时代生态智慧水利工程，该工程采用深埋盾构的方式，在纵深 40～60m 的地下建造。输水线路全长 113km，总投资约 354 亿元，工程设计多年平均供水量为 17.08 亿 m^3，受水区人口近 3000 万。它将有效解决广州、深圳、东莞生活生产缺水问题，并为香港等地提供应急备用水源，切实为粤港澳大湾区的建设发展提供重要的战略支撑。2019 年 2 月 3 日，工程初步设计获水利部批复，目前，该工程已开工建设（图 11-3)。

11.1.4　山东省胶东地区引黄调水工程

山东省胶东地区引黄调水工程，是南水北调东线工程中山东“T”字形调水大动脉的重要组成部分，是实现全省水资源优化配置、缓解胶东地区水资源供需矛盾、改善当地生态环境的重要水利基础设施。

本工程建设的主要任务是工程建设达到规范、设计和使用要求，为青岛、烟台、威海等胶东地区重点城市调引黄河水、长江水创造条件，以保证该地区社会经济的可持续发展。

胶东调水工程的等别为Ⅰ等，主要建筑物为 1 级，次要建筑物为 3 级。

胶东调水工程自滨州打渔张引黄闸引取黄河水，经沉沙池沉沙后，利用现有的引

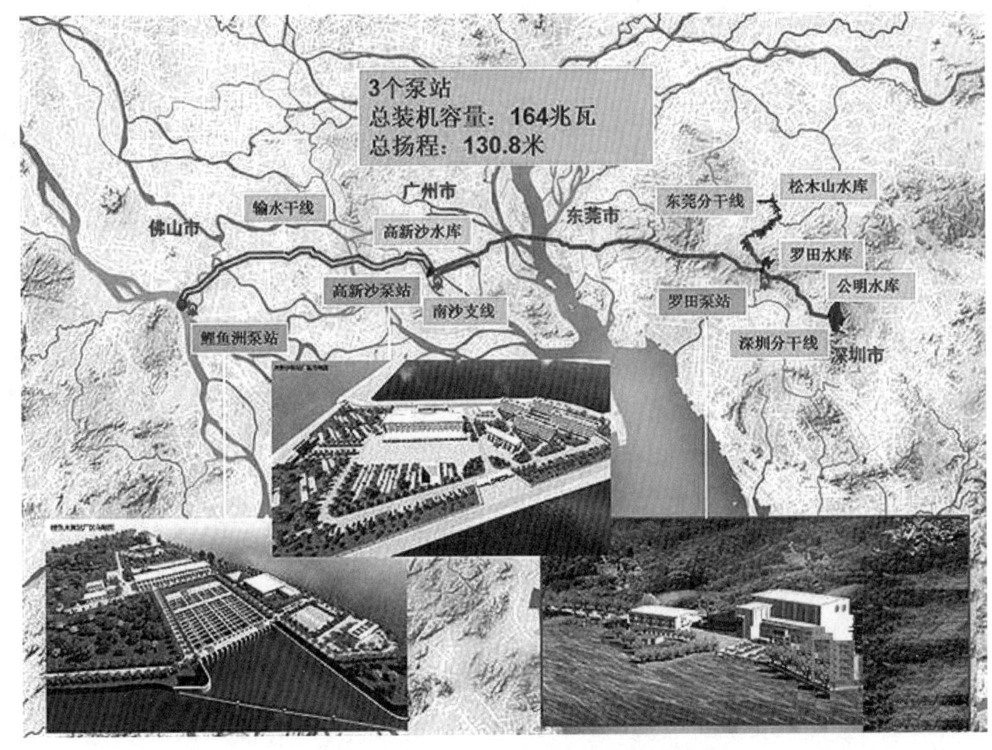

图 11-3　珠江三角洲水资源配置工程示意图

黄济青工程输水至昌邑市宋庄镇，在该镇引黄济青输水河左岸新建宋庄分水闸分水，沿莱州湾新辟输水明渠至龙口市黄水河泵站，利用压力管道、隧洞及村里暗渠输水至烟台市门楼水库，烟台市需调水量直接入门楼水库，威海需调水量由高疃泵站加压后经压力管道、隧洞输水至威海市米山水库（图 11-4）。

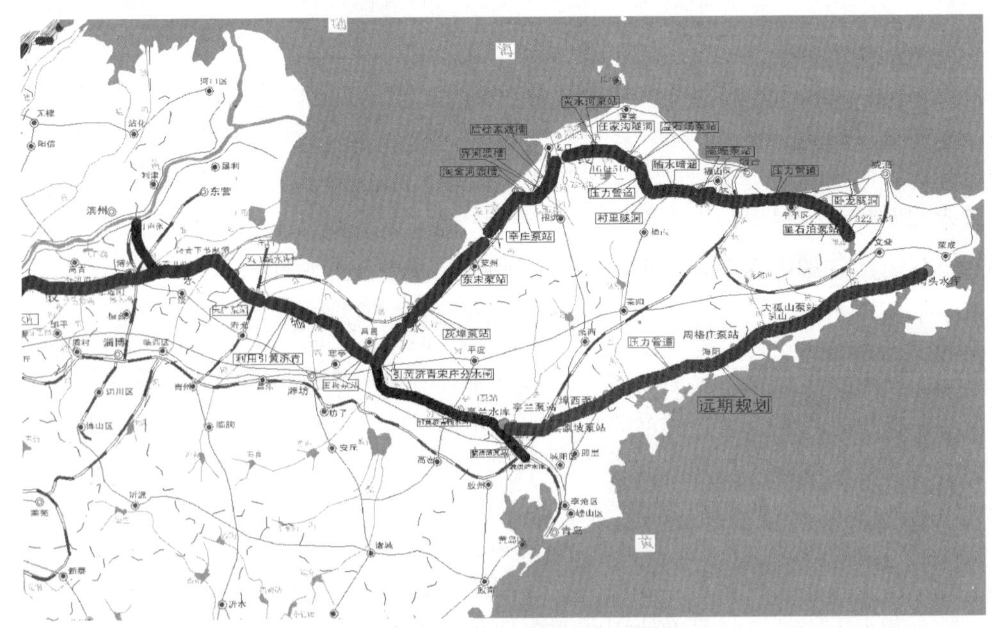

图 11-4　胶东调水工程总体布置图

该工程的建设规模为宋庄分水闸—黄水河泵站段输水明渠工程设计流量 22.0～12.6m³/s，校核流量 29.0～16.4m³/s；黄水河泵站—高疃泵站段输水管道、暗渠与隧洞工程设计流量 12.6～10.5m³/s，校核流量 16.4～13.7m³/s；高疃泵站—威海米山水库段输水管道与隧洞工程设计流量 5.5～4.8m³/s，校核流量 7.2～6.2m³/s。

11.1.5　济南市五库连通工程

济南市五库连通工程指调引长江水和黄河水入卧虎山水库，进而与锦绣川水库一起两库联合向济南城区供水，除了原有向城市供水线路外，新建输水工程向兴隆、浆水泉和龙泉湖三座水库及兴济河、全福河、洪山溪、大辛河相应四条河道的生态供水，同时兼顾有关渗漏带的生态补水。工程示意图如图 11-5 所示，平面图如图 11-6 所示。

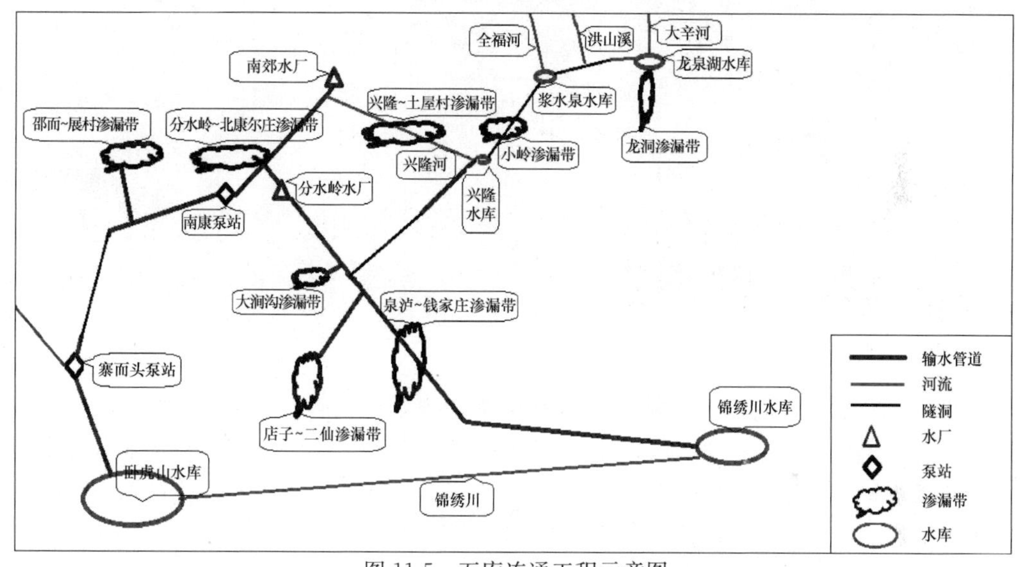

图 11-5　五库连通工程示意图

虽然锦绣川输水干渠、卧虎山水库输水干渠、南郊水厂、分水岭水厂早已存在并运行，但由于各输水工程、水源地之间没有连通，各水库供水区域单一，不能相互调节控制水流，特别是锦绣川供水片区，用水仅为当地地表水，水源单一。本工程的建设，将卧虎山水库地表水和黄河、长江水联合运用的方案扩大至锦绣川、卧虎山水库地表水与黄河、长江水联合运用，相应用水户也由卧虎山供水户扩大至锦绣川、卧水库用水户，在合理扩大水源调配区域、加强水源连通、提高各用水户的用水保证率基础上，更高效地发挥贾庄分水闸—卧虎山输水工程和卧虎山、锦绣川水库相关工程的效益，并为南郊水厂和分水岭水厂将来的扩容提供保障。

水库供水区域是经济社会发展最迅速的地区之一，有高新区、奥体中心、文博片区和南部山区旅游区等，众多的企业及新兴产业正在向这一带聚集，对生活用水及生态用水要求越来越高，特别是河道生态用水已经逐渐演变为一种城市名片。水库片区及下游河道多为季节性来水，枯水期无水源补充，河床裸露，生态景观效果差，与周边地区经济发展极不协调。工程建成后，可以向锦绣川、玉符河、兴济河、全福河、大辛河及沿途的小河流补水，同时保障兴隆水库、浆水泉水库、龙泉湖水库的生态用水，为济南市水生态文明城市的建设提供有力的保障。

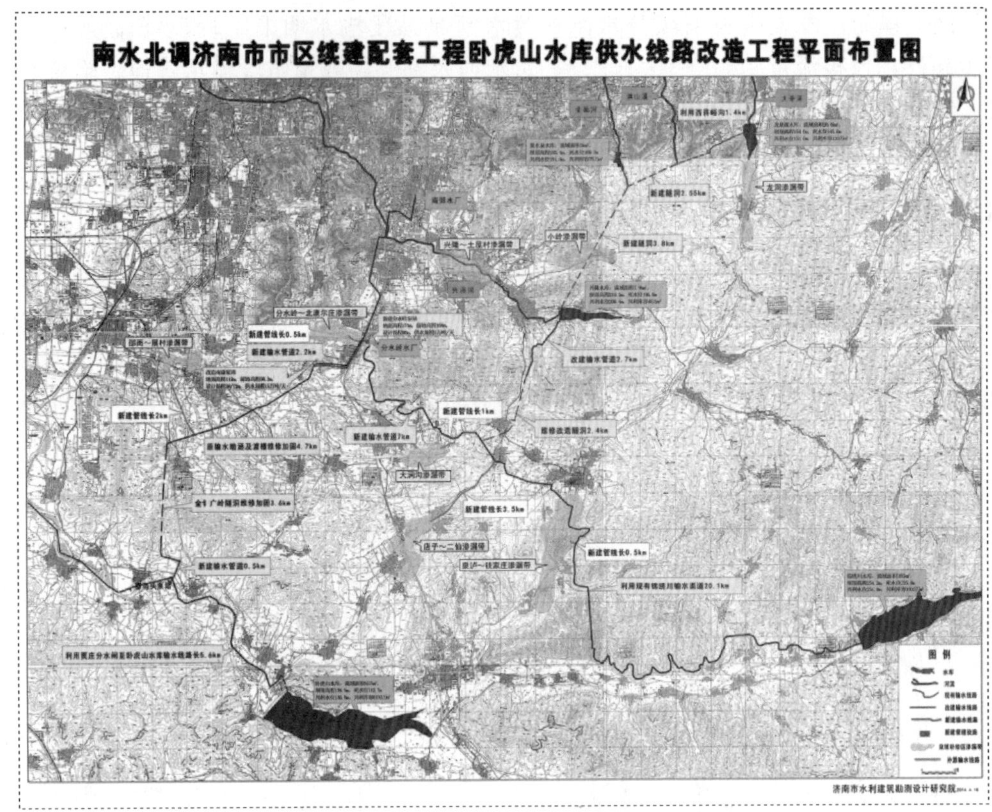

图 11-6　五库连通工程平面图

11.2　净水工艺

11.2.1　水厂工程

11.2.1.1　地表水水源水厂

开发地表水资源，除建造地表水取水构筑物（通常称为地表水水源地）外，还要建立地表水给水处理厂（以下简称地表水厂）和输配水系统。地表水厂是将原水（地表水）进行净化处理，以达到用户水质要求的工厂，它主要由泵房、化学试剂投加设备、水处理构筑物、储存成品水的清水池及化验室等建筑物所组成。其中，净水构筑物（包括水处理构筑物、清水池）是地表水厂的心脏。由于地表水源多含泥沙，一般浊度较高，且因暴露在地表环境中而易受人为污染，因此地表水厂设施远比地下水厂复杂。

1. 地表水水源水厂选址

地表水厂厂址选择必须全面规划，综合考虑，并通过勘察和技术经济比较，进行可行性论证后确定。在选择厂址时应考虑以下几个方面：①厂址应选择在工程地质条件较好的地方。一般选在地下水位较低、承载力较大、湿陷性等级不高、岩石较少的地层，以降低工程造价和便于施工。②水厂尽可能选在不受洪水威胁的地方，否则应考虑防洪措施。③水厂应少占农田或不占农田，并留有适当的发展余地。要考虑周围卫生条件和"生活饮用水卫生标准"中规定的卫生保护要求。④水厂应设置在交通方便、靠近电源的地方，以利于施工管理和降低输电线路的造价，并考虑沉淀排泥和滤泥冲洗排水方便。⑤当取水地点距离用水区较近时，水厂一般设置在取水构筑物附近，通常与取水构筑物建在一起。当取水地点距用水区较远时，厂址选择有两种方案，一种是将水厂设置在取水构筑物附近，另一种是将水厂设在离用水区较近的地方。前一种方案的主要优点是水厂和取水构筑物可集中管理，节省水厂自用水（如滤池冲洗和沉淀池排泥）的输水费用并便于沉淀池排泥和滤池冲洗水的排除，特别适宜浊度较高的水源。但从水厂至主要用水区的输水管道口往往要增大，管道承压较高，从而增加了输水管道的造价，特别是当城市用水量瞬时变化系数较大及输水管道较长时，需在主要用水区增设配水厂（消毒、调节和加压），净化后的水由水厂送至配水厂，再由配水厂送入管网。这样也增加了给水系统的设施和管理工作。后一种方案的优缺点与前者正相反。对于高浊度水源，可将预沉构筑物与取水构筑物建在一起，水厂其余部分设置在主要用水区附近。以上不同方案应综合考虑上述各因素并结合具体情况，通过技术经济比较确定。

2. 地表水源水厂的流程布置

水厂总体布置主要是将水厂内各项构筑物进行合理的组合和布置，以满足工艺流程、操作联系、生产管理和物料运输等方面的要求。布置的原则是流程合理、管理方便，并考虑日后发展，留有余地。

（1）地表水厂的组成

地表水厂通常由下列四个基本部分组成：

① 生产构筑物（包括处理构筑物、清水池、二级泵房、药剂间等）：直接与生产有关的构筑物，如预沉池、反应池、沉淀池、澄清池、滤池、清水池、冲洗设施、二级泵房、变配电室、投药间及排污房等。

② 辅助及附属建筑物（分生产性辅助建筑物和生活性辅助建筑物）：为生产服务所需要的建筑物，如化验室、检修车间、材料仓库、危险品仓库、值班宿舍、办公室、食堂、锅炉房、车库及浴室等。

③ 各类管道：净水构筑物间的生产管道（规模较大的水厂也可以采用渠道）、加药管道、水厂自用水管、排污管道、雨水管道、排洪沟（或渠）及电缆沟槽等。

④ 其他设施：厂区道路、绿化布置、照明、围墙及门房等。

（2）地表水厂流程布置的原则与要求

当水厂各构筑物和建筑物的个数、面积确定之后，根据工艺流程和构筑物及建筑物的功能要求，结合本厂地形和地质条件，进行平面布置。

处理构筑物一般均分散露天布置。北方寒冷地区需有采暖设备的，可采用室内集中布置。集中布置比较紧凑，占地少，便于管理和实现自动化操作；但结构复杂，管道立体交叉多，造价较高。

水厂平面布置，主要有各种构筑物的平面定位，各种管道、闸阀及管道节点的布置，排水管（渠）及窑井布置，道路、围墙、绿化及供电线路的布置等。

做水厂平面布置时，应考虑下述几点要求。

① 布置紧凑，以减少水厂占地面积和连接管（渠）的长度，并便于操作管理。沉淀池或澄清池应紧靠滤池，二级泵房尽量靠近清水池，但各构筑物之间应留出必要的施工间距和管（渠）道地点。

② 充分利用地形，力求挖填土方平衡，以减少填挖土方量和施工费用。例如沉淀池或澄清池应尽量布置在地势较高处，清水池尽量布置在地势较低处。

③ 各构筑物之间连接管（渠）应简单、短捷，尽量避免立体交叉，并考虑施工、检修方便。此外，应设置必要的超越管道，以便某一构筑物停产检修时，为保证必须供应的水量采取应急措施。

④ 沉淀池或澄清池排泥及滤池冲洗废水排除方便。力求重力排污，避免设置排污泵。

⑤ 厂区内应有管、配件等露天堆场，滤池附近应留有堆砂和翻砂场，锅炉房附近应有堆煤场。并考虑上述堆场运输方便。

⑥ 建筑物布置应注意朝向和风向，如加氯间和氯库应尽量设置在水厂主导风向的下风向，泵房其他建筑物尽量布置成南北向。

⑦ 有条件时（尤其大水厂）最好把生产区和生活区分开，尽量避免非生产人员在生产区通行和逗留，以确保生产安全。

⑧ 应考虑水厂扩建的可能，留有适当的扩建余地。对分期建造的工程，应考虑分期施工方便。

（3）水厂高程布置

在净水处理工艺流程中，各构筑物之间水流应为自流。两构筑物之间的水面高差即为流程中的水头损失，包括构筑物的本身、连接管道、计量设备等水头损失在内。水头损失应通过计算确定，并留有余地。处理构筑物中的水头损失与构筑物形式和构造有关，一般可参阅给排水设计手册经验数据或计算确定。

当各项水头损失确定之后，便可进行构筑物高程布置。构筑物高程布置与厂区地形、地质条件及所采用的构筑物形式有关。当地形有自然坡度时，有利于高程布置，当地形平坦时，高程布置中既要避免清水池埋入地下过深，又应避免反应沉淀池或澄清池在地面架高。上述两种情况均会增加构筑物的总造价，尤其当水文地质条件差、地下水位较高时。例如，当采用普通快滤池时，要考滤清水池地下埋深；当采用无阀滤池时，应考虑反应沉淀池或澄清池是否会在地上架高，这些问题在初步设计中选用构筑物形式时就应加以考虑。图 11-7 所示为地表水厂高程布置图。

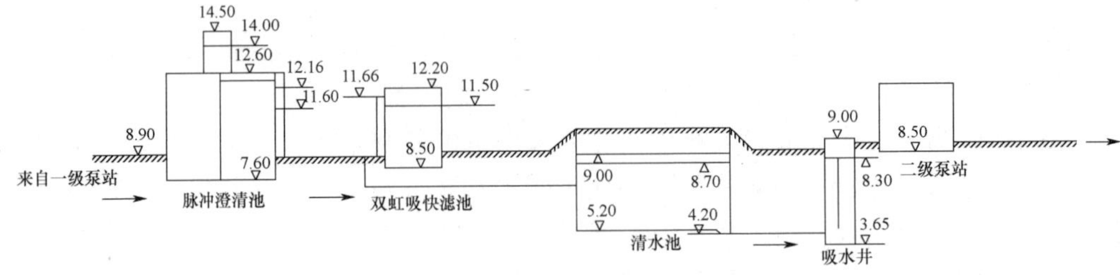

图 11-7　地表水厂高程布置图

3. 输配水系统

经净水处理后水质合格的水，怎样才能以要求的水量供应用户呢？这就要建立输配水系统。这个系统由水厂、泵站（加压送入输水管）到管网的输水管，分区给水（并联或串联分区给水）或用户供水系统（管网和管网内调节流量的构筑物，如水塔、水池、加压泵）等组成。

输水对输水管的要求是保证不间断输水。多数用户特别是工业企业不允许断水，甚至不允许减少水量，因此平行敷设两条输水管道或埋设一条输水管另建蓄水池。蓄水池容积应能保证输水管检修时不间断供水。一般来说，管线长、水压高、地形复杂、检修力量差、交通不便时，应采取较大的水池容积。只有在用水可以中断的情况下，才可敷设一条输水管。当设两条输水管时，尽可能采用相同的管径和材质，并在适当处用连通管连接，检修时只需关断损坏段，尽量减少断水造成的麻烦。输水管计算的任务是确定管径和水头损失。确定大型输水管管径时，应考虑到具体埋管条件、材质和形式、附属构筑物的数量和特点、输水管线等，还要进行经济分析，即通过技术经济比较后确定方案。

输水管的输水方式有加压输水和重力输水两种。加压输水是在水厂地形低于给水区时，需要建泵站加压输水，也可根据地形高差、管线长度和水管压力等具体情况，在中途设置加压泵站。重力输水是在水厂地形高于给水区时，可根据地形条件，采用重力管（渠）输水。实际情况往往是加压输水和重力输水结合采用者较多，因为有时虽然水厂地形低于给水区，但个别地段有条件也可借重力自流输水。已竣工的北京西郊东水西调供水工程就是加压输水和重力输水结合采用的城市给水系统。

输水管网上应安装附件和附属构筑物，以保证管网的正常工作。管网的附件有调节流量用阀门、给水用水龙头和消火栓，其他还有单向阀、安全阀等；附属构筑物有安装附件的阀门井、支墩和管线穿越障碍时的构筑物等。另外，选用不同材质的水管（金属管：铸铁管、铜管；非金属管：混凝土管、塑料管等）防腐（直埋的外腐蚀和内腐蚀）、结垢检漏、防堵以及水压和流量测定等管网技术管理工作是很重要的，在输水系统建立时都应有具体的考虑和提出解决对策。

在地形高差显著或给水面积宽广的城市管网，或远距离输水管，都有必要考虑分区给水。分区给水是将整个给水系统分成几个区，每区有泵站、管网等。区与区之间可有适当联系，以保证供水可靠和调度灵活。分区给水的技术依据是使管网的水压不超过水管能承受的压力，以及减少供水能耗费用。分区给水分为并联分区和串联分区，并联分区是由同一泵站内的低压和高压水泵分别供给低区和高区用水。大城市往往由于管网线路很长，水头损失过大，为提高边缘地区的水压，而在管网中间设加压泵站，这是串联分区的一种形式。

在分区给水中，为调节管网内流量，需根据情况建立水塔、水池构筑物，或建立用户加压泵。建于高地的水池其作用和水塔相同，既能调节流量，又可保证管网所需的水压。如城市附近缺乏高地，或因高地离给水地区太远，以致输水管很长而不经济时可建造水塔。

城市给水系统的布置原则同样适用于工业企业。但是工业给水还有它自身的特点：某些工业用水量虽大，但对水质要求不高，使用城市自来水颇不经济，或者限于城市给水系统的规模，不得不自建给水系统；有些工业用水量虽小，但水质要求远高于生活用水标准，也需要另建给水系统以进一步提高水质。工业生产用水大量使用冷却用水，冷却用水是低水质用水，与优质生活饮用水分质供水是节水并提高生产用水效益的途径，因此，建立分质供水系统已日益广泛。

11.2.1.2　地下水水源水厂

开发地下水资源，除建造地下水取水构筑物（如井群称为地下水水源地）外，还需建造地下水给水处理厂（以下简称地下水厂或自来水厂）和输配水系统。地下水厂是将地下水进行必要处理以达到生活饮用水水质卫生标准的供水厂。当以地下水作为水源时，由于水质较好，通常不需任何处理，仅经消毒即可。地下水厂最简单，仅当地下水含铁量等超过生活饮用水水质标准时，才需采取除铁等措施。多数情况下，水厂净水工艺流程的布置及设置远比地表水简单，而且地下水厂多建在地下水水源地中心地带或便于建立输配水系统的地区，造价也比较低。同时，由于地下水源分布广泛，在工业企业内部又可以开凿自备水源井，在厂矿企业单位内建立给水站和向用户供水的给水系统。

1. 集中开采地下水水源地与水厂选择

集中开采地下水水源地，是经过供水水文地质勘察，详细分析与对比取水条件而确定的。通常把水厂设在水源地中心位置，以便从四周取水构筑物（如管井）抽取的地下水集中到水厂进行净水处理。因此，集中开采地下水水源地与水厂定位的选择是至关重要的。对集中开采地下水水源地的确定通常应考虑如下几种地段：

（1）集中开采地下水水源地选择并设置在地表水附近地段。因为地表水是地下水的主要补给源，所以取水构筑物尽可能傍河布设，以取得河水诱导补给地下水的最佳成效。

（2）集中开采地下水水源地可选择设置在地下水集中径流排泄地段。所谓集中径流排泄地段，即岩石渗透性能较强及地下水径流条件较好的富水部位，能达到较好的取水效果。

（3）集中开采地下水水源地要选择在岩层透水性能良好地段。实践证明，要增加取水构筑物的出水能力，应将井（管井或大口井）、渗渠布置在透水性强和含水条件好的地段。如取岩溶裂隙水的集中开采地段应布置在岩溶地下暗河或岩溶裂隙发育地段。

（4）集中开采地下水水源地要选择在含水层厚度大的地段。因为含水层渗透性能强而又厚度大的地段，含水层具有较强的储存、调蓄功能，有条件以增加降深取得较大的水量。

（5）集中开采地下水水源地还要选择在远离污染源，不与其他已有水源争水，距离供水区近，不易被洪水淹没等有利地段。

当在集中开采地下水水源地中心或在供水区上游水源地建造水厂，设置净水工艺流程设施时，除按地表水水厂选址在工程地质条件、少占农田、便于进行卫生防护、不受洪水威胁、交通方便、靠近电源等有利方面的考虑外，还应注意水厂至供水区和用户距离最近、工程投资少。

2. 输配水系统

以地下水为水源的供水系统，出厂水的输配水同样要由泵站、输水管和分区给水或用户给水系统等组成。合乎《生活饮用水卫生标准》（GB 5749—2006）的地下水，可以在给水地区直接建立补压井，无须进厂净化而直接进入输配水系统，地下水水厂输配系统同地表水水厂输水系统大同小异。

3. 自备水源井（包括自备井群）供水的分散配套给水系统

当前，在厂矿、企事业单位建造自备水源井解决生活、生产用水者甚多，特别是城镇公共供水的集中自来水系统未能覆盖地区，直接开采就地地下水资源，建立起一套完整的以地下水为水源的小型给水系统。这种用管井等取水，在地下水水质符合生活饮用卫生标准时，可省去处理构筑物，从而使给水系统比较简化，如图 11-8 所示。

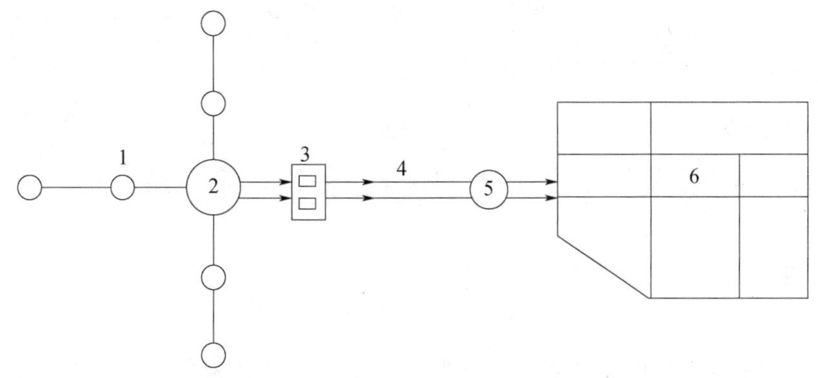

图 11-8　使用地下水源时的给水系统

1—管井群；2—集水池；3—泵站；4—输水管；5—水塔或加压泵站；6—管网

简化的自备水源井给水系统，由管井群（或单井）、集水池、泵站、输水管、水塔、管网等组成。为保证生活饮用水水质达到国家标准，可将漂白粉和水在投散箱内混合后经过承接漏斗注入水泵吸水管中，或原水在混凝时加氯，或在过滤后加氯，并于管网中途补充加氯（启动氯瓶出氯阀和加氯机控制调节加氯量），用于杀死细菌和氧化有机物，保持少量余氮（管网末梢 0.05～0.1mg/L），抑制水中细菌的再度繁殖，达到净化水标准后直接进入输水系统供用户使用。

自备水源井供水的分散配套给水系统，要保证水压、水量的要求，使供水不发生停断，通常因水源井地的地下水埋深等自然条件而采用水泵直接供水、压力罐式供水（常叫作无塔式自动供水）、水塔式供水、高位水池式供水。城镇乡镇企业供水也有采用自流式供水（利用地势条件，通过输水管将水从地势高处直接送往用户）等。近年来发展起来的恒压变频供水系统主要由变频调速器（晶体管变频调速器，配备有微型电脑）、恒压控制器、压力传感器组成。自备水源井用户配备恒压变频供水系统，不仅完全取代了水塔，而且能节电节水，自动控制，保障稳定供水，被越来越多的用户所采用。

11.2.2　净水工艺

11.2.2.1　地表水水源净水工艺

水厂中净水处理又称为给水处理，其目的在于去除原水中的悬浮物质、胶体物质、细菌及其他有害成分，使净化后的水质能满足生活饮用水或工业生产的需要。

常用的净水工艺有自然沉淀、混凝沉淀或澄清、气浮、氧化、过滤、吸附、消毒等。每项净水工艺，又有多种不同形式的净水构筑物。设计时应针对不同原水和用户对水质的不同要求，经过技术经济比较，选择一项或几项净水工艺及构筑物，做适当组合，以满足净水要求。

除以上常规工艺外，为进一步除去有些水中所具有的藻类，以及所含铁、锰、氟等溶解物质，还须采取除藻和除铁、锰、氟等特种水质处理工艺。

1. 地表水水厂净水工艺流程的选择

以地表水体作水源时，净水工艺流程通常包括混合、反应、混凝沉淀（或澄清）、过滤及消毒。其中混凝沉淀（或澄清）及过滤为水厂中主体构筑物，两者具备，习惯上称二次净化，工艺流程如图 11-9 所示。

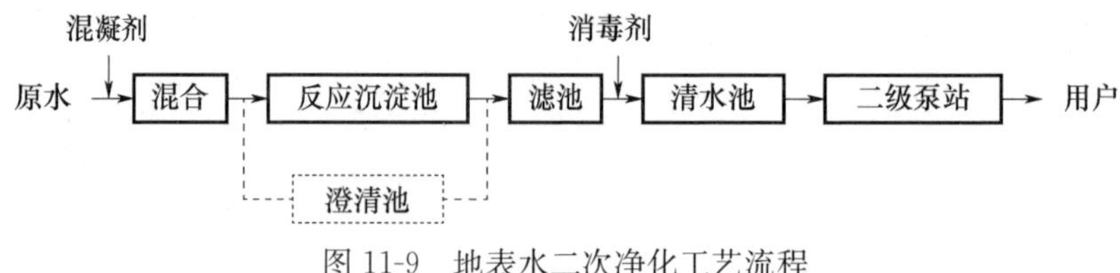

图 11-9　地表水二次净化工艺流程

当原水浊度低（一般在 150mg/L 以下），不受工业废水污染且水质变化不大时，可省略混凝沉淀（或澄清）构筑物，原水采用双层滤料接触滤池直接过滤，习惯上称一次净化，工艺流程如图 11-10 所示。

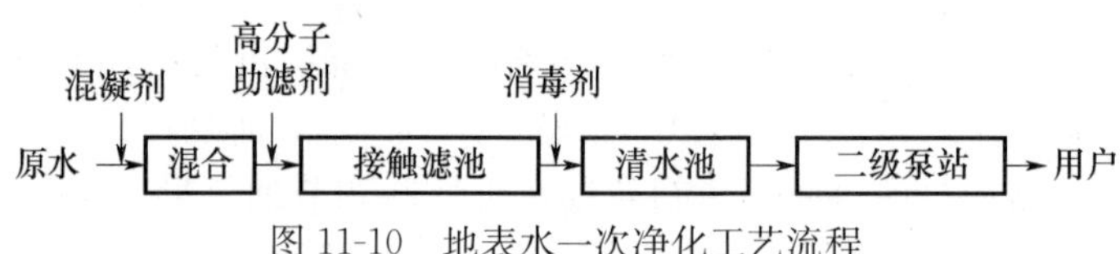

图 11-10　地表水一次净化工艺流程

当原水浊度高、含砂量大时，为了达到预期的混凝沉淀（或澄清）效果，减少混凝剂用量，应增设预沉池或沉沙池，工艺流程如图 11-11 所示。

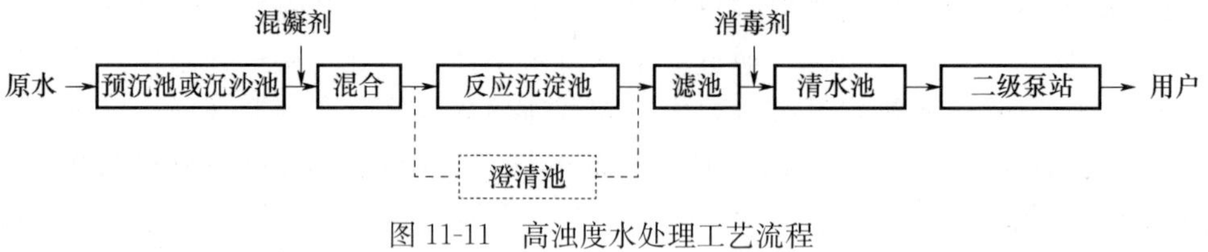

图 11-11　高浊度水处理工艺流程

2. 净水工艺

净水工艺是以地表水作生活饮用水源必须采取的程度不同的净化处理，以保证供水水质达到《生活饮用水卫生标准》（GB 5749—2006）的要求。其净化目的在于去除水中悬浮状和胶状体杂质，有碍感官和有害人体健康的溶解状物质，使水质达到饮用标准。显然，对常年暴露在露天的地表水来说，净水工艺更加复杂和重要。

净化水的常用方法和工艺流程是将取水水源经混凝→沉淀→过滤→消毒后输送到用户。具体处理方法和水处理设施的选择，应根据水源水质和用户对水质的要求确定，这里仅概略介绍为不同目的而采用的一些常用处理方法。

（1）澄清

澄清的处理对象主要是造成水浑浊的悬浮物及胶体杂质。处理方法主要有混凝、沉淀及过滤。原水投入药剂后，经过混合、反应（属混凝过程）使水中悬浮物及胶体杂质形成易于沉淀的大颗粒絮凝体而后通过沉淀池进行重力分离。澄清池是反应和沉淀综合于一体的构筑物。快滤池是利用具有孔隙的粒状滤料（如石英砂、无烟煤等）截留水中细小杂质的构筑物。它通常置于混凝、沉淀工艺之后，用以进一步降低水的浊度。当原水浊度较低时，投入药剂混凝后的水也不经混凝、沉淀而直接过滤。

① 混凝。混凝是水质净化工艺中十分重要的一环，也是处理地面水中悬浮物和胶体杂质的首道工序。混凝过程的完善程度对后续处理，如沉淀、过滤影响很大，混凝工艺的必要前提是投药（加混凝剂或助凝剂），结合原水水质选用性能良好的药剂，创造适宜的化学和水力条件，是强化混合与反应两个阶段快速进行的关键。常用的混凝剂有无机盐类，如铝盐（硫酸铝、明矾、铝酸钾等）、铁盐（三氯化铁、硫酸亚铁、硫酸铁等）、无机高分子混凝剂如聚合氯化铝，有高分子混凝剂（又称有机高分子絮凝剂）如聚丙烯酰胺；常用的助凝剂（辅助药剂）有加碱剂（石灰、$NaHCO_3$）、氧化剂（通常用氯气），常用的高分子助凝剂有聚丙烯酰胺、活化硅酸、骨胶、海藻酸钠以及刨花木、红花树等天然产物，甚至黏土和沉淀污泥都可以作为改善絮凝结构的助凝剂。

② 沉淀。依靠重力作用将水中固体颗粒从水中分离出来的过程称沉淀，按照水中固体颗粒的性质而有自然沉淀、混凝沉淀和化学沉淀三种。沉淀要有沉淀池，常采用的是平流式沉淀池（一般为矩形水池，上部为沉淀区，下部为存泥区，池前部有进水口，池后部有出水口）、多层多格沉淀池。沉淀池的表面积、容积、进排水管口径、排泥管口径都要根据日产水量大小进行具体的设计计算。经澄清后的清水在澄清池上部被收集。澄清池的类型很多，基本上可分为泥渣悬浮型澄清池和泥渣循环式澄清池两类。当前处理高浊度水时，常在平流式沉淀池或澄清池前建造辐射式沉淀池作为沉淀或澄清前的预沉池，联合运行后，不仅可以解决排泥问题，还可节省混凝剂量。

③ 过滤。在净水工艺中，过滤是以具有孔隙的粒状滤料层如石英砂、聚苯乙烯球粒等截留水中杂质从而使水获得澄清的工艺过程。也有采用硅藻土涂膜等过滤的。过滤池通常置于沉淀池或澄清池之后。当前国内外普遍采用双层及多层滤料滤池。滤池冲洗废水由排水槽和废水渠排出。不仅滤池个数及尺寸、廊道布置等要进行设计计算，对冲洗强度、历时、压力、冲洗管管径和冲洗水的供给都要具体确定。

混凝、沉淀和过滤在去除浑浊度的同时，对有机色度物质、细菌乃至病毒等的去除也相当有效，特别是过滤。

对高浊度的水源，通常用沉沙池或预沉池去除粒径较大的泥沙颗粒。预沉池可投加药剂也可不投加药剂。

（2）消毒与去除有害成分

消毒处理对象是水中致病微生物。通常在过滤以后进行。主要消毒方法是在水中加入氯气、漂白粉或其他消毒剂，杀灭致病微生物。也有采用臭氧或紫外线照射等方法进行消毒的。消毒是保证水质的最后一关。消毒方法包括物理法（加热、紫外线、超声波杀菌）和化学法两种。在各种消毒方法中，使用氯气消毒法最为普遍。

① 除臭、除味。去除臭和味的方法取决于水中臭味的来源。例如，水中有机物所产生的臭和味，可用活性炭吸附、投加氧化剂进行氧化或采用曝气法去除；因藻类繁殖而产生的臭和味，可在水中投入硫酸铜以去除藻类；因溶解盐而产生的臭和味，应采用除盐措施等。

② 除铁。处理对象是水中溶解的二价铁（Fe^{2+}）。除铁方法主要有天然锰砂接触氧化法和自然氧化法。前者通常设置曝气装置和银砂滤池，后者通常设置曝气装置、反应沉淀池和砂滤池。二价铁通过上述设备转变成三价铁沉淀物而被滤池所截留。

③ 软化。处理对象主要是水中钙、镁离子。软化水的方法有离子交换法和药剂软化法。前者在于使水中钙、镁离子与交换剂上的离子互相交换以达到去除的目的，后者是在水中投入药剂如石灰、苏打，以使钙、镁离子转变为沉淀物而从水中分离出去。

根据水质的不同和处理后的水质要求，上述各种处理可以单独使用，也可几种方法结合使用，以形成不同的处理系统。在给水处理中，通常都是数种方法结合使用。

对于净化后的地表水，要对原水水质进行定期监测，检查水质是否达到饮用水水质标准，严把给水质量关。通过随机监测出厂水浊度（<5 度）、余氯（>0.3mg/L），保证不合格的水不出厂。另外，对受污染或可能被污染的地表水，要视实际情况有选择地测定色度、嗅和味、耗氧量、氨氮、阴离子洗涤剂等的含量。

11.2.2.2 地下水水源净水工艺

同地表水水厂一样，地下水水厂一般采用混凝、沉淀、过滤和消毒的净水工艺。这里针对地下水赋存在地下岩层里，在地质构造、水与周围岩层的长期作用以及水环境遭受不同程度污染等，某些水源中铁、锰、氟、酚、氰、汞、砷、铬等元素含量偏高甚至超标，着重介绍对其进行特殊处理的主要工艺流程。

1. 含铁、含锰水净水工艺流程

当水中铁、锰含量超过《生活饮用水卫生标准》（GB 5749—2006）的规定或超过工业用水水质要求时，应对原水进行除铁、除锰处理。

在选择除铁、除锰净水工艺时，应掌握详细的水质分析资料，凡有条件的地方应先进行小型试验。

除铁、除锰净水工艺，可参见表 11-1 选择。

表 11-1　除铁、除锰净水工艺流程选择

	净水工艺流程		适用条件
生活用水或工业用水	Ⅰ	原水→曝气→混凝→过滤 ↑ 药剂	原水含铁、锰量均不很高的地下水，采用药剂氧化时
	Ⅱ	原水→曝气→混凝→沉淀→过滤 ↑ 药剂	地表水中含铁、锰，而又需同时除浊时
	Ⅲ	原水→澄清→过滤 ↑ 药剂	
	Ⅳ	原水→曝气→过滤	原水含铁、锰量高于标准不大时
	Ⅴ	原水→曝气→过滤→过滤	原水含铁量较高，含锰量不高时
	Ⅵ	原水→曝气→过滤→曝气→过滤	原水铁、锰含量均较高时
	Ⅶ	原子→离子交换	原水除需进行除铁、除锰，还需进行软化时

为了去除地下水中的铁质，一般采用氧化的方法（自然氧化除铁、锰砂除铁、氯化除铁、高锰酸盐除铁），即用氧化剂将水中的二价铁氧化成三价铁，从水中沉淀析出，达到除铁的目的。

2. 含氟水净水工艺流程

当原水的氟化物含量超过标准时，应对原水采取除氟措施。除氟的净水工艺流程参见表 11-2。

表 11-2　除氟净水工艺流程选择

	净水工艺流程		适用条件
生活用水	Ⅰ	原水→空气分离→吸附过滤	地下水含氟
	Ⅱ	原水→混凝→沉淀→过滤 ↑ 药剂	地下水或地表水含氟
	Ⅲ	原水→过滤→离子交换	地下水含氟
	Ⅳ	原水→过滤→电渗析	地下水含氟

为了去除地下水中过高的氟化物含量，一般采用活性氧化铝吸附过滤法、混凝沉淀法和电渗析法等。北京小汤山苗圃饮用地下水，自备井含氟量达 1.2～7.2mg/L，专对饮用水经混凝沉淀工艺处理，其混凝剂是碱式氯化铝，投加量按铝氟比为 10：1 控制，采用静置沉淀，沉淀时间为 2～4h，处理后水流入清水池，然后用泵抽至高水位池送至用户使用，效果较好。

3. 降低地下水的硬度

降低地下水的硬度，通常是指降低水中钙、镁离子的含量，使出厂硬度小于 25 德国度（把 10mg/LCaO 作为 1 德国度）。这就是说，必须对钙、镁离子含量高的原水进行软化处理，以满足生活饮用和工业用水的要求。目前水的软化处理方法主要有药剂软化法（石灰软化、石灰-苏打软化、石灰-石膏软化）、沉淀软化法和离子交换法等。水厂生产净水量比较大，尽可能以硬度低的水同硬度稍高的水掺和供水，以保证出厂水硬度不超标。有时为了确保出厂水硬度达到低于国家标准，可以采取将高硬度水井停开，加强调度，不断增加低硬度水的开采量等多方面措施去降低地下水硬度。

地下水水厂的布置类同于地表水厂，因为净水工艺简单，可以结合实际需要建造适宜地下水的净水构筑物、清水池、泵站、输水管道以及辅助建筑物。

11.2.2.3　山丘区地表水水源净水工艺

在山丘区，目前对于地表雨水的收集利用大多局限在农业灌溉方面，每年有大量降雨蒸发、渗漏及流入河道，而得不到合理有效的利用。随着我国城镇化进程的不断深入及农村居民生活水平的提高，山丘地区的需水量在逐步提高，同时对水的需求也变得越来越多样化。

天然降雨溶解了空气中的灰尘、细菌和化学物质，例如空气中常见的二氧化硫、硅酸盐颗粒等，降落地面后，地表径流冲刷下垫面会携带一定量的污染物，造成雨水存在一定程度的污染，尤其是初期的雨水污染比较严重，水质浑浊、色度大。在利用雨水时应考虑初期弃流的同时需要人为地采取水处理措施，对雨水进行不同程度的净化处理。

专利“一种山丘区生态型雨水分质集蓄系统及构建方法”即为克服上述现有技术的不足，提供一种清洁山丘区生态型雨水分质集蓄系统及方法，实现初期雨水弃流和对较清洁型雨水的逐层过滤、集蓄及利用，为山丘区特别是地质性缺水的山丘区的居民提供一种方便可行的用水途径。

该集蓄系统包括前置生态植草沟、初期雨水弃流装置、初步过滤集水一体化装置、若干与地表隔离并顺坡向依次降低的集蓄过滤池。其运行及构建方法如下：山丘地表雨水流经生态植草沟后进入初期雨水弃流装置，弃流装置蓄满后，后期的雨水径流在初步过滤集水一体化装置上蓄积，雨水经该装置初步过滤后汇到排水口，然后进入顺坡向依次降低的若干集蓄过滤池，经若干次集蓄过滤得到各级水质的可利用水，以便用户利用。该系统可利用地势实现无动力初期弃流、初步及深度过滤、集蓄及利用。

该发明的有益效果是：可利用地势实现无动力初期弃流，并通过结构设置实现地表的初步过滤，有效减小后期雨水过滤的负荷。该系统利用山丘区的地势，形成梯级连通平台，调蓄过滤过程零能耗，在达到滞洪效果的同时，大量清洁型雨水被蓄集，经过初步过滤集水一体化装置进入第一阶集蓄过滤池中储水室的水可用于灌溉花草、清洁环境等，第二阶集蓄过滤池中储水室的水可用于景观用水、洗车等，第三阶集蓄过滤池中储水室的水可以供家庭杂用水、卫生用水或某些乡镇企业用水，如进一步作为生活饮用水可通过深入采用吸附、消毒进行深度处理达到生活饮用水标准。位于地表以下，有效做到防止外界污染影响水体，同时上部覆盖植被层，生态环保。该发明可为山丘区城市（乡镇）小区公共及居民用水、广大农村，特别是年降雨量大于400mm但地质性缺水的山丘区提供一种方便可行的生态型雨水分质集蓄及用水途径。

初期弃流可见专利“一种可变初期雨水弃流控制系统、控制方法及构建方法”。该专利提供一种可变初期雨水弃流控制系统、控制方法及构建方法，控制系统包括气象接收系统、控制器和弃流装置。气象接收系统将接收的天气预报和实时的气象数据传输至所述控制器；控制器根据本次降雨与上次降雨的间隔天数、所述天气预报所获取的降雨强度、降雨初期污染物浓度变化情况和雨水径流过程中 t 时刻相应污染物浓度之间的相互关系，确定满足各所述相应污染物浓度要求的弃流时间点，并控制所述弃流装置在所述弃流时间点停止弃流，开始收集雨水径流。。

第 12 章　水资源保护

水是生命之源，是社会和经济发展最重要的自然资源，是实现可持续发展的重要物质基础。人类所能利用的水资源是有限的，有限的水资源还很容易被污染。因此人类必须倍加珍惜和保护这一有限的水资源。水资源保护，就是通过行政、法律、工程、经济等手段保护水资源的质量和供应，防止水污染、水源枯竭、水流阻塞和水土流失，以尽可能地满足经济社会可持续发展对水资源的需求。

12.1　水污染概念及特征

12.1.1　水污染概念

1. 水体

水体是水的集合体。根据《中国大百科全书》所述，水体是江、河、湖、海、地下水、冰川等的总称，是被水覆盖地段的自然综合体。它不仅包括水，还包括水中溶解物质、悬浮物、底泥、水生生物等。水体是地表水圈的重要组成部分，是以相对稳定的陆地为边界的天然水域，包括江、河、湖、海、冰川、积雪、水库、池塘等，也包括地下水和大气中的水气。水体是一个开放系统，在其形成和演变的过程中与外界发生着复杂的物质和能量的交换作用，不断改变自身的状态和环境特征。

2. 水体污染

当进入水体的污染物质超过了水体的环境容量或水体的自净能力，使水质变坏，从而破坏了水体的原有价值和作用的现象，称为水体污染。水体污染的原因有两类，一是自然的，二是人为的。特殊的地质条件使某种化学元素大量富集、天然植物在腐烂时产生某些有害物质、雨水降到地面后挟带各种物质流入水体等造成的水体污染，都属于自然污染。工业排放的废水、生活污水、农田排水、降雨淋洗大气中的污染物以及堆积在大地上的垃圾经降雨淋洗流入水体的污染物等是人为因素造成的。由于人为因素造成的水体污染占大多数，因此通常所说的水体污染主要是人为因素造成的污染情况。

依据《中华人民共和国水污染防治法》，水污染是指水体因某种物质的介入，而导致其化学、物理、生物或者放射性等方面特性的改变，从而影响水的有效利用，危害人体健康或者破坏生态环境，造成水质恶化的现象。

12.1.2　水体污染物来源及水污染分类

12.1.2.1　水体污染物的来源

人类活动的影响和参与，引起天然水体污染的物质来源，称为污染源。它包括向水体排放污染的场所、设备和装置等（通常也包括污染物进入水体的途径）。

一般来说，形成水体污染物的来源主要包括以下几个方面。

1. 工业废水

工业废水指的是工业企业排出的生产中使用过的废水，是水体产生污染的最主要的污染源。工业废水的量和成分是随着生产企业的性质而改变的。一般来说，工业废水种类繁多，成分复杂，毒性污染物最多，污染物浓度高，难以净化和处理。有的工业废水未经处理直接排向河渠、湖泊、海域或渗排进入地下水，且以集中方式排泄，为最主要的点污染源。

工业废水的性质往往因企业采用的工艺过程、原料、药制、生产用水的量和质等条件的不同而有很大的差异。根据污染物的性质，工业废水可分为：①含无机物废水，如采矿工业的尾矿水以及采煤炼焦工业的洗煤水等；②含有机物废水，如食品工业、石油化工工业、焦化工业、制革工业等排放的废水中含有碳水化合物、蛋白质、脂肪和酚、醇等耗氧有机物，炼油、焦化、煤气化、燃料工业等排放的含有多环芳烃和芳香胺的致癌有机物；③含有毒的化学物质废水，如电镀工业、冶金工业、化学工业等排放的废水中含有汞、镉、铅、砷等；④含病原体废水，如生物制品厂、制革厂、屠宰厂，特别是医院的废水中含有病毒、病菌和寄生虫等病原菌体；⑤含放射性物质废水，如原子能发电厂、放射性矿、核燃料加工厂排放的冷却水；⑥生产用冷却水，如热电厂、钢铁厂废水等。

2. 生活污水

生活污水是人们日常生活中产生的各种污水的总称，它包括由厨房、浴室、厕所等场所排出的污水和污物。其来源除家庭生活污水外，还有各种集体单位和公用事业等排出的污水。生活污水源主要来自城市，其中99%以上是水，固体物质不到1%，多为无毒的无机盐类〔如氯化物、硫酸盐、磷酸和 Na、K、Ca、Mg 等重碳酸盐〕、需氧有机物（如纤维素、淀粉、糖类、脂肪、蛋白质和尿素等）、各种微量金属（如 Zn、Cu、Cr 等）、病原菌微生物及各种洗涤剂。生活污水一般呈弱碱性，pH 值为 7.2～7.8。

3. 农业污水

农业污水包括农作物栽培、牲畜饲养、食品加工等过程排出的污水和液态废物等。在作物生长过程中喷洒的农药和化肥，含有氮、磷、钾和氨，只有少部分留在农作物上，绝大多数随着农业灌溉、排水过程及降雨径流冲刷进入地表径流和地下径流，造成水体的富营养化污染。除此之外，有些污染水体的农药的半衰期（指有机物分解过程中，浓度降至原有值的一半时所需要的时间）相当长，如长期滥用有机氯农药和有机汞农药，会污染地表水，使水生生物、鱼贝类有较高的农药残留，加上生物富集作用，如食用会危害人类的健康和生命。牲畜饲养场排出的废物是水体中生物需氧量和大肠杆菌污染的主要来源。农业污水是造成水体污染的面源，它面广、分散，难以收集，难以治理。

4. 大气降落物（降尘和降水）

大气中的污染物种类多，成分复杂，有水溶性和不溶性成分、无机物和有机物等，它们主要来自矿物燃烧和工业生产时产生的二氧化硫、氮氧化物以及生产过程中排出的有害、有毒气体和粉尘等物质，是水体面源污染的重要来源之一。这种污染物质可以自然降落或在降水过程中溶于水中被降水挟带至地面水体内，造成水体污染。例如，酸雨及其对地水体的酸化等。

5. 工业废渣和城市垃圾

随着工业的发展，工业生产过程中所产生的固体废弃物日益增多，其中冶金、煤炭、火力发电等工业排放量大。城市垃圾包括居民的生活垃圾、商业垃圾和市政建设、管理产生的垃圾。这些工业废渣和城市垃圾中含有大量的可溶性物质或在自然风化中分解出许多有害的物质，并大量滋生病原菌和有害微生物，大多数未经处理就堆在河滩、湖边、海滨或直接倾倒在水中，水流冲洗或随城市暴雨径流汇集进入水体，造成水体污染。

6. 其他污染源

油轮漏油或者发生事故（或突发性事件）引起石油对海洋的污染，因油膜覆盖水面使水生生物大量死亡，死亡的残体分解可造成水体再次污染等。

12.1.2.2　水污染的分类

1. 按照污染物的性质分类

水污染可分为化学型污染、物理型污染和生物型污染三种主要类型。化学型污染是指随水及其他废弃物排入水体的酸、碱、有机污染物和无机污染物造成的水体污染。物理型污染包括色度和浊度物质污染、悬浮固体污染、热污染和放射性污染。色度和浊度物质来源于植物的叶、根、腐殖质、可溶性矿物质、泥沙及有色废水等；悬浮固体污染是生活污水、垃圾和一些工农业生产排放的废物泄入水体或农田水土流失引起的；热污染是将高于常温的废水、冷却水排入水体造成的；放射性污染是开采、使用放射性物质，进行核试验等过程中产生的废水、沉降物泄入水体造成的。生物型污染是将生活污水、医院污水等排入水体，随之引入某些病原微生物造成的。

2. 按照污染源的分布状况分类

水污染可分为点源污染和非点源污染。点源污染就是污染物由排水沟、渠、管道进入水体，主要指工业废水和生活污水，其变化规律服从工业生产废水和城镇生活污水的排放规律，即季节性和随机性。非点源污染，在我国多称为面源污染。污染物无固定出口，是以较大范围形式通过降水、地面径流的途径进入水体。面源污染主要指农田径流排水，具有面广、分散、难以收集、难以治理的特点。据统计，农业灌溉用水量约占全球总用水量的70%。随着农药和化肥的大量使用，农田径流排水已成为天然水体的主要污染来源之一。面源污染的变化规律主要与农作物的分布和管理水平有关。

3. 按照受污染的水体分类

（1）河流污染

河流是陆地上分布最广、与人类关系最密切的水体，一般大的工业区和城市建立在滨河或近河地带，利用河渠供水，又向河流排泄废水和废物，所以河系又称为陆地上最大的排污系统。

污染物进入河流后，不能马上与河水均匀混合，而是先呈带状分布，随后在河流的水动力弥散作用和河水自净的作用下，逐渐扩散、混合、运移和稀释，到一定距离后，才会达到全部河流面上均匀混合和水体水质的净化。该距离的长短随河流流量、流速大小及河流断面特征、排污量及污染物质的性质、污染方式和位置有关。

河水的污染程度是由河流的径流量与排污量的比值（径污比）决定的。河流的径流量大，稀释条件好，相应污染程度低；反之污染严重。河流污染对人的影响很大，可直接通过饮用水、水生生物，也可间接通过灌溉农田，危害人体健康。但因河水交替快、自净能力强、水体范围较小，其污染相对易于控制。

（2）湖泊、水库污染

湖泊、水库是换流缓慢的水体，水面广阔、流速小，沉淀作用强，稀释、混合能力较差，污染物主要来源于汇水范围内的面流侵蚀和冲刷及河流污染物、湖滨和湖面活动产生的污染物直接排入等。

湖泊、水库大多地势低洼，通过暴雨径流汇集流域内的各种工农业废水、废渣和生活污水。污染物多在排污口附近沉淀、稀释，浓度逐渐向湖心减小，形成浓度梯度。污染物在湖流和风浪作用下能与湖水均匀混合。湖泊、水库的水温随季节明显变化，夏季出现分层现象，底部因水流停滞水温低，微生物活动因含氧量不足形成厌氧条件，使底层铁、二氧化碳、锰、硫化氢含量增加。湖泊的污染造成藻类的大量繁殖，生物代谢和繁衍产生大量的有机物，有机物分解常使水体产生大量的还原性气体，水体形成恶臭，需氧生物死亡，水质恶化，底质物质发育，加速湖泊老化。

（3）地下水污染

地下水流动一般都非常缓慢，因此地下水污染过程也较缓慢，且不易察觉。地下水污染的主要作用有水动力弥散、分子扩散、过滤、离子吸附和生物降解作用等。

地下水污染途径有直接与间接两种。前者是指污染物随各种补给水源和渗漏通道集中或直接渗入使水体污染，有间歇入渗（污染物随雨水或灌溉水间断地渗入蓄水层）、连续入渗（污水聚集地或受污染的地表水体连续向含水层渗漏）、越流型（污染物从已受污染的含水层转移到未受污染的含水层）和径流型（污染物通过地下水径流进入水层污染潜水或承压水）四种污染方式。后者是指污染过程改变了地下水的物理化学条件，使地下水在含水层介质发生新的地球化学作用，产生原来水中没有的新污染物，使地下水污染。

地下水污染埋藏深，较难净化复原，应以预防为主，最根本的保护措施是尽量减少污染物进入地下水。

12.1.2.3　水污染的主要危害

1. 化学型污染

（1）酸碱污染

酸碱污染物会改变水体的 pH 值，抑制细菌和其他微生物的生长，影响水体的生物自净作用，还会腐蚀船舶和水下建筑物，影响渔业，破坏生态平衡，并使水体不适于作饮用水源或其他工、农业用水。

酸碱污染物可大大增加水中的一般无机盐类和水的硬度。原因是：酸碱中和可产生某些盐类，酸碱与水体中的矿物相互作用也产生某些盐类。水中无机盐的存在能增加水的渗透压，对淡水生物和植物生长有不良影响。世界卫生组织规定的饮用水标准中 pH 值的合适范围是 7.0～8.5，极限范围是 6.5～9.2；渔业水体 pH 值一般不低于 6.0 或不高于 9.2，pH 值为 5.0 时，某些鱼类的繁殖率下降，某些鱼类可能死亡；对于农业用水，pH 值为 4.5～9.0。世界卫生组织规定的饮用水标准中无机盐总量最大合适值为 500mg/L，极限值为 1500mg/L。对农业用水来说，无机盐总量一般以低于 500mg/L 为好。

(2) 重金属污染

重金属是指相对密度大于或等于 5.0 的金属。重金属在自然环境的各部分均存在着本底含量，在正常的天然水中含量均很低。重金属对人体健康及生态环境的危害极大。重金属污染物最主要的特性是：不能被生物降解，有时还可能被生物转化为毒性更大的物质（如无机汞被转化成甲基汞）；能被生物富集于体内，既危害生物，又能通过食物链，成千上万倍地富集，而达到对人体相当高的危害程度。在环境污染方面所说的重金属主要指 Hg、Cd、Pb、Cr 等生物毒性显著的元素，还包括具有重金属特性的 Zn、Cu、Co、Ni、Sn 等。

Hg（汞）具有很强的毒性，人的致死剂量为 1～2g，Hg 浓度 0.006～0.01mg/L 可使鱼类或其他水生动物死亡，浓度 0.01mg/L 可抑制水体的自净作用。甲基汞能大量积累脑中，引起乏力、动作失调、精神混乱甚至死亡。最著名的例子就是日本水俣病事件。

Cd（镉）是一种积累富集型毒物，进入人体后，主要累积于肝、肾内和骨骼中，能引起骨节变形、自然骨折、腰关节受损，有时还引起心血管病。这种病潜伏期十多年，发病后难以治疗。Cd 浓度 0.2～1.1mg/L 可使鱼类死亡，浓度 0.1mg/L 时对水体的自净作用有害，如日本富山痛痛病事件。

Pb（铅）也是一种积累富集型毒物，如摄取 Pb 量每日超过 0.3～1.0mg，就可在人体内积累，引起贫血、肾炎、神经炎等症状。Pb 对鱼类的致死浓度为 0.1～0.3mg/L，Pb 浓度达到 0.1mg/L 时，可破坏水体自净作用。

(3) 非金属毒物污染

这类物质包括毒性很强且危害很大的氰化物、As、有机氯农药、酚类化合物、多环芳烃等。

氰化物是剧毒物质，一般人误服 0.1g 左右的氰化钾或氰化钠便立即死亡。含氰废水对鱼类有很大毒性，当水中 CN^- 含量达 0.3～0.5mg/L 时，鱼可死亡，世界卫生组织定出鱼的中毒限量为游离氰 0.03mg/L；生活饮水中氰化物不许超过 0.05mg/L。

As（砷）是传统的剧毒物，As_2O_3 即砒霜，对人体有很大毒性。长期饮用含 As 的水会慢性中毒，主要表现是神经衰弱、腹痛、呕吐、肝痛、肝大等消化系统障碍，并常伴有皮肤癌、肝癌、肾癌、肺癌等发病率增高现象。

水体中的酚浓度高时引起鱼类大量死亡，甚至绝迹。酚有毒性，但人体有一定解毒能力，如经常摄入的酚量超过解毒能力时，人会慢性中毒，而发生呕吐、腹泻、头疼头晕、精神不安等症状。酚浓度为 0.002～0.003mg/L 时，如用氯法消毒，消毒后的水有氯酚臭味，影响饮用。根据酚在水中对人的感官影响，一般规定饮用水挥发酚浓度为 0.001mg/L，水源水中最大允许浓度为 0.002mg/L，地表水最高容许浓度为 0.01mg/L。

(4) 需氧性有机物污染（耗氧性有机物污染）

有机物在无氧条件下，在厌氧微生物作用下会转化，主要产物有 CH^-、CO^-、

H^-O、H_2S、NH_3等，其产物既有毒害作用，又有恶臭味，严重影响环境卫生，会造成公害。

有机物在有氧分解过程中要消耗水体或环境中的溶解氧，会使水中溶解氧的含量下降。当水中溶解氧含量降低至4mg/L以下时，鱼类和水生生物将不能在水中生存。如果完全缺氧，则有机物将转入厌氧分解。

（5）营养物质污染

N、P等物质过量排入湖泊、水库、港湾、内海等水流缓慢的水体，会造成藻类大量繁殖，水质恶化，水体外观呈红色或其他色泽，通气不良，溶解氧含量下降，鱼类死亡，严重的还可导致水草丛生，湖泊退化。1972年8月17—21日，日本濑户内海一次严重的“赤潮”，死鱼达1420万尾，损失达71亿日元。另外，硝酸盐超过一定量时有毒性，当亚硝酸盐进入人体后，有致畸、致癌的危险。

2. 物理型污染

（1）悬浮物污染

悬浮物污染造成的危害主要有：会提高了的浊度，增加给水净化工艺的复杂性；降低光的穿透能力，减少水的光合作用；水中悬浮物可能堵塞鱼鳃，导致鱼的死亡；吸附水中的污染物并随水漂流迁移，扩大污染区域。

海洋石油污染的最大危害是对海洋生物的影响。水中含油0.01～0.1mL/L时，对鱼类及水生生物就会产生有害影响，油膜和油块能粘住大量鱼卵和幼鱼。有人做过试验，当油的浓度为10.4～10.5mL/L时，到出壳的瞬间只有55%～89%的鱼卵有生活能力；在含油浓度为4～10mL/L时，所有破卵壳而出的幼鱼都有缺陷，并在一昼夜内死亡；在石油浓度为5～10mL/L时，畸形幼鱼的数量是23%～40%。所以说，石油污染对幼鱼和鱼卵的危害很大。

（2）热污染

热污染主要来源于工矿企业向江河排放的冷却水，当温度升高后的水排入水体时，将引起水体水温升高，溶解氧含量下降，微生物活动加强，某些有毒物质的毒性作用增加等，对鱼类及水生生物的生长有不利的影响。

（3）放射性污染

放射性物质是指各种放射性元素，如铀238、镭236和钾40等。这类物质通过自身的衰变而放射具有一定能量的射线，如α、β和γ射线，能使生物和人体组织受电离而受到损伤，引起各种放射性病变。最易产生病变的组织有血液系统和造血器官、生殖系统、消化系统、眼睛的水晶体及皮肤等。引起的病变有白血病和障碍性贫血，诱发癌症如肝癌、血癌、皮肤癌等，胚胎畸形或死亡，免疫功能破坏，加速衰老，肠胃系统失调，出血及白内障等畸形或慢性病变。

3. 生物型污染

生物型污染主要指致病病菌及病毒的污染。生活污水，特别是医院污水和某些工业（如生物制品、制革、酿造、屠宰等）废水污染水体，往往可带入一些病原微生物，它们包括致病细菌、寄生虫和病毒。常见的致病细菌是肠道传染病菌，如伤寒、霍乱和细菌性疾病等致病菌，它们可以通过人畜粪便的污染而进入水体，随水流而传播。一些病毒（常见的有肠道病毒和肝炎病毒等）及某些寄生虫（如血吸虫、蛔虫等）也可通过水流传播。这些病原微生物随水流迅速蔓延，给人类健康带来极大威胁。如印度新德里市1955年发生了一次传染性肝炎，全市102万人，将近10万人患肝炎，其中患黄疸型肝炎29300人。

12.2 水功能区划

12.2.1 水功能区划的目的和意义

水是重要的自然资源。随着我国经济社会的发展和城市化进程的加快，水资源短缺、水污染严重已经成为制约国民经济可持续发展的重要因素。为了保护珍贵的水资源，使水资源能够持续利用，需要根据流域或区域的水资源状况，同时考虑水资源开发利用现状和经济社会发展对水量和水质的需求，在相应水域划定具有特定功能、有利于水资源的合理开发利用和保护的区域。如将河流源头设置为水资源保护区、将经济较发达的区域设置为水资源开发利用区、考虑经济社会的发展前景设置水资源保留区等，使水资源充分合理利用，发挥最大的效益。同时，通过水功能区划，可实现水资源利用和水资源保护的预先协调，避免水资源“先使用后治理”的问题。

水功能区是指水体使用功能所占有的范围。水功能区划，是根据水体在不同区段的自然条件、区域内的用水需求，按照国家和地方的有关法规和标准，对水体不同区段按其功能加以划分，并确定其相应的环境质量目标。

水功能区划的内容是依据国民经济发展规划和水资源综合利用规划，结合区域水资源开发利用现状和社会需求，科学合理地在相应水域划定具有特定功能、满足水资源合理开发利用和保护要求并能够发挥最佳效益的区域（水功能区）；确定各水域的主导功能及功能顺序，制订水域功能不遭破坏的水资源保护目标；科学地计算水域的水环境容量，达到既能充分利用水体自净能力、节省污水处理费用，又能有效地保护水资源和生态系统，满足水体功能要求的目标；进行排污口的优化分配和综合整治，将水资源保护的目标管理落实到污染物综合整治的实处，从而保证水功能区水质目标的实现；通过各功能区水资源保护目标的实现，保障水资源的可持续利用。因此，水功能区划是全面贯彻《中华人民共和国水法》，加强水资源保护的重要举措，是水资源保护措施实施和监督管理的依据，对实现水资源的可持续利用，保障经济社会可持续发展的战略目标具有重要意义。

12.2.2 水功能区划指导思想及原则

1. 指导思想

水功能区划是针对水资源三级区内的主要河流、湖库、国家级及省级自然保护区、跨流域调水及集中式饮用水水源地、经济发达城市水域，结合流域、区域水资源开发利用规划及经济社会发展规划，根据水资源的可再生能力和自然环境的可承受能力，科学、合理地开发和保护水资源，既满足当代和本区域对水资源的需求，又不损害后代和其他区域对水资源的需求，促进经济、社会和生态的协调发展，实现水资源可持续利用，保障经济社会的可持续发展。

2. 区划原则

（1）前瞻性原则

水功能区划应具有前瞻性，要体现社会发展的超前意识，结合未来经济社会发展需求，引入本领域和相关领域研究的最新成果，为将来高新技术发展留有余地。如在工业污水排放区，应该以工艺水平提高、污染治理效果改善后工业潜在的污染为区划的目标，减少排放区污染物浓度，减少水资源保护的投入，增大水资源的利用量。

（2）统筹兼顾、突出重点的原则

水功能区划涉及上下游、左右岸、近远期以及经济社会发展需求对水域功能的要求，应借助系统工程的理论方法，根据不同水资源分区的具体特点建立区划体系和选取区划指标，统筹兼顾，在优先保护饮用水水源地和生活用水前提下，兼顾其他功能区的划分。

（3）分级与分类相结合的原则

水资源开发利用涉及不同流域、不同的行政区，大到一个国家、一个流域，小到一条河、一个池塘。水功能区的划分应在宏观上对流域水资源的保护和利用进行总体控制，协调地区间的用水关系；在整体功能布局确定的前提下，再在重点开发利用水域内详细划分各种用途的功能类别和水域界线，协调行业间的用水关系，建立功能区之间横向的并列关系和纵向的层次体系。

（4）便于管理、实用可行的原则

水资源是人们赖以生存的重要的自然资源，水资源的质和量对地区工业、农业、经济的发展起着重要的作用。如一些干旱地区，没有灌溉就没有产量；城市如果缺水可能导致社会的不安定。为了合理利用水资源，杜绝“抢”“堵”“偷”等不正当的水资源利用现象，也为了便于管理，实现水资源利用的“平等”，水功能的分区界限尽可能与行政区界一致。利用实际使用的、易于获取和测定的指标进行水功能区划分。区划方案的确定既要反映实际需求，又要考虑技术经济现状和发展，力求实用、可行。

（5）水质、水量并重的原则。水功能区划分，既要考虑对水量的需求，又要考虑对水质的要求，但对于常规情况对水资源单一属性（数量和质量）要求的功能不做划分，如发电、航运等。

12.2.3　水功能区划方法及目标

1. 水功能区划方法

划分水域功能区要因地制宜，实事求是地采取定性、半定量与定量相结合的方法。

（1）系统分析法

采用系统分析的理论和方法，把研究区域作为一个系统，分清水功能区划的层次，进行总体设计。

（2）定性判断法

定性判断法主要是在对河流、湖泊和水库的水文特征、水质现状、水资源开发利用现状及规划成果进行分析和判断的基础上，进行河流、湖泊及水库功能区的划分，提出符合系统分析要求且具有可操作性的水功能区划方案。

(3) 定量计算法

采用水质数学模型，以定性划分的初步方案为基础，进行水功能区水质模拟计算，根据模拟计算成果对各功能区的水质标准、长度、范围进行复核。

一级功能区划分的程序：首先划定保护区，然后划定缓冲区和开发利用区，最后划定保留区。

二级功能区划分的程序：首先，确定区划具体范围，包括城市现状水域范围以及城市在规划水平年涉及的水域范围。同时，收集划分功能区的资料，包括水质资料，取水口和排污口资料，特殊用水要求如鱼类产卵场、越冬场、水上运动场等，以及规划资料（包括陆域和水域的规划，如城区的发展规划、河岸上码头规划等）。然后，对各功能区的位置和长度进行适当的协调和平衡，尽量避免出现低功能到高功能跃变等情况。最后，考虑与规划衔接，进行合理性检查，对不合理的水功能区进行调整。

2. 水功能区划目标

(1) 确定水系重点保护水域和保护目标区划

按水体功能的重要性，正确划分出重要水体，做到高功能水域高标准保护，低功能水域低标准保护，专业用水区按专业用水标准保护。

(2) 达到水域生态环境系统良性循环的目标

通过合理的水功能区划，确定生态环境恶化水域的功能恢复条件、要求和方法，达到既保证江河湖库生态环境的需水量，又满足水域生态环境系统要求的目标。

(3) 按拟定的水域保护功能目标科学地确定水域允许纳污量

通过正确的水功能区划，实现科学确定水域允许纳污量，达到既充分利用水体同化自净能力，节省污水处理费用，又能有效地保护水资源和生态环境，满足水域功能要求的目标。

(4) 达到入河排污口的优化分配和综合整治的目标

在科学地划定水功能区，并计算出允许纳污量之后，制定入河排污口排污总量控制规划，对输入该水域的污染源进行优化分配和综合整治，提出入河排污口布局、限期治理和综合整治的意见，使保护目标管理落到实处，从而保证水功能区水质目标的实现。

(5) 科学拟订水资源保护投资和分期实施计划

水功能区划的整个过程是在不断科学地决策水资源保护综合整治和分期实施规划中完成的，因此，水功能区划是水资源保护投资的重要依据，也是科学经济合理地保护水资源目标的要求。

12.2.4 水功能区分级分类系统

我国江、河、湖、库水域的地理分布、空间尺度有很大差异，其自然环境、水资源特征、开发利用程度等具有明显的地域性。对水域进行的功能划分能否准确反映水资源的自然属性、生态属性、社会属性和经济属性，很大程度上取决于功能区划体系（结构、类型、指标）的合理性。水功能区划体系应具有良好的科学概括、解释能力，在满足通用性、规范性要求的同时，类型划分和指标值的确定与我国水资源特点相结合，是水功能区划的一项重要的标准性工作。

《水功能区划分标准》(GB/T 50594—2010) 是由中华人民共和国住房和城乡建设部与中华人民共和国国家质量监督检验检疫总局联合发布的关于水功能区划分的国家标准。该标准于 2010 年 11 月 3 日发布，2011 年 10 月 1 日正式实施。

我国水功能区划采用两级体系，如图 12-1 所示，即一级区划和二级区划。

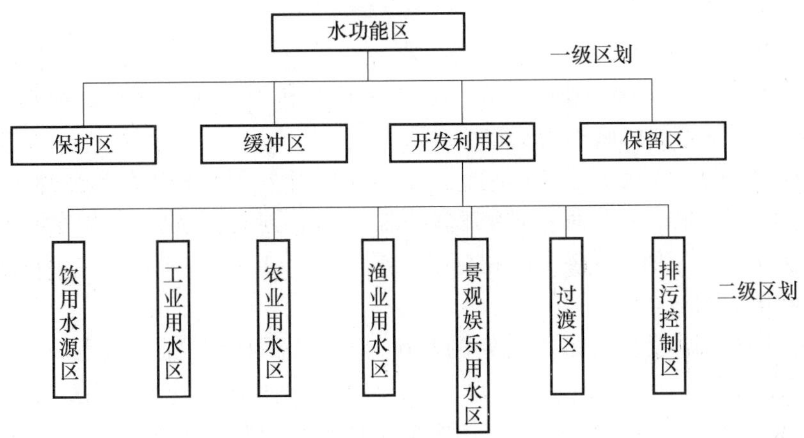

图 12-1　水功能区划分级分类体系

水功能一级区划分四类，即保护区、缓冲区、开发利用区和保留区；水功能二级区划在一级区划的开发利用区内进行，共分七类，包括饮用水源区、工业用水区、农业用水区、渔业用水区、景观娱乐用水区、过渡区和排污控制区。一级区划宏观上解决水资源开发利用与保护的问题，主要协调地区间关系，并考虑发展的需求；二级区划主要协调用水部门之间的关系。

1. 水功能一级区划分类及划分指标

(1) 保护区

保护区指对水资源保护、饮用水保护、生态环境及珍稀濒危物种的保护具有重要意义的水域。

具体划区依据：①源头水保护区，即以保护水资源为目的，在主要河流的源头河段划出专门涵养保护水源的区域，但个别河流源头附近如有城镇，则划分为保留区；②国家级和省级自然保护区范围内的水域；③已建和规划水平年内建成的跨流域、跨省区的大型调水工程水源地及其调水线路，省内重要的饮用水源地；④对典型生态、自然生境保护具有重要意义的水域。

(2) 缓冲区

缓冲区指为协调省际间、矛盾突出的地区间用水关系，协调内河功能区划与海洋功能区划关系，以及在保护区与开发利用区相接时，为满足保护区水质要求需划定的水域。

具体划分依据：跨省、自治区、直辖市行政区域河流、湖泊的边界水域；省际边界河流、湖泊的边界附近水域；用水矛盾突出地区之间水域。

(3) 开发利用区

开发利用区主要指具有满足工农业生产、城镇生活、渔业、娱乐和净化水体污染等多种需水要求的水域和水污染控制、治理的重点水域。

具体划分依据：取（排）水口较集中，取（排）水河长较大的水域，如流域内重要城市江段、具有一定灌溉用水量和渔业用水要求的水域等。开发利用程度采用城市人口数量、取水量、排污量、水质状况及城市经济的发展状况（工业值）等能间接反映水资源开发利用程度的指标，通过各种指标排序的方法，选择各项指标较大的城市河段，划为开发利用区。

（4）保留区

保留区指目前开发利用程度不高，为今后开发利用和保护水资源而预留的水域。该区内水资源应维持现状而不遭受破坏。

具体划区依据：受人类活动影响较少，水资源开发利用程度较低的水域；目前不具备开发条件的水域；考虑到可持续发展的需要，为今后的发展预留的水域。

2. 水功能二级区划分类及划分指标

（1）饮用水源区

饮用水源区指城镇生活用水需要的水域。功能区划分指标包括人口、取水总量、取水口分布等。

具体划区依据：已有的城市生活用水取水口分布较集中的水域，或在规划水平年内城市发展设置的供水水源区。每个用水户取水量需符合水行政主管部门实施取水许可制度的细则规定。

（2）工业用水区

工业用水区指城镇工业用水需要的水域。功能区划分指标包括工业产值、取水总量、取水口分布等。

具体划区依据：现有的或规划水平年内需设置的工矿企业生产用水取水点集中的水域。每个用水户取水量需符合水行政主管部门实施取水许可制度的细则规定。

（3）农业用水区

农业用水区指农业灌溉用水需要的水域。功能区划分指标包括灌区面积、取水总量、取水口分布等。

具体划区依据：已有的或规划水平年内需要设置的农业灌溉用水取水点集中的水域。每个用水户取水量需符合水行政主管部门实施取水许可制度的细则规定。

（4）渔业用水区

渔业用水区指具有鱼、虾、蟹、贝类产卵场、索饵场、越冬场及洄游通道功能的水域，养殖鱼、虾、蟹、贝、藻类等水生动植物的水域。功能区划分指标包括渔业生产条件及生产状况。

具体划区依据：具有一定规模的主要经济鱼类的产卵场、索饵场、洄游通道，历史悠久或新辟人工放养和保护的渔业水域；水文条件良好，水交换畅通；有合适的地形、底质。

（5）景观娱乐用水区

景观娱乐用水区指以景观、疗养、度假和娱乐需要为目的的水域。功能区划分指标包括景观娱乐类型及规模。

具体划区依据：休闲、度假、娱乐、运动场所涉及的水域冰上运动场，风景名胜区所涉及的水域。

(6) 过渡区

过渡区指为使水质要求有差异的相邻功能区顺利衔接而划定的区域。功能区划分指标包括水质与水量。

具体划区依据：下游用水要求高于上游水质状况；有双向水流的水域，且水质要求不同的相邻功能区之间。

(7) 排污控制区

排污控制区指接纳生活、生产污废水比较集中，所接纳的污废水对水环境无重大不利影响的区域。功能区划分指标有排污量、排污口分布。

具体划区依据：接纳污废水中污染物可稀释降解，水域的稀释自净能力较强，其水文、生态特性适宜于作为排污区。

12.2.5　水功能区水质目标拟订

水功能区划定后，还要根据水功能区的水质现状、排污状况、不同水功能区的特点以及当地技术经济条件等，拟订各水功能一、二级区的水质目标值。水功能区的水质目标值是相应水体水质指标的确定浓度值。

在水功能一级区划中，保护区应按照《地表水环境质量标准》(GB 3838—2002) 中Ⅰ、Ⅱ类水质标准来定，因自然、地质原因不满足Ⅰ、Ⅱ类水质标准的，应维持水质现状；缓冲区应按照实际需要来制定相应水质标准，或按现状来控制；开发利用区按各二级区划来制定相应的水质标准；保留区应按现状水质类别来控制。

在水功能二级区划中，饮用水源区应按照《地表水环境质量标准》(GB 3838—2002) 中Ⅱ、Ⅲ类水质标准来定；工业用水区应按照《地表水环境质量标准》(GB 3838—2002) 中Ⅳ类水质标准来定；农业用水区应按照《地表水环境质量标准》(GB 3838—2002) 中Ⅴ类水质标准来定；渔业用水区应按照《渔业水质标准》(GB 11607—1989)，并参照《地表水环境质量标准》(GB 3838—2002) 中Ⅱ、Ⅲ类水质标准来定；景观娱乐用水区应参照《地表水环境质量标准》(GB 3838—2002) 中Ⅲ、Ⅳ类水质标准来定；过渡区和排污控制区应按照出流断面水质达到相邻水功能区的水质要求选择相应的水质控制标准来定。

12.3　地表水资源保护

12.3.1　水质标准及水质监测

1. 水质标准

制定合理的水质标准，是水资源保护的基础工作。保护水资源的目标，并非使自然水体处于绝对纯净状态，而是使受污染的水体恢复到符合当地经济发展最有利的状态，这就需要针对不同用途制定相应的水质标准。

水环境质量标准是根据水环境长期和近期目标而提出的、在一定时期内要达到的水环境的指标，是对水体中的污染物或其他物质的最高容许浓度所做的规定。除制定全国水环境质量标准外，各地应参照实际水体的特点、水污染现状、经济和治理水平，按水域主要用途，会同有关单位共同制定地区水环境质量标准。按水体类型可分为地表水质量标准、海水质量标准和地下水质量标准等；按水资源的用途可分为生活饮用水水质标准、渔业用水水质标准、农业用水水质标准、娱乐用水水质标准和各种工业用水水质标准等。由于各种标准制定的目的、适用范围和要求不同，同一污染物在不同标准中规定的标准值也是不同的。

目前，我国已经颁布的水质标准主要有：

① 水环境质量标准：《地表水环境质量标准》（GB 3838—2002）、《地下水质量标准》（GB/T 14848—2017）、《海水水质标准》（GB 3097—1997）、《生活饮用水卫生标准》（GB 5749—2006）、《渔业水质标准》（GB 11607—1989）、《农田灌溉水质标准》（GB 5084—2005）等。

② 排放标准：《污水综合排放标准》（GB 8978—1996）、《医疗机构水污染物排放标准》（GB 18466—2005）、《制浆造纸工业水污染物排放标准》（GB 3544—2008）、《皂素工业水污染物排放标准》（GB 20425—2006）、《石油炼制工业水污染物排放标准》（GB 31570—2015）、《纺织染整工业水污染物排放标准》（GB 4287—2012）等。

2. 水质监测

（1）水质监测的目的

① 对江、河、水库、湖泊、海洋等地表水和地下水中的污染因子进行经常性的监测，以掌握水质现状及其变化趋势。

② 对生产、生活等废（污）水排放源排放的废（污）水进行监视性监测，掌握废（污）水排放量及其污染物浓度和排放总量，评价是否符合排放标准，为污染源管理提供依据。

③ 对水环境污染事故进行应急监测，为分析判断事故原因、危害以及制定对策提供依据。

④ 为国家政府部门制定水环境保护标准、法规和规划提供有关数据和资料。

⑤ 为开展水环境质量评价和预测预报及进行环境科学研究提供基础数据与技术手段。

（2）水质监测的项目

监测项目受人力、物力、财力的限制，不可能将所有的监测项目都加以测定，只能是对那些优先监测污染物（难以降解、危害大、毒性大、影响范围广、出现频率高和标准中要求控制）加以监测。

① 地表水监测项目：水温、pH 值、溶解氧、高锰酸盐指数、化学需氧量、五日生化需氧量、氨氮、总氮（湖、库）、总磷、铜、锌、硒、砷、汞、镉、铅、铬（六价）、氟化物、氰化物、硫化物、挥发酚、石油类、阴离子表面活性剂、粪大肠菌群。

② 生活饮用水监测项目：肉眼可见物、色、臭、味、浑浊度、pH 值、总硬度、铝、铁、锰、铜、锌、挥发酚类、阴离子合成洗涤剂、硫酸盐、氯化物、溶解性总固体、耗氧量、砷、镉、铬（六价）、氰化物、氟化物、铅、汞、硒、硝酸盐、氯仿、四氯化碳、细菌总数、总大肠菌群、粪大肠菌群、游离余氯、总放射性、总 α 放射性、总 β 放射性。

③废（污）水监测项目

a. 在车间或车间处理设施排放口采样测定的污染物，包括总汞、烷基汞、总镉、总铬、六价铬、总砷、总铅、总镍、苯并（a）芘、总铍、总银、总 α 放射性、总 β 放射性。

b. 在排污单位排放口采样测定的污染物，包括 pH 值、色度、悬浮物、生化需氧量、化学需氧量、石油类、动植物油、挥发性酚、总氰化物、硫化物、氨氮、氟化物、磷酸盐、甲醛、苯胺类、硝基苯类、阴离子表面活性剂、总铜、总锌、总锰。

12.3.2　地表水资源保护途径

1. 减少工业废水排放

（1）改革生产工艺

通过改革生产工艺，尽量减少生产用水；尽量不用或少用易产生污染的原料、设备及生产工艺。如发展海水型工业，将大量的冷却、冲洗用水以海水代替；发展气冷型工业，把水冷变成风冷；采用无水印染工艺，可消除印染废水的排放；采用无氰电镀工艺，可以使废水中不再含氰化物；用易于降解的软型合成洗涤剂代替难以降解的硬型合成洗涤剂，可大大减轻或消除洗涤剂的污染。

（2）重复利用废水

采用重复用水及循环用水系统，以使废水排放量减至最少。根据不同生产工艺对水质的不同要求，可将甲工段排的废水送往乙工段使用，实现一水二用或一水多用，即为重复用水。如利用轻度污染废水作为锅炉的水力排渣用水或作为炼焦炉的洗焦用水。

将生产废水经适当处理后，送回本工段再次利用，称为循环用水。如高炉煤气洗涤废水经沉淀、冷却后可再次用来洗涤高炉煤气，并可不断循环，只需补充少量的水补偿循环中的损失。循环用水的最终目标是达到零排放。

（3）回收有用成分

尽量使流失至废水中的原料和成品与水分离，就地回收，这样做既可减少生产成本，增加经济效益，又可大大降低废水浓度，减轻污水处理负担。如造纸废水碱度大、有机物浓度高，是一种重要的污染源，如能从中回收碱和其他有用物质，即可变污染源为生产源。含酚浓度大于 1500～2000mg/L 的废水，经萃取回收后，可使含酚浓度降至 100mg/L 左右，即可从每立方米废水中回收约 2kg 酚。

2. 妥善处理城市及工业废水

采取上述措施后，仍将有一定数量的工业废水和城市污水排出。为了确保水体不受污染，必须在废水排入水体之前对其进行妥善处理，使其实现无害化，不致影响水体的卫生性及经济价值。

废水中的污染物质是多种多样的，不能期望只用一种方法就能够把所有污染物质都去除干净。无论对何种废水，往往需要通过几种方法组成的处理系统，才能达到处理的要求。按照不同的处理程度，废水处理系统可分一级处理、二级处理和深度处理等不同阶段。一级处理只去除废水中呈悬浮状态的污染物。废水经一级处理后，一般仍达不到排放要求，尚须进行二级处理，因此对于二级处理来说，一级处理是预处理。二级处理的主要任务是大幅度地去除废水中呈胶体和溶解状态的有机污染物。通过二级处理，一般废水能达到排放标准。但在处理后的废水中，还残存微生物不能降解的有机物和氮、磷等无机盐类。一般情况下，它们数量不多，对水体无大危害。深度处理是进一步去除废水中的悬浮物质、无机盐类及其他污染物质，以便达到工业用水或城市用水所要求的水质标准。

3. 对城市污水的再利用

随着工业及城市用水量的不断增长，世界各国普遍感到水资源日益紧张，因此开始把处理过的城市污水开辟为新水源，以满足工业、农业、渔业和城市建设等各个方面的需要。实践表明，城市污水的再利用优点很多，它既能节约大量新鲜水，缓和工业与农业争水以及工业与城市生活争水的矛盾，又可大大减轻纳污水体受污染的程度。

（1）城市污水回用于工业

城市污水一般可回用于冷却水、锅炉供水、生产工艺供水，以及其他用水，如矿石加工用水、洗涤水及消防用水等。其中尤以冷却水最普遍。利用城市污水作冷却水时，应保证在冷却水系统中不产生腐蚀、结垢，以及对冷却塔的材质不产生侵蚀作用。此外，还应防止产生过多的泡沫。

（2）城市污水回用于农业

随着城市污水的大量增加，利用污水灌溉农田的面积也在急剧扩大。据统计，1963 年我国污灌面积仅有 63 万亩，1980 年为 2000 万亩，1998 年污灌面积发展为 5427 万亩，占全国灌溉总面积的 7.3%。尽管污灌水都是经二级处理后的城市污水，但还是含有这样或那样的有害物质，如使用不当，盲目乱灌，也会对环境造成污染危害，甚至导致作物明显减产，或造成土壤污毒化、盐碱化，所以应根据土壤性质、作物特点及污水性质，采用妥善的灌溉制度和方法，并制定严格的污水灌溉标准。

（3）城市污水回用于城市建设

城市污水回用于城市建设，主要用作娱乐用水或风景区用水。在把处理过的城市污水用于与人体接触的娱乐及体育方面的用途时，必须符合相关标准，对水质的要求是必须洁净美观，不含有刺激皮肤及咽喉的有害物质，不含有病原菌。

12.3.3 地下水资源保护

地下水具有水质好、水量稳定、分布广、供水延续时间长以及可恢复性等特点，目前已广泛应用于工农业生产和城市供水。

人类经济社会活动，对地下水资源的量与质均产生着日益深刻而剧烈的影响，随之出现诸如水质污染、地下水位下降、地面大面积沉降等一系列环境问题，保护地下水资源已成为一项十分紧迫而艰巨的任务。

1. 地下水污染特征

（1）地下水污染过程缓慢，不易觉察

由于地下水存蓄于岩石、土壤空隙中，流速缓慢，污染物在地下水中的弥散很慢，一般从开始污染到监测出污染征兆，要经过相当长的时间。同时，污染物通过含水层时有部分被吸附和降解，从观测井（孔）取得的水样都是一定程度净化了的水样。这些都给地下水质的监测、预报和控制带来很大困难。

(2) 地下水污染程度与含水层特性密切相关

地下水埋藏于地下，其贮存、运动、补给、开采等过程都与含水层特性有密切关系，这些又直接影响到地下水污染状况的变化。地下含水层特性主要指它的水理性质，即容水性、给水性和透水性，而其中最主要的是透水性。含水层按透水性能可分为强透水和弱透水；按空间变化可分为均质和非均质；按透水性和水流方向的关系又可分为各向同性和各向异性。如污染源处于地下水流上游方向，且含水层透水性向下游方向越来越强，则污染物随补给进入地下后，可能向下游方向移动相当远的距离。

(3) 确定地下水污染源难，治理更难

由于地区间水文地质结构千差万别，岩石透水性的强弱不仅取决于空隙大小、空隙多少和形态，而且与裂隙、岩溶发育情况直接有关。可以说，污染物从污染源排出后进入地下水的通道是错综复杂的。附近的污染源可能由于坐落在不透水岩层上，而使所排的污染物难以进入地下水体；相反，较远处的污染源排出的污染物，可能通过岩层裂隙或地下溶洞很容易污染地下水域，这就给确定污染源带来较大困难。而且水量更替周期长，即使切断污染物补给源，吸附于含水层中的污染物在一定时期内仍能污染流经其中的地下水。因此，可以说地下水一旦污染，很难治理。

2. 地下水污染的控制与治理

(1) 加强“三废”治理，减少污染负荷

地下水中的污染物主要来源于工业“三废”(废水、废渣、废气)、城市污水和农业的污染(污水灌溉和农药、化肥的下渗)，因此地下水污染的控制首先要抓污染源的治理。

第一，必须搞好污染源调查。在城市及工业企业地区主要查明有多少工厂，生产什么产品和副产品，生产过程使用什么化学药品，“三废”物质的成分、浓度、排放量，以及各工厂的“三废”处理措施及效果等。在农村，主要查明农药、化肥的用量及品种，耕地土质情况，灌溉水源的水质和渠道位置及集中积肥堆肥位置等。在矿区，应调查矿区范围、矿产品种及所含物质，矿渣堆放场及运输情况等。

第二，加强污染源治理。使污染物在排放前进行无害化处理，杜绝超标排放。在工矿企业中通过改革生产工艺，逐步实现无污染、少污染工艺或实行闭路循环系统，以最大限度减少排污负荷。对于超标排污的单位，要限期治理；在限期内不能治理的，应通过行政和法律手段，令其关、停、并、转。

第三，要防止新污染源的产生。对新建和扩建的建设项目，必须经过论证和有关部门审批，严格执行“三同时”(建设项目中防治污染的设施，必须与主体工程同时设计、同时施工、同时投产使用)原则和环境影响报告书(表)制度。

(2) 建立地下水监测系统

为掌握地下水动态变化和查明污染程度、范围、成分、来源、危害情况与发展趋势，应在水源地及水源地周围可能影响地区，建立专门观测井孔，形成监测网，进行长期监测。同时，还应经常观察周围污水排放、污水灌溉、传染病发病等情况，目的是随时了解地下水质变化情况，以便及时采取必要的防污治污措施。

(3) 加强对地下水资源开发的管理

当前，不少地区出现严重的水资源紧缺状况，地下水资源盲目开采、任意污染的现象相当普遍。为了充分有效地开发利用地下水资源，避免水质污染，并尽量预见未来发展和对策，必须加强对地下水资源的管理。

首先，要建立权威性水资源管理机构，实现水资源统一管理。过去，城建、水利、地质、环保等部门“多龙治水”的局面，给地下水管理工作带来很大困难，必须理顺各部门间的关系，建立一个真正有权威的水资源管理机构，加强水资源保护的监督和协调作用。

其次，制定切实可行的地下水开发利用规划和水资源保护规划，对地下水的开发利用、防护与治理，实行科学管理、统筹安排、宏观调控，以达到既充分利用水资源，发挥其最大经济效益，又避免发生不良性后果的目的。

第三，增强法制观念，以法治水。目前，国家已颁布《环境保护法》《水法》《水污染防治法》《海洋环境保护法》等有关法律，各地区也制定了一些法令、规定、实施细则等法律文件，给以法治水创造了良好条件。同时，要做到有法必依、执法必严、违法必究。

12.3.4 国家水污染治理成果显著

2013 年在全国 20.8 万 km 评价河长中，水质为Ⅳ类及劣于Ⅳ类的占 31.4%。到 2018 年，地表水水质持续改善，主要指标同比向好，全国地表水国控断面Ⅰ～Ⅲ类水体比例为 71%，劣Ⅴ类水体比例为 6.7%。国家对水污染治理高度重视，将其放在事关人民群众切身利益、事关全面建成小康社会和事关实现中华民族伟大复兴中国梦的政治高度，国务院于 2015 年 4 月 2 日颁布了《水污染防治行动计划》（简称“水十条”），对水污染沉疴下了猛药。

我国对水污染问题高度重视，2017 年更是治污关键年，这主要表现在治理项目落地达到预期治污目的、河长制纵深挺进等。

2017 年是我国水污染治理关键之年，从总体情况来看，水污染治理取得积极进展并有一定成效，主要表现在：

（1）以项目为龙头，治理项目落地整体良好

水污染治理是一个系统工程，需要一点点实实在在的治理成效的叠加才能达到整体治理效果良好，针对每个污染的具体实际采取有效治理措施是水污染治理的关键路径之一。

2017 年，我国设计和实施了一大批水污染治理项目，如对一些地表水不达标的控制单元，编制了如何达标的治理方案，针对黑臭水体开展整治工程，新（改、扩）建污水处理设施处理污水，划定畜禽养殖禁养区，关闭或搬迁禁养区内畜禽养殖场（小区），水污染治理项目相继开工建设。从整体情况来看，治理项目落地良好，基本达到了预期目的。

（2）部门协调推进，逐步建立和完善水污染治理长效机制

水污染治理涉及环保、水利、农业、财政、工业信息化、住房城乡建设、发展改革委等众多部门，部门之间的协同推进是水污染治理的重要因素。

2017 年相关部门既努力埋头做好自己分内水污染治理工作，同时部门之间相互协作，出现了分工并进“拧成一股绳”的好态势，如财政部、环境保护部等 4 部门出台

《关于加快建立流域上下游横向生态保护补偿机制的指导意见》，明确将建立地方为主、中央引导的跨省流域横向生态保护补偿机制；环境保护部联合发展改革委、住房城乡建设部、水利部印发了《关于落实〈水污染防治行动计划〉实施区域差别化环境准入的指导意见》，指导地方根据流域水质目标和主体功能区规划要求，切实从源头上推进水环境质量改善，逐步建立和完善水污染治理长效机制。

(3) 为河流找个“家长”，落实主体责任，以获得突破性进展

谁该对水污染负责，这是水污染治理过程中非常重要的问题，给河流找一个“家长”，对河流进行呵护，对于保护河流是非常重要的。

2016年12月中共中央办公厅、国务院办公厅印发了《关于全面推行河长制的意见》，在全国江河湖泊全面推行河长制，构建责任明确、协调有序、监管严格、保护有力的河湖管理保护机制，为维护河湖健康生命、实现河湖功能永续利用提供制度保障。

2017年该项工作取得了突破性进展，目前全部省级行政区、86%的地市、81%的县区、64%的乡镇已印发工作方案，各地明确省、市、县、乡四级河长近20万名，其中省级河长306名。河长制的落实，使河流保护主体责任明确，为地表水污染的治理奠定了坚实的基础。

(4) 水环境局部大有好转，整体水质持续向好

随着水污染治理逐步深入，水污染态势发生了很大变化，从总体来看，水环境由过去的局部有所好转向局部大有好转、水环境整体持续恶化向持续向好转变。

(5) 治污思路不会变

2018年、2019年国家重视水污染治理的程度不会变，严格按照“水十条”推进水污染治理思路不会变、继续从综合的角度支持水污染治理政策支持力度不会变。

经过近些年的治理，成绩显著，我国的地表水、地下水环境质量有很大提升。

12.4 水环境保护与水源地评估案例

12.4.1 专题1——济南市水环境质量控制研究

1. 研究背景

济南市素以“泉城”著称，以泉水闻名。在城区范围内，分布有四大泉群，七十二名泉，数量之多、流量之大，实属罕见。然而，由于地下水盲目、过度开采等原因，致使泉水自1975年春季开始出现断流，到2003年之前几乎年年有断流现象，尤其自1999年到2003年期间，济南泉群连续停喷936天。据不完全统计，每年由于泉水断流及水生态问题造成旅游等方面的直接损失有十几亿元。由于工业和生活废水的大量排入，小清河的生态环境遭到严重破坏。开展济南市水环境质量控制研究的目的是为改善济南市水环境质量、实现济南市水资源的合理开发和配置、促进水资源可持续利用提供科学依据。

2. 研究的主要内容

(1) 济南市区河湖水环境质量状况评价指标体系的确定、水环境等级划分；

（2）研究区水环境质量评价；

（3）不同级别的水生态环境需水量计算；

（4）研究区水环境容量计算，根据水环境容量确定污染物消减量；

（5）研究区水环境质量控制及治理的具体技术研究；

（6）研究区不同水域引水方案研究；

（7）建立水环境控制管理系统；

（8）济南市水环境污染的经济损失评价。

3. 技术路线

通过城市与水利、水利与可持续发展的关系及济南市的具体情况，提出济南市水环境质量状况的评价指标体系、评价模型及等级划分；通过研究市区水域的水生态、水环境、景观娱乐用水，确定出市区河、湖水系不同等级下的水生态环境需水量；通过各级流量、水质目标以及水质模型，确定相应的水环境容量；根据市区河流的各种水环境质量目标及水环境容量，确定出相应的引水、控污方案；根据神经网络及混沌预测方法确定南护城河补水量；借助 FLUENT 软件对湖泊水质进行模拟，并确定其引水方案；借助 GIS 及有关的计算机语言，开发与研究内容相匹配的决策管理系统。

4. 研究区基本概况

（1）地理位置

济南市是山东省的省会，位于山东省中部，地处东经 116°11′～117°44′、北纬36°01′～37°32′，是山东省的政治、经济、文化、科技、教育和金融中心，重要的交通枢纽。济南因地处古“济水”（古道为今黄河所占）之南而得名，它历史悠久，是国务院公布的历史文化名城。

（2）地形、地貌

济南市南依泰山，北跨黄河，地处鲁中南低山丘陵与鲁西北冲积平原的交接带上，地势南高北低。地形可分为三带：北部临黄带、中部山前平原带、南部丘陵山区带。济南市区南靠群山，北阻黄河，从南到北由中低山过渡到低山丘陵。市区处于泰山山脉与华北平原交接的山前倾斜平原，形成了东西长、南北窄的狭长地带。南部山区海拔 100～975m，冲沟发育切割深 6～8m，一般坡度大于 40°，山前倾斜平原海拔 30～100m，以 23%～9%的坡度向北延伸。北部为黄河冲积平原，有数处火成岩侵入成山丘，高 50～200m。

（3）水文气象

济南市地处中纬度地带，属暖温带半湿润大陆性季风气候。光热资源较丰富，多年日照时数在 2620～2690 小时，无霜期 190～215 天。多年平均气温 14.30℃，最热月在 7 月，平均 26.8～27.4℃，极端最高温 43.7℃。最冷月在 1 月，平均气温－3.2～－1.4℃，极端低温－24.5℃。冬季受西伯利亚干冷气团的侵扰，盛西北、北和东北风，天气晴冷，降水稀少；夏季因受热带和亚热带气团控制，盛西南、南和东南风，大气湿热，降水集中；春秋两季是过渡季节，风向多变，因受太行山走向和鲁中台地影响，构成西南、东北狭道，春季多西南、偏南大风，尤以 4 月为最多。

济南市多年平均降雨总量 636mm，总的分布趋势是南部多于北部，中部大于东西两端。南部中低山区年均降水为 700～750mm，中部丘陵山区年均降水为 600～

700mm，北部平原区年均降水为 550～600mm，年际变化大。因受季风影响，季节之间的降水量极不均匀。春灌期为 3 月—5 月，降水量只有 75mm，占年降水量的 12.6%。汛期为 6 月—9 月，平均降水量 467mm，占年降水量的 75.7%。秋灌期为 10 月—11 月，降水量 50mm，占年降水量的 8.1%。冬季 12 月—下年 2 月，降水量 22.2mm，仅占年降水量的 3.6%。

（4）社会经济

济南市经济增长平稳快速，增长方式发生积极转变，财政税收较快增长，新农村建设进展良好，各项社会事业加快发展，城乡居民生活水平有较大提高，就业形势稳定，社会保障体系进一步完善。全市社会经济的快速发展，为全面建设小康社会、提前实现现代化，把济南市建设成为具有泉城特色、经济实力雄厚、科技文化发达、城市功能完善的现代化省会城市奠定了基础。

（5）河流水系

济南市境内河流分属黄河流域、小清河流域和海河流域。黄河流经济南市长 183km，济南市境内黄河的主要支流有浪溪河、玉带河、汇河、青水沟、南北大沙河、玉符河，皆位于黄河右岸。其中玉符河发源于济南南部山区，在市区西部北店子汇入黄河；小清河发源于济南泉群，后于 1904 年在济南市西郊睦里庄右岸建引水闸，引玉符河水东流入小清河，小清河源头西延至睦里闸。小清河全长 237km，济南市境内长度 70.5km，流域面积 2792km^2，左右岸支流 20 余条，是济南市重要的防洪排水河道。海河流域内有徒骇河、马颊河、德惠新河三条骨干河道。其中徒骇河、德惠新河流经济南市境内。徒骇河在济南市境内流域面积 1465.9km^2，河道长度约 60km。德惠新河在济南市境内流域面积为 937km^2，河道长度约为 26.7km。

5. 主要研究成果

1）济南市主要河湖水生态环境需水量计算结果

对于济南市生态环境需水量的研究，主要范围界定在水生态系统需水量，即为维持城市地表水体特定的生态环境功能，满足水质改善、生态和谐、景观娱乐目标所需的天然水体必须储存和消耗的水量。这个水量是系统本身所固有的一个特征值，表示系统自身特定的结构特征，如植被类型、空间结构、格局配置等条件下，考虑系统的自然因子，如气候、光照、降水、风等影响因素，系统固有的生态需水阈值。济南市主要水域水生态环境需水量计算主要内容如图 12-2 所示。

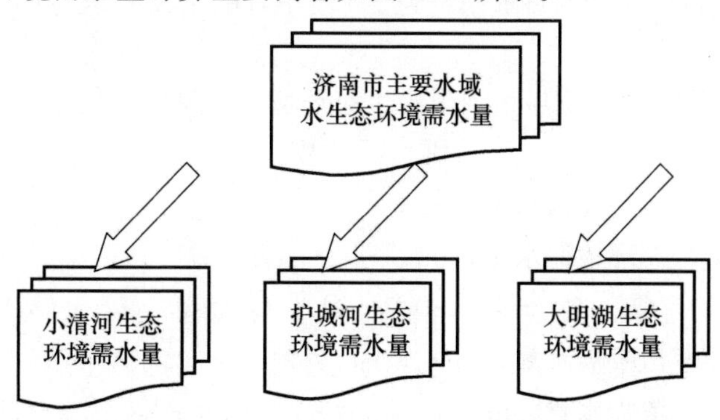

图 12-2　济南市主要水域水生态环境需水量研究范围

生态环境需水量的分类采用河流生态环境功能、需水主体和水的利用形式相结合的方法进行，其分类框架结构如图 12-3 所示。

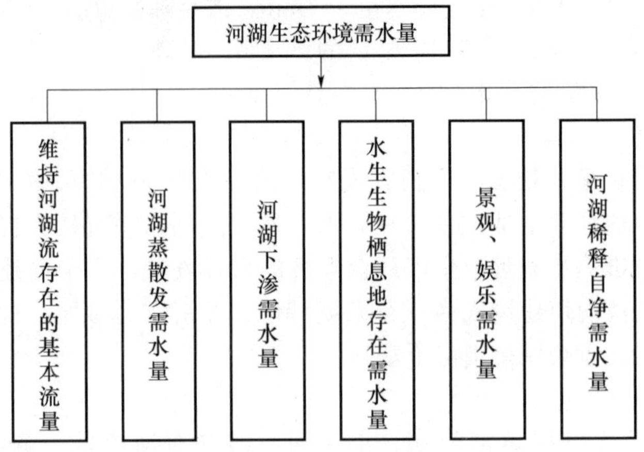

图 12-3　河湖生态环境需水量分类

从维持水域功能出发，主要将河湖生态环境需水量分为以下几种：

① 维持河湖存在的基本流量；

② 维持河湖水沙平衡的输沙需水量；

③ 保证河湖正常功能的下渗需水量；

④ 保持水体调节气候、美化景观等功能的蒸散发需水量；

⑤ 维持水（湿）生生物栖息地所需的水量；

⑥ 保持河湖系统一定的稀释净化能力的水量；

⑦ 保证河湖娱乐功能所需要的景观、娱乐用水。

各自分别计算以上各功能所需要的水量，然后采用如下优化模型计算河流生态环境需水量。

对于多目标生态环境功能要求的河道、湖泊，需要建立多目标优化分析模型，首先将其转化为各目标之加权和，然后采用单目标的优化技术，建立单目标优化模型。

由于生态环境需水量计算中存在一水多用的功能，因此在研究中可兼容部分采用最大化处理，即对有相互兼容部分的需水量，取其中较大者作为其兼容部分的生态环境需水量，将需水量较大者的贡献率定为 1，较小者的贡献率定为 0，然后对各不兼容部分加权求和。

根据最大化原则，可建立城市河道内生态环境需水量的优化分析模型，公式为：

$$W=W_r+W_l \tag{12-1}$$

式中　W_r——河流生态环境需水量，m^3；

W_l——湖泊生态环境需水量，m^3。

$$W_r=Q_{re}+Q_{rL}+\mathrm{Max}\left(Q_{rb},\ Q_{rd},\ Q_{rq},\ Q_{rJ},\ Q_{rs},\ Q_{ry}\right) \tag{12-2}$$

式中　Q_{re}——河流蒸散发需水量，m^3；

Q_{rL}——河流下渗需水量，m^3；

Q_{rb}——河流基流量，m^3；

Q_{rd}——河流稀释净化需水量，m^3；

Q_{rq}——河流水生生物栖息地需水量，m^3；

Q_{rJ}——河流景观、娱乐需水量，m^3；

Q_{rs}——河流维持水沙平衡需水量，m^3；

Q_{ry}——河流维持水盐平衡需水量，m^3。

$$W_l = Q_{le} + Q_{lL} + \text{Max}(Q_{lb}, Q_{ld}, Q_{lq}, Q_{lJ}) \quad (12\text{-}3)$$

式中　Q_{le}——湖泊蒸散发需水量，m^3；

Q_{lL}——湖泊下渗需水量，m^3；

Q_{lb}——防止湖泊萎缩需水量，m^3；

Q_{ld}——湖泊稀释净化需水量，m^3；

Q_{lq}——湖泊水生生物栖息地需水量，m^3；

Q_{lJ}——湖泊景观娱乐需水量，m^3。

（1）小清河生态环境需水量计算结果

表 12-1　小清河不同等级生态环境需水量　　单位：m^3/s

月份	最小	较小	中等	适宜	最优
1	2.32	4.48	6.98	12.67	27.84
2	2.30	4.45	6.96	12.65	27.82
3	2.50	4.66	7.16	12.85	28.02
4	2.68	4.84	7.34	13.04	28.21
5	3.00	5.16	7.66	13.35	28.53
6	2.96	5.12	7.62	13.32	28.49
7	2.88	5.03	7.54	13.23	28.40
8	2.99	5.15	7.65	13.34	28.51
9	2.97	5.13	7.63	13.32	28.49
10	2.66	4.81	7.32	13.01	28.18
11	2.43	4.58	7.09	12.78	27.95
12	2.35	4.50	7.01	12.70	27.87

（2）大明湖生态环境需水量结果

表 12-2　大明湖不同等级生态环境需水量　　单位：万 m^3

月份	最小	较小	中等	适宜	最优
1	38.3	38.3～56.7	56.7～75.1	75.1～102.7	102.7～125.7
2	45.2	45.2～63.6	63.6～82	82～109.6	109.6～132.6
3	64.5	64.5～82.9	82.9～101.3	101.3～128.9	128.9～151.9
4	85.5	85.5～103.9	103.9～122.3	122.3～149.9	149.9～172.9
5	106.4	106.4～124.8	124.8～143.2	143.2～170.8	170.8～193.8
6	90	90～108.4	108.4～126.8	126.8～154.4	154.4～177.4
7	27.6	27.6～46	46～64.4	64.4～92	92～115

续表

月份	最小	较小	中等	适宜	最优
8	27.6	27.6～46	46～64.4	64.4～92	92～115
9	53.4	53.4～71.8	71.8～90.2	90.2～117.8	117.8～140.8
10	55.4	55.4～73.8	73.8～92.2	92.2～119.8	119.8～142.8
11	42.8	42.8～61.2	61.2～79.6	79.6～107.2	107.2～130.2
12	37.9	37.9～56.3	56.3～74.7	74.7～102.3	102.3～125.3

（3）济南市南护城河生态环境需水量优化计算结果

表 12-3 济南市南护城河不同等级生态环境需水量 单位：万 m^3

月份	最小	较小	中等	适宜	最优
1	1.63	1.63～2.14	2.14～2.67	2.67～3.71	3.71～5.28
2	1.58	1.58～2.18	2.18～2.71	2.71～3.75	3.75～5.32
3	1.78	1.78～2.29	2.29～2.82	2.82～3.86	3.86～5.43
4	1.90	1.90～2.41	2.41～2.94	2.94～3.98	3.98～5.55
5	2.02	2.02～2.53	2.53～3.06	3.06～4.10	4.10～5.67
6	1.92	1.92～2.43	2.43～2.96	2.96～4.00	4.00～5.57
7	1.57	1.57～2.08	2.08～2.61	2.61～3.65	3.65～5.22
8	1.57	1.57～2.08	2.08～2.61	2.61～3.65	3.65～5.22
9	1.72	1.72～2.23	2.23～2.76	2.76～3.80	3.80～5.37
10	1.73	1.73～2.24	2.24～2.77	2.77～3.81	3.81～5.38
11	1.66	1.66～2.17	2.17～2.70	2.70～3.74	3.74～5.31
12	1.63	1.63～2.14	2.14～2.67	2.67～3.71	3.71～5.28

2）小清河水环境容量计算结果

济南城区河流可概化出如下特征：

① 河流水面宽浅；

② 污染物在较短的时间内基本能混合均匀；

③ 污染物浓度在横向方向变化不大，横向和垂向的污染物浓度梯度可以忽略；

④ 河流污染物浓度主要在河流纵向上发生变化。

根据水环境模型适用条件及上述特征，本节对小清河水环境容量计算采用一维水环境容量模型，具体公式如下：

$$W=86.4\left[C_s(q+Q_p)-C_pQ_pe^{-k\frac{l}{86.4u}}\right] \tag{12-4}$$

式中 Q_p——设计流量，m^3/s；

q——排入河段的流量，m^3/s；

C_s——水质目标值，mg/L；

C_p——上游断面污染物浓度，mg/L；

k——污染物降解系数，d^{-1}；

l——河段长，km；

u——断面平均流速，m/s。

根据小清河干流监测断面实测的水质数据及水环境质量评价结果，小清河中 COD 和氨氮是污染最普遍、最严重的两个因子，故选取 COD 和氨氮两项作为有机污染物的水环境容量计算的首选因子。

结合济南市总体规划及小清河主要的水环境功能，依据分阶段改善水质、分期达标的思路，制定 COD 和氨氮的水质目标，见表 12-4。

表 12-4　小清河水质目标　　单位：mg/L

水质指标	COD	NH_3-N
水质目标	40	2.0

根据确定的模型和参数，可以得到小清河济南市区段水环境容量，结果见表 12-5。

表 12-5　基于确定性理论的小清河水环境容量计算结果　　单位：kg/d

保证率		睦里庄—马鞍山	马鞍山—五柳闸	五柳闸—还乡店	总计
90%保证率	COD 水环境容量	3141.4	1935.4	2059.3	7136.1
	NH_3-N 水环境容量	133.1	85.3	90.3	308.7
75%保证率	COD 水环境容量	3397.1	2003.1	2125	7525.2
	NH_3-N 水环境容量	135.3	87.3	92.3	314.9

同理可求得小清河各月不同保证率下的水环境容量，见表 12-6 和图 12-4、图 12-5。

表 12-6　小清河各月各保证率下水环境容量　　单位：kg/d

月份	水质因子	90%保证率	75%保证率	50%保证率
1	COD	7765	8280.6	8961.3
	NH_3-N	319	327	338
2	COD	7698	8158.9	8806.6
	NH_3-N	318	325.6	335.2
3	COD	7517.2	7956.3	8605.1
	NH_3-N	314.8	321.7	332.3
4	COD	7517.2	7981.3	8759.8
	NH_3-N	314.8	322.4	335.2
5	COD	7891.1	8605.1	9499.4
	NH_3-N	320.7	332.4	345.1
6	COD	8456.8	9218.4	10336.8
	NH_3-N	330.1	341.2	356.4
7	COD	9962.4	11035.3	12687.1
	NH_3-N	352.8	363.9	380
8	COD	10821.3	11710.3	13299.8
	NH_3-N	361.7	370.6	385.7
9	COD	10134.7	11078.2	12209.7
	NH_3-N	353.3	364	375.9

续表

月份	水质因子	90%保证率	75%保证率	50%保证率
10	COD	8275.2	9020	10123.7
	NH_3-N	328	338.6	353.3
11	COD	7875.7	8545.8	9552
	NH_3-N	322.4	331.8	345.7
12	COD	7875.8	8426.6	9808.8
	NH_3-N	322.4	330.4	349.2

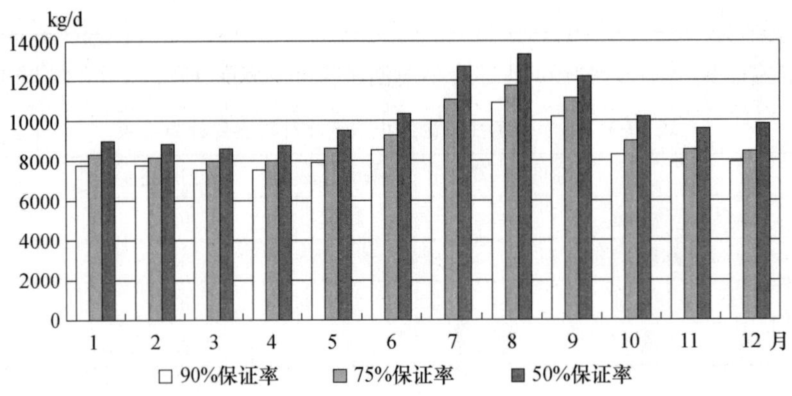

图 12-4 小清河各月不同保证率下 COD 水环境容量

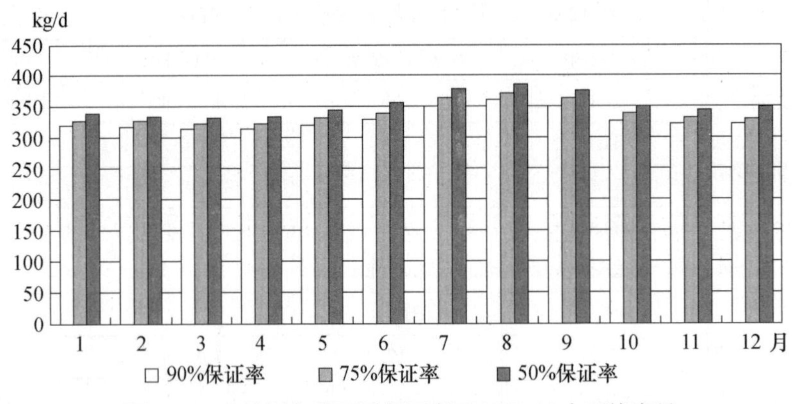

图 12-5 小清河各月不同保证率下 NH_3-N 水环境容量

3）济南市水环境控制措施及对策

为实现济南市经济的可持续发展，减轻济南市水环境压力，改善水环境质量，应采取合理的措施进行水环境治理。

（1）源头控制

① 工业废水处理

a. 宏观性控制对策：结合流域的实际工业布局，按照可持续发展的原则，以水污染防治、保护水环境和构建人与自然的相互和谐为重要战略目标，优化流域工业结构，合理进行工业布局，按照“能耗少、占地少、污染少、运量少、技术密集程度高及附加值高”的原则，降低单位工业产品或产值的排水量及污染物排放负荷，限制发展能耗大、用水多、污染大的工业。

b. 技术性控制对策：

推行清洁生产：清洁生产是将污染预防战略持续地应用于生产全过程，通过不断地改善管理和技术进步，提高资源利用率，减少污染物排放，以降低对环境和人类的危害。清洁生产的核心是从源头抓起，预防为主，生产全过程控制，实现经济效益和环境效益的统一。实施清洁生产不仅可以避免重蹈发达国家“先污染、后治理”的覆辙，而且实现了经济效益与环境效益的有机结合，能够调动企业防治工业污染的积极性。国内外污染防治经验表明：清洁生产是工业污染防治的最佳模式，是转变经济增长方式的重要措施，也是实现工业可持续发展的必由之路。

实施污染物排放总量控制：污染物排施总量控制就是以区域水环境承载能力为依据，控制区域排污总量，使污染物排放控制在区域水环境的承载能力之内，实现经济和环境的可持续发展。以往对污染物排放实行的是浓度控制，只要废污水浓度达标就可以排放，不管排放总量，这样不能从根本上遏制水污染增长趋势。因此，流域的控污必须实行污染物排放总量控制，既要控制工业废水中污染物的浓度，也要控制工业废水总的排放量。

工业废水的集中处理：工业废水的治理技术方案随工业企业的类别、废水量、废水的主要污染成分的不同而不同。其工艺技术分为活性污泥法和生物膜法两类，也有泥法和膜法结合使用以提高处理效率的组合工艺。污水处理厂应提高其处理污水效率，尽可能地对工业废水进行集中处理。

② 生活污水处理

生活污水对水环境系统危害较大。除去城市排水管网体系不健全外，最重要的原因是在城市范围内，城市居民生活污水的排放量远超过水环境系统的承载能力。因此，必须大幅度降低城市生活污水的产生量，全面推行节约用水战略。在管理上，制定城市居民节约用水管理条例和法规，加强立法监督，制定合理的生活用水及其他类用水的定额标准，定期进行水平衡测试，调整水价，实行阶梯价格或两步式价格体系，节奖超罚，获得直接的节水效果。在技术方面，加强城市供水管网的输配水工程改造，减少管网的漏损率和事故损水率；推行节水器具，实行分质供水。

（2）末端治理

① 底泥治理

a. 外源污染物控制：外源污染物大量输入是造成湖体富营养化水体表层底泥污染的主要原因，从长远来看，要想从根本上控制湖泊水体的富营养化，应该首先着重减少或者截断外部营养物质的输入。要控制水体富营养化，根据利比希最小定律，必须对限制富营养化的极限物质如氮和磷进行控制。

b. 原地处理技术：原地处理技术是在原地利用物理化学或生物的方法减少受污染底泥的容积，减少污染物的量或降低污染物的溶解度、毒性或迁移性，并减少污染物的释放控制和修复技术。目前，原地处理技术主要有底泥氧化技术、覆盖技术、上覆水充氧技术等。

c. 生态疏浚技术：生态疏浚主要是将高营养盐含量的表层沉积物质，包括沉积在底泥表面的悬浮、半悬浮状的由营养盐形成的絮状胶体或休眠状态的活体藻类或藻类残骸、动植物残体等清除。根据湖泊生态规律以及我国经济发展水平，湖泊清淤一般由污染最严重的区域向全湖展开。此外，通过生态疏浚技术，还可将底泥资源化。底泥可用于土地利用、建筑材料，利用底泥建立湖滨绿化带，美化环境，保护水体水质，填地造景，开发旅游资源，建设公共活动场所等。

d. 底泥污染的生物修复：生物修复技术是利用生物体主要是微生物来降解环境污染物，消除或降低其毒性的过程。它是传统的生物处理方法的延伸，其新颖之处在于它治理的对象是较大面积的污染。生物修复主要是利用生物的自然净化能力，或者强化生物体的某些特定作用来把环境中污染物的浓度降低到安全范围以下。

② 生物操纵技术

生物操纵理论，即主要通过去除浮游生物食性鱼类或添加肉食性鱼类来降低浮游生物食性鱼的数量，调控浮游动物的群落结构，促进滤食效率高的植食性大型浮游动物，特别是枝角类的发展，从而提高浮游动物对浮游植物的摄食效率，最终减少浮游植物生物量，这种方法也被称作食物网操纵。

a. 控制肉食性鱼类或浮游生物食性鱼类。经典的生物操纵理论、营养级联反应、上行/下行理论在具体应用时多用化学方法毒杀、电捕、垂钓等方法减少 50%～100% 的浮游生物食性鱼，或者高密度放养肉食性鱼类来减少浮游生物食性鱼类，促进大型浮游动物和底栖食性鱼类（可摄食底栖附生生物和浮游植物）的发展。

b. 放养滤食性鱼类。非经典生物操纵理论认为直接投加滤食性鱼类也能起到很好的效果，因为滤食性鱼类不仅滤食浮游动物，有的也能滤食浮游植物。

c. 引种大型沉水植物。研究表明，通过合理的生物操纵，重建大型沉水植物，利用植物及微生物与环境之间的相互作用，通过物理吸附、吸收和分解等作用，能够建立有效的浮游动物种群，从而控制浮游植物的过量生长，净化水体。

d. 直接投加浮游动物。通过浮游动物的摄食（下行作用），可以达到直接控制浮游植物的目的。针对不同的水体，筛选可控制优势种藻类的浮游动物直接投加。

e. 投加细菌。细菌不仅可以分解有机物，而且可以作为浮游动物的食物。因此，细菌在藻类不足或可食性藻类短缺时，起到稳定维持浮游动物食物网的作用，防止因食物不足而引起浮游动物生物量下降的情况。

中山大学李雪梅（2000）等曾对有效微生物群控制富营养化湖泊蓝藻做了研究。结果表明：有效微生物群对透明度、叶绿素 a 含量的改善有明显的效果，可有效抑制藻类的生长，防止水华的发生。

③ 化学净化方法

向污染物投放化学试剂，一方面可以促使水体中的污染物质沉淀，净化水质，另外有些试剂还有杀灭藻类的作用。

a. 无机盐类的絮凝作用：在切断污染后，可采用化学法向水体中投加一定量的化学物质如 $CaCO_3$、$Ca(OH)_2$、$Ca(NO_3)_2$ 等，通过絮凝沉淀，达到除磷的目的。这些物质虽然对环境无危害作用，但是絮体的沉积会增加湖底底泥的厚度，影响湖底生态平衡，不利于从根本上改善水环境。

b. 化学抑藻或杀藻：向水面上喷洒 5～10μg/L 的 $CuSO_4$ 溶液或是用氯系列来杀藻，可以得到很好的效果，这是小水体快速治理的有效方法。但是化学药剂投入量的多少会直接影响水生动植物的生长，如鱼类对水体中 Cu^{2+} 的含量有一定的要求，Cu^{2+} 的浓度大于 0.01mg/L 就会使鱼类中毒死亡。并且化学药剂费用昂贵，不便于大规模推广应用。

由于化学净化水体水质没有从根本上将污染物质降级或移出水生态系统，容易带来二次污染，所以这种方法一般仅作为应急措施使用。

④ 清淤及曝气复氧

a. 清淤：城市河湖不仅水体污染严重，底泥也受到严重的污染。因此即使其他水污染源得到控制，底泥仍会使水体受到二次污染，所以清除底泥也是城市河湖污染治理的重要手段。但清淤工程量巨大，费用昂贵。

b. 曝气复氧：曝气复氧可以改善污染水体的缺氧状况，增强水体的自净能力，改善水质，同时使水体有一个适宜好氧微生物生存的环境，有助于湖泊生态系统的恢复。但是曝气复氧工程的能耗较大，运行费用较高。

（3）城市径流面源污染物的控制

城市暴雨径流中包含有大量的污染物，使得其初期径流产生的污染负荷远高于城市生活污水。因此，由面源污染引起的水环境污染已成为当前城市水环境综合治理中亟待解决的主要问题之一。

① 生态型小区径流污染控制

小区建设是城市建设发展的重要组成部分，在城市规划建设中占有很重要的位置。如果在城市化过程中注意控制小区的径流系数，城市总径流系数则能保持不变，径流量也能保持稳定，相应的径流污染总量就能得到控制。小区的地表主要由屋面、路面和绿地组成。其中屋面与路面是主要的不透水地表，是径流的产生区。因此小区的径流污染控制要结合绿地，以促渗、过滤和景观回用为主。小区排水系统的建设要充分利用绿地的渗水功能以及通过对绿地基层的改造，构建新型的生态雨水排放系统。

② 城市道路径流污染的控制

城市道路是城市不透水地表的主要组成，而且由于人类和交通活动频繁，径流污染严重，特别是初期径流污染严重。城市道路径流污染的控制是城市地表径流污染控制的重要部分。但是在控制城市道路径流污染的过程中，可利用的土地资源紧张，因此充分利用道路绿地，控制径流污染，尤为重要。对道路径流污染控制的策略是控制初期径流污染，对径流采取过滤净化后排放。

（4）管理措施

① 强化城市水环境保护意识

生态文化是先进文化的重要组成部分，其主要任务是培养生态意识和水环境保护意识，规范和强化生态行为，建立完善的法规体系和管理体制。通过普及生态科学知识和生态教育，培育和引导体现物质文明、精神文明、生态文明的生产方式和消费行为，形成爱护和保护资源与环境的生态价值观念。

要强化全社会的城市水环境保护意识，加强宣传教育。提高保护城市水环境意识是解决城市水环境进一步恶化的一个重要举措，要充分利用各种媒体和有效形式宣传、普及保护城市水环境知识，强化生态意识和环境意识。在提倡物质文明和精神文明的同时，提倡生态文明。普及生态知识，使全社会对生态城市的重要性有一定的认识。在农村尤其要加强对农民进行有关施用农药、化肥、节水灌溉等方面的科技教育。

通过水环境保护意识的培养，提高全社会的水环境保护文明程度。要不断培养和提高民众、管理者与决策者的资源意识、环境意识、可持续发展和全面发展意识，积极倡导生态价值观、生态伦理观和生态美学观，在全市上下形成自觉保护资源和环境，主动参与生态城市建设的良好氛围。倡导体现生态文明的生产生活方式，使保护生态环境和绿色消费逐步成为人们的自觉活动。扩大公民对环境保护的知情权、参与权和监督权，促进环境保护和生态建设决策的科学化、民主化。鼓励社会团体和公民积极参与农村水环境建设，加强环保法律、政策和技术咨询服务，扩大和保护社会公众享有的环境权益。鼓励非政府组织参与循环经济政策研究和技术推广，开展社会宣传等社会公益活动，充分发挥中介机构在城市水环境建设中的作用。

通过各种形式和途径，广泛地宣传城市水环境法规，使人们（尤其是各企业领导）的水环境意识真正得到提高，并进一步增强法制观念和治理污染、保护城市水环境的责任感和自觉性。要教育地方政府的领导干部统一思想、统一认识，认真执行环保法规，帮助他们摆正经济建设与环境建设的关系，克服那种以牺牲环境为代价去换取一时经济效益的错误做法，从而切实转变地方政府行为。同时建立健全地方领导干部环保工作实绩制度，将考核结果与领导班子的调整，干部的升降、奖惩挂起钩来。地方环保部门要进一步完善城市企业的环境目标责任制，并加强考核工作，以此促进城市企业健康有序地发展。采取各种措施对政府机关、企业管理人员和决策者进行生态建设、循环经济、清洁生产等方面知识的培训，树立协调发展、全面发展和可持续发展的科学发展观。

② 提高城市水环境管理水平

水资源的自然属性和经济属性决定了水利管理体制的目标是在流域水资源统一管理的前提下，建立政府宏观调控、流域民主协商、市场机制引导和用水户参与管理的管理机制和运行模式，推进区域涉水事务一体化管理。根据水利管理体制改革的目标，水行政主管部门要进一步强化资源管理和公共服务，在推动市场机制发育的基础上，履行经济调节和市场监管的职能。

a. 提高思想认识，抓好几项工作。与洪灾、旱灾不同，受污染的水通过多种方式作用于人体和环境，其影响的范围大、历时长，但其表现却相对缓慢，使人失去警觉。所以，企业可持续发展战略应建立在以源头控制为主的综合防污减灾政策体系基础上。首先，各级政府要达成共识，大力宣传城市水环境保护的深远意义，让广大群众意识到城市水环境保护是与自身利益休戚相关的大事情；其次，重点抓以下几点：通过治污、节水、引水、清淤、水生态系统修复等综合措施，先维持现状使水资源质量不再恶化，然后，以水域纳污能力总量控制为基础，强化现状污染源治理，严格控制新污染源，从根本上改善流域水环境质量；大力推行以清洁生产为代表的污染预防政策，淘汰物耗能耗高、用水量大、技术落后的产品和工艺，在生产过程中提高资源利用率，削减污染排放量；规范一切水事活动，加强点源、面源和内源污染的综合治理政策；实行取水许可证制度，同时，考虑排水的水环境承载能力，研究和认定排水的许可，不仅要考虑水源的充足性，还要考虑排污造成的后果；开发推广较低成本的污水处理技术，例如生物-生态修复技术。

b. 几点基本对策。严格执行国家产业计划；制定区域发展与环保对策，实施分区域、分行业、有重点的管理，实行水资源从源头供水、输水、配水到污水处理及其回用等全过程一体化管理；建设企业工业小区，实行污染集中管理控制；围绕经济结构战略性调整的总任务、总目标和总要求，做好水利发展总体规划和水环境保护规划，调整产业结构和产品结构，大力发展清洁生产企业；建立环境准入制度，严格执行环境影响评价制度。

c. 建立企业环保设施运营新机制。大多数企业沿用的还是计划经济体制下的运行管理办法，出现“建得起、运行不起”的问题，已经不适应市场经济的要求。因此，必须建立一种与市场经济相适应的运行机制，使污染治理设施运营走专业化、物业化管理的路子。这有利于提高治理设施运行管理水平和调动社会公众参与环保的积极性，有利于多方拓宽筹资渠道和环保部门对治理设施运行状况的监督管理，从而更好地发挥环保投资效益。国家环保总局颁布的《环境保护设施的运营资质认可管理办法》，标志着在环保设施走向市场化方面迈出了重要的一步。因此，要积极探索社会主义市场经济条件下环保设施运营的新思路、新方法、新模式，稳步推进环保设施服务化经营，使环保设施的运营管理逐步进入规范化、专业化、市场化的良性运行轨道。

d. 发展循环经济、建立综合决策机制。从实现区域经济可持续发展的角度来看，必须改变传统的“资源—产品—污染”的经济运行方式，而实现“资源—产品—再生资源”的循环经济发展模式，从而实现最小化使用资源，最大化提高资源利用效率和减量化排放污染。对沿江、沿河等各种国家和地方资源开发建设规划和相关的经济政策，应充分考虑城市水环境保护与建设的需要，进行水环境影响评估。分析和掌握工程建设对全流域水生态平衡的影响，落实防治责任与措施。要通过科学的论证和评估，实行农村水环境保护一票否决制度。在国家有关部门统一领导下，各部门密切协作，彻底纠正“一家治理、多家破坏”的现象。增加和扩大流域水土保持重点治理的范围，重点是产沙区，也可考虑建立“水土保持特区”。

e. 加强法制建设和执法力度。以 1988 年《水法》的颁布为重要标志，我国已初步建立了水资源管理的法律体系和管理体制，形成了以《水法》《水土保持法》《水污染防治法》《防洪法》等为主的水法律体系，形成了国务院水行政主管部门—流域机构—地方水行政主管部门为主的水管理体制，依法确立了水资源权属统一管理与开发利用产业管理相分开的原则，逐步建立了水资源统一管理与分级管理相结合、流域管理与行政区域管理相结合的水资源管理制度，水资源统一管理的格局已在全国范围内基本形成。必须从法制、体制、机制、规划、能力建设、公众参与等方面推进水资源统一管理，加大保护城市水环境的力度，明确政府、企业、用水户等各方在水资源管理中的责任，优化配置和高效利用有限的水资源，将济南市保护城市水环境的各项目标落实到位。

f. 利用财税杠杆促进城市水环境保护。确定城市水环境保护方针，加强城市水资源和水环境保护。在加强水利基础设施建设的同时，应当加大城市水环境保护与建设的力度，增加城市水环境保护的投入，解决城市水环境保护严重滞后的问题。

要把治理城市水环境纳入国民经济发展计划，建立保护城市水环境发展基金。改革投融资方式，拓宽投融资渠道，多层次、多渠道、多元化筹集建设资金。根据污染者负担原则制定水污染补偿政策，以促进节约用水，促使各单位筹集专项资金治理水污染。

借鉴国际经验制定符合中国国情和济南市实际情况的城市水环境保护财税政策（如财政补贴、低息贷款或融资、税收优惠政策、奖励政策等）；通过征税和财政补贴等政策治理城市水环境污染。城市水环境污染从本质上讲是一个经济问题，政府应采用有效的经济手段来进行控制。分析表明，同其他方法相比较，政府征税具有其独特的优越性，它既不破坏市场机制的运行，又符合公平效率原则，是综合治理城市水环境污染的最有效手段。环保税收有两手：一手是征收；另一手是奖励。两手都要抓，两手都要硬。对大量消耗资源、排放污染物的有关企业和个人，要不断加大环境税的征收力度，以促进其减少资源消耗，加大污染治理；对污染严重的企业必须征收高额的“污染物弃置费”，以便建立“公共污染物治理基金”。对于参与资源综合利用的单位除税收优惠和财政补贴外，对技术开发成绩优异的单位及个人，应给予大力嘉奖。采用以政府补贴形式置换农民一部分土地，在被保护水域与农田之间建设植被缓冲带，对植被缓冲带的土地给予适当的财政补贴，这样可以实现城市水环境治理和维护市民利益“双赢”的目标。

济南市应根据国家的相关政策、法规及具体情况，建立多元化的城市水环境保护投融资体系及财税政策。

g. 转变思想观念，研究投入机制。对城市水环境保护与治理工作要加强统一领导、统一管理。将生态环境建设重点项目优先纳入国民经济社会发展计划和财政预算，并逐年增加政府对城市水环境建设的投入。调整财政投入结构和投入方式，充分发挥公共财政在生态建设和环境保护方面的引导作用，采取建立政府引导资金、政府投资的股权收益适度让利、财政贴息、投资补助和安排前期经费等手段，使社会资本对生态建设投入能取得合理回报，推动生态建设和环保项目的社会化运作。

经过多年的探索和实践，我国对水问题的性质和水利建设的投资政策基本上已经明确。水既是基础性的自然资源，又是战略性的经济资源，既具有公益性，又具有经营性。在满足人的基本用水需求、解决农村人口饮水困难和防洪等方面，作为公益性事业，主要发挥公共财政的作用；把灌区建设等事业作为准公益性的事业，公共财政给予一定的补贴；对于城市供水、水力发电等，作为可经营性的产业来办，主要依靠市场机制；对城市水环境保护与治理，应足额安排新建、扩建、改建项目的环境污染防治资金，应作为公益性事业，主要也应依靠公共财政的作用。建立多元化的投融资机制，多渠道筹措资金。采取政府引导、社会投入、市场运作的方式，鼓励国内外企业、社会和民间资金投入城市水环境建设。改革城镇污水、垃圾处理投资、建设和运营体制。按“资源有偿使用”原则，完善资源的开发利用、节约和保护机制，对重要自然资源征收资源开发补偿费。对所征收的资源与环境补偿费用，集中管理并真正用于生态环境建设中。

近年来，我国政府大幅度增加了水利建设与水环境治理的投入，取得了举世瞩目的伟大成就。今后，我国要实现全面建设小康社会的宏伟战略目标，还必须解决洪涝灾害、水资源短缺、水污染严重和水土流失等问题，城市水环境保护与治理的任务十分艰巨，其投资需求也很大。应该在国家宏观经济政策的框架下，认真研究城市水环境保护与治理的投资机制，在增加投入、建立良性发展机制上下工夫。进一步研究公共财政的投入方式，积极运用市场机制增加投入，建立合理的污水水价形成机制，依靠政策、通过改革增加城市水环境保护与治理的投入。

为反映经济发展过程中资源与环境成本，研究建立绿色国民经济核算体系，使国民经济的发展能不断地对生态环境与资源进行必要补偿，引导人们从单纯追求经济增长逐步转到注重经济、社会、环境和资源协调发展上来。

h. 水质监测站网规划。水质监测站网规划是水资源规划保护的重要组成部分，是监督并保证水资源保护规划方案实施的重要手段。水质监测站网是收集水质监测信息，开展水质监测、调查、评价、预测、预报等工作的基础。站网建设应结合水资源管理与保护、水功能区管理的要求，不断调整、补充和完善。同时要跟踪了解水质监测技术的发展，将先进的监测仪器运用到检测分析中，拓宽检测范围，不断提高水质监测结果的精度和准确性。水质站网的规划与建设只有做到既满足长期积累水质资料，进行水资源和水质评价、水质趋势分析和水的长期供求计划的需要，又能及时掌握水质变化动态，进行水质预警预报，为水资源管理、水环境保护、工农业生产和城乡供水服务，才能适应新世纪水资源保护与可持续利用的要求，从而更好地为水资源、环境与经济、社会的发展相互协调，逐步走上可持续发展的轨道提供优质服务。

i. 引入水质预警机制。预警系统是根据对预兆的识别，预先对某种长期或突发性事故进行预先警报的系统。对环境质量而言，预警就是指当自然力或人类活动作用于环境时，对环境变化进行监测、分析、评价并确定其变化趋势及速度的动态过程后做出预测与报警，并提出相应的应急方案和防治对策。水质预警是指在一定范围内，对一定时期的水质状况进行分析、评价，对水环境发生的影响变化进行监测、分析，并对其容量进行评价，通过生态环境状况和人为行为的分析，对其发生及其未来发展状况进行预测，确定水质的状况和水质变化的趋势、速度以及达到某一变化限度的时间等，预报不正常状况的时空范围和危害程度，按需要适时地给出变化或恶化的各种警戒信息及相应的综合性对策，即对已出现的问题提出解决措施，对未出现或即将出现的问题给出防范措施及相应级别的警戒信息。

12.4.2　专题2——水源地评估

以山东省淮河流域重要饮用水水源地安全保障达标建设评估（2015年）为例进行介绍。

1. 项目背景意义

饮水安全问题是关系国计民生的重大问题，事关经济社会可持续发展和稳定大局，关系到人民群众的切身利益。要确保饮水安全，必须首先确保饮用水水源地安全。然而，在我国加快推进现代化进程中，随着水资源开发利用程度不断加大，水体污染问题面临严峻的挑战。党中央、国务院高度重视饮用水安全问题，《中共中央国务院关于加快水利改革发展的决定》（中发〔2011〕1号）明确要求加强水源地保护，提出到2020年“城乡供水保证率显著提高，城乡居民饮水安全得到全面保障”，“主要江河湖泊水功能区水质明显改善，城镇供水水源地水质全面达标”的目标。《国务院关于实行最严格水资源管理制度的意见》（国发〔2012〕3号）中专门将加强饮用水水源保护作为加强水功能区限制纳污红线管理的一项重要内容，强调“各省、自治区、直辖市人民政府要依法划定饮用水水源保护区，开展重要饮用水水源地安全保障达标建设”。

水利部将保障饮用水安全作为重中之重。为进一步贯彻中央一号文件要求，加强饮用水水源地的保护和监督管理，水利部组织编制完成了《全国城市饮用水水源地安全保障规划（2008—2020年）》（水规计〔2010〕170号），先后核准公布了三批全国重要饮用水水源地名录，并印发各省级人民政府实施。2011年6月，水利部印发了《关于开展全国重要饮用水水源地安全保障达标建设的通知》（水资源〔2011〕329号），要求对已列入全国重要饮用水水源地名录的175个水源地，开展以“水量保障、水质合格、监控完备、制度健全”为目标的达标建设工作，并于2015年前完成。为进一步做好有关工作，2012年7月，水利部又印发了《关于做好2012年度全国重要饮用水水源地达标建设有关工作的通知》(水资源〔2012〕276号)，要求省级水行政主管部门做好年度达标建设相关工作，流域管理机构加强流域达标建设工作检查与指导。

饮用水水源地安全保障作为生态文明建设的一项重要内容，是确保饮水安全和健康生活质量的首要条件，是贯彻落实党的十八大精神、构建和谐社会主义社会的具体体现，也是落实最严格的水资源管理制度，实现流域经济又快又好发展的必要前提。本项目通过对淮河流域重要饮用水水源地安全保障达标建设情况进行评估，以便及时掌握淮河流域重要饮用水水源地水质、水量等状况，为全面提高淮河流域饮用水安全的保障水平提供技术依据，项目的实施将对确保流域饮水安全、保证流域人民身体健康具有重要意义，经济、社会、生态效益显著。

2. 工作内容

根据全国重要饮用水水源地安全保障达标建设有关要求，山东省辖淮河流域青岛棘洪滩水库水源地、淄博淄河地下水源地、烟台门楼水库水源地、青岛大沽河水源地、潍坊峡山水库水源地、青岛产芝水库水源地6个重要饮用水水源地，安全保障达标状况评估主要工作内容如下：

(1) 收集整理山东省辖淮河流域列入水利部公布的全国重要饮用水水源地名录的6个淮河流域重要饮用水水源地基本情况资料，主要调查内容：

① 水源地基本情况调查。包括核准水源地名称、位置，调查取用水基本情况，供水城市及规模等。

② 水量达标状况。包括水源地供水保证程度、饮用水优先满足调配方案、供水设施运行安全、应急备用水源等调查和评估。

③ 水质达标状况。包括水源地水质保护、有无入河排污口、区域综合整治等调查和评估。

④ 安全监控体系达标情况。包括水源地自动在线监控设施、巡查制度、监测机制和应急监测能力、信息管理系统等调查和评估。

⑤ 管理体系达标情况。包括饮用水水源保护区划分情况、管理规章制度、预警和联动机制、应急预案，以及安全保障体系等调查和评估。

(2) 对饮用水水源地供水保证程度、供水设施运行安全等水量达标情况，饮用水水源地水质达标情况，饮用水水源地突发性污染事件应急能力等安全监控体系达标情况，应对突发性水污染事件、洪水和干旱特殊条件下供水保障的应急预案等管理体系情况进行调查和评估。

(3) 按照《全国重要饮用水水源地安全保障评估指南(试行)》(2015年4月)、《淮河流域重要饮用水水源地安全保障评价技术规定(试行)》(2015年4月)要求，分别对各水源地的水量、水质、监控设备、管理体系进行安全达标评价，并得出每个水源地的安全综合评价结论。对于综合评价不达标的水源地或综合评价虽达标但个别调查评估内容不合要求的水源地，按照“一地一策”原则提出完善和优化建议。

(4) 对山东省列入水利部公布的全国重要饮用水水源地名录的6个淮河流域重要饮用水水源地2011—2015年水源地安全保障达标建设工作进行全面总结，总结取得的经验，分析存在的问题，并提出下一步保护工作的意见和建议。

3. 饮用水水源地安全保障达标评估方法

全国重要饮用水水源地安全保障评估指标体系共分为 4 个一级指标和 25 个二级指标。评估体系的具体内容见表 12-7。

表 12-7　全国重要饮用水水源地安全保障评估指标体系

一级指标	二级指标	评估标准
水量评估	年度供水保证率	年度供水保证率达到 95%以上
	应急备用水源地	建立重要城市应急备用水源地；备用水源能够满足特殊情况下一定时间内生活用水需求，并具有完备的接入自来水厂的供水配套设施
	水量调度管理	流域和区域调度中，应有优先满足饮用水供水要求的调度配置方案，确保相应保证率下取水工程正常运行的水量和水位； 制定特殊情况下的区域水资源配置和供水联合调度方案，建立特枯年或连续干旱年的供水安全储备
	供水设施运行	供水设施完好，取水和输水工程运行安全；取水口处河势稳定；地下水水源地采补基本平衡，长期开采不产生明显的地质和生态环境问题
水质评估	取水口水质达标	地表水饮用水水源地取水口能够按照《地表水环境质量标准》（GB 3838）规定的基本项目和补充项目进行监测，每月至少监测 2 次，并且水质达到或优于《地表水环境质量标准》（GB 3838）Ⅲ类标准； 地下水饮用水水源地能按照《地下水质量标准》（GB/T 14848）水质监测指标进行监测，每月至少监测 1 次，并且供水水质达到或优于《地下水质量标准》（GB/T 14848）Ⅲ类标准
	封闭管理及界标设立	一级保护区内有条件的地方应实行封闭管理；保护区边界设立明确的地理界标和明显的警示标志；取水口和取水设施周边设有明显的具有保护性功能的隔离防护设施
	入河排污口设置	在饮用水水源保护区内禁止设置排污口
	一级保护区综合治理	饮用水水源地一级保护区内，没有与供水设施和保护水源无关的建设项目；没有从事网箱养殖、畜禽饲养场、旅游、游泳、垂钓或者其他可能污染饮用水水体的活动
	二级保护区综合治理	二级保护区内，无排放污染物的建设项目；从事网箱养殖、畜禽饲养场、旅游等活动的应按规定采取措施防止污染饮用水水体；
	准保护区综合治理	准保护区内，没有对水体产生严重污染的建设项目，没有危险废物、生活垃圾堆放场所和处置场所
	含磷洗涤剂、农药和化肥等使用	保护区内采取禁止或限制使用含磷洗涤剂、农药、化肥以及限制种植养殖等措施
	交通设施管理	保护区范围内有公路、铁路通过的，交通设施应建设和完善桥面雨水收集处置设施与事故环境污染防治措施，在进入保护区之前应设立明显的警示标志
	植被覆盖率	一级保护区内适宜绿化的陆域，植被覆盖率应达到 80%以上，二级保护区内适宜绿化的陆域植被覆盖率应逐步提高

续表

一级指标	二级指标	评估标准
监控评估	视频监控	实现对饮用水水源地安全的全方位监控。管理部门建立自动在线监控设施，对饮用水水源地取水口及重要供水工程设施实现24小时自动视频监控
	巡查制度	建立巡查制度，饮用水水源一级保护区实行逐日巡查，二级保护区实行不定期巡查，做好巡查记录
	特定指标监测	地表水水源地按照《地表水环境质量标准》（GB 3838）规定的特定项目，每年至少进行1次定期排查性监测； 湖库型饮用水水源地，还应按照《地表水资源质量评价技术规程》（SL 395）规定的项目开展营养状况监测； 地下水饮用水水源地应按照《地下水监测规范》（SL 183）的有关规定，对水位和采补量进行定期监测
	水质水量在线监测	取水口附近水域具有水质水量在线监测系统
	信息监控系统	具备水量、水质、水位、流速等水资源监测信息采集、传输和分析处理能力，建立饮用水水源地水质水量安全监控信息系统
	应急监测能力	加强针对突发污染事件及藻华等水质异常现象的应急监测能力建设，具备预警和突发事件发生时，加密监测和增加监测项目的应急监测能力
管理评估	保护区划分	完成饮用水水源保护区划分，报省级人民政府批准实施
	部门联动机制	建立水源地安全保障部门联动机制，实行资源共享和重大事项会商制度
	法规体系	制定饮用水水源地保护的相关法规、规章或办法，并经批准实施
	应急预案及演练	制定应对突发水污染事件、洪水和干旱等特殊条件下供水安全保障的应急预案； 每年至少开展一次应急演练，建立健全有效的预警机制； 建立应对突发事件的人员、物资储备机制和技术保障体系
	管理队伍	重要饮用水水源地的管理和保护应配备专职管理人员，落实工作经费； 加强技术人员培训，提高监测能力和水平
	资金保障	建立稳定的饮用水水源地保护资金投入机制

根据饮用水水源地类型，将水源地分为湖库型、河道型和地下水型三种类型。饮用水水源地安全保障评估指标分值及评估方法如下：

（1）水量保障

水量保障评估共4项二级指标，满分30分。水量保障评估指标分值及评估方法详见表12-8。

表 12-8　水量保障评估指标分值及评估方法

一级指标	二级指标	分值	评估方法	档案材料或说明
水量评估	年度供水保证率	14	年度供水保证率达到 95%以上的，得 14 分	[湖库型水源地、河道型水源地] 对于供水保证率达到 95%以上的，提供年度来水量（包括调水水量）及设计枯水年来水量数据；对于供水保证率低于 95%的，应说明原因和拟采取的措施等。[地下水型水源地] 对于供水保证率达到 95%以上的，提供年度供水量及可开采量数据；对于供水保证率低于 95%的，应说明原因和拟采取的措施等
			年度供水保证率不能达到 95%的，得 0 分	
	应急备用水源地建设	8	供水城市建立应急备用水源地，并能满足一定时间内生活用水需求，并且具有完善的接入自来水厂的供水配套设施的，得 8 分	已建立备用水源地的，提供备用水源地建设相关批复文件、设计规模、运行情况以及配套供水设施的相关设计文件、现场照片等材料；如供水储备或配套供水设施不完善的，应说明原因及主要影响，同时说明相关补救措施；对于尚未建设应急备用水源地的，应说明原因
			已建立应急备用水源地，但供水储备和供水配套设施有一项不完善的，得 6 分	
			已建立应急备用水源地，但供水储备和供水配套设施均不完善的，得 3 分	
			没有建立应急备用水源地的，得 0 分	
	水量调度管理	4	流域和区域供水调度中有优先满足饮用水供水要求，能确保相应保证率下取水工程正常运行所需水量和水位要求的，并且制定了特殊情况下的区域水资源配置和供水联合调度方案，并经批准实施的，得 4 分	流域和区域供水调度中有优先满足饮用水供水要求的，建立水量、水位双控制指标的，提供该调度配置方案；没有相关调度配置方案的，说明对实际供水是否产生不利影响等。已经编制特殊情况下的区域水资源配置和供水联合调度方案，并经批准实施的，提供该方案，说明供水安全储备情况；没有制定特殊情况下的区域水资源配置和供水联合调度方案的，应说明原因
			流域和区域供水调度中有优先满足饮用水供水要求，但没有制定特殊情况下的区域水资源配置和供水联合调度方案的，得 2 分	
			有特殊情况下区域水资源配置和供水联合调度方案，但流域区域供水调度中没有优先满足饮用水供水要求的，得 1 分	
			两者均没有的，得 0 分	

续表

<table>
<tr><th>一级指标</th><th>二级指标</th><th>分值</th><th>评估方法</th><th>档案材料或说明</th></tr>
<tr><td rowspan="3">水量评估</td><td rowspan="3">供水设施运行</td><td rowspan="3">4</td><td>供水设施完好，取水和输水工程运行安全的，得4分</td><td rowspan="3">［湖库型水源地、河道型水源地］供水设施完好，取水和输水工程运行安全的，应说明主要供水设施的名称、地点、规模、建设及改扩建时间等信息，提供供水设施相关照片、检修记录等材料；取水设施、输水设施偶尔出现事故影响供水，经过抢修后能够安全运行的，应简要说明事故经过、影响、补救措施等；对于安全隐患较严重的，说明理由。
［地下水型水源地］供水设施完好，应说明主要供水设施的名称、地点、规模、建设及改扩建时间等信息；取水设施、输水设施偶尔出现事故影响供水，经过抢修后能够安全运行的，应简要说明事故经过、影响、补救措施等。
地下水采补基本平衡，提供5年系列的水位和取水量数据、图表等相关证明材料；轻度超采，提供超采率；地下水严重超采的，说明原因</td></tr>
<tr><td>取水设施、输水设施偶尔出现事故影响供水，经过抢修后能够安全运行的，得2分</td></tr>
<tr><td>取水设施、输水设施经常出现生产事故，影响供水的，得0分</td></tr>
</table>

（2）水质保障

水质保障评估共9项二级指标，满分40分。水质保障评估指标分值及评估方法详见表12-9。

表12-9　水质保障评估指标分值及评估方法

<table>
<tr><th>一级指标</th><th>二级指标</th><th>分值</th><th>评估方法</th><th>档案材料或说明</th></tr>
<tr><td rowspan="2">水质评估</td><td rowspan="2">取水口水质达标率</td><td rowspan="2">20</td><td>［湖库型水源地、河道型水源地］取水口水质全年达到或优于Ⅲ类标准的次数不小于80%的，监测频次达到每月至少2次，且监测项目达到《地表水环境质量标准》（GB 3838）中规定的基本项目和补充项目的，得20分
［地下水型水源地］取水口水质全年达到或优于Ⅲ类标准的次数不小于80%的，监测频次达到每月至少1次，且按照《地下水质量标准》（GB/T 14848）中规定的监测项目开展监测的，得20分</td><td rowspan="2">［湖库型水源地、河道型水源地］应按年度提供每月水质监测报告，监测两次的取两次平均值，全年按频次法进行水质达标评价，达标次数不小于80%的为达标，否则为不达标。提供水质监测单位资质情况。
供水水质（基本项目和补充项目）低于《地表水环境质量标准》（GB 3838）Ⅲ类标准的，应对水质不达标的原因进行分析，并就所采取的防治措施进行说明；未采取有效措施，供水水质未明显改善或存在继续恶化风险的，应说明原因。
［地下水型水源地］应按年度提供每月水质监测报告，监测两次的取两次平均值，全年按频次法进行水质达标评价，达标次数不小于80%的为达标，否则为不达标。
对于背景情况影响水质，但满足水厂要求的，可以不参评。提供水质监测单位资质情况。
水质低于《地下水质量标准》（GB/T 14848）Ⅲ类标准的，应分析原因，并就所采取的防治措施进行说明</td></tr>
<tr><td>以上任一条件没有达到的，得0分</td></tr>
</table>

续表

<table>
<tr><th>一级指标</th><th>二级指标</th><th>分值</th><th>评估方法</th><th>档案材料或说明</th></tr>
<tr><td rowspan="7">水质评估</td><td rowspan="3">封闭管理及界标设立</td><td rowspan="3">4</td><td>［湖库型水源地］一级保护区实现全封闭管理，且界标、警示标示以及隔离防护设施完善的，得 4 分
［河道型水源地］一级保护区取水口半径 50m 内进行全封闭管理，且界标、警示标示以及隔离防护设施完善的，得 4 分
［地下水型水源地］一级保护区实现单井封闭管理，且界标、警示标示以及隔离防护设施完善的，得 4 分</td><td rowspan="3">［湖库型水源地、河道型水源地］提供应封闭管理和实际封闭管理公里数及工程合同、验收等材料；设立了边界地理界标、警示标示、隔离防护设施的，提供图片、照片、数量等信息；设有地理界标、警示标示及隔离保护设施，但不完善的，说明原因。未开展相关工作的，提供未来开展相关工作的计划、方案，说明未能开展相关工作的理由。
［地下水型水源地］设立了边界地理界标、警示标示、隔离防护设施的，提供图片、照片、数量等信息；设有地理界标、警示标示及隔离保护设施，但不完善的，说明原因。未开展相关工作的，提供未来开展相关工作的计划、方案，说明未能开展相关工作的理由</td></tr>
<tr><td>实现部分封闭或界标、警示标示以及隔离防护设施等不完善的，得 2 分</td></tr>
<tr><td>未开展相关工作的，得 0 分</td></tr>
<tr><td rowspan="2">入河排污口设置</td><td rowspan="2">3</td><td>一、二级保护区内没有入河排污口的，得 3 分</td><td rowspan="2">存在入河排污口的，提供建设项目和排污口的数量、类型、规模和图片等信息；清理效果不明显或者未采取清理措施的，应说明原因</td></tr>
<tr><td>保护区内有入河排污口的，得 0 分</td></tr>
<tr><td rowspan="2">一级保护区综合治理</td><td rowspan="2">3</td><td>［湖库型水源地、河道型水源地］没有与供水设施和保护水源无关的建设项目，没有从事网箱养殖、畜禽养殖、旅游、游泳、垂钓或者其他可能污染饮用水水体的活动，水面没有树枝、垃圾等漂浮物的，得 3 分
［地下水型水源地］没有与供水设施和保护水源无关的建设项目，没有垃圾堆放、旱厕、加油站或者其他可能污染饮用水水体的活动的，得 3 分</td><td rowspan="2">［湖库型水源地、河道型水源地］存在与供水设施和保护水源无关的建设项目的，应提供建设项目的数量、类型和规模等信息，说明理由和治理措施；
无网箱养殖、畜禽养殖、旅游等活动，提供相关禁止性文件或其他证明材料；存在上述活动的，说明理由和治理措施。
［地下水型水源地］存在与供水设施和保护水源无关的建设项目的，应提供建设项目的数量、类型和规模等信息，说明理由和治理措施。
存在上述可能污染饮用水水体活动的，应说明所采取的清理措施和效果，对于清理效果不明显，或者未采取清理措施的，应说明原因</td></tr>
<tr><td>有上述建设项目或存在上述污染水体活动的，得 0 分</td></tr>
</table>

续表

一级指标	二级指标	分值	评估方法	档案材料或说明
水质评估	二级保护区综合治理	2	［湖库型水源地、河道型水源地］没有排放污染物的建设项目，从事网箱养殖、畜禽养殖、旅游等活动的按照规定采取了防止污染饮用水水体措施的，得2分 ［地下水型水源地］没有严重污染的企业，没有城市垃圾、粪便和易溶、有毒有害废弃物堆放场和转运站，没有污水灌溉农田的，得2分	存在排放污染物的建设项目的，应提供建设项目和排污口的数量、类型和规模等信息，说明理由和治理措施； 无网箱养殖、畜禽养殖、旅游等活动，无固体废物贮存、堆放场所的，提供相关禁止性文件或其他证明材料；存在上述活动或场所的，提供活动或场所分布范围、类型和规模等信息，说明理由和拟治理措施
水质评估	二级保护区综合治理	2	有排放污染物的建设项目或上述活动场所，未按照规定采取防止污染饮用水水体措施的，得0分	
水质评估	准保护区综合治理	2	没有对水体产生严重污染的建设项目，没有危险废物、生活垃圾堆放场所和处置场所的，得2分	存在上述建设项目或场所的，应提供建筑物、活动分布范围、类型和规模等信息，说明所采取的清理措施和效果，清理效果不明显，或者未采取清理措施的，应说明原因
水质评估	准保护区综合治理	2	存在上述情况的，得0分	
水质评估	含磷洗涤剂、农药和化肥等使用	2	［湖库型水源地、河道型水源地］保护区内采取禁止或限制使用含磷洗涤剂、农药、化肥以及限制种植养殖等措施的，得2分 ［地下水型水源地］保护区内禁止利用透水层孔隙、裂隙、溶洞及废弃矿坑储存农药的，得2分	不存在使用含磷洗涤剂、农药和化肥情况的，提供相关禁止性文件或其他证明材料；存在上述活动的，说明理由和未来治理措施
水质评估	含磷洗涤剂、农药和化肥等使用	2	没有禁止或限制的，得0分	
水质评估	保护区交通设施管理	3	保护区无公路、铁路通过；若有公路、铁路通过，已建设和完善桥面雨水收集处置设施与事故环境污染防治措施，并在进入保护区之前设立明显的警示标志的，得3分	保护区无公路、铁路通过或若有铁路、公路通过，已建设和完善桥面雨水收集处置设施与事故环境污染防治措施，并且公路、铁路进入保护区之前设立有明显的警示标志或采取部分防护措施的，提供相关图片或其他证明材料；保护区有公路、铁路通过，但没采取相应防治措施的，应说明原因
水质评估	保护区交通设施管理	3	保护区有公路、铁路通过，但采取部分防治措施，且有警示标志的，得2分	
水质评估	保护区交通设施管理	3	保护区有公路、铁路通过，但没采取相应防治措施的，得0分	

续表

一级指标	二级指标	分值	评估方法	档案材料或说明
水质评估	保护区植被覆盖率	1	一级保护区内适宜绿化的陆域，植被覆盖率应达到 80%以上，二级保护区内适宜绿化的陆域植被覆盖率逐步提高的，得 1 分	提供相关规划或文件，应说明保护区范围内的植被覆盖情况及植被分布情况；对于植被覆盖率不符合要求的，应说明近年所采取的绿化措施及效果
			保护区植被覆盖率不满足上述要求的，得 0 分	

(3) 监控保障

监控保障评估共 6 项二级指标，满分 15 分。监控保障评估指标分值及评估方法详见表 12-10。

表 12-10　监控保障评估指标分值及评估方法

一级指标	二级指标	分值	评估方法	档案材料或说明
监控评估	视频监控	2	建立自动在线监控设施，对饮用水水源地取水口及重要供水工程设施实现 24 小时自动视频监控的，得 2 分	已建立自动在线监控设施，应提供水源地监控体系具体情况，包括设备名称、运行状况、图片等；未建设自动在线监控设施的，应说明原因
			管理部门建立自动在线监控设施，但不能对取水口和重要供水工程实现 24 小时自动视频监控的，得 1 分	
			管理部门没有建立自动在线监控设施的，得 0 分	
	巡查制度	2	建立巡查制度，并且一级保护区实现逐日巡查，二级保护区实行不定期巡查，巡查记录完整的，得 2 分	建立巡查制度的，提供巡查制度文件和巡查记录；巡查制度未建立或者不完善的，应说明原因以及相关工作计划
			建有巡查制度，但一级保护区不能实现逐日巡查，巡查记录不完整的，得 1 分	
			没有建立巡查制度的，得 0 分	

续表

一级指标	二级指标	分值	评估方法	档案材料或说明
监控评估	特定指标监测	3	［湖库型水源地］按照《地表水环境质量标准》（GB 3838）规定的特定项目每年至少进行1次排查性监测，并且按照《地表水资源质量评价技术规程》（SL 395）规定项目开展营养状况监测的，得3分 ［河道型水源地］按照《地表水环境质量标准》（GB 3838）规定的特定项目每年至少进行1次排查性监测的，得3分 ［地下水型水源地］能按照《地下水监测规范》（SL 183）有关规定对水位、取水量等进行定期监测的，得3分	［湖库型水源地］开展排查性监测或营养状况监测的，说明监测项目、监测频次以及达标情况等内容；对于未按规定对特定项目开展排查性监测或营养状况监测的，或者监测结果不达标的，应说明原因，并提出改进措施和工作计划。 ［河道型水源地］开展排查性监测的，说明监测项目、监测频次以及达标情况等内容；对于未按规定对特定项目开展排查性监测的，或者监测结果不达标的，应说明原因，并提出改进措施和工作计划。 ［地下水型水源地］开展水位、取水量监测的，提供监测单位、项目、频次、结果等
			［湖库型水源地］开展排查性监测或营养状况监测其中一项的，得2分	
			没按上述要求开展监测的，得0分	
	在线监测	3	取水口附近水域具有水质水量在线监测的，得3分	取水口附近水域实现在线监测的，提供在线监测设施位置、运行情况，在线监测数据等材料
			取水口附近水域没有水质水量在线监测的，得0分	
	信息监控系统	2	建立水质水量安全监控系统，具备取水量、水质、水位等水文水资源监测信息采集、传输和分析处理能力的，得2分	具备水量、水质、水位等监测信息采集、传输和分析处理能力，建立水源地水质水量安全监控信息系统的，提供数据报送方式、频率、分析报告，系统开发的相关文件、合同、系统图片等
			水质水量安全监控系统，具备上述1～2项能力的，得1分	
			没有建立饮用水水源地水质水量安全信息监控系统的，得0分	
	应急监测能力	3	具备预警和突发事件发生时，加密监测和增加监测项目的应急监测能力的，得3分	具备突发事件发生时，加密监测和增加监测项目的应急监测能力的，提供监测单位资质、能力及其他证明材料；对于应急监测体系不完善的，应说明原因，提供相关工作计划或方案
			具备预警和突发事件发生时，加密监测或增加监测项目能力之一的，得2分	
			应急监测能力难以满足应对突发性应急监测需要的，得0分	

（4）管理保障

管理保障评估共 6 项二级指标，满分 15 分。管理保障评估指标分值及评估方法详见表 12-11。

表 12-11　管理保障评估指标分值及评估方法

一级指标	二级指标	分值	评估方法	档案材料或说明
管理评估	保护区划分	3	完成保护区划分工作并报省级人民政府批准实施的，得 3 分	完成保护区划分并报省级人民政府批准实施的，提供相关批复文件；未进行保护区划分的，应说明原因
			未划分水源保护区的，得 0 分	
	部门联动机制	2	建立水源地安全保障部门联动机制，实行资源共享和重大事项会商制度的，得 2 分	水源所在地人民政府建立水源地安全保障部门联动机制，实行资源共享和重要事项会商制度的，应提供联动机制建立的相关文件，说明联席会议或会商会议制度
			未建立水源地部门联动机制的，得 0 分	
	法规体系	2	制定饮用水水源地保护的相关法规、规章或办法，并经批准实施的，得 2 分	制定了水源地保护相关法规、规章或办法，并经批准实施的，提供相关法规、规章或办法；没有开展相关工作的，说明情况
			没有制定饮用水水源地保护的相关法规、规章或办法的，得 0 分	
	应急预案及演练	3	制定应对突发水污染事件、洪水和干旱等特殊条件下供水安全保障的应急预案，每年至少开展一次应急演练，并建立人员、物资储备机制和技术保障体系，每具备一项得 1 分，共 3 分	制定应对突发性水污染事件、洪水和干旱等特殊条件供水安全保障应急预案，并经批准实施的，提供该预案；实行定期演练的，提供定期演练记录、照片等材料；建立人员、物资、技术保障体系的，提供该体系组成、物资储备场所、清单等
			应急预案、应急演练或应急储备都没有的，得 0 分	
	管理队伍	3	水源地的管理和保护配备专职管理人员，落实工作经费，加强管理和技术人员培训的，得 3 分	配备专职管理人员，落实工作经费，加强培训工作的，应说明专职管理人员具体人员和职责，提供工作预算和人员培训记录、培训证明；人员配备不到位，工作经费相对紧张，关键管理和技术岗位培训能够保证的，提供培训证明、培训记录；对于人员和工作经费缺失的，应说明原因及所采取的措施等
			人员配备不到位，工作经费相对紧张，关键管理和技术岗位培训能够保证的，得 2 分	
			人员和工作经费缺失严重，已经明显影响水源地管理工作效率，并且无明显改善趋势的，得 0 分	

续表

一级指标	二级指标	分值	评估方法	档案材料或说明
管理评估	资金保障	2	建立稳定的饮用水水源地保护资金投入机制的，得2分	有稳定的资金投入机制的，提供资金投入机制类型、资金来源等材料；对于尚未形成稳定的资金投入机制的，应说明理由和改进计划
			未建立稳定的资金投入机制的，得0分	

4. 评估结果分级

全国重要饮用水水源地安全保障评估综合得分等于4项指标得分的总和。按照得分多少，分为优、良、中、差四级。饮用水水源地综合评估结果分级见表12-12。

表12-12　饮用水水源地综合评估结果分级表

级别	优	良	中	差
得分	≥90	80≤得分<90	60≤得分<80	<60

5. 评估结果

依据饮用水水源地安全保障达标评估指标体系，通过现场调研、资料收集和综合评价分析，对6处重要饮用水水源地四个方面的每个二级指标分别进行评分，综合二级指标的评分结果，汇总后，每个水源地四个方面的得分、总分及评估等级结果显示：2015年山东省淮河流域6个重要饮用水水源地总体情况均为优秀。

参考文献

[1] 左其亭，王树谦．水资源利用与管理［M］．2 版．郑州：黄河水利出版社，2016.

[2] 左其亭，窦明，马军霞，等．水资源学教程［M］．2 版．北京：中国水利水电出版社，2016.

[3] 中华人民共和国住房和城乡建设部．水资源规划规范：GB/T 51051—2014［S］．北京：中国计划出版社，2015.

[4] 梅亚东，高仕春，付湘，等．水资源规划及管理［M］．北京：中国水利水电出版社，2017.

[5] 谭倩．我国小城镇给水系统模式研究［D］．重庆：重庆大学，2005.

[6] 戴慎志．城市工程系统规划［M］．北京：中国建筑工业出版社，2015.

[7] 李广贺．水资源利用与保护［M］．3 版．北京：中国建筑工业出版社，2016.

[8] 邢丽贞．水源工程［M］．北京：机械工业出版社，2016.

[9] 周凤华．城市生态水利工程规划设计与实践［M］．郑州：黄河水利出版社，2015.

[10] 戴长雷，付强，杜新强，等．地下水开发与利用［M］．北京：中国水利水电出版社，2015.

[11] 薛禹群，吴吉春．地下水动力学［M］．3 版．北京：地质出版社，2010.

[12] 李海燕．地下水利用［M］．3 版．北京：中国水利水电出版社，2015.

[13] 陈元．我国水资源开发利用研究［M］．北京：研究出版社，2008.

[14] 周鹤鸣，邹冰．防洪水［M］．杭州：浙江工商大学出版社，2014.

[15] 董紫君，刘宇，孙飞云，等．城市再生水利用与再生水设施的建设管理［M］．哈尔滨：哈尔滨工业大学出版社，2017.

[16] 杨开．水资源开发利用与保护［M］．长沙：湖南大学出版社，2005.

[17] 水利部，水利水电规划设计总院．全国水资源综合规划技术细则．2002.

[18] 水利部，水利水电规划设计总院．地下水资源量及可开采量补充细则（试行）．2002.

[19] 水利部，水利水电规划设计总院．地表水资源可利用量计算补充技术细则．2002.

[20] 梁瑞驹．环境水文学［M］．北京：中国水利水电出版社，1998.

[21] 何绪文，贾建丽．矿井水处理及资源化的理论与实践［M］．北京：煤炭工业出版社，2009.

[22] 袁亮，葛世荣，黄盛初，等．煤矿总工程师技术手册：下册［M］．北京：煤炭工业出版社，2010.

[23] 李富平，赵礼兵，李示波，等．金属矿山清洁生产技术［M］．北京：冶金工业出版社，2012.

[24] 闫大鹏，侯晓明，郭鹏程，等．非传统水资源利用技术及应用［M］．郑州：黄河水利出版社，2013.

[25] “国家智能水网工程框架设计研究”项目组．水利现代化建设的综合性载体：智能水网［J］．水利发展研究，2013，13（03）：1-5，24.

[26] 王树荣．现代水网建设研究［D］．济南：山东大学，2013.

[27] 王建华，赵红莉，冶运涛．智能水网工程：驱动中国水治理现代化的引擎［J］．水利学报，2018，49（09）：1148-1157.

[28] 鲍淑君，王建华，刘淼，等．智能水网国际实践动态及启示［J］．中国水利，2012（21）：27-29.

[29] 王腊春，史运良，曾春芬，等．水资源学［M］．南京：东南大学出版社，2014.

[30] 王浩，游进军．中国水资源配置 30 年［J］．水利学报，2016，47（03）：265-271，282.
[31] 陈家远．中国水利水电工程［M］．成都：四川大学出版社，2012.
[32] 石智雷．外力冲击、利益分配与多区域协调发展：以南水北调工程为例［M］．武汉：武汉大学出版社，2013.
[33] 国务院南水北调工程建设委员会办公室．南水北调工程知识百问百答［M］．北京：科学普及出版社，2015.
[34] 崔建国，张峰，陈启斌，等．城市水资源高效利用技术［M］．北京：化学工业出版社，2015.
[35] 李彦彬，孙艳伟，张巍巍，等．水资源评价与管理［M］．北京：中国水利水电出版社，2012.
[36] 唐德善，唐彦，闻昕，等．水资源管理与保护［M］．北京：中国水利水电出版社，2016.
[37] 顾圣平，田富强，徐得潜，等．水资源规划及利用［M］.2 版．北京：中国水利水电出版社，2016.
[38] 何俊仕，林洪孝．水资源规划及利用［M］．北京：中国水利水电出版社，2014.
[39] 孙秀玲，李鹏程，曹升乐，等．一种可变初期雨水弃流控制系统、控制方法及构建方法［P］．国家知识产权局，2018.
[40] 孙秀玲，李鹏程，苗兴皓，等．一种山丘区生态型雨水分质集蓄系统及构建方法［P］．国家知识产权局，2018.
[41] 孙秀玲，邱国涛，张萌，等．一种基于水源地保护的道路雨水处理及利用一体化系统，实用新型专利，国家知识产权局，2018.
[42] 孙秀玲，李鹏程．山丘区基于清洁型小流域的雨洪水蓄滞技术研究报告［R]. 2017.
[43] Pengcheng Li，Xiuling Sun，Xinghao Miao. Protection technology of river bends and experimental study on its effect of soil erosion control，nternational Forum on Energy，Environment Science & Materials，2015.
[44] Xiuling Sun. The improved matter element exension evaluating model and application，ICBBE，2010.
[45] Xiuling Sun. Comprehensive quantitative evaluation model and application，FSKD'09，2009.
[46] Xiuling Sun. Water environmental capacity calculation model of river based on unascertained rational number and application，Sichuan daxue Xuebao，2009.
[47] 王月敏，孙秀玲，曹升乐，等．基于投影寻踪技术的南四湖下级湖水质评价［J］．水电能源科学，2016（3）：49-51.
[48] 王俊，孙秀玲，曹升乐，等．东平湖老湖区生态环境需水量研究［J]，人民黄河，2014（11）：77-80.
[49] 孙秀玲，等．济南市水环境质量控制研究报告［R]，2015.
[50] 曹升乐，孙秀玲，等．山东省淮河流域重要饮用水水源地安全保障达标建设评估报告［R]. 2016.
[51] 解文静，王公，娄山崇，等．山东南四湖上级湖水质变化评价（2008—2014 年）及成因分析［J]. 湖泊科学，2016，28（3）：513-519.
[52] 孙剑辉，柴艳，王国良，等．黄河泥沙对水质的影响研究进展［J］．泥沙研究，2010（1）：74-82.
[53] 黄文典．河流悬移质对污染物吸附及生物降解影响试验研究［D］．成都：四川大学，2005.
[54] 中华人民共和国水利部．水资源供需预测分析技术规范：SL 429—2008［S］．北京：中国水利水电出版社，2009.
[55] 王浩，阮本清，杨小柳，等．流域水资源管理［M］．北京：科学出版社，2001.
[56] 朱岐武．水资源评价与管理［M］．郑州：黄河水利出版社，2011.

[57] 左其亭，王树谦，刘廷玺，等．水资源利用与管理［M］．郑州：黄河水利出版社，2009.
[58] 王双银，宋孝玉．水资源评价［M］．郑州：黄河水利出版社，2008.
[59] 何书会，李永根，马贺明，等．水资源评价方法与实例［M］．北京：中国水利水电出版社，2008.
[60] 王开章，董洁，韩鹏，等．现代水资源分析与评价［M］．北京：化学工业出版社，2006.
[61] 顾圣平，田富强，徐得潜．水资源规划及利用［M］．北京：中国水利水电出版社，2009.
[62] 姜文来，唐曲，雷波．水资源管理学导论［M］．北京：化学工业出版社，2005.
[63] 王浩．实行最严格水资源管理制度关键技术支撑探讨［J］．中国水利，2011（6）：28-30.
[64] 山东省水利科学研究院，山东省水利厅水资源处．山东省构建最严格水资源管理制度框架体系研究［R］．2011.
[65] 中华人民共和国国务院．取水许可和水资源费征收管理条例，2006.
[66] 中共中央国务院关于加快水利改革发展的决定，2010 年 12 月 31 日，中发〔2011〕1 号．
[67] 中华人民共和国水利部．区域供水规划导则：SL 726—2015［S］．北京：中国水利水电出版社，2015.
[68] 中华人民共和国水利部．水资源保护规划编制规程：SL 613—2013［S］．北京：中国水利水电出版社，2013.
[69] 中华人民共和国国家质量监督检验检疫总局，中国国家标准化管理委员会，中华人民共和国国土资源部．地下水质量标准：GB/T 14848—2017［S］．北京：中国标准出版社，2017.
[70] 中华人民共和国住房和城乡建设部．水资源规划规范：GB/T 51051—2014［S］．北京：中国计划出版社，2015.
[71] 中华人民共和国国家质量监督检验检疫总局，中国国家标准化管理委员会．水资源术语：GB/T 30943—2014［S］．北京：中国标准出版社，2015.
[72] 中华人民共和国卫生部，中国国家标准化管理委员会．生活饮用水卫生标准：GB 5749—2006［S］．北京：中国标准出版社，2007.
[73] 国家环境保护总局，国家质量监督检验检疫总局．地表水环境质量标准：GB 3838—2002［S］．北京：中国环境科学出版社，2002.
[74] 中华人民共和国国家质量监督检验检疫总局，中国国家标准化管理委员会．地下水质量标准：GB/T 14848—2017［S］．北京：中国标准出版社，2017.
[75] 中华人民共和国国务院．《国家节水行动方案》分工方案，2019.
[76] 中华人民共和国国务院．城市供水条例，2018.
[77] 山东省质量技术监督局．山东省重点工业产品取水定额：DB37/T 1639［S］．2015.
[78] 山东省人民政府．山东省水安全保障总体规划，鲁政字〔2017〕224 号．
[79] 山东省水利厅．山东省水功能区监督管理办法，2017.
[80] 山东省生态环境厅．山东省水污染防治条例，2018.
[81] 山东省水利厅．山东省水资源综合利用中长期规划，2016.
[82] 山东省水利厅．山东省用水总量控制管理办法，2018.
[83] 山东省水利厅．水功能区监督管理办法，2017.
[84]《水利部　住房城乡建设部　国家卫生计生委关于进一步加强饮用水水源保护和管理的意见》，水资源〔2016〕462 号．
[85]《水利部关于加强水资源用途管制的指导意见》，2016.
[86] 中华人民共和国环境保护部．饮用水水源保护区划分技术规范：HJ 338—2018［S］．北京：中国环境科学出版社，2018.
[87] 中华人民共和国环境保护部．饮用水水源保护区污染防治管理规定，2018.